"十四五"时期国家重点出版物出版

智能建造理论·技术与管理丛书

土木工程与数智技术概论

主　编　李军华

副主编　张士科　李　佳

参　编　贾海洪　常宇飞　负小敏　刘天睿　袁新飞

机械工业出版社

CHINA MACHINE PRESS

本书共分 3 篇 11 章，按照《高等学校土木工程本科指导性专业规范》的要求，对土木工程人才培养的知识点进行了全面系统的阐述和讲解。首先，融入课程思政元素，将土木工程概论课程作为相关大学生思想道德教育的入门课；其次，融入数字化和智慧建造技术，以及城市更新、新型建筑工业化等新的发展理念，如 BIM 技术、人工智能、物联网、大数据、智能建筑、数智建造、无人机、3D 打印、虚拟仿真、新型建筑工业化、绿色低碳，以及城市更新转型的可持续发展，为传统的土木工程行业应对新时代背景下高质量发展的挑战和推动行业发展提供了技术支持；同时，通过整合土木工程多个方向的知识，使学生能够全面理解土木工程领域的复杂性和多样性，从而使其对土木工程学科有一个全面、系统、科学的认识和了解，为后面的专业学习和职业发展奠定坚实的基础。

本书可作为高等院校土木工程专业师生的专业基础课教材，同时，本书对于土木工程技术人员了解土木工程行业的新技术、新进展也具有很好的参考价值。

图书在版编目（CIP）数据

土木工程与数智技术概论／李军华主编. -- 北京：机械工业出版社，2025. 7. -- ISBN 978-7-111-78462-3

Ⅰ. TU-39

中国国家版本馆 CIP 数据核字第 2025V0K913 号

机械工业出版社（北京市百万庄大街 22 号　邮政编码 100037）

策划编辑：薛俊高　　　　　　　　　　责任编辑：薛俊高　范秋涛
责任校对：颜梦璐　杨　霞　景　飞　　封面设计：张　静
责任印制：常天培

北京联兴盛业印刷股份有限公司印刷

2025 年 7 月第 1 版第 1 次印刷

184mm×260mm・26.75 印张・665 千字

标准书号：ISBN 978-7-111-78462-3

定价：79.00 元

电话服务　　　　　　　　　　　　网络服务

客服电话：010-88361066　　　　机　工　官　网：www.cmpbook.com
　　　　　010-88379833　　　　机　工　官　博：weibo.com/cmp1952
　　　　　010-68326294　　　　金　书　网：www.golden-book.com

封底无防伪标均为盗版　　　　机工教育服务网：www.cmpedu.com

前　言

土木工程作为一门古老而又充满活力的学科，正站在科技与土木交汇的新起点上。随着数智技术的蓬勃兴起，土木工程项目建设的各个环节正经历着前所未有的变革。本书正是顺应这一时代潮流，融合传统土木工程的深厚底蕴与数智技术的创新活力而生。该书以融入数智技术为主要特征的同时，还融入课程思政的丰富案例，旨在培养既具备跨学科跨专业技能又富有社会责任感的创新型、复合型高素质土木工程技术人才。

1. 本书内容概述

（1）第一篇　土木工程导论

土木工程导论带领我们领略土木工程源远流长的历史，感悟古今中外土木工程材料、设计理论、施工技术、设备，以及典型的土木工程设施的发展历程，学生们在惊叹古代工匠们巧夺天工的智慧结晶时，也增强了学生的爱国情怀、精益求精的工匠精神；同时通过了解现代土木工程领域发展与创新，认识到高科技的理论、智能化的技术、新型绿色材料正在逐步改变和塑造着人类社会的崭新面貌。这部分内容不仅是对过去辉煌的致敬，更是为了在新时代背景下，为土木工程注入新的活力与思考。

（2）第二篇　数智技术

数智技术是本书的核心内容。这一部分简要阐述了BIM、人工智能、物联网、大数据、云计算等数智技术在土木工程中的应用，同时本部分还将重点放在了数智技术与新型建筑工业化，探讨如何通过数智技术实现土木工程的智能化、绿色化、高效化。

（3）第三篇　城市更新

本篇聚焦城市更新与土木工程的关系，以及城市更新中的绿色低碳可持续发展。随着城市化进程的加速，城市面临着老旧建筑改造、基础设施升级、生态环境改善等诸多挑战。土木工程在城市更新中发挥着关键作用，而数智技术的应用将为城市更新提供更科学、更高效的解决方案。通过绿色低碳可持续发展的理念和技术，我们可以实现城市的生态修复、资源循环利用和节能减排，打造更加宜居、宜业、宜游的城市环境。

2. 本门课程的教材改革特色

（1）数智技术的融合

本课程获批河南省课程思政样板课程，同时本书入选了"十四五"时期国家重点出版物出版专项规划项目及校级"十四五"规划教材。本书融入了数智技术以及城市更新、新型建筑工业化等新的发展理念，在拓展知识中配套了大量相关的数智技术应用及研究的文献、小视频，以便让土木工程专业新生更早适应未来行业发展的变革以及对新技术应用的探索与创新研究。

（2）课程思政元素的融入

"土木工程与数智技术概论"不仅仅是大学生入门必修的专业导向课，更是一门激发新生对土木工程热爱和兴趣的课程，也是一门培养学生爱国情怀、社会责任感、精益求精的工匠精神和工程伦理的道德修养及操守思政课程。本书各章节内容及拓展资料以及思考题中融入了大量的课程思政元素，于润物细无声中滋润学生的心灵。

（3）数字教学资源的融入

数字教学资源的融入，有利于学生自主灵活学习，符合新形态教材的要求。

1）丰富学习资源（如课程导入及目标介绍、教学视频、在线课件、案例分析、课程思政元素、知识点及重难点、知识拓展以及二维码使用情况等）。

2）提供多样化的学习方法与途径，真正体现以学生为主，培养学生主动学习的能力，增强不同学生在不同时段学习的灵活性，老师只是教学的策划者、解惑者。

3）课程内容与数字教学资源有机结合，可以让学生随时获取有关知识、实践等信息，提高课程的互动性，提高学生的学习效果。

（4）跨专业跨学科融合

结合城市更新的内涵建设，融入数字信息技术、环境保护、历史遗产保护、既有建筑的检测鉴定与加固、绿色低碳建筑、可持续发展、智慧城市等多学科，培养学生的综合素质、跨界能力以及学生的社会责任感。

3. 本书的编写特色与创新

本书在每章都配备了课前导读和课后拓展，以便充分发挥对学生学习的引领向导和巩固深化、启迪思考的作用，具体体现为：

（1）课前导读

1）章节知识点思维导图：通过直观的思维导图，帮助学生快速把握章节框架和核心知识点，理清学习思路。

2）课程目标与能力要求指标点对标：明确每章节的学习目标及能力要求，使学生清晰了解学习方向和评价标准。

3）育人目标与课程思政元素对标：深入挖掘土木工程中的思政元素，将爱国情怀、工匠精神、职业道德等融入教学过程，实现知识传授与价值引领的有机结合。

4）重点难点剖析：精准指出章节学习中的难点和重点，引导学生提前准备，提高学习效率。

（2）课后拓展

1）思考、讨论题：围绕章节核心内容设计开放性问题，鼓励学生独立思考、积极讨论，深化对知识点的理解和应用。

2）作业布置：结合课堂讲授内容，布置适量作业，巩固学习成果，提升实践能力。

3）下一章节知识点梳理：为下一章节的学习提供预习指南，帮助学生形成连贯的学习链条，提高学习效率。

本书编写中具体分工为：第1~9章主要由李军华主持编写，贠小敏参与第4章的编写，张士科参与5.2节、8.5节的编写，常宇飞参与5.4节、5.5节、5.6节的编写，刘天睿、袁新飞参与第8章、第9章的编写，第10章由李佳主持编写，同时参编9.1节、9.2节，第11章由贾海洪主持编写，同时参编9.6节。课程思政小视频由本校23级土木学生王一妃、杜自恒撰写文案、脚本并剪辑制作完成。全书由李军华统一组织安排，由所有成员相互校审，并由李军华最终定稿。

本书编写过程中参考了大量的文献资料、网上视频、书籍、案例、图片、行业专家的丰富经验和研究成果，其目的是更加清晰、透彻地阐述相关章节的内容，在此，特向这些文献、书籍的作者、行业专家、视频制作者以及资料搜索整理者南京工业大学研究生张娜、郑修福，案例提供者中国建筑科学研究院北京构力科技有限公司、中国建筑第二工程局有限公司、安阳师范学院建筑工程学院等，致以最衷心的感谢。

此外，本书编写过程中得到了机械工业出版社的大力支持，特别是建筑分社薛俊高副社长精益求精、一丝不苟的治学态度和精神，更深深激励感染着每一位编写人员。同时，本书编写中得到了2023年度河南省本科高校研究性教学系列项目《数智驱动科技赋能新工科"产教学研用"融合一体研究性教学模式转型》（教高〔2023〕388号）、2023年度河南省本科高校产教融合系列项目《数智建筑产业学院"5321"产教深度融合模式研究与实践》（教办高〔2024〕13号）、2024年度河南省高等教育教学改革研究与实践重点项目《融合创新数智赋能：土建类新工科专业"1234"重塑升级的路径研究与实践》（教高〔2024〕146号）、河南省数智建筑与低碳建材研究中心、河南省数字建筑产业学院的大力支持，在此一并表示感谢。

当然，限于编者水平，书中难免有不妥之处或有描述、引用不当之处，敬请广大读者不吝赐教。编者邮箱：7626733@qq.com。

目　　录

第二篇　数智技术

第三篇　城市更新

第一篇
土木工程导论

第1章 绪 论

课前：导读

1. 章节知识点思维导图

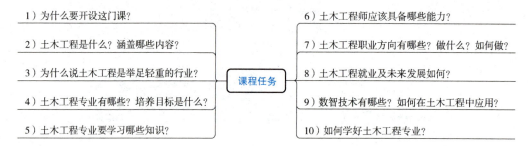

课程任务
- 1）为什么要开设这门课？
- 2）土木工程是什么？涵盖哪些内容？
- 3）为什么说土木工程是举足轻重的行业？
- 4）土木工程专业有哪些？培养目标是什么？
- 5）土木工程专业要学习哪些知识？
- 6）土木工程师应该具备哪些能力？
- 7）土木工程职业方向有哪些？做什么？如何做？
- 8）土木工程就业及未来发展如何？
- 9）数智技术有哪些？如何在土木工程中应用？
- 10）如何学好土木工程专业？

2. 课程目标

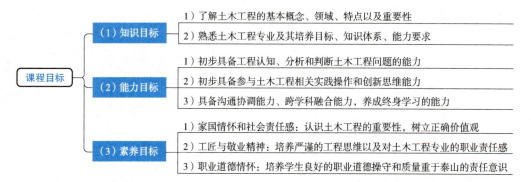

课程目标
- （1）知识目标
  - 1）了解土木工程的基本概念、领域、特点以及重要性
  - 2）熟悉土木工程专业及其培养目标、知识体系、能力要求
- （2）能力目标
  - 1）初步具备工程认知、分析和判断土木工程问题的能力
  - 2）初步具备参与土木工程相关实践操作和创新思维能力
  - 3）具备沟通协调能力、跨学科融合能力，养成终身学习的能力
- （3）素养目标
  - 1）家国情怀和社会责任感：认识土木工程的重要性，树立正确价值观
  - 2）工匠与敬业精神：培养严谨的工程思维以及对土木工程专业的职业责任感
  - 3）职业道德情怀：培养学生良好的职业道德操守和质量重于泰山的责任意识

3. 重点

1）《土木工程与数智技术概论》课程的任务。

2）土木工程涵盖的领域及其重要性。

3）土木工程专业培养的目标。

1.1 土木工程

对于刚刚跨入大学门槛，选择了土木工程专业的学生，脑海里首先会浮现很多问题，比如什么是土木工程？土木工程涵盖哪些内容？土木工程专业培养的目标以及应具备的能力是什么？土木工程专业要学习哪些课程？土木工程专业职业发展方向是什么？土木工程专业都做什么？如何学好土木工程专业的课程？土木工程未来的前景如何？就业如何？

另外，随着人工智能、物联网、大数据、云计算等新技术的快速发展，以及新型工业化建设、城市更新和可持续发展的政策要求，土木工程行业正面临着前所未有的挑战和转型期。为了跟上时代的大潮，土木工程行业该如何应对？又有哪些机遇呢？要回答这些问题，就是开设《土木工程与数智技术概论》这门课程的主要任务。

1.1.1　土木工程概述

土木工程是一门古老而又现代的学科，它涵盖的领域非常广泛，对人类社会的发展起着至关重要的作用。那么什么是土木工程呢？

1. 概念

我国国务院学位委员会在学科简介中对土木工程的定义为：

土木工程（Civil Engineering），是建造各类工程设施的科学技术的总称。它既是指工程建设的对象，即建造在地上或地下、陆上或水中的各种工程设施，如房屋、道路、铁路、管道、隧道、桥梁、运河、堤坝、港口、电站、机场、海洋平台、给水排水以及防护工程等，也是指所应用的材料、设备和所进行的勘测、设计、施工、保养、维修加固等技术活动，如图 1.1-1、图 1.1-2 所示。

建筑工程	公路与道路工程	铁路工程	桥梁工程
隧道工程	水利工程	港口与海洋工程	机场工程

图 1.1-1　土木工程设施

勘测	设计	施工	维修加固

图 1.1-2　土木工程技术活动

中国自古就有"大兴土木"的说法，在中国古代，土木工程主要依赖"土"材（如砖、石、瓦、瓷等）和"木"材（如原木、竹、藤条、茅草等）进行建造，这些材料在当时的建筑工艺中占据核心地位。土木工程名称的由来及其含义也显而易见。

从国际视角来看，土木工程作为一个学科名称，最早由英国工程师 J. 斯米顿在 1750 年提出，并逐渐在国际上得到广泛认可和应用。Civil Engineering 可直译为民用工程，主要用于区别军事工程（Military Engineering）。中国学者结合本土文化传统和工程实践特点，将其翻译为"土木工程"，不仅保留了学科名称的原有意图，还体现了中国传统建筑材料和工程技艺的精神。

2. 涵盖的领域

土木工程是一门范围非常广泛的综合性学科。它涵盖了众多与土地、建筑和基础设施相关的领域。土木工程一级学科包括建筑工程、公路与道路工程、铁路工程、桥梁工程、隧道工程、地下工程、水利工程、港口与海洋工程、给水排水工程、机场工程等。土木工程的二级学科有岩土工程、结构工程、市政工程、供热、燃气、通风及空调工程、防灾减灾工程及防护工程、桥梁与隧道工程等。

1.1.2 土木工程的重要性

土木工程作为一门综合性的工程技术学科，其影响力深远且广泛。土木工程在现代社会中扮演着至关重要的角色，是现代社会的基础设施，不仅与人们的日常生活"衣、食、住、行"这四个基本生活方面紧密相连，而且还涉及国家经济建设和社会发展的各个方面。土木工程的建设对于保障人民生活、促进经济发展、提高社会生产力等方面具有不可替代的作用。

1. 基本需求的保障

（1）住：安居之所

土木工程最直接的功能体现在"住"上。从古老的土木结构房屋到现代的钢筋混凝土高楼大厦，土木工程技术在房屋建设中占据核心地位。它不仅关乎建筑的安全稳定，还涉及居住环境的舒适性、节能性和美观性。

（2）行：行之有道

在"行"的方面，土木工程同样功不可没。道路、桥梁、隧道、轨道等交通设施的建设，极大地提高了人们的出行效率，缩短了空间距离。无论是日常通勤还是长途旅行，都离不开这些由土木工程师精心规划和建造的交通基础设施。此外，随着智能交通系统的发展，土木工程与信息技术的结合，让人们的出行变得更加便捷、智能。

（3）衣：农业之础

虽然土木工程看似与"衣"无直接关联，但土木工程为服装产业的发展提供了必要的基础设施支持。例如，交通设施方便了服装原材料的运输和成品的销售流通；厂房建筑为服装生产提供了空间场所。这些都为服装产业的发展奠定了基础，从而间接影响着人们的"衣"。

（4）食：食为根基

民以食为天，在"食"的方面，土木工程同样扮演着重要角色。水利工程如水库、灌溉系统等的建设，为农业生产提供了稳定的水源保障，为农作物的生长和丰收奠定了基础。

2. 国民经济的支柱产业

（1）产业规模大

建筑业作为关系国计民生的基础性产业，是国民经济重要的支柱产业。党的十八大以来，建筑业积极应对国内外市场风险挑战，实现了行业的平稳健康发展，建筑业增加值占国内生产总值的比重保持在 7% 左右。根据 2023 年建筑业发展统计分析：2023 年全年国内生产总值 1260582.1 亿元，比上年增长 5.2%（按不变价格计算）。全年全社会建筑业生产总值为 315911.85 亿元，增加值 85691.1 亿元，比上年增长 7.1%（按不变价格计算），增速高于国内生产总值 1.9 个百分点（图 1.1-3）。经初步核算，自 2014 年以来，建筑业增加值占国内生产总值的比例始终保持在 6.70% 以上，2023 年为 6.80%（图 1.1-4），建筑业国民经济支柱产业的地位稳固。

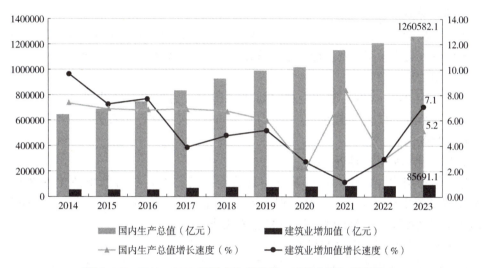

图 1.1-3　2014—2023 年国内生产总值、建筑业增加值及增速

图 1.1-4　2014—2023 年建筑业总产值及占 GDP 的比重

根据中金企信统计数据显示，2025 年中国建筑行业总产值将达到 33 万亿元，2027 年，中国建筑业总产值预计将突破 36 万亿元。

（2）带动相关上下游产业

规模巨大的土木工程行业的发展势必带动众多相关上下游产业的发展。

1）建筑材料产业：土木工程建设需要大量的水泥、钢材、木材、玻璃、砖瓦等建筑材料。土木工程的发展为建筑材料产业创造了巨大的市场需求，促使建材企业扩大生产规模、提高产品质量和研发新型材料，推动了建筑材料产业的技术进步和升级。

2）机械设备产业：在土木工程施工过程中，会用到起重机、挖掘机、装载机、混凝土搅拌机等各种工程机械设备。土木工程建设项目的增加，带动了机械设备的租赁和销售市场的繁荣，也促进了机械设备产业不断进行技术创新，提高设备的性能和智能化水平。

3）装修装饰业：土木工程完成主体结构建设后，通常需要进行内部装修和装饰。这为装修装饰产业带来了发展机会，推动着装修装饰材料的生产和施工技术的不断提高。

（3）带动就业

土木工程从设计、施工到维护管理，吸纳着大量劳动力，解决了许多人的就业问题，这些从业者的收入又带动了消费，促进了经济循环，支撑着国民经济稳定增长。

3. 城镇化的主力军

2024 年 7 月 31 日，国务院印发的《深入实施以人为本的新型城镇化战略五年行动计划》（国发〔2024〕17 号）提出 4 项重大行动、19 项重点任务及有关政策措施，其中与土木工程行业相关的有：

（1）城镇化率提升至接近 70%

经过 5 年的努力，常住人口城镇化率提升至接近 70%。从目前城镇化率来看，截至 2023 年中国城镇化率已经超过 66%，据国家发改委测算，按当前 4 个百分点的提升目标，将带动超 4 万亿投资、拉动 8000 多亿元的消费需求。

（2）实施现代化都市圈培育行动

加快建设都市圈公路环线通道，全面贯通都市圈内各类未贯通公路和瓶颈路段。推动干线铁路、城际铁路、市域（郊）铁路、城市轨道交通"四网融合"发展，实现"零距离"换乘和一体化服务。

（3）实施城市更新和安全韧性提升行动

深入实施城市更新行动，加强城市基础设施建设，特别是抓好地下综合管廊建设和老旧小区改造升级，推进基于数字化、网络化、智能化的新型城市基础设施建设。

从以上相关政策可以看出，随着我国城市化进程的加快与升级，新型都市圈的兴起，区域发展战略的实施，给土木工程的发展带来了蓬勃生机。首先在城市扩张阶段，需要更加多元化的人居环境为人们提供栖息之所；其次需要更多的商业建筑、写字楼、工业建筑等，为城市的商业活动和办公提供场所；再者需要更加完善配套的学校、医院等为城市居民提供最基本的公共服务设施，同时，加强完善基础设施，提升城市的综合功能，以更好地引领城市向现代化迈进。为此作为一名土木工程专业的学生，应该把握新机遇，迎接新挑战，发挥专业优势，投身到城市综合开发与土木工程建设的大潮中，努力开创中国特色城市化发展新局面。

1.1.3 土木工程的特点

1. 社会性——基本需求

土木工程建设的出发点，就是为了满足人类和社会发展的需求，像住宅满足居住，学校满足教育，医院满足医疗等。其规划、设计和建设都要考虑社会因素，如人口分布、文化传统等，是为社会服务的工程。

2. 物质性——约束条件

土木工程是实实在在的物质工程，建设过程受到材料、设备、资金等物质条件的约束。需要使用大量建筑材料和机械设备，同时资金投入巨大，这些物质因素直接影响工程的规模、进度和质量。

3. 恒久性——百年大计

"百年大计，质量第一"，土木工程一旦建成通常要长期使用，如桥梁、大坝等可能要使用几十年甚至上百年。这就要求在设计和施工时把安全放在首位，要考虑结构安全、耐久性等诸多因素，以确保在长久的使用过程中安全可靠。

4. 综合性——系统工程

土木工程是一个综合性很强的学科领域。它涉及多个学科的知识和技术，包括力学、材料学、地质学等。在工程实践中，需要综合运用这些技术，如结构设计要考虑力学原理，材料选择要依据材料学知识，基础施工要考虑地质学因素。

5. 普遍性——最终目的

土木工程的最终目的具有普遍性，即改善人类的生存环境。无论是在城市还是乡村，无论是建设交通设施还是公共建筑，都是为了让人们的生活更便利、更舒适，因此，凡是有人类生存的地方，一定有土木工程的实践活动，其成果遍布人们生活的各个角落。

6. 唯一性——独一无二

每一个土木工程建设项目因所处的地理位置、功能需求的个性化、文化历史背景的独特性不同而独一无二。例如，山区的桥梁可能需要考虑复杂的地形、频繁的山体滑坡风险以及强风等因素；而沿海桥梁则要重点应对海水侵蚀、潮汐变化和海洋气候下的强风、盐雾等问题。即使是相同类型的建筑，如两座住宅建筑，一座位于繁华的都市中心，另一座位于宁静的乡村，它们在基础设计、抗震要求、空间布局等方面也会因周边环境的不同而各异。

1.2 土木工程专业

1.2.1 发展概述

1. 萌芽时期（19世纪末—20世纪初）

土木工程最早起源于法国1747年的公路学校。中国土木工程在清末洋务运动时期起步，1895年北洋西学学堂设工程科，1896年北洋铁路官学堂专注铁路工程教育，学习西方技术，规模小，师资多来自国外。

2. 早期发展（20世纪初—1949年）

土木工程学科细分，院校增多，如南洋公学等一批学校开设土木工程学科。教育逐渐规范专业，规模扩大，但受战争和动荡影响，发展缓慢。

3. 平稳发展（1949年—改革开放前）

1952年院系调整，学习苏联，培养"专才"，教学重应用和能力培养，毕业生多服务于相关部门。

4. 改革调整（改革开放—20 世纪末）

1998 年专业合并成"大土木"格局，涵盖多个专业。2012 年专业在代码、范围等方面稍做调整。

5. 持续发展（21 世纪初至今）

新工科建设推动，2020 年教育部颁布了新的《普通高等学校本科专业目录（2020 年版）》，土木工程专业在内涵与发展趋势方面也发生了变化。最大的变化是学科交叉融合趋势增强，如与计算机科学结合开展智能建造、工程软件等相关课程和研究方向；与材料科学结合，研究新型建筑材料；与环境科学结合，发展绿色建筑等，催生了一系列新兴领域，拓宽了土木工程专业的发展空间，以培养适应新时代发展的复合型人才，如图 1.2-1 所示。

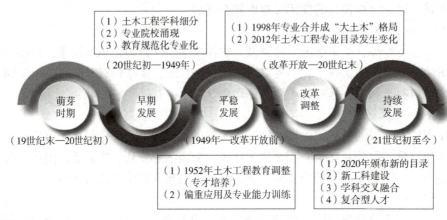

图 1.2-1 土木工程专业的发展

1.2.2 培养目标

随着全球经济的快速发展和技术的不断进步，行业对工程技术人才的需求正在发生着深刻的变化，从教育角度看，传统的教学模式难以适应快速变化的行业需求，教育内容与产业需求匹配不足，导致人才培养与行业需求之间出现脱节。尤其在数智驱动、科技赋能的新工科背景下，土木工程专业人才培养开始聚焦于培养能够适应未来技术变革和社会需求的创新型、应用型、复合型高素质人才。

1. 知识目标

（1）强化基础学科

土木工程专业的创新性发展离不开坚实的基础学科支撑。新工科建设要求加强数学、物理、力学等基础学科的教学，提高学生对基础知识的掌握程度和应用能力。通过强化基础学科的教学，为学生后续的专业学习和创新活动打下坚实的基础。

（2）深化专业知识

在夯实基础的同时，新工科建设要求土木工程专业深化专业知识的教学。通过课程体系改革、设置专业方向、加强专业实训等方式，使学生能够深入理解土木工程的各个领域和关键技术，掌握专业前沿动态和发展趋势，为将来从事相关工作做好充分准备。

（3）掌握数智化新技术

新工科建设要求将信息技术、人工智能、大数据等前沿技术融入土木工程专业教学中，让学生能够熟悉数字化设计与工程分析软件，如建筑信息模型（BIM）、结构分析软件、工程软件等，可以采用人工智能对工程设计方案进行优化分析并精确计算，进行智能化施工，包括智能设备的操作与管理、自动化施工流程等，可以利用大数据分析进行工程结构健康监测与预测，借助物联网实现施工现场的智能化管理。

2. 能力目标

（1）培养创新能力

新工科背景下，土木工程教育强调培养学生的创新思维和创新能力。通过设置创新课程、开展科研项目、组织创新竞赛等方式，激发学生的创造思维能力，鼓励学生勇于探索未知领域，解决复杂工程问题。同时，加强跨学科交流与合作，促进不同领域知识的融合与碰撞，为创新提供肥沃的土壤。

（2）强化实践能力

土木工程是一门实践性很强的学科，新工科建设要求进一步加强学生的实践能力培养。通过增加实践教学环节（如实验、实习、课程设计、毕业设计等），构建产学研合作平台，推动校企深度合作，让学生能够在真实或模拟的工程环境中进行实践锻炼。同时能够在数智化的工程环境中进行项目规划、组织、实施和管理，能够运用科技手段进行进度控制、质量监督和成本管理。

（3）提升综合能力

土木工程师不仅需要具备扎实的专业知识和实践能力，还需要具备良好的综合素质和综合能力。新工科建设要求拓展学生的综合能力，包括跨学科交叉融合能力、沟通协调能力、团队协作能力、项目管理能力等。

1）跨学科融合能力：设置跨学科课程模块，如信息技术、环境科学、经济学等相关课程，组织跨学科团队项目和学术交流活动，促进学科间的交叉融合，培养学生的跨学科视野和综合素养。

2）团队协作与领导力：通过团队项目、社团活动、领导力培训等方式，锻炼学生的沟通协调能力、团队精神和领导力，鼓励其在团队中发挥积极作用。

3）具有国际视野与跨文化交流能力：加强与国际知名高校和企业的交流与合作，鼓励学生参与国际交流项目、海外实习和留学计划，提升其外语水平和跨文化交流能力，使其能够适应全球化的工作环境和跨国合作项目。

（4）养成终身自主学习能力

构建开放的学习环境和资源平台，提供多样化的学习途径和机会，如在线课程、专业论坛、学术讲座等；引导学生关注行业动态和技术发展，培养学生的终身学习能力和自我提升意识，使其能够持续适应技术变革和行业发展的需求。

3. 素养目标

（1）家国情怀和社会责任感

激发学生科技报国的家国情怀、增强民族自豪感和社会使命担当。增强学生面对各种困难的抵抗能力，以及灾难面前的大爱情怀。

（2）职业道德情怀

培养学生良好的职业道德操守和质量重于泰山的责任意识。

（3）工匠与敬业精神

培养学生精益求精的大国工匠精神，以及不断创新的敬业精神。

通过案例分析、专题讲座等方式引导学生树立正确的价值观和职业观，强调工程师的社会责任和职业道德的重要性。

数智驱动、科技赋能新工科背景下的土木工程专业人才培养目标是一个多维度、综合性的体系，旨在培养具有创新能力、实践能力、跨学科融合能力、团队协作与领导力、国际视野与跨文化交流能力、社会责任感与职业道德，以及终身学习与自我提升能力的高素质、复合型人才。

1.2.3　专业课程设置

根据教育部对本科专业人才培养方案课程设置指导意见，土木工程专业人才培养方案及课程常规设置如下：

1）公共基础课程（也称通识教育）（必修）。

2）专业基础课程（必修）。

3）专业核心课程（必修）。

4）实验实践课程（必修）。

5）专业拓展课程（行业选修课程）。

二维码 1.2-1　土木工程专业课程设置一览表

其中：专业拓展课程，各高校会根据自己的培养特色、学生的兴趣爱好、行业的先进技术等设置不同的课程。因此各高校通常会提供丰富的选修课程，涵盖土木工程领域的多个方向，比如 BIM 技术概论、智能建造导论、工程项目管理、工程造价、建筑设备工程、地下工程、隧道工程、桥梁工程、道路工程、新型建筑工业化等，以满足学生个性化学习和发展的需求。土木工程专业课程设置参见二维码 1.2-1。

1.2.4　专业学习

土木工程专业作为一门集理论与实践于一体的综合性学科。其涉及范围广、内容多，大学四年时间短，尤其在数智技术迅猛发展的今天，必须依靠"以学生为中心，以目标为导向"的新工科教育理念，在"夯实基础、拓宽口径"的原则下，把学的主动权留给学生，把教的创造性留给老师。老师是课程的策划者、答疑者、引导者，旨在激发学生的学习兴趣，培养其自主学习能力、创新思维和实践能力。

1. 做好规划、设定目标

凡事预则立、不预则废。规划是成功的基石，不管是在学习、工作和生活的各个领域，做好规划，会为我们的行动提供清晰的路线图。

2. 夯实理论知识

（1）夯实基础、深化专业知识

重视专业基础课程，如力学、土木工程材料、工程制图等，它们是后续学习的基石，数学与物理等基础学科也不容忽视，它们为专业计算与分析提供工具。

（2）加强跨学科、新技术学习

新工科强调学科交叉，学生可学习计算机科学、环境科学等相关知识，如编程与数据分析可用于工程管理，环境科学则有利于设计中考虑可持续发展因素。

（3）人文知识的学习

土木工程专业的学生通过对文学、历史、哲学、社会学、伦理学、建筑史等的学习，不仅有助于拓宽视野、摆脱单一的技术思维模式，增强思考的深度和广度，丰富建筑文化内涵，而且有利于提高沟通表达能力、审美能力，增强社会责任感、职业道德感，树立正确的世界观、人生观和价值观，提升个人的综合素质等。

3. 强化实践能力

（1）积极参与实验课程

踊跃参加各类实验课程，亲身体验材料性能、力学原理验证与结构行为，培养实验与数据分析能力。

（2）积极参加实习和实践活动

争取到建筑施工企业、设计院等单位实习，了解工程建设全过程，积累经验，主动学习实践方法与现场管理操作。

（3）认真做好课程设计和毕业设计

认真对待课程设计与毕业设计，综合运用知识，尝试创新方案，培养独立思考与创新能力。

（4）积极参与项目科研或竞赛

参与学校工程项目或科研项目，如结构设计竞赛等，锻炼团队协作、项目管理与创新能力，提高实践动手能力与综合素质。

（5）学习使用专业软件

掌握 CAD、BIM 等常用专业软件，提高工程设计与分析能力，为工作做准备。

4. 提升综合素质

（1）培养创新思维能力

关注领域新技术、新材料、新方法，思考创新应用，培养创新意识，通过竞赛、学术讨论等激发创新思维。

（2）提高团队沟通协作管理能力

任何一项工程都是多方参与共同完成的，因此培养个人的沟通协调、管理能力非常重要，提升口头与书面表达能力，学会倾听，与各方有效沟通协调，多参加社团活动，增强团队意识。

（3）养成独立自主、终生学习的能力

土木工程行业不断发展变化，新的技术和知识不断涌现。要养成自我学习的习惯，树立终生学习的观念，持续关注行业动态，学习新的知识和技能。通过阅读专业书籍、学术论文、参加培训等方式，不断提升自己的专业水平。

5. 拓宽专业视野

（1）关注行业动态

关注智能建造等新兴领域的发展趋势，通过多种渠道了解最新研究成果与技术动态，学习新设计理念、施工技术与材料应用，为职业发展做准备。

（2）阅读专业文献

定期阅读学术期刊、专业书籍与技术报告，拓宽视野，掌握先进理论与方法。

总之，学好土木工程专业需付出努力与时间，要掌握基础、培养实践能力、提升综合能力、拓宽视野，不断提高专业水平与综合素质。

1.3 拓展知识

二维码 1.3-1 课程
目标对应的毕业要求

1）本课程目标对应的毕业要求，参见二维码 1.3-1。

2）城市更新与城市化率的提高为土木工程行业带来的机遇（可通过网上拓展阅读）。

课后：思考与习题

1. 本章习题

（1）请同学们谈一谈对土木工程的认识和理解。

（2）土木工程专业的培养目标是什么？

（3）土木工程专业学生应具备哪些基本技能？

（4）你将如何规划大学四年的生活和学习？

2. 下一章思考题

（1）土木工程职业发展方向有哪些？

（2）土木工程师应具备的基本素质有哪些？

（3）未来土木工程职业发展方向有哪些？

（4）未来土木工程师应具备的知识和技能有哪些？

第2章 土木工程职业

课前：导读

1. 章节知识点思维导图

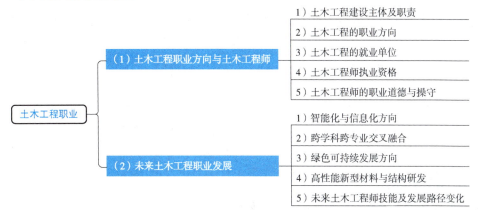

土木工程职业

（1）土木工程职业方向与土木工程师
1）土木工程建设主体及职责
2）土木工程的职业方向
3）土木工程的就业单位
4）土木工程师执业资格
5）土木工程师的职业道德与操守

（2）未来土木工程职业发展
1）智能化与信息化方向
2）跨学科跨专业交叉融合
3）绿色可持续发展方向
4）高性能新型材料与结构研发
5）未来土木工程师技能及发展路径变化

2. 课程目标

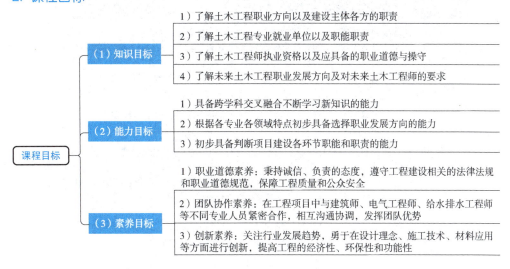

课程目标

（1）知识目标
1）了解土木工程职业方向以及建设主体各方的职责
2）了解土木工程专业就业单位以及职能职责
3）了解土木工程师执业资格以及应具备的职业道德与操守
4）了解未来土木工程职业发展方向及对未来土木工程师的要求

（2）能力目标
1）具备跨学科交叉融合不断学习新知识的能力
2）根据各专业各领域特点初步具备选择职业发展方向的能力
3）初步具备判断项目建设各环节职能和职责的能力

（3）素养目标
1）职业道德素养：秉持诚信、负责的态度，遵守工程建设相关的法律法规和职业道德规范，保障工程质量和公众安全
2）团队协作素养：在工程项目中与建筑师、电气工程师、给水排水工程师等不同专业人员紧密合作，相互沟通协调，发挥团队优势
3）创新素养：关注行业发展趋势，勇于在设计理念、施工技术、材料应用等方面进行创新，提高工程的经济性、环保性和功能性

3. 重点
1）土木工程师应具备的基本素质。
2）未来土木工程师技能及发展路径的变化。

2.1 土木工程职业方向与土木工程师

任何一项土木工程项目从设想到项目的实施使用，一般都需要经过项目前期的策划阶段、勘察与设计阶段、实施阶段、竣工验收阶段、运营维护阶段，每个阶段建设各方主体的职责与分工都有规定。那么，土木工程各方主体有哪些？土木工程具体要干什么？职业领域有哪些？就业方向及就业单位如何？土木工程师的职责是什么？职业发展路径是什么？工程师应遵守的职业道德与操守是什么？工程师执业资格是什么？

随着人工智能、大数据、物联网等新兴技术迅猛发展，土木工程未来的职业发展方向正呈现出多元化和智能化的趋势。

2.1.1 土木工程建设主体及职责

1. 土木工程建设主体

土木工程建设主体一般有投资方、勘察方、设计方、施工方、监理方及政府监督部门，如图 2.1-1 所示。

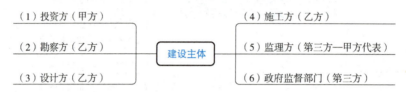

图 2.1-1　土木工程建设主体

2. 主体各方职责

土木工程建设主体各方职责如图 2.1-2 所示。

建设主体角色	主要职责
投资方	投资决策：确定项目投资意向，进行可行性研究，筹集资金 前期工作：办理项目审批手续，提供项目资料，组织招标选择各参建单位 项目实施：监督工程进度、质量、投资，协调各方关系 运营管理（若自持）：负责建筑运营，保障项目正常使用和收益
勘察方	前期支持：为项目选址和初步规划提供场地地质等信息 勘察工作：详细勘察场地，提供精准的地质勘察报告用于设计和施工 施工配合：在施工期间协助解决与勘察成果有关的问题
设计方	前期设计：根据需求和勘察成果进行建筑方案、结构和设备系统设计，协助经济评估 深化设计：完成详细施工图等文件，处理设计变更，保证设计意图实现 运营协助：为运营提供建筑使用和维护的技术支持
施工方	施工实施：组织施工，控制质量、安全，按进度施工并交付工程 质保维修：在质保期内对质量问题负责维修，也可能参与后期改造
监理方	实施监督：受委托监督工程质量、进度、造价，检查材料设备，协调关系，处理纠纷 验收保障：在竣工验收阶段发挥作用，监督施工方质保期内的保修义务履行
政府监督部门	规划审批：确保项目符合规划要求，从多方面审查可行性研究报告 全程监督：对建筑市场主体行为、工程质量、安全生产、市场秩序等进行监督 运营监管：监管建筑使用安全和功能维护，引导改造升级

图 2.1-2　土木工程建设主体各方职责

2.1.2　土木工程的职业方向

土木工程毕业的学生可以在建筑工程、公路、铁路、桥梁、隧道、港口与航道、水利水电等领域，从事策划、勘测、设计、施工、项目管理、运营与维护等技术与管理工作。

参与工程建设相关的主体，一般有政府监管部门、甲方（投资建设方）、乙方（勘测、设计、施工、监理），因此毕业的学生可选择的就业方向及单位也就非常广泛。还可以在科研院所、高校、政府管理部门、房地产公司、造价咨询、检测鉴定加固等部门工作，如图 2.1-3 所示。

图 2.1-3　职业发展方向

2.1.3　土木工程的就业单位

土木工程的就业单位如图 2.1-4 所示。

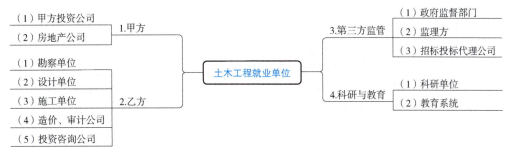

图 2.1-4　土木工程的就业单位

1. 工程勘测（岩土）

就业单位：专业岩土勘测企业，如中国建筑西南勘察设计研究院等。

职能：主要进行实地勘查，包括地形测量、地质勘探和水文勘察，为工程设计施工提供数据。岩土工程勘察，调查地质条件，分析地基稳定性与承载能力，为设计提供参数。

职业发展：从岩土工程勘察技术员起步，晋升为岩土工程师，再到高级岩土工程师或技术总监。同时可通过考试取得国家注册岩土工程师执业资格。

2. 工程设计

就业单位：大中小型建筑设计研究院是主要的就业单位，也可以在大型房地产开发企业的技术部门和施工企业，负责对项目的结构设计进行审核与优化、技术指导与质量控制。

职能：主要负责建筑物等工程结构的设计工作，确保结构的安全性、经济性、适用性和稳定性。

职业发展：可以从助理工程师晋升为工程师、高级工程师、教授级高级工程师，也可以做技术管理工作，如总工、技术总监等。同时可通过考试取得国家一级注册结构工程师执业资格。

3. 工程施工

就业单位：大中小型建筑施工企业，如中建、中铁、中交、中电建等等。

职能：进行施工与管理工作，包括项目的进度控制、质量控制、成本控制、安全管理以及组织协调等。

职业发展：通常是从施工员、技术员等基层岗位逐步晋升为项目经理，或进入企业高管层。项目经理必须取得国家一级或二级注册建造师的执业资格。

4. 工程监理

就业单位：工程监理公司是主要的就业场所，如广州电力工程监理有限公司、上海建科工程咨询公司等。

职能：代表甲方对建设工程项目的施工过程进行质量、进度、造价监督管理并协调各方的关系。

职业发展：从监理员做起，成为监理工程师，最后晋升为总监理工程师。

5. 工程造价

就业单位：主要是造价事务所、投资公司、房地产公司、各种施工单位等。

职能：主要负责工程项目的成本估算、预算编制、成本控制及竣工结算等工作。

职业发展：从造价员开始，成为造价工程师，再晋升为部门经理或技术总监。

6. 工程咨询

就业单位：如国际知名的麦肯锡公司（部分业务涉及工程咨询）和国内的中咨公司（有工程咨询业务）。

职能：主要为各类工程项目提供专业咨询服务。

职业发展：可从初级咨询工程师到中级咨询工程师，再晋升到高级咨询工程师（参与重大项目决策，领导团队，拓展业务，成为行业专家）。通过考试可以取得国家注册咨询师执业资格。

7. 工程检测鉴定与加固公司

就业单位：如上海同丰工程咨询有限公司等。

职能：检测建筑结构与材料性能，鉴定评估并进行结构加固。

职业发展：从检测员起步，晋升为检测工程师，再成为技术负责人或公司高管。

8. 工程建设方（甲方）

就业单位：各类大型企业的基建部门（如大型工厂的基建科）或专门的投资开发公司。

职能：项目前期策划决策，实施阶段招标投标管理与协调监督。

职业发展：从甲方代表助理到甲方代表，再到项目主管或部门经理。

9. 房地产公司

就业单位：大型房地产开发企业。

职能：在房地产开发企业从事项目策划、开发管理、市场营销等工作。需要有一定的专业基础知识，具备项目管理和市场营销能力。

职业发展：从营销专员或工程专员等基础岗位起步，晋升为项目经理，再到区域经理或进入公司高层。通过考试可以取得国家注册房地产经纪人职业资格。

10. 政府行政主管部门

就业单位：住建部（厅）、水利部（厅）、交通部（厅）以及地方建筑工程质量检测中心质检站等。

职能：主要负责制定政策法规，审批监管工程项目，进行建筑市场与工程质量的安全监管。

职业发展：科员起步，晋升为科长、处长等中层岗位后，再晋升为副局长、局长等高层领导岗位。

11. 招标投标部门

就业单位：企业招标投标办公室或代理机构、政府部门招标办等，如国信招标集团有限公司等。

工作内容：企业内负责招标或代理机构受托招标服务。

职业发展：招标专员开始，成长为招标项目经理，再晋升为部门负责人。

12. 科研与教学部门

就业单位：高校、科研机构或企业研发部门等。

工作内容：科研部门进行土木工程领域的研究，教学部门承担教学和科研任务。

职业发展：科研单位从助理研究员逐步晋升为研究员或教授，教学单位从助教晋升为讲师、副教授、教授等职称，可担任管理职务。

2.1.4 土木工程师执业资格

土木工程执业注册制主要是为了确保土木工程从业者具备相应的专业能力和知识，保证工程质量和公众安全。通过设定一定的标准，筛选合格的专业人员从事关键的工程任务。注册资格要通过国家严格的考试获得。注册后，从业者在工程项目中有相应的法律责任，同时应遵守职业道德规范，持续学习以保持专业能力。由专门的机构（如住房和城乡建设部）对注册人员和注册制度进行监管。

土木注册师主要有：注册土木工程师（岩土、港口、航道）、注册结构工程师、注册建造师、注册咨询工程师、注册造价工程师等多种类型，如图 2.1-5 所示。

土木工程专业可以考取的职业资格证书分类如下。

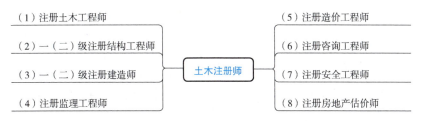

图 2.1-5　土木注册师

1. 设计类

（1）注册土木工程师

1）考试内容：分基础与专业考试，基础考多学科知识，专业考各方向知识技能，通过后可承担相应专业设计工作。

2）工作内容：分多专业方向，从事勘察、设计、规划、咨询等，如岩土方向分析岩土工程，港口与航道方向规划设计相关设施。

3）就业单位：大型建筑设计院、施工企业、科研机构。

（2）注册结构工程师

1）考试内容：含基础与专业考试，考基础学科及设计相关多方面知识。

2）工作内容：负责建筑结构选择、分析计算，绘制设计图等。

3）就业单位：建筑设计研究院、房地产企业技术部门。

2. 施工管理类（注册建造师）

1）考试科目：含经济、管理、法规及专业实务（多专业类别），要求综合能力高。

2）工作内容：负责项目施工管理，包括进度、质量、成本、安全控制及组织协调。

3）就业单位：施工单位、建设单位、工程咨询公司、监理公司等。

3. 监理类（注册监理工程师）

1）考试科目：包括监理理论法规、合同管理、质量投资进度控制、案例分析，要求专业技术和管理能力强。

2）工作内容：监督检查管理施工过程，控制质量、进度、安全、造价，协调各方关系。

3）就业单位：工程监理公司、建设单位、政府部门工程管理机构等。

4. 造价咨询类

（1）注册造价工程师

1）考试科目：含造价管理相关知识、确定与控制、技术与计量、案例分析。

2）工作内容：负责项目造价管理，各阶段造价编制与控制。

3）就业单位：造价咨询公司、施工企业成本管理部门、建设单位造价管理部门。

（2）注册咨询工程师

1）考试科目：涵盖宏观经济政策、项目组织管理、决策分析评价、现代咨询方法与实务。

2）工作内容：负责项目前期等多种咨询，为决策提供依据。

3）就业单位：工程咨询公司、建筑设计院、政府部门及相关机构、企业投资管理部门、金融机构。

5. 安全类（注册安全工程师）

1）考试科目：涉及安全生产法律、管理、技术、事故案例分析。

2）工作内容：负责项目安全管理，制订制度措施，检查排查隐患，组织培训演练。

3）就业单位：施工单位、工程监理公司、企业基建部门、工业园区管理机构。

6. 其他相关类

如房地产估价师。

1）考试科目：房地产制度法规政策、估价原理方法、基础与实务、土地估价基础与实务。

2）工作内容：评估房地产价值，撰写估价报告，提供咨询服务。

3）就业单位：房地产评估公司、开发企业、金融机构、企业资产管理部门。

如图 2.1-6 所示是行业部分注册师执业资格证书。

注册结构工程师　　　注册岩土工程师　　　注册建造师　　　注册监理工程师　　　注册造价工程师

注册咨询工程师　　　注册消防工程师　　　注册房地产经纪人　　　注册资产评估师　　　注册安全工程师

图 2.1-6　行业部分注册师执业资格证书

2.1.5　土木工程师的职业道德与操守

工程师的职业道德与职业操守是工程师在职业活动中必须遵循的基本准则和行为规范，不仅关乎工程师个人的职业发展和声誉，更直接影响到工程项目的质量、安全以及社会公众的利益。因此，工程师应时刻铭记职业道德与职业操守的重要性，不断提升自身的职业素养和道德水平。以下是对工程师职业道德与职业操守的简要概述。

1. 职业道德

（1）责任与担当

1）保障公众安全：土木工程师首要职责是确保公众安全。在设计各类基础设施时，必须充分考虑各种灾害情况的影响。精心进行结构设计，使建筑具备抵御灾害的能力，防止人员伤亡与财产损失。

2）保证工程质量：工程师需保证工程质量符合标准。设计阶段要精确计算结构参数，施工阶段要监督工艺与材料质量。如在道路施工中，控制好沥青混凝土配比与压实度等指标，以确保道路平整度和耐久性。

（2）公正诚信

1）招标投标公正：在招标投标过程中，应保持公正态度。不参与围标、串标等不正当行为，如实提供单位或个人资质、业绩信息。

2）合同诚信：严格遵守合同条款，按约定时间、质量标准、工程造价履行义务。遇不可抗力等原因导致合同无法正常履行时，要及时与对方沟通协商解决。不能因材料价格变动等随意变更造价或降低质量。

（3）保护环境

1）维护生态平衡：在设计与施工中，充分考虑对生态环境的影响。尽量减少对自然植被、水体、土壤等的破坏。在水利工程建设时，合理规划实施，避免对河流生态系统造成严重破坏，保护水生生物栖息地。

2）推动可持续利用：积极倡导可持续发展，采用环保材料与节能技术。建筑设计可利用太阳能、风能等可再生能源，减少对传统能源的依赖。如大型商业建筑安装太阳能光伏发电系统提高能源利用率。

2. 职业操守

（1）专业素养

1）持续学习：土木工程师要不断学习更新知识技能。随着新材料（如高性能混凝土、纤维增强复合材料）、新技术（如 BIM、3D 打印技术）涌现，需及时掌握以适应行业发展。例如学会用 BIM 软件进行设计与施工管理，提升工作效率与质量。

2）强化职业责任：严格遵守工程建设法规与标准规范，如建筑设计、施工质量验收规范等，它们是保障工程安全质量的依据。结构设计时要按混凝土结构设计规范选用钢筋型号、混凝土强度等级等参数。

（2）团队协作

1）尊重他人专业：工程项目中需与多专业人员协作，如建筑师、电气工程师等。要尊重他人意见建议，共同解决问题。建筑设计时，土木工程师要与建筑师沟通结构与空间的关系，实现功能与安全的统一。

2）有效沟通协调：具备良好沟通能力，清晰表达自己观点并理解他人意图。在项目进度、质量控制、技术方案调整等方面与各方有效沟通协调。施工出现设计变更时，及时与施工单位沟通说明原因与要求，确保施工顺利。

（3）知识产权保护

1）尊重他人产权：不抄袭剽窃他人成果，引用时按规定注明出处并获授权。撰写技术报告引用他人试验数据时要注明来源。

2）保护自身产权：对创新成果如新型结构设计、施工工艺创新等及时申请专利或著作权登记保护。

2.2 未来土木工程职业发展

2.2.1 职业发展方向

1. 智能化与信息化方向

（1）智能建造技术集成与应用

1）BIM 技术：将贯穿土木工程全生命周期，可以协助设计协同工作与施工精细化管理（含 4D 进度、5D 成本管控），减少设计中错漏碰缺现象以及施工中返工现象，提质增效降成本。运营中结合物联网实现设备的智能化管理。

2）物联网与土木工程深度融合：施工现场设备、材料和人员通过传感器连接，实现实时监控和自动化管理。如智能传感器监测混凝土强度和结构变形，为施工质量和安全提供实时数据支持。

3）大数据与人工智能决策：通过分析工程造价、质量检测、施工进度等数据，为项目投资、质量控制和进度优化提供科学依据。

（2）智能建造设备技术应用

1）扩展现实技术（虚拟现实 VR、增强现实 AR、混合现实 MR）应用：在土木工程中，扩展现实技术有诸多应用。VR 用于建筑设计阶段让客户沉浸式体验空间以利于沟通修改；施工培训中借助 AR 为工人提供虚拟施工场景与操作指导来提升培训效果；运维阶段运用 AR 进行设备维护和故障排查以提高运维效率；而 MR 则可以在更复杂的场景中融合虚拟与现实信息，辅助工程师进行复杂的设计决策、施工模拟以及设施管理等，进一步提升土木工程全流程的效率与质量，增强可视化和交互性，推动行业的创新发展。

2）CAD 向生成式设计发展，提高设计效率，3D 打印技术普及用于制造复杂建筑构件。这些智能设备提升了土木工程的工作效率、质量与创新能力。

2. 跨学科跨专业交叉融合

（1）土木工程与多学科交叉领域拓展

与交通运输工程、水利工程、环境工程、材料科学、计算机科学等学科交叉融合更紧密。在城市轨道交通建设中，需综合考虑多学科知识；在水环境治理项目中，与环境工程师合作设计工程设施。

（2）跨学科研究与实践项目增多

智能交通基础设施建设、建筑与能源一体化系统开发等跨学科项目涌现。土木工程师需具备跨学科知识和团队合作能力，参与项目开发实施。

3. 绿色可持续发展

（1）绿色建筑与生态基础设施建设

1）绿色建筑设计不仅仅关注建筑的节能和环保性能，更加注重与周边生态环境融合，如垂直绿化墙、太阳能光伏板与建筑一体化设计等。在城市建筑中，越来越多的高楼大厦采用垂直绿化墙，不仅美观，还能改善局部小气候。

2）生态基础设施建设成为重点，包括海绵城市建设（雨水花园、绿色屋顶、透水路面等）、城市森林和绿道系统规划等。土木工程师需综合考虑水资源循环利用、生物多样性保护和城市生态系统服务功能。

（2）既有建筑的绿色改造与再生利用

对既有建筑进行绿色改造是关键环节，工程师进行能源审计后，采用更换门窗、增加外墙保温、升级暖通空调系统等措施降低能耗。同时，将废弃工业建筑改造成创意产业园等，可实现功能再生利用。

4. 高性能新型材料与结构研发

（1）高性能材料研发与应用拓展

高性能混凝土、纤维增强复合材料（FRP）、形状记忆合金等新材料得到广泛应用。它们具有高强度、高韧性、耐腐蚀等优点，可提高结构性能。如 FRP 筋在桥梁结构中应用，可解决钢筋锈蚀问题。

（2）新型结构体系探索与实践

大跨度空间结构、装配式钢结构和木结构等新型结构体系不断发展。土木工程师需研究其力学性能、节点构造和施工工艺，推动在大型场馆、住宅等建筑中的应用，同时应加强其抗灾性能的研究。

2.2.2 就业单位

1. 建筑设计单位

（1）传统建筑设计公司转型需求

传统建筑设计公司为适应智能化和绿色化发展趋势，加大了对掌握 BIM 技术和绿色建筑设计理念的土木工程师的招聘力度，并积极参与各类建筑项目设计及城市更新等项目。

（2）专业绿色建筑设计事务所

专注绿色和生态建筑设计，提供高端定制服务。对有绿色建筑设计经验和生态理念的土木工程师需求高，需要参与绿色三星、零碳建筑设计等项目。

2. 建筑施工企业

（1）大型建筑施工企业升级方向

如中国建筑、中国中铁等，正积极推进智能建造技术应用和绿色施工实践，招聘掌握智能建造系统和绿色施工工艺的土木工程师，负责施工管理和技术指导，承接大型基础设施和建筑工程。

（2）中小型施工企业差异化竞争策略

在既有建筑改造、小型绿色建筑施工等领域寻找机会。他们更倾向于招聘熟悉当地市场和施工工艺的土木工程师，提供个性化施工服务，如旧建筑节能改造、小型绿色住宅建设。

3. 工程咨询单位

（1）全过程工程咨询服务拓展

从传统咨询服务向全过程咨询转变，招聘具有综合知识和管理能力的土木工程师，提供项目前期到后期的一站式服务，包括可行性研究、设计管理、施工管理等。

（2）专业咨询机构发展

随着行业细分，出现绿色建筑咨询、智能建造咨询等专业机构。招聘专业土木工程师提供技术咨询和认证服务，如绿色建筑认证咨询、建筑能源审计等。

4. 房地产开发企业

（1）产品升级与品牌建设重点

适应市场需求，加强产品研发和品牌建设投入。招聘建筑技术研发和产品策划等土木工程师，打造绿色智能住宅产品，注重社区生态环境和智能化设施配套。

（2）城市更新与旧改项目推进力量

积极参与旧小区和旧商业区改造等项目。需要城市更新和旧建筑改造工程师协调各方关系，推动项目实施。

5. 政府部门与事业单位

（1）建设管理部门监管强化

住房和城乡建设等政府机构，为加强建筑市场监管，招聘土木工程师制定并监督政策法规执行，保障建筑质量、施工安全和绿色建筑推广等。

（2）科研机构与高校科研教学结合

科研机构和高校加大科研力度，招聘高层次科研人才，在智能化建造、绿色建筑等前沿领域开展研究，同时培养输送土木工程师。

2.2.3　未来土木工程师

1. 知识与技能要求

（1）技术知识与技能更新

1）熟练掌握智能化建造技术：包括 BIM 软件操作、物联网设备应用、大数据分析和人工智能算法等。能利用 BIM 进行施工模拟和成本估算，用物联网传感器收集分析结构数据。

2）精通绿色建筑设计和施工技术：熟悉评价标准，掌握节能措施和可再生能源利用技术等，如设计太阳能发电和雨水收集回用系统。

3）深入了解高性能材料性能和应用：掌握新型结构体系力学原理和施工方法，能进行材料性能测试和结构力学分析。

4）具备跨学科知识：如交通运输、环境工程、材料科学、计算机科学等基础知识，用于不同项目设计。

（2）管理与沟通能力提升

1）强化项目管理能力：运用软件控制项目进度、质量和成本，制订计划，处理风险问题。

2）提高沟通协调能力：与不同专业人员、部门及业主、政府等有效沟通协作，确保项目顺利推进。

3）加强团队合作能力：在跨学科项目中与其他专家合作，共同解决复杂问题。

2. 职业发展路径变化

（1）技术专家路线深化

从初级工程师成长为技术专家，在智能建造、绿色建筑等领域参与标准制定、科研项目研发和复杂问题解决。

（2）项目管理路径拓展

积累项目管理经验后，向高级项目经理或项目总监发展，管理大型复杂项目，协调多方资源。

（3）跨学科转型机遇增加

因学科交叉融合，有机会转型到智能交通、建筑能源管理等跨学科领域，拓展职业发展空间。

2.3　拓展知识及课程思政案例

1）土木工程师执业资格考试要求（网上搜索）。

2）住建部联合人社部发布《关于开展工程建设领域专业技术人员违规"挂证"行为专项治理》的文件（网上搜索学习）。

3）厦门会展中心脚手架事故视频，参见二维码 2.3-1。

二维码 2.3-1　厦门会展中心脚手架事故视频

课后：思考与习题

1. 本章习题

（1）你对哪些技术活动感兴趣，将来希望从事什么职业？

（2）简述土木工程未来职业发展方向及应具备的技能。

（3）如何提升土木工程师职业道德素养？

（4）通过学习拓展知识以及课程思政案例，请写出读后感。

2. 下一章思考题

（1）土木工程发展史各阶段特点及伟大成就有哪些？

（2）畅谈未来土木工程发展的趋势。

（3）赵州桥经历 10 次水灾、多次地震和战乱，为什么依然能屹立千年不垮？

（4）应县木塔历经多次强烈地震、炮弹轰击，为什么能屹立千年而不倒？

（5）为什么说都江堰水利工程是"镇川之宝"，神奇在哪里？

第 3 章　土木工程发展史

课前：导读

1. 章节知识点思维导图

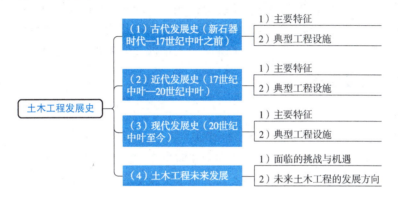

土木工程发展史
- （1）古代发展史（新石器时代—17世纪中叶之前）
  - 1）主要特征
  - 2）典型工程设施
- （2）近代发展史（17世纪中叶—20世纪中叶）
  - 1）主要特征
  - 2）典型工程设施
- （3）现代发展史（20世纪中叶至今）
  - 1）主要特征
  - 2）典型工程设施
- （4）土木工程未来发展
  - 1）面临的挑战与机遇
  - 2）未来土木工程的发展方向

2. 课程目标

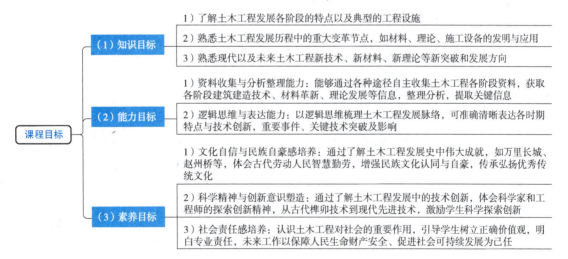

课程目标
- （1）知识目标
  - 1）了解土木工程发展各阶段的特点以及典型的工程设施
  - 2）熟悉土木工程发展历程中的重大变革节点，如材料、理论、施工设备的发明与应用
  - 3）熟悉现代以及未来土木工程新技术、新材料、新理论等新突破和发展方向
- （2）能力目标
  - 1）资料收集与分析整理能力：能够通过各种途径自主收集土木工程各阶段资料，获取各阶段建筑建造技术、材料革新、理论发展等信息，整理分析，提取关键信息
  - 2）逻辑思维与表达能力：以逻辑思维梳理土木工程发展脉络，可准确清晰表达各时期特点与技术创新，重要事件、关键技术突破及影响
- （3）素养目标
  - 1）文化自信与民族自豪感培养：通过了解土木工程发展史中伟大成就，如万里长城、赵州桥等，体会古代劳动人民智慧勤劳，增强民族文化认同与自豪，传承弘扬优秀传统文化
  - 2）科学精神与创新意识塑造：通过了解土木工程发展中的技术创新，体会科学家和工程师的探索创新精神，从古代榫卯技术到现代先进技术，激励学生科学探索创新
  - 3）社会责任感培养：认识土木工程对社会的重要作用，引导学生树立正确价值观，明白专业责任，未来工作以保障人民生命财产安全、促进社会可持续发展为己任

3. 重点

1）土木工程发展各阶段特征。

2）典型工程及科学家伟大成就。

3）未来土木工程发展趋势。

3.1 古代土木工程

3.1.1 概述

古代土木工程的发展是人类文明进步的重要标志，大致从新石器时代起至17世纪中叶，经历了萌芽、形成和发达三个主要时期。这一漫长的历史进程中，土木工程没有什么理论技术的指导，所用的材料主要取之于自然，如树枝树干、土、石块、茅草等，建造全凭借经验，大概到秦汉西周时期，出现烧制的砖、瓦，这一时期工具也极其简单，只有石斧、石锤、石刀和石夯等，尽管如此，古代却留下许许多多具有历史价值的建筑和土木工程设施，而且有的极宏达且精美，令人惊叹，有的甚至令人难以置信是如何建造的。

3.1.2 主要特征及典型工程

1. 萌芽时期

萌芽时期（约公元前5000年—公元前3000年）始于新石器时代，旧石器时代以前，原始人为了遮风避雨、防备野兽，利用天然崖洞和树巢作为居所，如北京猿人洞穴。到新石器时代，才开始出现利用黄土层为壁体的土穴、用木架和草泥建造的简单巢居、穴居和浅穴居建筑。

（1）特点

萌芽时期特点如图3.1-1所示。

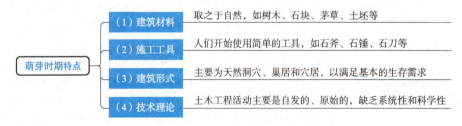

图 3.1-1　萌芽时期特点

（2）典型的居所

1）南方-巢居和干栏式木构建筑：受气候等影响，长江流域及以南地区先有巢居，后发展为干栏式建筑，如河姆渡原始木构建筑，木构件用榫卯结合，如图3.1-2所示。干栏式建筑在现代的南方及东南亚仍有广泛应用，如苗族吊脚楼。

2）北方-穴居和木骨泥墙建筑：北方气候寒冷干燥，穴居和木骨泥墙建筑是主要形式，仰韶文化时期已掌握相关营造技艺（如处理地基、夯土筑墙、栽立木柱等），西安半坡村有大型村落及多种建筑（公共仓库、窖穴、圈栏、墓葬）遗址留存，如图3.1-3所示。

2. 形成时期

随着生产力发展，农业与手工业分工，土木工程形成时期（约公元前3000年—公元前3世纪）在材料、工具、技术及理论等方面均有发展。

原始人巢居　　　　　　　浙江余姚河姆渡（干栏式建筑）

图 3.1-2　萌芽时期南方居所

北方穴居　　　　　　仰韶文化时期遗址　　　　西安半坡遗址木骨泥墙复原图

图 3.1-3　萌芽时期北方居所

（1）特点

形成时期特点如图 3.1-4 所示。

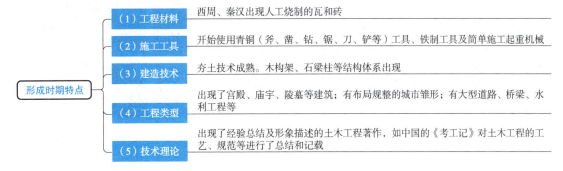

形成时期特点

（1）工程材料　　西周、秦汉出现人工烧制的瓦和砖

（2）施工工具　　开始使用青铜（斧、凿、钻、锯、刀、铲等）工具、铁制工具及简单施工起重机械

（3）建造技术　　夯土技术成熟。木构架、石梁柱等结构体系出现

（4）工程类型　　出现了宫殿、庙宇、陵墓等建筑；有布局规整的城市雏形；有大型道路、桥梁、水利工程等

（5）技术理论　　出现了经验总结及形象描述的土木工程著作，如中国的《考工记》对土木工程的工艺、规范等进行了总结和记载

图 3.1-4　形成时期特点

（2）中国典型的工程设施

1）建筑工程

①偃师二里头遗址宫殿：始建于约 4000 多年前夏朝，发现有最早庭院式木架夯土建筑，正方形、中轴线布局，多重院落，夯土台基、木构架房屋，标志着古代宫殿建筑的初步形成。

②安阳殷墟宫殿宗庙遗址：处于殷商时期，规模宏大、布局严谨，坐北朝南，夯土台基、木柱支撑，版筑墙体，有精美雕刻彩绘，是重要代表建筑。

③阿房宫（秦朝）：大型宫殿建筑群，规划宏大、壮丽。

2）水利工程-都江堰水利工程：都江堰，战国秦昭王末年约公元前 256—前 251 年，由李冰父子主持修建，无坝引水，由鱼嘴、飞沙堰、宝瓶口组成，用来解决江水分流等问题，

2000 多年来防洪灌溉，使成都平原成为"天府之国"。

3）道路工程-秦直道：秦直道，约建于公元前 212 年，是目前发现的我国最早"高速公路"，南起咸阳北至九原郡，全长 700 多 km，黄土夯筑，宽 30～60m，工程质量高，历经 2000 多年仍可分辨走向。

4）城市防御工程：长城，始建于春秋战国，秦统一后连接秦、赵、燕始成长城雏形，建筑材料有土、石、砖等，不同地区风格不同，历代修缮扩建，抵御游牧民族侵扰，维护中原安全稳定，促进了边疆经济文化交流。

形成时期中国典型工程设施如图 3.1-5 所示。

安阳殷墟宫殿宗庙遗址　　都江堰水利工程　　中国秦直道　　万里长城

图 3.1-5　形成时期中国典型工程设施

（3）外国典型的工程设施

外国工程设施大部分采用石砌筑，如图 3.1-6 所示。

古埃及金字塔　　古希腊帕特农神庙　　雅典卫城　　古埃及太阳神庙

图 3.1-6　形成时期外国典型工程设施

1）古埃及金字塔：建于古王国时期，约公元前 2500 年。以胡夫金字塔最为著名，是世界上最大的金字塔。金字塔由巨大的石块堆砌而成，内部有复杂的通道和墓室。其建筑工艺精湛，石块之间严丝合缝，体现了古埃及人高超的工程技术水平。

2）庙宇

①古希腊帕特农神庙：建于公元前 447—前 438 年，位于雅典卫城最高处，用来供奉雅典娜女神，采用多立克柱式，外观宏伟，装饰精美，代表着古希腊建筑的最高成就。

②雅典卫城：始建于公元前 580 年，是希腊出色的古建筑群及宗教政治中心，融合了多种柱式，布局巧妙，利用地形，展现了当时城市规划与建筑设计的理念。

③古埃及太阳神庙：古埃及宗教建筑杰出代表，新王国时期因皇帝与太阳神崇拜结合大量兴建，规模宏大，有门、院落、大殿、密室等，门前有方尖碑为标志，工艺精湛、体量巨大，体现了当时的石工技术，装饰有精美浮雕与绘画，具有宗教与文化的象征意义。

3. 发达时期

发达时期（大约从公元前 3 世纪至 17 世纪中叶），土木工程技术与理论得到显著发展，利用数学和力学原理设计结构，施工方法成熟多样，东西方交流使技术风格多元化，众多有历史价值的建筑得以留存。

（1）特点

发达时期特点如图 3.1-7 所示。

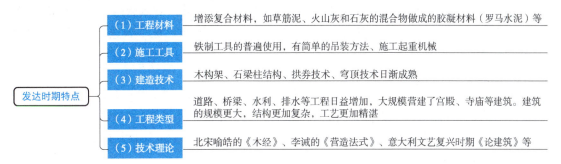

图 3.1-7　发达时期特点

（2）中国典型工程设施

中国土木工程设施大部分采用木结构、砖木结构，桥梁方面采用石结构，如图 3.1-8 所示。

应县木塔　　　　　　　　北京故宫　　　　　　　　赵州桥　　　　　　　　京杭大运河

图 3.1-8　发达时期中国典型工程设施

1）建筑工程

①嵩岳寺塔：该塔始建于北魏正光四年（公元 523 年），重修于唐代，是我国现存最古老的密檐式砖塔和砖构地面建筑。

②佛光寺大殿：建于唐代（857 年），位于山西。它是现存唐代木构建筑的杰出代表，其斗拱雄大、出檐深远，展现了唐代建筑的雄浑气势，对研究唐代建筑和雕塑艺术价值极高。

③天津独乐寺：辽代木结构建筑，融合唐辽特色，寺内的山门和观音阁重建于辽统和二年（984 年），通高 23m，是我国现存最古老的高层木结构阁楼式建筑。

④中国应县木塔（佛宫寺释迦塔）：始建于辽代（公元 1056 年），是世界现存最古老、最高的楼阁式木塔，通高 67.31m。全塔结构精美，构架独特，整体架构所用材料全为木材，没有使用一颗铁钉，仅靠木构件之间的榫卯连接。历经千年的风雨沧桑，木塔依然屹立不倒，成为中华民族传统文化的不朽丰碑。

⑤北京故宫：1406 年始建，明清皇宫，木结构建筑，是世界最大最完整的古代木构建筑群。

2）桥梁工程：赵州桥，位于河北省赵县，建于隋代大业年间（公元 605 年—618 年），由著名匠师李春设计建造，是世界上现存最早、保存最完整的单孔敞肩石拱桥。桥全长 64.4m，净跨 37.02m，拱矢 7.23m。赵州桥设计奇妙，在世界桥梁史上占有重要地位。

3）水利方面：京杭大运河，是世界上最长的古代运河。它南起杭州，北至北京，全长约 1794km，沟通了海河、黄河、淮河、长江、钱塘江五大水系。春秋始建，隋元扩建疏通，是古代交通大动脉，现代部分河段仍发挥着重要作用，2014 年已成功入选《世界文化遗产名录》。

（3）外国典型的工程设施

1）建筑工程

①古罗马万神庙：始建于公元前 27 年，重建于公元 120—124 年，宗教建筑，拱券与希腊柱式结合，最大圆顶建筑之一，穹顶直径及顶端高度均为 43.3m，中央有直径约 8.9m 圆洞，代表了古罗马建筑的高超水平。

②古罗马斗兽场：建于公元 72—80 年，最大圆形角斗场，可容 5~8 万观众，拱券和混凝土结构，椭圆形及分层观众席设计影响了现代体育场馆建设。

③比萨大教堂：始建于 1063 年，意大利罗马式教堂代表，平面呈拉丁十字形，有圆柱、椭圆拱顶、木架结构屋顶，旁有比萨斜塔，1173 年建成，虽有倾斜仍屹立，为建筑奇观。

④巴黎圣母院：约 1163—1250 年建造于法国巴黎市中心，欧洲早期哥特式建筑及雕刻艺术代表，石材建造，高耸挺拔，雨果喻为"石头的交响乐"，影响了哥特式建筑的发展。

2）桥梁工程：加尔桥，建于公元前 19 年左右，位于法国南部，为古罗马渡槽桥，三层，高 49m，石块砌筑，是水利工程和桥梁建筑的杰作，体现了古罗马卓越的工程技术和组织能力。

发达时期外国典型工程设施如图 3.1-9 所示。

古罗马万神庙穹顶　　　古罗马斗兽场　　　比萨大教堂与比萨斜塔　　　巴黎圣母院

图 3.1-9　发达时期外国典型工程设施

3.2　近代土木工程

3.2.1　概述

近代土木工程的时间跨度大概从 17 世纪中叶到 20 世纪中叶，这 300 多年间，是土木工程发展史中迅猛发展的阶段。这一时期无论是理论，还是工程材料、施工设备都有了突破性的发展，同时也建造出了很多具有代表性的标志性土木工程作品。

3.2.2 主要特征

近代土木工程主要特征如图 3.2-1 所示。

图 3.2-1 近代土木工程主要特征

1. 力学理论的突破（理论奠定期）

17 世纪至 18 世纪下半叶是近代科学理论的奠基时期，也是近代土木工程的奠基时期。伽利略、牛顿等所阐述的力学理论是近代土木工程发展的起点，如图 3.2-2 所示。

伽利略　　　　　牛顿　　　　　欧拉　　　　　库仑　　　　　胡克

图 3.2-2 力学理论奠基者

（1）材料力学、弹性力学的基础

1638 年，意大利数学家、天文学家、力学家伽利略在他的著作《关于两门新科学的谈话和数学证明》中，论述了建筑材料的力学性质和梁的强度，首次用公式描述了梁的设计理论。这本书是材料力学领域中的第一本著作，也是弹性体力学史的开端。

1678 年，英国科学家胡克发表了根据弹簧实验观察所得的"力与变形成正比"这一重要物理定律（即胡克定律），奠定了材料力学的基础。

（2）理论力学基础

1687 年，牛顿总结的力学运动三大定律是自然科学发展史的一个里程碑，直到现在还是土木工程设计理论的力学基础。

（3）柱稳定性理论基础

1744 年，瑞士数学家欧拉在出版的《曲线的变分法》中建立了柱的压屈公式，得到了柱的临界压力公式，为分析土木工程结构物的稳定问题奠定了基础。

（4）土力学、静力学基础

1773 年，法国工程师库仑撰写的论文《建筑静力学各种问题极大极小法则的应用》中，说明了材料的强度理论、梁的弯曲理论、挡土墙上的土压力理论及拱的计算理论。

（5）容许应力法的建立

1825 年，法国的纳维在材料力学和弹性力学不断发展的基础上，建立了土木工程中结构设计的容许应力法，使得工程师在设计和建造过程中有了科学的理论依据。

这些近代科学奠基人突破性的成果，促使土木工程向深度和广度发展。

（6）结构动力学基础

1906 年，美国旧金山大地震、1923 年日本关东大地震，这些自然灾害推动了结构力学和工程抗震技术的发展。

2. 工程材料的革新（进步时期）

18 世纪下半叶，瓦特发明的蒸汽机推动了产业革命，规模宏大的产业革命，为土木工程提供了多种性能优良的建筑材料及施工机具，土木工程的新材料、新设备接连问世，新型建筑物不断出现。

（1）波特兰水泥问世

1824 年，英国人阿斯普丁发明了新型水硬性胶结材料，也就是常说的波特兰水泥。波特兰水泥的发明是土木工程史上的一个重要里程碑。水泥的出现使得混凝土的大规模生产和应用成为可能，并且很快成为土木工程中用量最大的材料之一。

（2）钢材的出现

1856 年，转炉炼钢法成功，钢材量产并应用于土木工程，因钢材具有质地均匀，抗拉、抗压、塑性、韧性都良好等优点，一经量产即广泛应用于桥梁、铁路、建筑等领域。

（3）钢筋混凝土的诞生

水泥的问世，转炉炼钢法的成功，这两项发明为钢筋混凝土的产生奠定了基础。

1849 年，法国园丁莫尼尔为防花盆破裂在混凝土中加铁丝发明了钢筋混凝土，1867 年获专利，钢筋混凝土充分发挥了混凝土抗压和钢筋抗拉能力，极大地提高了建筑结构的强度和稳定性，使得建筑工程可以建造更高、更大跨度的结构。此后，便广泛应用并不断发展。

（4）预应力混凝土的出现

1886 年，美国人杰克逊首次应用预应力混凝土制作建筑构件，1930 年法国工程师弗雷西内将高强钢丝用于预应力混凝土，而后随着张拉和锚固方法的改进，预应力混凝土广泛地应用于工程领域，把土木工程技术推向新的高峰。

3. 施工技术的创新（创新时期）

（1）大型机械设备的使用

蒸汽机的发明为土木工程施工提供了强大的动力。起重机、挖掘机等大型机械设备的应用，大大提高了施工效率和质量，降低了劳动强度。

（2）施工方法的创新

盾构法、沉箱法等新的施工方法不断涌现。盾构法广泛应用于隧道工程，沉箱法用于港口、桥梁等水下工程建设。

3.2.3 典型工程

1. 外国近代典型工程

根据美国高层建筑与城市住宅委员会（The Council on Tall Buildings and Urban Habitat, CTBUH）统计资料：截至 1930 年，前 100 名高层建筑几乎均为钢结构体系。建筑高度前 10 名均在美国，其中 9 座在纽约，如图 3.2-3 所示。

芝加哥保险公司大楼　　　　埃菲尔铁塔　　　　帝国大厦

图 3.2-3　外国近代典型建筑工程

（1）建筑工程

1）芝加哥保险公司大楼：1886 年美国芝加哥采用钢铁框架承重，建成了 11 层 55m 高的保险公司大楼，被誉为现代高层建筑的开端。

2）埃菲尔铁塔：1889 年法国埃菲尔铁塔建成，现高 330m，用熟铁近 8000t，是近代高耸结构代表，为巴黎标志性地标之一。

3）帝国大厦：1931 年在美国落成，高 381m（含屋顶），102 层，曾保持全球最高建筑 40 年，在美国经济大萧条时用两年完工，耗资 4000 多万美元。

（2）桥梁工程

1）铸铁拱桥：1779 年英国用铸铁建成了跨度 30.5m 的拱桥。

2）悬索桥：1826 年英国用锻铁建成了第一座跨度为 177m 的悬索桥。

3）悬臂式桁架梁桥：1890 年英国福斯湾建成两孔主跨达 521m 的悬臂式桁架梁桥。

4）世界第一座单跨过千米的金门大桥：1937 年美国旧金山建成金门大桥，金门大桥为跨越旧金山海湾的全悬索桥，桥跨 1280m，是世界上第一座单跨超过千米的大桥，桥头塔架高 277m。

外国近代典型桥梁工程如图 3.2-4 所示。

（3）铁路、公路工程

19 世纪初，铁路开始在欧美迅速发展。

首座钢筋混凝土桥

30.5m铸铁拱桥

177m悬索桥

悬臂式桁架梁桥

金门大桥

图 3.2-4　外国近代典型桥梁工程

1）1825 年英国修建的世界上第一条铁路正式通车，全长 27km。

2）1863 年英国在伦敦建成了世界上第一条地下铁路，后多国在大城市相继建设地下铁道交通网。

3）1869 年美国建成横贯北美大陆的铁路。

4）1931—1942 年，德国首先修筑了长达 3860km 的高速公路网。

外国近代典型铁路、公路工程如图 3.2-5 所示。

英国第一条地下铁路

德国高速公路网

英国第一条铁路

美国铁路

图 3.2-5　外国近代典型铁路、公路工程

（4）水利工程

为了满足灌溉、发电、防洪等需求，水利工程建设规模不断扩大。典型的水利工程有：

1）苏伊士运河：（1859—1869 年）历经 10 年开凿成功的苏伊士运河，将地中海和印度洋联系起来，这样从欧洲到亚洲的航行不必再绕行南非。

2）巴拿马运河：1914 年建成的巴拿马运河，它将太平洋和大西洋直接联系了起来，在全球运输中发挥了巨大作用，如图 3.2-6 所示。

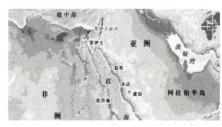
苏伊士运河

巴拿马运河

图 3.2-6　外国近代典型水利工程

2. 中国近代典型工程

近代土木工程以西方为主，中国因清朝闭关锁国政策发展缓慢，清末洋务运动才引入西方技术，并建造了一些具有影响力的土木工程设施，如图 3.2-7 所示。

| 京张铁路 | 上海国际饭店 | 钱塘江大桥 | 广州白云宾馆 |

图 3.2-7　我国近代典型代表工程

（1）京张铁路

1909 年，詹天佑（中国铁路之父）主持修建的京张铁路，是中国人自行设计和施工修筑的第一条铁路，全长 200km。当时，外国人认为中国人依靠自己的力量根本不可能建成，詹天佑的成功大涨了中国人的志气，他的业绩至今令人缅怀。

（2）上海国际饭店

1934 年，上海建成了 24 层地上高 83.8m 的国际饭店，是中国人自己筹资建造的第一幢摩天大楼和 20 世纪 30 年代亚洲最先进的酒店，有 30 年代"远东第一高楼"之称。当时楼高惊人，故有"仰观落帽"之说。

（3）钱塘江大桥

1937 年，茅以升（中国桥梁之父）先生主持建造钱塘江大桥，该桥是我国自行设计、建造的第一座双层铁路、公路两用钢结构桥梁，打破了只有外国人才能建造铁桥的惯例，为中国桥梁建设树立了典范，极大地鼓舞了中国人民的民族自信心。抗战时期，钱塘江大桥成为重要的交通通道，自建成到炸毁的 89 天时间里，100 多万军民得以转移，为抗战胜利做出了重要贡献。

（4）广州白云宾馆

广州白云宾馆于 1976 年建成，楼高 120m，共 34 层，钢筋混凝土剪力墙结构，是 20 世纪 70 年代中国的第一座超高层建筑，也是当时亚洲排名前五的高楼，为高层建筑设计提供了宝贵经验。广州白云宾馆是广州的标志性建筑之一，2017 年 12 月，入选第二批中国 20 世纪建筑遗产。

3.3　现代土木工程的发展

3.3.1　概述

现代土木工程以第二次世界大战结束为起点。这一时期，科学技术迅猛发展，计算理论更加精确化、高效化，新型工程材料更加轻质高强化。高层建筑如雨后春笋，地下空间也逐渐开发利用、大型工程设施层出不穷，功能要求多样化、交通网络不断扩大，向快速化发展，施工机械、技术和管理方式、计算精准性也都有了突破性进展。世界最高的高层建筑、世界最长的桥梁、世界上最长的隧道、世界上最高的大坝在不断刷新纪录。由此，土木工程进入了一个日新月异突飞猛进的新时代。

3.3.2 主要特征及典型工程

现代土木工程主要特征如图 3.3-1 所示。

图 3.3-1 现代土木工程主要特征

1. 功能多样化

现代土木工程功能完善且多样，不仅涵盖社会生活基本需求的多方面，从住宅到工程设施等各个方面，同时，随着人们对生活品质要求的提高，还需考虑防灾减灾、生态保护、节能减排等多重功能以满足社会需求。比如民用建筑要结合现代化设备调节温湿度等，工业建筑要满足恒湿、恒温、防微振、防腐蚀、防辐射、防磁、无微尘等要求。

2. 城市建设立体化

随着城市人口增加、用地紧张及交通堵塞等，土木工程开始向立体化发展，高层建筑、地下空间开发及城市综合体等不断涌现，立体交通系统建设提升了交通流畅性与便捷性，有效缓解了土地压力并提升了空间利用率。

（1）高层建筑

1）20 世纪 60 年代到 20 世纪 80 年代。第二次世界大战后经济复苏，高层建筑发展繁盛，新型钢结构、钢筋混凝土结构及钢-混凝土混合结构迅速发展，其中美国高层最多，中国、马来西亚、新加坡等国家也迅猛发展。

根据美国高层建筑与城市住宅委员会（CTBUH）统计资料：截至 1980 年，高度超过 200m 的高层建筑共计 71 座，高度前 10 名仍均为钢结构体系，前 100 名中混凝土结构体系占 11 座，混合结构占 16 座；截至 2000 年，高度超过 300m 的高层建筑为 27 座。这一时期典型的高层建筑有：

1972 年纽约，建成高 417m（415m）、110 层的纽约世界贸易中心姐妹楼；采用框筒结构内设黏弹性阻尼装置。因 911 事件被毁。

1974 年芝加哥，建成高 442m、108 层的西尔斯大厦（Sears Tower）。

1990 年中国香港，建成高 367m、70 层的中银大厦，钢-混凝土混合结构框桁-筒体系，由贝聿铭设计，是亚洲现代高层建筑的杰出代表。

2）20 世纪 90 年代到 21 世纪初。高层钢筋混凝土和混合结构成为主流，且发展速度超过钢结构。

这一时期典型的高层建筑有：

1992 年中国香港，建成高 374m、78 层的香港中环中心，混合结构。

1996 年中国深圳，建成高 384m、69 层的地王大厦，混合结构。

1996 年中国广州，建成高 391m、80 层的中信广场，是目前世界上最高的钢筋混凝土结构。

1998 年马来西亚吉隆坡，建成高 452m、88 层的石油大厦，混合结构。

1999 年中国上海，建成高 421m、88 层的金茂大厦，混合结构。

2004 年中国台北，建成高 508m、101 层的台北国际金融中心，现通称台北 101 大厦，混合结构。

2008 年中国上海，建成高 492m、101 层的上海环球金融中心，混合结构。

2010 年阿联酋迪拜塔（哈利法塔），目前世界上最高的建筑，高达 828m。其建筑形态和结构设计都具有创新性，成为迪拜的标志性建筑和世界建筑的新标杆。

2016 年上海中心大厦，建筑高度 632m，中国第一高楼。其独特的螺旋式上升的外观造型，不仅具有较好的抗风性能，也为建筑增添了独特的视觉效果。建筑内部功能多样，集办公、酒店、观光等多种功能于一体。

典型高层建筑如图 3.3-2 所示。

哈利法塔（828m）　　上海中心大厦（632m）　　深圳平安金融中心（599m）　　台北101大厦（508m）

吉隆坡双子塔（452m）　　西尔斯大厦（442m）　　美国世贸中心（415m、417m）　　香港中银大厦（367m）

图 3.3-2　典型高层建筑

（2）地下建筑

城市立体化不仅向高空发展，同时又向地层深处发展。如图 3.3-3 所示，典型代表工程有：

1）蒙特利尔地下城：位于加拿大第二大城市蒙特利尔，总面积达 400 万 m^2，连接市中心 80% 的办公楼和 35% 的商业设施，是世界上最大最繁华的地下"大都会"。

蒙特利尔地下城　　　　　深圳地下铁路　　　　　东京八重洲地下街　　　　　多伦多PATH

图 3.3-3　地下建筑典型工程

2）深圳地下铁路：作为中国最大的地铁系统之一，该系统贯穿整个城市，连接各个重要区域和景点。

3）东京八重洲地下街：日本规模较大的地下街，总建筑面积达 9.6 万 m²，是全球最大的地下商业街之一。

4）多伦多 PATH：位于加拿大多伦多市中心，是全球最大的地下街，拥有约 1200 间店铺，面积约为 371600m²。

3. 交通高速智能化

随着区域经济一体化和全球化发展，交通工程高速智能化成为现代土木工程的重要特征。中国公路里程从 1978 年的仅有 12 万 km 增长到 2023 年底的 544.1 万 km，而且遍布中国各个角落，如最难建设的青藏公路、滇藏公路、新藏公路……。特别是高速公路、高速铁路技术的突破，对经济发展起到了巨大的推动作用。

（1）高速公路

国外高速公路：20 世纪初—20 世纪中叶，高速公路建设技术和标准逐渐形成，建设主要集中在发达国家。二战后美国、欧洲、日本都加快了高速公路系统的建设。1928—1932 年间，德国建成了世界上第一条高速公路——科隆至波恩高速公路，为现代高速公路的发展奠定了基础。此后，意大利、美国等国家也相继开始大规模建设高速公路。

20 世纪 80 年代中期，中国开始高速公路的前身——汽车专用公路的探索。

1984 年 6 月，沈大（沈阳至大连）高速公路动工建设，成为我国内地第一条开工兴建的高速公路。1990 年，被誉为"神州第一路"的沈大高速公路全线建成通车，全长 371km。

2014 年连霍高速公路开通，全长 4395km，是"一带一路"重要交通大动脉，目前中国最长的高速公路。

1994 年，京藏高速公路开始建设，全长 3718km，对加强民族团结、促进西藏地区的经济发展和社会稳定、巩固国防等具有重要意义。

据交通部公开发布的信息：截至 2023 年底，我国高速公路里程达 18.36 万 km，稳居全球第一，覆盖了全国大部分城市和地区，形成了较为完善的高速公路网络体系。

典型的高速公路如图 3.3-4 所示。

（2）高速铁路

20 世纪 60 年代，铁路出现了电气化和高速化的趋势，如图 3.3-5 所示。

科隆至波恩高速公路

沈大高速公路

G30连霍高速公路示意图

G6京藏高速公路示意图

图 3.3-4　典型的高速公路

日本新干线高铁

秦沈客专高铁

京津城际高铁

京张智能高铁

图 3.3-5　典型的高速铁路

1）国外高速铁路。

日本新干线高铁：1964 年，日本建成世界上第一条东京至大阪的高速铁路——东海道新干线，时速达 210km 以上，标志着高速铁路时代的开启。随后法、意、德也开始了高铁运营，推动了第一次建设高潮。

法国巴黎到里昂高速铁路 TGV 时速达 260km；意大利建成罗马至佛罗伦萨线；德国汉诺威至维尔茨堡高速新线也投入运营。

2）国内高速铁路。

秦沈客专：1909 年京张铁路到 2003 年 10 月正式开通的秦沈客专，是中国第一条高铁起点，全长 404km、设计时速 200km。

京津城际铁路：2008 年京津城际铁路开启中国高铁时代，设计时速达 350km。

京张智能高铁：2022 年京张智能高铁（智能建造、智能装备、智能运营），是我国第一条智能高铁，时速达 350km。

截至 2023 年底，我国铁路营业里程达 15.9 万 km，高铁营运里程 4.5 万 km，最高时速 350km，至此我国铁路历经了 110 多年，目前已成为拥有世界高铁里程最长的国家。

4. 工程设施大型化

现代土木工程项目中，大型基础设施项目不仅投资规模巨大，技术难度高，而且往往具有显著的社会效益和经济效益。交通的快速发展也直接促进了跨江跨海桥梁、隧道技术、大空间结构的发展。

（1）大跨度建筑

大跨度建筑主要应用于体育馆、展览厅。其形式多样，如薄壳、悬索、网架和充气膜结构等，能满足各种大型社会公共活动的需要。

如图 3.3-6 所示，我国典型的大跨空间结构，北京工人体育馆为悬索屋盖，直径 94m。上海体育场最大跨度达 288.4m，屋盖采用马鞍形大悬挑钢管空间结构。国家体育场鸟巢，主体结构采用编织状的门式钢桁架，形成独特的"鸟巢"外观造型。其跨度巨大，长轴 332.3m，短轴 296.4m，首次采用国产 Q460 高强钢建造。国家游泳中心水立方，长宽高分别为 177m×177m×30m，采用 ETFE 膜作为外围材料，具有良好的热学性能和透光性，冬季保温、夏季散热，且膜表面具有自清洁功能，并于 2019 年，被国际奥委会授予年度"体育和可持续发展建筑"奖项。

北京工人体育馆（改建后）　　上海体育场　　国家体育场鸟巢　　国家游泳中心水立方

图 3.3-6　我国大跨度空间结构

（2）大型水利及航站楼工程

如图 3.3-7 所示，大型水利枢纽工程（三峡大坝）、南水北调工程、北京大兴国际机场，以及其他航站楼扩建，它们的建设不仅彰显了国家实力，也极大地改善了人民的生产生活条件。

北京大兴国际机场　　北京首都国际机场　　深圳宝安国际机场　　广州白云国际机场

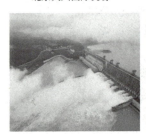   

长江三峡水利枢纽　　黄河小浪底水利枢纽　　南水北调工程　　丹江口水利枢纽

图 3.3-7　我国典型的水利工程及航站楼工程

（3）桥梁

现代土木工程史上建造了许多不同结构形式的桥梁，比如著名的悬索桥（日本的明石海峡大桥、中国的西堠门大桥、张靖皋长江大桥）、世界著名的斜拉桥（俄罗斯岛大桥、中国的苏通长江公路大桥、杨浦大桥等)。

目前世界最大跨度的斜拉桥常泰长江大桥,为公铁两用斜拉桥,主跨 1208m,2025 年底全面建成通车。世界跨度最大的拱桥有重庆朝天门长江大桥(世界最大跨度拱桥)、上海卢浦大桥(主跨 550m,当时最大跨度钢拱桥)等,中国最具代表性的桥梁,除上所述,还有润扬长江大桥(中国最大跨度的悬索桥)、武汉长江大桥(第一座公铁两用的长江大桥,素有"万里长江第一桥"美誉)、南京长江大桥(自主设计修建的双层公铁两用桥)、港珠澳大桥等。如图 3.3-8 所示,下面简要介绍具有典型特征的大桥。

明石海峡大桥
(创世界悬索吊桥新纪录)

张靖皋长江大桥
(世界最大双塔三跨悬索桥)

常泰长江大桥
(世界最大跨度斜拉桥)

西堠门大桥
(世界最大跨钢箱梁悬索桥)

朝天门长江大桥
(世界最大跨度拱桥)

苏通长江公路大桥
(钢箱梁斜拉桥)

南京长江大桥
(首座自主设计建造的公铁两用桥)

港珠澳大桥
(世界最长跨海大桥)

图 3.3-8　典型桥梁工程

1)明石海峡大桥(日本):1998 年 4 月通车,主跨 1991m,当时为世界最长悬索吊桥,创世界建桥新纪录。

2)张靖皋长江大桥:2022 年 6 月动工,主跨 2300m,采用双塔三跨悬索吊桥结构,是在建世界最大跨度悬索桥。目前创新了六项"世界之最"和六项"世界首创",推动了桥梁工程技术的发展。

3)南京长江大桥:1960 年 1 月动工,1968 年 9 月正式通车,是我国首座自主设计和建造的双层公铁两用桥,是中国桥梁建设的重要里程碑,具有极大的经济意义、政治意义和战略意义。南京长江大桥的伟大成就,体现了中国人民自力更生、艰苦奋斗的精神,极大地增强了中国人民的民族自豪感和自信心。

4)西堠门大桥:2005 年 5 月动工,2009 年 12 月正式通车,是两跨连续钢箱梁悬索桥。主桥长 2948m,其中主跨 1650m,是目前世界上最大跨度的钢箱梁悬索桥,其钢箱梁悬索长度为世界第一。西堠门大桥的建成通车标志着中国在悬索桥建设领域的技术突破。

5)苏通长江公路大桥:2003 年 6 月动工,2008 年 6 月正式通车,路线全长 32.4km,其中跨江大桥长 8146m。主桥采用双塔双索面钢箱梁斜拉桥,主跨 1088m。建成时创下了

"主跨径最宽、斜拉索最长、主桥塔最高、群桩基础最深"四个世界第一，突破了十大关键技术，代表了当时中国桥梁建设的最高水平，推动了我国桥梁技术的发展。

6）港珠澳大桥：2009年始建，2018年投入使用，全长55km，世界最长跨海大桥，技术世界领先，专利超1000项，堪称人类桥梁建造史上的新典范，被誉为"现代世界七大奇迹之一"。该桥建设为桥梁建设提供了宝贵经验和借鉴，对于推动全球基础设施建设的发展具有重要意义。

（4）隧道

目前不仅穿山越江的隧道日益增多，而且出现长距离的海底隧道，如英法海底隧道、日本青函隧道和港珠澳大桥海底隧道、深中通道海底隧道、秦岭终南山隧道等，如图3.3-9所示。

瑞士圣哥达基线隧道　　　　日本青函隧道　　　　秦岭终南山隧道　　　　深中通道海底隧道

图3.3-9　典型的隧道工程

1）瑞士圣哥达基线隧道：1999年动工，2016年竣工，历时17年，穿越阿尔卑斯山脉的瑞士圣哥达基线铁路隧道，全长约57km。该隧道是目前世界上最长、最深的交通隧道。

2）日本青函隧道：1971年动工，1987年竣工，历时16年的日本青函隧道，全长53.85km，其中有23.3km穿越津轻海峡底部，是世界上最长的海底隧道、世界第二长的隧道。

3）中国秦岭终南山隧道：2007年建成，单洞长18.02km，是世界上最长的双洞高速公路隧道。

4）深中通海底沉管隧道：2016年12月动工，2022年6月完成，是世界首例双向八车道钢壳混凝土沉管隧道，海底隧道全长6845m，断面宽度达46～55.46m，是目前世界上最宽的海底沉管隧道，比港珠澳大桥双向六车道钢筋混凝土沉管隧道断面宽9m。

5. 材料新型化

（1）轻质高强化

随着科技的不断进步，材料向轻质高强方向发展。相比传统材料，轻质高强材料如高性能混凝土、纤维增强复合材料等，在同等体积下重量大大减轻。这使得在建筑结构中使用这些材料可以减少基础的负荷，降低施工难度和成本。对于大跨度结构和高层建筑，可以减小结构自重及地震作用、风荷载的影响，从而提高结构的安全性。

（2）高性能化

轻质高强材料的性能也在不断提高，如开发更高强度的高性能混凝土、纤维增强复合材料和高强钢材等，以满足更加复杂和苛刻的工程需求。同时，提高材料的耐久性、抗疲劳性和抗腐蚀性等性能，延长材料的使用寿命，降低工程的维护成本。

（3）多功能化

轻质高强材料具备更多的功能，例如，开发具有自修复功能的混凝土、智能纤维增强复合材料和防火性能优异的高强钢材等，提高结构安全性和可靠性，降低工程风险。

（4）绿色化

轻质高强材料趋向绿色环保，如利用可再生资源，提高回收利用率，降低对环境的影响。材料的轻质高强发展为土木工程带来更加安全、经济、美观、可持续的发展前景。

新型材料如图 3.3-10 所示。

| 新型中空塑料模板 | 泡沫水泥保温材料 | 玻璃钢 | 新型墙体材料 |

| 高强钢筋 | 高强纤维混凝土 | 高强混凝土 | 高性能聚合物混凝土 |

图 3.3-10　新型材料

6. 施工机械大型化、智能化

（1）大型化

现代土木工程施工机械大型化表现在尺寸、功率、作业能力等向大型发展。如大型塔式起重机起重量增加，超大型可达数千吨；大型挖掘机在矿山开采、建筑基础开挖中能快速挖掘，减少作业时间；大型架桥机能架设更重更长跨度桥梁构件，满足跨海大桥建设的需求。

（2）智能化

土木工程施工机械智能化体现为能自动感知环境、调整状态、具备故障诊断与远程监控功能。如智能混凝土搅拌站自动配料搅拌并监测质量。智能施工机械提高了施工精度质量，大型施工机械有智能安全系统，如起重机防碰撞系统感知物体防碰撞，故障诊断系统提前预警便于维护，避免事故。

7. 计算理论科学、精确、高效化

（1）科学化

计算理论的发展不再局限于单一学科领域，而是融合了数学、物理学、计算机科学、工程学等多学科的知识。这种多学科融合使得计算理论能够从不同角度解决复杂的工程问题，更加符合实际情况。

（2）精确化

随着计算机技术的不断发展，采用高精度数值方法，进行误差控制且模型不断精细化。

能够更加准确地求解复杂的数学模型，提高计算结果的精度。例如，有限元法、有限差分法等数值方法在结构力学、流体力学等领域得到了广泛应用。

（3）高效化

随着计算机硬件的不断发展，表现为运用并行计算、优化算法和智能化计算等技术，大大提高了计算效率。例如，在大规模数值模拟中，采用并行计算技术可以显著缩短计算时间。

计算理论的更加科学化、精确化、高效化是现代工程科学发展的必然趋势。这些特点使得计算理论能够更好地为工程设计和决策提供支持，推动工程科学的不断进步。

8. 建造智能化、信息化

随着信息技术的飞速发展，现代土木工程正逐步向智能化、信息化转型。物联网、大数据、云计算、人工智能等技术的应用，使得土木工程的设计、施工、运维等环节更加智能化、信息化。智能化与信息化主要体现在：

（1）智能化

1）设计：利用 BIM 技术及参数化设计，快速修改建筑参数并自动更新关联部分，还能进行能耗等性能模拟以助节能设计。

2）施工：智能塔式起重机自动规划吊运路径与调整参数，智能混凝土设备依参数自动调整振捣频率，砌砖机器人等智能设备可提高施工效率与质量。

3）运营：建筑管理系统通过传感器网络监测运行状态，调节暖通等系统，还可利用传感器监测结构安全并预警。

（2）信息化

1）信息管理系统：土木工程企业可用项目管理信息系统（PMIS）对项目进度、质量、成本进行全面管理，如用甘特图等管理进度，详细记录费用成本。

2）数据共享与协同工作：借助云计算技术，团队成员可异地共享文件，在 BIM 协同平台共同操作修改模型，避免信息孤岛，提高效率质量。

3）大数据应用：收集各环节数据，分析工程事故案例，找出原因规律，更好指导安全管理，分析材料性能数据以优化材料应用。

3.4　土木工程未来发展趋势

3.4.1　土木工程面临的挑战与机遇

土木工程面临的挑战与机遇如图 3.4-1 所示。

1. 挑战

（1）环境与资源压力

1）资源短缺：土木工程需要大量原材料如钢材、水泥、木材等。随着全球经济的发展和城市化进程的加速，资源的需求不断增长，而许多资源面临着日益短缺的问题。例如，优质的建筑用砂在一些地区变得稀缺，导致价格上涨，影响了混凝土生产和建筑成本。

2）环境污染：施工有扬尘、噪声污染，建筑垃圾处理不当会污染环境。建筑运营能耗大，排放温室气体影响气候变化。

图 3.4-1　土木工程面临的挑战与机遇

（2）技术创新与复杂工程需求

1）技术更新换代快：随着科技的飞速发展，土木工程领域不断涌现新的技术和理念，如建筑信息模型（BIM）、智能建造、3D 打印技术等。土木工程师需要不断学习和掌握这些新技术，以适应行业的发展需求。

2）复杂工程难题：现代工程多大型复杂项目，有技术难题且需跨学科协作，如超高层建筑的结构设计、跨海大桥的施工等。

（3）社会与经济因素

1）城市化进程加速：城市化进程的加速带来了巨大的基础设施建设需求，包括住房、交通、供水、排水、高效利用土地资源等，同时还要解决交通拥堵、内涝等问题。

2）经济成本与效益平衡：工程项目资金投入大，要控制成本提高经济效益，还需兼顾社会效益和环境效益，如绿色建筑初期成本高但长期有益。

2. 机遇

（1）可持续发展理念推动

1）绿色建筑与生态城市建设：绿色建筑和生态城市建设是发展方向，注重能源节约和环境友好，土木工程师可参与其中贡献力量。

2）既有建筑的改造与再利用：老旧建筑改造受关注，工程师可参与评估、设计和施工，实现资源循环利用和功能升级。

（2）技术创新带来的变革

1）数字化与智能化技术应用：数字化技术如 BIM、大数据等应用广泛，智能建造和机器人施工带来新机遇，可提高效率和质量。

2）新材料与新技术研发：新材料如高性能混凝土等，新技术如装配式建筑、地下空间开发技术拓展了领域。

（3）国际合作与市场拓展

1）"一带一路"倡议带来的机遇：为中国企业提供国际市场，促进技术交流，中国工程师可学习先进经验。

2）新基建的需求增长：新基建国家基础设施需求大，为土木工程师提供市场机会和促进发展的平台。

3.4.2　未来土木工程发展方向

未来土木工程的发展方向如图 3.4-2 所示。

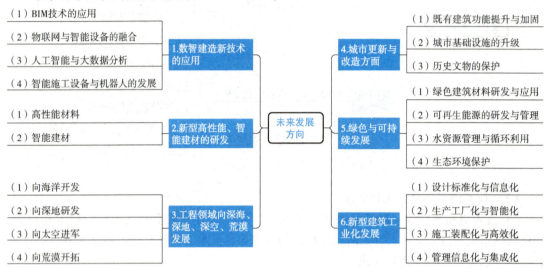

（1）BIM技术的应用
（2）物联网与智能设备的融合
（3）人工智能与大数据分析
（4）智能施工设备与机器人的发展

1.数智建造新技术的应用

（1）高性能材料
（2）智能建材

2.新型高性能、智能建材的研发

（1）向海洋开发
（2）向深地研发
（3）向太空进军
（4）向荒漠开拓

3.工程领域向深海、深地、深空、荒漠发展

未来发展方向

4.城市更新与改造方面
（1）既有建筑功能提升与加固
（2）城市基础设施的升级
（3）历史文物的保护

5.绿色与可持续发展
（1）绿色建筑材料研发与应用
（2）可再生能源的研发与管理
（3）水资源管理与循环利用
（4）生态环境保护

6.新型建筑工业化发展
（1）设计标准化与信息化
（2）生产工厂化与智能化
（3）施工装配化与高效化
（4）管理信息化与集成化

图 3.4-2　未来土木工程的发展方向

1. 数智建造新技术的应用

（1）BIM 技术的应用

建筑信息模型（BIM）将在土木工程中得到更广泛的应用，实现从设计、施工到运营维护的全生命周期数字化管理，提高项目的协同性、效率和质量，减少错误和浪费。例如，在大型建筑项目中，通过 BIM 技术可以提前模拟施工过程，优化施工方案，避免施工冲突。

（2）物联网与智能设备的融合

物联网技术将各类工程设备、材料和结构与互联网连接，实现实时监测和数据采集。例如，在桥梁、隧道等基础设施中安装传感器，实时监测结构的应力、变形、温度等参数，及时发现潜在问题并进行预警和维护。

（3）人工智能与大数据分析

人工智能算法可用于对工程数据的分析和预测，如预测施工进度、成本控制、质量风险等，帮助项目管理者做出更科学的决策；大数据分析还可以挖掘历史工程数据中的经验教训，为新工程的设计和施工提供参考。

（4）智能施工设备与机器人的发展

自动化施工设备和机器人将更多地应用于施工现场，如自动化起重机、无人挖掘机、3D 打印建筑设备等，它们可以提高施工效率、降低劳动强度，同时也能在一些危险环境下作业，保障施工人员的安全。

2. 新型高性能、智能建材的研发

（1）高性能材料

研发和使用更高强度、耐久性、抗腐蚀性的材料，如高性能混凝土、新型钢材、纤维增

强复合材料等，以满足更高要求的工程结构设计和更长的使用寿命。

（2）智能建材

具有自感知、自诊断、自修复等功能的智能材料将成为未来的研究热点，如智能混凝土可以自动监测结构的裂缝并进行修复，提高结构的安全性和可靠性。

3. 工程领域向深海、深地、深空、荒漠发展

（1）向海洋开发

地球向来被称为是"水球"，70%的面积被海洋覆盖，陆地面积仅占30%。在技术不断发展的过程中，向海洋发展已成为一种必然趋势。向海洋的开发主要体现在海洋基础设施的建设，如海岸防护工程、深水港口、海上机场等建设；海洋资源开发，如海上风电、海洋石油平台等能源开发设施会不断增多并向深海拓展。例如，欧洲一些国家已经建设了大规模的海上风电场，我国也在加快海上风电的发展步伐。

（2）向深地研发

随着城市土地资源的紧张，地下空间的开发利用将成为未来城市发展的重要方向。如地下交通设施、城市地下综合管廊、大型地下储库、深部资源开采等，需要更先进的地下工程钻探技术、开采设备和安全保障措施应对复杂地质条件（如深部高地应力、高温、高水压等）。

（3）向太空进军

随着全球人口的不断增长，地球的环境问题日益严重，地球的资源和空间面临着巨大的压力。而太空资源丰富、有独特的环境条件，向太空发展可以为人类提供新的生存空间。如继续建设和完善太空站、建设太空站等设施，作为人类进行太空探索和科学实验的长期平台。如建造月球基地、火星探测基地等，用于科研与资源利用。

（4）向荒漠开拓

随着世界人口的增长和城市化进程的加速，可利用的土地资源日益紧张。沙漠地区面积广阔，开发沙漠可以为人类提供新的居住、农业和工业用地，缓解土地资源压力。如城市建设需要解决水源供应、防风沙、防沙化等问题；沙漠地区太阳能和风能资源丰富，适宜能源大规模开发，如建设太阳能光伏电站和风力发电场。

4. 城市更新与改造方面

（1）既有建筑功能提升与加固

1）结构加固技术需求增长：许多既有建筑由于建造年代久远，结构存在安全隐患，需要采用先进的加固技术，如碳纤维加固、钢板加固等，来提高建筑的承载能力和抗震性能，延长使用寿命。

2）功能改造市场广阔：随着人们生活和工作方式的变化，对建筑功能的需求也在不断更新。将老旧的商业建筑改造成创意办公空间、将闲置的工业厂房改造成文化艺术场所或商业综合体等，都需要土木工程专业人员进行空间规划和结构改造设计，以满足新的功能需求。

（2）城市基础设施的升级

1）交通基础设施优化：城市人口的增加和交通流量的增长，要求对现有道路、桥梁、地铁等交通设施进行扩容和升级。同时，智能交通系统的建设也需要土木工程与信息技术的结合，如智能交通信号灯、交通流量监测设备的安装等。

2）给水排水与污水处理系统改进：城市化进程中，水资源短缺和水污染问题日益突出，需要对城市的给水排水系统进行升级和优化。包括建设更高效的污水处理厂、完善污水管网，以提高污水处理效率和水质；同时，开发雨水收集和利用系统，实现水资源的循环利用，减少城市内涝风险。

（3）历史文物的保护

遵循"不改变文物原状"和"最小干预"的原则，采用科学合理的修缮技术和材料，对受损的文物进行修复和维护，保持文物的原有风貌和历史信息。同时，加强对文物的日常保养和巡查，及时发现并处理潜在的问题。

5. 绿色与可持续发展

（1）绿色建筑材料研发与应用

绿色环保材料的研发：随着环保意识的提高，绿色建筑材料将受到更多关注，如新型节能墙体材料、可降解材料、再生材料等，减少对环境的影响，实现土木工程的可持续发展。例如利用废弃的建筑材料再生制造新的建材，既减少了垃圾排放，又节约了资源。

（2）可再生能源的研发与管理

在土木工程设计和施工中，将更加注重能源的节约和利用，采用节能技术和设备，如太阳能光伏发电、风能、地热能等可再生能源的利用，以及高效的隔热、保温材料和节能照明系统，降低建筑物的能耗。同时，加强对建筑物能源消耗的监测和管理，通过智能化的能源管理系统实现节能降耗。

（3）水资源管理与循环利用

在工程设计和施工中注重水资源的保护和合理利用，采用节水设备和技术，减少施工过程中的水资源浪费；推广雨水收集、中水回用等技术，提高水资源的循环利用率，缓解水资源短缺问题。同时防止水污染和水生态破坏。例如，在城市建设中，建设雨水花园和透水路面，实现雨水的自然渗透和储存。

（4）生态环境保护

在工程建设过程中，更加注重生态环境的保护和修复，减少对自然景观和生态系统的破坏，采取生态友好的设计和施工方法，如生态护坡、湿地保护等。例如，在道路建设中，尽量避免破坏周边的生态湿地，采用高架桥或涵洞等方式保护生态环境。

6. 新型建筑工业化发展

传统建筑行业存在诸多问题，与可持续发展及新技术不适应，国家出台政策推动新型建筑工业化发展以满足需求。新型建筑工业化是指以信息化带动工业化，以工业化促进信息化，走科技含量高、经济效益好、资源消耗低、环境污染少、人力资源优势得到充分发挥的建筑产业现代化发展道路。主要体现在：

（1）设计标准化与信息化

建筑设计的标准化体系，包括建筑结构、构件尺寸、连接方式等方面的标准化。例如，采用标准化的建筑模块和预制构件，可以提高建筑的生产效率和质量，降低成本。同时应用建筑信息模型（BIM）技术，可以进行三维建模、优化方案、碰撞检测、工程量计算等，提高设计的准确性和效率。

（2）生产工厂化与智能化

预制构件工厂可以采用自动化生产线和先进的生产工艺，实现预制构件的大规模、高效率生产。引入智能制造技术，可以提高生产过程的自动化和智能化水平。建立智能化的生产管理系统，可以实现生产过程的实时监控和优化调度。例如，采用生产智能设备可以实现混凝土预制构件的自动化搅拌、浇筑、养护和脱模，提高生产效率和质量，降低劳动强度和安全风险。

（3）施工装配化与高效化

装配式建筑施工可以采用机械化吊装、拼接等方式，减少现场施工的工作量和施工时间。发展新型的智能化装配式施工设备和工具，可以提高施工的安全性和质量、降低施工成本。同时加强施工现场的信息化管理，实现施工过程的实时监控和协同管理。例如，通过施工现场的视频监控、传感器等设备，可以实现对施工进度、质量、安全等方面的实时监控。

（4）管理信息化与集成化

建立建筑全生命周期的信息化管理平台，实现对设计、生产、施工、运营等各个环节的信息化协同管理。应用物联网、大数据、云计算等信息技术，进行建筑性能监测和维护管理。例如，通过在建筑中安装传感器，可以实时监测建筑的能耗、温度、湿度等性能参数，及时发现和解决建筑运行中的问题。通过大数据分析可以优化建筑的维护管理方案，提高建筑的使用寿命和价值。

3.5 拓展知识及课程思政案例

1. 中国古代土木工程的辉煌成就

视频资料详见二维码 3.5-1，具体包括赵州桥、都江堰水利工程、应县木塔、长城、京杭大运河、北京故宫、秦直道等。

a）赵州桥　　b）都江堰水利工程　　c）应县木塔　　d）长城　　e）京杭大运河

f）匠心传承——北京故宫　　g）秦直道
与土木工程的千年对话

二维码 3.5-1　中国古代土木工程的辉煌成就

2. 中国现代土木工程的崛起与超越

详见相应章节（港珠澳大桥、北京大兴国际机场、三峡工程等）二维码视频。

3. 詹天佑、茅以升前辈的爱国情怀

视频详见二维码 3.5-2。

a）铁路之父詹天佑　　b）桥梁之父茅以升

二维码 3.5-2　詹天佑、茅以升前辈的爱国情怀

课后：思考与习题

1. 本章习题

（1）为什么说都江堰水利工程是"镇川之宝"，其神奇在哪里？

（2）为什么赵州桥经历多次水灾、地震和战乱，能稳固千年不坏？

（3）为什么应县木塔历经多次强烈地震、炮弹轰击，能屹立千年不倒？

（4）被誉为"铁路之父"的詹天佑工程师有怎样的爱国情怀？

（5）被誉为"桥梁之父"的茅以升先生有哪些伟大成就？为什么亲手炸掉了自行设计并建造的钱塘江大桥？

2. 下一章思考题

（1）常用土木工程材料有哪些？

（2）常见的土木工程材料的特性有哪些？

（3）未来土木工程材料的发展方向有哪些？

第4章 土木工程材料

课前：导读

1. 章节知识点思维导图

- 土木工程材料
  - **4.1 土木工程材料概述**
    - 4.1.1 定义及重要性
    - 4.1.2 分类
    - 4.1.3 基本性质
  - **4.2 胶凝材料**
    - 4.2.1 概述
    - 4.2.2 气硬性胶凝材料
    - 4.2.3 水硬性胶凝材料
  - **4.3 常用的土木工程材料**
    - 4.3.1 石材
    - 4.3.2 砂及砂浆
    - 4.3.3 砖
    - 4.3.4 砌块
    - 4.3.5 混凝土
    - 4.3.6 钢
    - 4.3.7 钢筋（预应力、型钢）混凝土
    - 4.3.8 木材
  - **4.4 建筑功能材料**
    - 4.4.1 建筑防水材料
    - 4.4.2 建筑装饰材料
    - 4.4.3 建筑保温隔热材料
    - 4.4.4 建筑隔声吸声材料
  - **4.5 新型土木工程材料**
    - 4.5.1 高分子复合材料
    - 4.5.2 新型混凝土材料
    - 4.5.3 3D打印材料
    - 4.5.4 智能工程材料
    - 4.5.5 纳米材料
    - 4.5.6 绿色低碳环保材料
  - **4.6 拓展知识及课程思政案例**

2. 课程目标

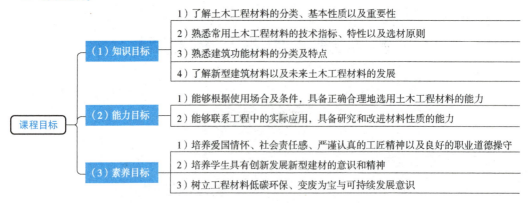

3. 重点

1）功能各异的土木工程材料特性与基本力学性质。

2）土木工程材料与工程结构的关系。

4.1 土木工程材料概述

本节思维导图如图 4.1-1 所示。

图 4.1-1 本节思维导图

4.1.1 定义及重要性

1. 定义

土木工程材料是指用于土木工程建设中的各种材料的总称。土木工程材料非常广泛，涵盖了诸如钢材、木材、水泥、混凝土、砖石、玻璃、塑料、沥青等传统材料，以及各类新型的复合材料、高性能材料等，广泛应用于建筑物、构筑物、道路、桥梁、隧道、水利设施等各类土木工程中，如图 4.1-2 所示。

图 4.1-2 常见的土木工程材料

2. 工程材料发展简史

土木工程材料发展简史分为古代、近代、现代三个阶段，如图 4.1-3 所示。具体详见二维码 4.1-1。

二维码 4.1-1 土木工程材料发展简史

图 4.1-3 工程材料发展简史

3. 工程材料与工程结构的关系

土木工程材料与工程结构密切相关，它们相互依存、相互影响。主要体现在：

（1）工程材料是工程结构的物质基础

1）材料是组成结构的基本单元：任何工程结构都是由各种土木工程材料组成的，如混凝土主要由水泥、砂、石、水或外加剂等材料混合而成。

2）材料的力学性决定工程结构的基本性能：材料的力学性能直接影响工程结构的承载能力。如混凝土比砖砌体的抗压强度高，混凝土结构的承载能力就高于砌体结构的承载能力。

3）材料的弹性模量反映材料抵抗弹性变形的能力：如木结构相对钢结构的弹性模量较低，因此钢结构常用于对变形要求较为严格的大跨度结构。

（2）工程结构对材料的选择有导向作用

1）根据结构类型选择材料：对于大跨度的桥梁结构，通常会选择具有较高强度和良好韧性的材料，满足大跨度以及承载活荷载、振动荷载的要求。

2）考虑结构的使用环境选择材料：如在高温环境、潮湿环境、海洋环境（海水含盐高），需要选择良好的耐火、抗腐蚀、防水性能的材料，如钢材必须采取防火、防锈、防腐蚀措施，否则影响结构的承载力和使用寿命。

（3）工程材料的发展推动工程结构的创新

1）新材料的出现拓展结构形式：高性能纤维增强复合材料（FRP）具有轻质、高强、耐腐蚀等优点，常用于桥梁结构，以减轻自重增大跨度。新型的智能材料如形状记忆合金（SMA），能够在温度等外界条件变化时恢复其原始形状，可将 SMA 作为阻尼器安装在结构中消能减振，从而提高结构的抗震性能。

2）工程材料性能的提升优化现有结构：高性能混凝土可以提升结构的承载力和耐久性等，高强钢用于高层、大跨度建筑，耐候钢可减少结构维护成本。

（4）工程材料质量与工程质量关系紧密

工程材料质量的好坏以及选择是否得当，直接影响土木工程设施的性能、功能、寿命和经济成本，从而影响人类生活空间的安全性、方便性、舒适性、耐久性，如图 4.1-4 所示。

图 4.1-4　土木工程材料的应用

4.1.2　分类

土木工程材料分类方式很多，一般按材料的化学成分、材料的使用功能、材料的来源分类。

1. 按材料的化学成分分类

（1）无机材料

1）金属材料：黑色金属（钢、铁等）和有色金属（铝、铜等），强度韧性良好。

2）非金属材料：天然石材（花岗石、大理石等）质地坚硬，用于基础和装饰；烧土制品（砖、瓦、陶瓷等）。

3）胶凝材料：如石灰、石膏、水泥等，能将散粒材料或块状材料粘结成整体。

（2）有机材料

1）木材：一种天然有机材料，具有良好的加工性能和装饰效果。

2）沥青：常用于道路工程和防水工程。

3）合成高分子材料：如塑料、合成橡胶、胶黏剂等，具有重量轻、耐腐蚀等特点。

（3）复合材料

由不同性质材料组合而成，如钢筋混凝土（结合钢筋抗拉与混凝土抗压强度）、纤维增强复合材料（用于结构加固等）。

2. 按材料的使用功能分类

（1）结构材料

主要承受荷载，如钢材、混凝土、木材等，用于构建建筑物和构筑物的主体结构。

（2）功能材料

具有特定功能的材料，如防水材料（如防水卷材、防水涂料）、绝热材料（如岩棉、聚苯乙烯泡沫板）、吸声材料（如吸声棉、穿孔吸声板）、装饰材料（如涂料、壁纸、瓷砖）等。

（3）围护材料

用于建筑物围护和分隔，如墙体、门窗材料等，起到保温、隔热、隔声、防风等作用。

（4）胶凝材料

胶凝材料能将散粒材料或块状材料胶结成整体，如水泥、石灰、石膏、沥青等。

3. 按材料的来源分类

（1）天然材料

取之于自然，如黏土、石材、木材、砂等，如图 4.1-5 所示。

（2）人造材料

需人工加工制造而成，如钢材、水泥、玻璃、塑料等，如图 4.1-6 所示。

黏土　　　　　　　　石材　　　　　　　　木材　　　　　　　　砂

图 4.1-5　天然材料

钢材　　　　　　　　水泥　　　　　　　　玻璃　　　　　　　　塑料

图 4.1-6　人造材料

4.1.3　基本性质

土木工程材料基本性质如图 4.1-7 所示。

1. 物理性质

物理性质包括密度、孔隙率、吸水率、渗透性、导热性等。密度反映单位体积质量；孔隙率、吸水率与透水性、抗渗性相关，影响防水性能；导热性决定热传递效率，关乎建筑保温隔热。

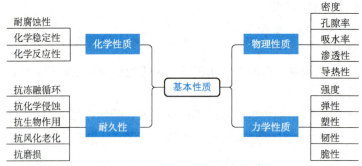

图 4.1-7　土木工程材料基本性质

2. 力学性质

力学性质是指材料抵抗外力的能力，有强度、弹性、塑性、韧性、脆性等。强度评估承载能力；弹性为外力撤销后可完全恢复形变的特性；塑性为撤去外力后变形不能恢复至原状的特性。韧性、脆性从能量吸收和局部压入角度评估。脆性是指材料在外力（如拉伸、冲击）作用下，缺乏明显塑性变形即发生断裂的性质，吸收能量少，韧性材料在断裂前吸收能量并产生塑性变形的能力，反映了材料抵抗破坏的综合性能。

3. 化学性质

化学性质涉及工程材料在化学环境下的稳定性及反应性，含耐腐蚀性、化学稳定性、化学反应性。耐腐蚀性对恶劣环境结构非常重要；化学稳定性指保持原有性质的能力；化学反应性影响长期效果及兼容性。

4. 耐久性

耐久性指土木工程材料在使用中抵抗各种外界因素而保持性能稳定的能力，如混凝土受酸雨侵蚀，木材受真菌、昆虫的侵蚀，高分子材料易老化，地面材料需耐磨等。

4.2　胶凝材料

胶凝材料思维导图如图 4.2-1 所示。

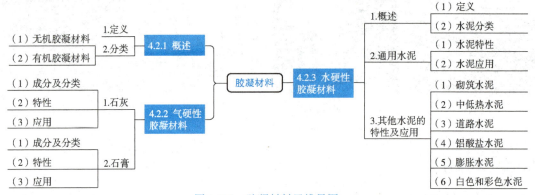

图 4.2-1　胶凝材料思维导图

4.2.1　概述

1. 定义

胶凝材料是在一定条件下，经过一系列的化学和物理作用，由液态或半固态变为固态的材料，并能胶结其他材料且具有一定力学强度的物质，统称为胶凝材料，如图 4.2-2 所示。

图 4.2-2　胶凝材料的作用

2. 分类

常见的胶凝材料可分为无机胶凝材料和有机胶凝材料两大类，如图 4.2-3 所示。

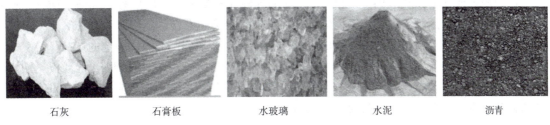

石灰　　　　　　　石膏板　　　　　　　水玻璃　　　　　　　水泥　　　　　　　沥青

图 4.2-3　胶凝材料

（1）无机胶凝材料

按硬化条件分为气硬性和水硬性两类。

1）气硬性胶凝材料：如石灰、石膏、水玻璃等，只能在空气中硬化，用于地上干燥环境建筑装饰等。

2）水硬性胶凝材料：如各种水泥，能在空气和水中硬化，广泛用于建筑工程各种环境，是常见的胶凝材料之一。

（2）有机胶凝材料

主要为各种合成与天然树脂，如沥青、合成橡胶等，在特定工程及工业领域有独特用途。

4.2.2　气硬性胶凝材料

1. 石灰

（1）成分及分类

石灰主要成分为氧化钙（CaO）和氢氧化钙 $[Ca(OH)_2]$，分为生石灰（主要成分为氧化钙）和熟石灰（主要成分为氢氧化钙），由煅烧石灰石（主要成分碳酸钙 $CaCO_3$）而生成。

（2）特性

1）可塑性和保水性良好，有利于施工及粘结。

2）凝结硬化慢，需较长时间达到强度。

3）硬化时体积收缩大，易产生裂缝。

4）耐水性差，硬化后产物易溶于水。

5）吸湿性强，生石灰能吸收空气中的水分而潮解。

（3）应用

石灰常用于建筑工程装修、农业（改良土壤、消毒杀菌）、工业（废水处理、脱硫等）。

在建筑工程中可用于：

1）制作石灰乳涂料，用于室内粉刷。

2）拌制砂浆，用于墙体砌筑抹面。

3）拌制石灰土和三合土，用于基础、路面和垫层。

4）生产碳化石灰板，用于非承重内隔墙和顶棚。

2. 石膏

（1）成分及分类

石膏是主要成分以硫酸钙（$CaSO_4$）为主的气硬性胶凝材料，因质轻、隔热、防火、吸声等优良特性，广泛用于内墙、室内装饰等，按成分分为生石膏、熟石膏等。

生石膏：天然二水硫酸钙（$CaSO_4 \cdot 2H_2O$）矿石，经采矿、破碎、筛选的产品。

熟石膏：主要为无水硫酸钙（$CaSO_4$），即炉渣石膏，强度高，用于建筑石膏板、耐火材料等。生产流程包括破碎、粉磨、煅烧（140～180℃）、陈化（几天到几周）、粉磨、包装，储存时注意防潮、防晒、防火。

（2）特性

1）凝结硬化快，初凝几分钟到十几分钟。

2）孔隙率大、表观密度小，具有质轻、保温隔热、吸声性能。

3）微膨胀性，制品尺寸准确、表面光滑饱满、棱角清晰、洁白细腻，不易裂缝，适用于花饰和雕塑。

4）防火性能好，高温下释放结晶水吸热。

5）耐水性、抗冻性差，因孔隙多且在水中溶解，不适于潮湿寒冷环境中长期使用。

6）具有良好的可加工性，凝结硬化前可塑性好，便于加工成各种模具和装饰品。

（3）应用

1）室内抹灰粉刷。

2）制作石膏板材、石膏砌块。

3）生产浮雕和装饰品，如图4.2-4所示。

生石膏 　　　　　　　　　　　　　　　　石膏制品

图4.2-4　石膏及制品

4.2.3　水硬性胶凝材料

1. 概述

（1）定义

水泥是一种粉状水硬性无机胶凝材料，加水搅拌成浆体，能在空气或水中硬化并胶结砂、石等材料于一体。

（2）水泥分类

1）按主要物质成分分类

①硅酸盐水泥：国外称为波特兰水泥，以硅酸盐为主要成分，我国约90%水泥产量为此种，主要用于土木建筑工程。

②铝酸盐水泥：以铝酸盐为主要成分，耐高温，用于高温工程如窑炉内衬等。

③硫铝酸盐水泥：含硫铝酸钙等，早强、快硬，适用于抢修、冬期施工等工程。

④铁铝酸盐水泥：由无水硫铝酸钙、铁相等制成，早期强度高，抗冻、耐腐蚀，多用于抢修工程。

2）按用途及性能分类

①通用水泥：如普通硅酸盐、矿渣硅酸盐、火山灰硅酸盐、粉煤灰硅酸盐水泥等，如图4.2-5所示。

②专用水泥：有特定用途，如油井水泥、道路水泥等。

③特性水泥：某特性比较突出的水泥，如快硬硅酸盐水泥、膨胀硫铝酸盐水泥等。

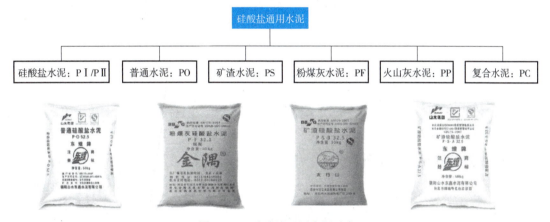

图 4.2-5　硅酸盐通用水泥示意

2. 通用水泥

（1）水泥特性

1）快硬化性能好：适当水分下迅速硬化成强硬物质，形成牢固结构。

2）粘结力强：硬化后与其他材料粘结良好，形成整体。

3）耐久性好：耐水、耐候、耐化学腐蚀，能够长期保持结构稳定。

4）可塑性强：具有较好的可塑性，能够满足不同形状的建筑需求。

5）强度高：硬化后能承担较大荷载。

6）水化热大：水化过程放热，大体积混凝土工程需考虑水化热的影响。

（2）水泥应用

水泥广泛用于建筑、道路、桥梁、隧道、水利工程等领域。建筑领域用于制造混凝土等材料；道路工程等用于制造路面结构；水利工程用于制造堤坝等设施；还可用于装饰、耐火、陶瓷等材料生产。

3. 其他水泥的特性及应用

其他水泥的特性及应用如图4.2-6所示。

图 4.2-6　其他水泥的特性及应用

4.3　常用的土木工程材料

4.3.1　石材

石材思维导图如图 4.3-1 所示。

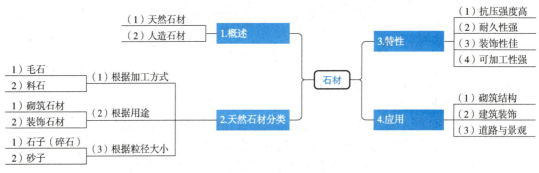

图 4.3-1　石材思维导图

1. 概述

石材为古老且持久的一种土木工程材料，如闻名于世的胡夫金字塔、帕特农神庙等都是由石材建造而成的，石材有天然和人造石材之分。石材在砌筑结构、建筑装饰以及在混凝土骨料和铁路道砟等方面应用较为广泛。

天然石材是采自天然岩石，经过或未经加工的石材。其抗压强度高、耐磨性与耐久性良好，加工后表面美观具有装饰性，资源分布广、蕴藏量丰富，可就地取材，生产成本低，是古今土木工程装饰的主要材料。人造石材是人工合成材料。石材广泛用于土木工程及建筑结构。

2. 天然石材分类

（1）根据加工方式

根据加工方式，主要包括毛石和料石两大类。

1）毛石：毛石也称片石，开采后未经或略经加工，形状不规则。毛石分为乱毛石和平毛石，平毛石有两个大致平行平面，用于砌筑基础、堤坝等；乱毛石可用于毛石混凝土的骨料或路基填筑的石块，如图 4.3-2 所示。

毛石挡土墙　　　　　　　毛石建筑　　　　　　　毛石基础　　　　　　　毛石堤坝

图 4.3-2　毛石的应用

2）料石：又称条石，料石一般由致密均匀的砂岩、石灰岩等经人工或机械加工成形状规则的六面体石材。按表面加工程度分为毛料石、粗料石、半细料石和细料石；按形状分为条石、方石和拱石。粗料石用于基础、勒脚、墙体等部位，半细和细料石多用于镶面材料，如图 4.3-3 所示。

汉白玉桥梁　　　　　　　粗料石桥梁　　　　　　　粗料石堆场　　　　　　　料石建筑

图 4.3-3　料石的应用

（2）根据用途

1）砌筑石材：砌筑石材有毛石和料石。

2）装饰石材：用于建筑装修（如墙、柱、地面、栏杆、台阶等），主要有大理石和花岗石。大理石质地软、耐候性差、纹理美，用于室内；花岗石质地硬、耐候性好，用于室内外，如图 4.3-4 所示。

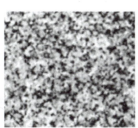

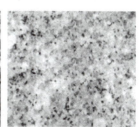

图 4.3-4　五彩缤纷的大理石、花岗石

（3）根据粒径大小

石材根据粒径大小分为石子（碎石）和砂子，如图 4.3-5 所示。

碎石

天然砂

人工砂

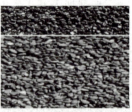
色石渣

图 4.3-5　石子、砂子、色石渣

1）石子（碎石）：粒径 5~31.5mm，由岩石机械破碎、筛分得到。石子分为碎石和卵石，是混凝土粗骨料，用于路桥、铁路等工程，也用于景观。色石渣由石材加工而成，用于景观设计和装饰工程等。

2）砂子：粒径小于 5mm，由岩石经过风化、侵蚀等形成，是混凝土细骨料的主要组成部分，广泛用于土木工程。

3. 特性

（1）抗压强度高

石材结构致密，抗压强度高达 100MPa 以上，能够承受较大的压力而不损坏。

（2）耐久性强

石材具有极高的耐久性（含抗冻性、抗风化性、耐水性、耐火性和耐酸性），使用年限可达百年以上。

（3）装饰性佳

石材具有自然纹理和质感，能够呈现独特的美感和艺术效果，可满足不同风格的设计需求。

（4）可加工性强

石材可以通过切割、打磨、雕刻等多种工艺进行加工处理，以满足不同形状、尺寸和图案的设计需求，具有较高的灵活性和创意性。

4. 应用

（1）砌筑结构

毛石和料石用于砌筑基础、挡土墙、堤岸、隧道衬砌等结构工程，可提供坚实的基础支撑。

（2）建筑装饰

石材是高档装饰材料，用于室内外装饰、幕墙及公共设施，具有装饰美观效果。

（3）道路与景观

石材用于道路、人行道、广场、园林景观等建设，还用于制作雕塑等艺术品，如图 4.3-6 所示。

图 4.3-6 石材的应用

4.3.2 砂及砂浆

图 4.3-7 砂及砂浆思维导图

1. 砂

（1）定义

砂是自然形成的颗粒状物质，由岩石风化等破碎而成，粒径小于 5mm，砂的化学成分和矿物组成因其来源而异，常见的有石英砂、长石砂、石灰石砂等。

（2）分类（表 4.3-1）

表 4.3-1 砂的分类

砂的分类		特点
根据粒度和来源	天然砂	河砂、海砂和山砂
	人工砂	由岩石轧碎而成，由于成本高、片状及粉状物多，一般不用
根据粗细程度	粗砂	颗粒直径为 0.5~1mm
	中砂	粒径在 0.25~0.5mm 范围内
	细砂	颗粒直径为 0.125~0.25mm

1）根据来源分为天然砂（河砂、海砂、山砂）和人工砂。山砂质量差，海砂含盐高，河砂洁净应用广，人工砂成本高且有缺陷，一般不用，如图 4.3-8 所示。

图 4.3-8 天然砂和人工砂

2）根据粗细程度分为粗砂、中砂、细砂，土木工程常用中、粗砂。

（3）用途

砂子在建筑、工业、农业等多个领域都有着广泛的用途。在建筑领域，砂子主要用途：

1）用于混凝土配制，是混凝土主要骨料之一。

2）用于砂浆制作，可砌筑墙体、抹面、铺贴瓷砖等作业。

3）用于地基处理，改善地基的承载能力和排水性能。

4）用于路基和路面，增加地面的承载能力和稳定性。

5）用于土方工程填筑，增加土壤的密实性和稳定性。

（4）选用注意事项

1）砂子要有良好的级配，确保密实度和强度。

2）砂子不应含过量杂质，以免影响混凝土性能和耐久性。

3）在混凝土、砂浆等制品中，需根据设计要求确定合理配比。

2. 砂浆

（1）定义

砂浆是建筑上砌砖使用的粘结物质，由一定比例的砂子和胶结材料（水泥、石灰膏、黏土等）加水拌和成，也称为灰浆，在建筑和装修行业中具有多种用途和特性。

（2）分类

常见有石灰砂浆、水泥砂浆、混合砂浆等。

1）石灰砂浆：由石灰、砂石和水制成，强度较低，用于室内砌体、抹灰等。

2）水泥砂浆：由水泥、砂石和水组成，具有防水性，用于外墙砌筑、地面找平。

3）混合砂浆：含水泥、石灰、砂石和掺合料，性能优越，用于需要较高强度和耐久性的工程部位。

4）特种砂浆：特种砂浆是一种具有特殊性能和用途的砂浆，如防水砂浆、保温砂浆、耐腐蚀砂浆、耐磨砂浆、自流平砂浆等，如图 4.3-9 所示。

预拌砂浆

耐酸砂浆

防水砂浆

保温砂浆

自流平砂浆

图 4.3-9 各种类型特种砂浆

5）砂浆的生产方式：有现场搅拌（质量难控、污染环境）和预拌砂浆（质量稳定、环保、提效）。

（3）特性

1）和易性：砌筑砂浆应具有良好的和易性，易在表面铺薄层并与基底粘结牢固。

2）流动性：也称稠度，是指砂浆在自重或外力下流动的性质，流动性好便于施工铺设。

3）保水性：是指砂浆保持水分能力强，在停放等过程中不易分离，有利于保持砂浆的均匀性和稳定性。

（4）力学指标

1）砂浆强度：以边长 70.7mm 的立方体试块，在标准养护条件下（温度 20℃±2℃ 、相对湿度为 95% 以上），28d 龄期的抗压强度值（MPa）确定。水泥砂浆强度等级有 M5~M30 等多种；混合砂浆一般有 M5~M15 等。

2）影响因素：包括胶凝材料种类用量、砂子质量、水灰比、养护条件等，如水泥强度等级高则砂浆强度高，水灰比大强度降低。

（5）用途

砂浆是建筑和装修中不可或缺的材料之一，其多种用途和特性使得它在各个工程领域中都发挥着重要作用，如图 4.3-10 所示。

砌筑　　　　　　　抹灰　　　　　　　勾缝　　　　　　　修补

图 4.3-10　砂浆各种用途示意

1）砌筑：砂浆被用作砖、石、砌块等建筑材料之间的胶粘剂，形成坚固的墙体或结构。

2）抹灰：用于室内墙面，使墙面平整、光滑且有良好的装饰效果。

3）地面找平：铺设地板、地砖等装修前需用砂浆找平，确保地面的平整度和稳定性。

4）防水层：砂浆可以作为防水层，如在浴室、厨房等潮湿区域作防水用。

5）胶粘剂：可作为胶粘剂使用，如安装门窗、粘贴瓷砖等。

6）勾缝：填充砌体缝隙，防雨水渗透并提升外观质量。

7）修补：砂浆也可用于修补建筑物的裂缝、缺损等。

4.3.3　砖

砖思维导图如图 4.3-11 所示。

砖是常用砌筑材料，历史悠久，中国秦汉时制砖技术就有了显著发展。

1. 定义

砖通常是由黏土、页岩、煤矸石等为原料，经过成型、干燥和焙烧等工艺制成。其形状多为长方体，尺寸规格多样，以适应不同的建筑需求。

图 4.3-11　砖思维导图

2. 分类

砖的分类方式多种多样，不同种类的砖具有不同的特点和用途。在建筑工程中，应根据实际需要选择合适的砖块类型，如图 4.3-12 所示。

黏土烧结实心砖　　　　烧结多孔砖　　　　煤矸石烧结多孔砖　　　　页岩烧结空心砖

蒸压炉渣砖　　　　蒸压粉煤灰空心砖　　　　混凝土砖　　　　蒸压灰砂砖

图 4.3-12　各种砖示意

（1）按原材料分

1）黏土砖：以黏土等为原料，经泥料处理、成型、干燥和焙烧而成，是传统的建筑材料。

2）页岩砖：以页岩为原料，经高温烧制而成的砖块，保温隔热好、强度高。

3）煤矸石砖：以煤矸石为原料，经过破碎、陈化、搅拌、压制成型、养护而成的砖块，可以节约土地、减少污染。

4）粉煤灰砖：以粉煤灰为原料，掺加适量石膏和骨料经胚料制备压制成型，有助于实现废物资源化。

5）灰砂砖：以石灰和砂为原料，经混合、压制成型、蒸压养护而成的实心砖，耐久性好、墙体强度高。

6）混凝土砖：以混凝土材料制成，强度高、耐久性好。

（2）按孔洞率分

1）实心砖：无孔洞或孔洞小于 25%，用于承重墙等。

2）多孔砖：孔洞率≥25%，孔小而多，常用于承重部位。

3）空心砖：孔洞率≥40%，孔大而少，用于非承重部位，保温隔热好。

（3）按生产工艺分

1）烧结砖：经焙烧而成，有较高强度和耐久性。

2）蒸压砖：以石灰等为原料蒸压养护而成，适用于多种建筑部位。

3）蒸养砖：经蒸养工艺处理，有特定物理和化学性能。

3. 砌筑方式

砖的砌筑方式多种多样，常见的有一丁一顺、一丁多顺、梅花丁式等，如图 4.3-13 所示。

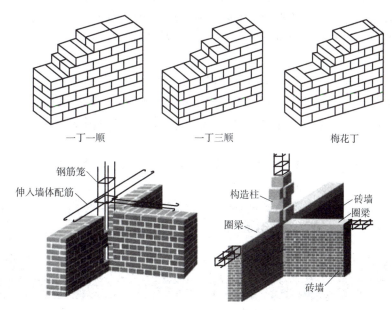

一丁一顺　　　　　　　　一丁三顺　　　　　　　　梅花丁

砖墙砌筑预留马牙槎（圈梁与构造柱）

图 4.3-13　砖的砌筑方式示意

1）一丁一顺：丁砖顺砖交错，砌筑简单，结构稳定。

2）一丁三顺（或多顺）：丁砖后连砌三块顺砖，砌筑速度快，注意稳定性和承重。

3）梅花丁：顺砖与丁砖相隔，美观，整体性好。

砖缝用砂浆填充，灰缝宽约 10mm，上下错缝不小于 60mm，注意墙面垂直度和平整度。

4. 性能指标

（1）主要技术指标

主要技术指标包括尺寸规格、表面平整度、吸水率与强度、耐磨与抗冲击、热膨胀与抗冻性、化学性能等多方面。其中吸水率反映了砖的密实程度、抗渗性能和耐久性。砖的强度是衡量其承重能力和耐久性的关键指标。

（2）主要力学指标

1）抗压强度单位一般用 MPa（N/mm^2），分为 MU30、MU25、MU20、MU15、MU10、MU7.5 六个等级。衡量砖在垂直压力下抵抗破坏的能力，抗压强度高的砖能用于承重结构，如承重墙、基础等。

2）抗折强度以 MPa 为单位，反映砖在弯曲力作用下的抵抗能力，砖是脆性材料，其抗折能力一般不高。

5. 特性

砖具有形状规整、质地坚硬、稳定性好等特点，在性能方面，砖具有一定的强度、耐久性、保温隔热性和隔声性能。如多孔砖和空心砖保温隔热性能相对较好。

（1）优点

1）原材料来源广泛，易于获取。

2）耐久性强，能够经受长期的风化、侵蚀和气候变化，使用寿命长。

3）防火性能好，不易燃烧，在火灾发生时能起到一定的阻隔作用。

4）隔声效果良好，能有效阻挡声音的传播，提供相对安静的室内环境。

5）施工简单，技术要求相对较低，工人容易掌握砌筑方法。

（2）缺点

1）自重大：增加了建筑物的基础负荷和运输成本。

2）生产能耗高：烧制过程需要消耗大量能源，并排放一定的污染物。

3）抗震性能差：在地震等外力作用下，砖墙容易开裂甚至倒塌。

6. 应用

砖应用范围极为广泛，如墙体砌筑、基础构建、围护结构、景观装饰、铺路围墙、防洪护坡等土木工程多个领域，如图 4.3-14 所示。

嵩岳寺砖塔　　　　　砖砌体结构　　　　　长城　　　　　护坡砖

图 4.3-14　砖的应用

随着科技进步和环保理念的深入，新型砖材料不断涌现，为土木工程结构的设计提供了更多的可能性，如自保温砖等利于节能等方面。

4.3.4　砌块

砌块思维导图如图 4.3-15 所示。

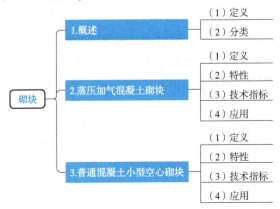

图 4.3-15　砌块思维导图

1. 概述

传统黏土砖毁田取土量大、能耗高、自重大，施工生产中劳动强度高、工效低，国家已明令禁止使用黏土实心砖。墙体材料改革方向就是利用工业废渣、废料代替黏土砖。

（1）定义

砌块是一种砌筑用的人造块材，通常用作新型墙体材料。它是利用混凝土、工业废料（如炉渣、粉煤灰等）以及地方材料制成的人造建材，如图 4.3-16 所示。

蒸压加气混凝土砌块　　　　混凝土小型空心砌块　　　　石膏砌块

图 4.3-16　砌块的分类

（2）分类

1）按材料分：有混凝土砌块、加气混凝土砌块等多种。

2）按尺寸大小分：有大型、中型（块高 380~980mm）、小型砌块。

3）按结构构造分：有密实砌块、空心砌块（空心率大于或等于 25% 的砌块）。

2. 蒸压加气混凝土砌块

（1）定义

蒸压加气混凝土砌块是一种轻质、多孔、高性能的建筑材料，由多种原料（粉煤灰、石灰、水泥、矿渣等）加发气剂等经多道工艺制成。

（2）特性

1）轻质高强：单位体积重量约为黏土砖三分之一，抗压强度高，可满足承重需求。

2）保温隔热：多孔结构，保温性能是黏土砖的 3~4 倍，有效降低建筑能耗。

3）隔声性能好：有效降低噪声传递。

4）防火阻燃：无机不燃材料，防火性能好。

5）施工便捷：尺寸大且便于加工，提高效率、降低成本。

6）绿色环保：消纳大量废渣，原材料配比高，可作为新型墙体材料。

（3）技术指标

技术指标主要包括强度、干密度等。

1）强度：抗压强度（MPa），分为多个级别，如 A1.0、A2.0、A2.5、A4.5、A5.0、A7.5、A10 等，数值越大，抗压能力越强。

2）干密度：500~900kg/m³，分为 B03、B04、B05、B06、B07、B08 等六个级别，干密度越小，砌块越轻。

（4）应用

主要用于建筑物的外填充墙和非承重内隔墙，如图 4.3-17 所示，缺点是收缩大，不宜用于：

1）承重制品表面温度高于 80℃ 的建筑部位。

2）有酸、碱危害的环境。

3）建筑基础和处于浸水或长期潮湿的环境。

图 4.3-17　蒸压加气混凝土砌块施工现场

3. 普通混凝土小型空心砌块

（1）定义

普通混凝土小型空心砌块以水泥为胶结材料，砂和石为骨料，加水搅拌、振动加压成型、养护而成。需要严格控制生产因素保证质量，主要规格尺寸为 390mm×190mm×190mm。

（2）特性

1）轻质高强：比实心的轻，抗压强度高，能满足承重需求。

2）保温隔热：空心结构，保温隔热性能好，降低能耗。

3）施工方便：尺寸标准，便于搬运安装，提高效率。

4）造价低廉：原料丰富、工艺简单，成本低，可有效降低建筑成本。

5）适用性强：适应各种气候和地质环境。

（3）技术指标

普通混凝土小型空心砌块的主要技术指标，包括尺寸偏差、外观质量、强度等级、相对含水率、抗渗性、抗冻性、干燥收缩值及放射性等方面。

最主要的强度指标，按抗压强度分为 MU5、MU7.5、MU10、MU15、MU20、MU25、MU30、MU35、MU40 等多个等级。

（4）应用

普通混凝土小型空心砌块应用范围广，主要应用于建筑工程与市政工程设施（如围墙、挡土墙、桥梁、花坛等）。

4.3.5　混凝土

混凝土思维导图如图 4.3-18 所示。

图 4.3-18　混凝土思维导图

1. 定义

混凝土由胶凝材料（如水泥等）、骨料（砂、石子等）、水及必要时的外加剂和掺合料按比例配制，经搅拌、成型、养护硬化而成的人工建筑材料，如图 4.3-19 所示。

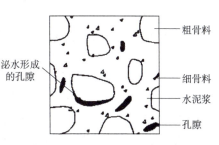

图 4.3-19　混凝土组成及微观结构示意图

胶凝材料主要是水泥，也可以是石灰、石膏等。骨料（砂、石子）是混凝土的主要骨架。水起结合作用，外加剂（如减水剂、缓凝剂、早强剂、膨胀剂等）和掺合料用于改善性能。

2. 分类

混凝土的种类繁多，可以从不同的角度进行分类。

（1）按密度

混凝土可分为轻混凝土（干表观密度<2000kg/m³）、普通混凝土（2000~2800kg/m³）、重混凝土（>2800kg/m³）

（2）按胶凝材料

混凝土可分为水泥混凝土、硅酸盐混凝土、石膏混凝土、水玻璃混凝土、沥青混凝土、聚合物混凝土等。

（3）按用途

混凝土可分为结构混凝土、大体积混凝土、防水混凝土、耐热混凝土、膨胀混凝土、防辐射混凝土等。

（4）按生产和施工方法

混凝土可分为预拌混凝土、泵送混凝土、喷射混凝土等，混凝土生产和运输设备如图 4.3-20 所示。

混凝土自动搅拌站（混凝土运输车）　　　混凝土搅拌机　　　　混凝土振动棒

图 4.3-20　混凝土相关设备

（5）按强度

混凝土可分为低强度混凝土（<C30）、中强度混凝土（C30~C60）、高强度混凝土

（C60～C100）、超高强混凝土（>C100）等。

3. 力学性能

混凝土力学性能是评价其质量与适用性的关键，包含强度、变形性能、耐久性等方面。

（1）强度

混凝土的强度是指受外力时抵抗破坏的能力，主要强度指标有抗压、抗拉、抗剪强度等。

1）抗压强度是混凝土最基本的强度指标，也是确定混凝土强度等级的主要依据，等级分为C15～C80等，数字越大抗压越强。

2）抗拉强度相对较低，约为抗压强度的1/10，混凝土受拉时易出现裂缝。可采取纤维增强混凝土等技术，提高混凝土的抗拉强度。

3）抗剪强度是指混凝土在剪切力作用下抵抗破坏的能力。

混凝土强度受多种因素影响，如水泥强度、水灰比、骨料质量、养护条件等。一般来说，水泥强度越高、水灰比越小、骨料质量越好、养护条件越适宜，混凝土的抗压强度就越高。

（2）变形性能

混凝土的变形性能是指其在受到外力作用时产生变形的能力，主要包括弹性变形、塑性变形、收缩和徐变等。

1）弹性变形：在荷载作用下产生，荷载去除可完全恢复，弹性模量是反映其弹性变形能力的重要指标。

2）塑性变形：受较大荷载产生，除弹性变形外，部分变形去除荷载后无法恢复。

3）收缩和徐变：收缩是指混凝土在硬化过程中，由于水分蒸发、水泥水化等原因而产生的体积缩小，会产生裂缝降低耐久性；徐变是持续荷载下变形随时间增大，对长期性能有重要影响。

（3）耐久性

混凝土耐久性是指其在所处环境中能够保持长期性能稳定的能力，主要包括抗渗性、抗冻性、抗碳化性等方面。

1）抗渗性：混凝土应具有一定的抗渗性，以防止水分和有害物质的渗透，从而保护混凝土内部的钢筋不受腐蚀。

2）抗冻性：在寒冷地区，混凝土应具有良好的抗冻性，以防止在冻融循环下产生破坏。

3）抗碳化性：应防止氢氧化钙与二氧化碳反应致碳化，碳化会加速钢筋锈蚀。

此外，混凝土的耐久性还与其内部微裂缝的发展、化学侵蚀等因素有关。

4. 基本特性

（1）优点

1）高强度：混凝土具有很高的抗压强度，能够承受较大的荷载，是构建大型结构和承受重载的理想材料。

2）耐久性：混凝土具有良好的耐久性，能够抵抗风化、侵蚀等自然力的影响，寿命长。

3）可塑性：混凝土具有良好的可塑性，可满足各种复杂的建筑结构设计要求。

4）耐火性：混凝土具有较高的耐火性，能够在高温环境下保持较好的稳定性。

（2）缺点

1）自重大：密度大，增加基础工程量和造价，尤其是高层建筑。

2）抗裂性差：抗拉强度低、弹性模量较大，易因温度等因素产生裂缝，影响结构安全等。

3）施工周期较长、受季节影响大：浇筑后需养护获得足够强度，冬期施工需防护，养护时间需 7~28 天，甚至更长。

4）拆除困难：建成后拆除需大型设备，会产生大量建筑垃圾，增加成本且污染环境。

5. 应用

混凝土作为结构材料广泛用于土木工程及其他领域，如房屋、桥梁等。建筑工程中用于承重构件提供稳定性，也可制成砌块或墙板起分隔与保温隔热作用。水利工程中利用自重抵抗水压力蓄水防洪。道路工程中水泥混凝土路面有诸多优点，适用于交通量大的路段。在大型基础设施项目中表现卓越，性能和应用领域将进一步拓展，如图 4.3-21 所示。

箱梁浇筑　　　　　　桥墩浇筑　　　　　　混凝土重力坝　　　　装配式混凝土结构

图 4.3-21　混凝土的应用

4.3.6　钢

在建筑行业中，钢材作为主要的结构材料，其种类繁多。

1. 钢筋

钢筋是一种常用的建筑材料，主要由钢制成，通常呈条状物，广泛应用于各类建筑工程。常用的有普通钢筋、钢丝、钢绞线。

（1）分类

钢筋可按不同标准分类，工程常见分类如下：

1）按加工方法分类：热轧钢筋、冷轧钢筋，还有冷拉钢筋、热处理钢筋。

①热轧钢筋：将钢坯加热至高温经轧机轧制成型，强度高、塑性好、焊接性佳。按强度等级分为 HPB300、HRB335 等不同型号，如 HPB300 是屈服强度标准值为 300MPa 的热轧光圆钢筋。其中 H——热轧钢筋，P——光圆钢筋，B——带肋钢筋，如图 4.3-22 所示。

②冷轧钢筋：常温下对热轧钢筋冷轧加工而成，强度和硬度都有提高，塑性和焊接性降低，用于预应力混凝土结构。

2）按轧制外形分类

①光圆钢筋：表面光滑，用于对钢筋表面要求不高的场合。

②带肋钢筋：表面带肋纹，与混凝土粘结力更强，用于各类建筑结构。

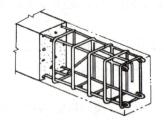
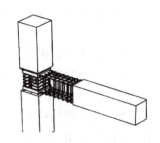

热轧钢筋

光圆钢筋　　带肋钢筋

图 4.3-22　热轧钢筋示意

3）按用途分类

①受力筋：主要承受拉力的钢筋，一般布置在梁或板的下部。

②分布筋：用于固定受力钢筋的位置并将板上的荷载分散到受力钢筋上。

③箍筋：用于满足斜截面抗剪强度，并联结受拉主钢筋和受压区混凝土。

④其他还包括架立筋、贯通筋、负筋、拉结筋、腹筋等，各自在结构中发挥着不同的作用。

（2）基本特性及应用

1）抗拉强度高：远超混凝土，能承受较大拉力。

2）延性良好：受力达屈服强度后有较大塑性变形，有利于提高结构抗震和安全性。

3）弹性模量较大：钢筋的弹性模量相对较高，约 200GPa，小应力范围变形与应力呈线性关系，弹性性能好。

4）冷加工强化：冷拉、冷拔后屈服和抗拉强度提高，塑性降低。

5）冲击韧性好：在动态荷载下韧性良好，地震时能吸收和分散能量，减少破坏。

2. 预应力钢筋

（1）定义

预应力钢筋是在结构构件使用前，通过特定的方法（主要是先张法或后张法）预先对构件混凝土施加压应力的钢筋。预应力钢筋包括预应力螺纹筋、预应力钢丝、预应力钢绞线，如图 4.3-23 所示。

预应力螺纹筋　　　　　　预应力钢丝　　　　　　　预应力钢绞线

图 4.3-23　预应力钢筋示意

（2）施工方法

预应力钢筋的施工方法主要有两种：

1）先张法：先给钢筋施加拉力，然后浇筑混凝土，待混凝土强度达到要求后松开钢筋，使钢筋回缩，产生预压应力。

2）后张法：先浇筑混凝土并预留孔洞，待混凝土成型后再加入受拉力的钢筋，并用器械锚固在构件两头，通过张拉预应力筋使混凝土产生预压应力，如图 4.3-24 所示。

张拉钢筋 ⟹ 浇筑混凝土 ⟹ 切断钢筋，混凝土预压

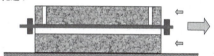
浇筑混凝土构件 ⟹ 穿预应力钢筋、张拉 ⟹ 锚固钢筋，孔道灌浆
（预留孔道）

先张法（预应力由混凝土与钢筋间粘结力传递）　　　　后张法（预应力由构件两端锚具来实现）

图 4.3-24　预应力先张法、后张法

（3）特性

1）提升构件性能：增强抗裂性、刚度与抗渗性。

2）节省材料：减少普通钢筋用量，节约钢材。

3）优化结构受力：平衡受力状态，提升安全性和耐久性。

3. 钢材

钢材是铁和碳等元素组成的合金材料，有多种存在形式。它是现代工业和建筑业的重要材料，种类多、用途广。

（1）分类

如图 4.3-25 所示，按外形分类：

型材：有角钢、槽钢等多种，截面形状特殊，冷弯薄壁型钢由钢带冷加工而成。

板材：分为中厚板、薄板和卷板，中厚板用于制造大型容器、桥梁结构等；薄板应用于汽车、建筑等行业；卷板则主要用于连续生产和加工。

管材：如无缝、焊接钢管，用于输送流体等。

金属制品：有钢丝等，经加工有特定性能，应用广泛。

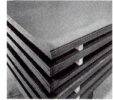

钢板　　　　　角钢　　　　　槽钢　　　　　H型钢　　　　　钢管

图 4.3-25　钢材示意图

（2）基本特性及应用

钢材具有材质均匀、强度高、良好的塑性和焊接性，易于加工和成型，如轧制、弯曲和切割等优点，但是具有耐腐蚀性能差、不耐高温、耐火性能差且造价成本高等缺点，广泛用于建筑框架、桥梁、塔架、屋顶和地板系统，如图 4.3-26 所示。

钱塘江大桥　　　　国家体育馆鸟巢　　　　帝国大厦　　　　埃菲尔铁塔

图 4.3-26　钢材应用实例

4.3.7 钢筋（预应力、型钢）混凝土

1. 概述

前面已经讲过混凝土和钢筋、钢材的特性，混凝土抗压强度高，但抗拉强度低；而钢的抗拉性能非常好，如果把混凝土和钢筋、钢绞线、型钢相结合，则能充分发挥各自的优势，那么就形成了钢筋混凝土、预应力混凝土、型钢混凝土，如图 4.3-27 所示。

2. 定义与原理

（1）钢筋混凝土

钢筋混凝土（Reinforced Concrete，RC）是一种复合建筑材料，由钢筋和混凝土两种材料组合而成。钢筋主要承担拉力，而混凝土则以其较高的抗压强度为钢筋提供保护并分担部分压力。

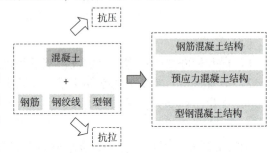

图 4.3-27 钢筋（预应力、型钢）混凝土示意图

（2）预应力混凝土

在普通钢筋混凝土基础上发展而来，构件受荷载前先对混凝土施加预压应力，通过张拉预埋钢绞线等实现，以提高承载能力和抗裂等性能。

（3）型钢混凝土

型钢混凝土（Steel Reinforced Concrete，SRC）是结合型钢与混凝土优点的复合结构材料，型钢嵌入混凝土形成整体受力构件，型钢混凝土充分发挥了型钢的抗拉、抗压、抗剪和延性好等力学性能，以及混凝土的抗压强度高、防火性能好、耐腐蚀等优点，从而实现了两种材料的优势互补。

三种混凝土如图 4.3-28 所示。

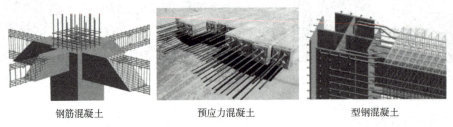

钢筋混凝土　　　　　预应力混凝土　　　　　型钢混凝土

图 4.3-28 钢筋混凝土、预应力混凝土、型钢混凝土

3. 特性

（1）钢筋混凝土

1）省钢材、降造价：利用两种材料特性，具有强度高、刚度大等特点，比钢结构省钢材。

2）耐久性和耐火性佳：混凝土对钢筋起到保护作用，耐久性、耐火性明显优于钢结构。

3）可塑性强：能浇筑成多种形状，满足不同工程的需求。

4）整体性优：现浇结构整体性好，抗震性能好。

5）就地取材：砂、石可就地取材，能降低造价。

（2）预应力混凝土

1）提升抗裂度和刚度：对混凝土预施压应力，提高了结构的抗裂度和刚度，减少变形。

2）增强耐久性：推迟或限制裂缝，减少钢筋锈蚀，增强耐久性。

3）自重较轻：结构更紧凑，材料利用充分，适用于大跨度结构。

4）节约材料：比钢结构省钢材、降成本，比传统钢筋混凝土同跨度更省材料。

（3）型钢混凝土

1）承载力高：利用型钢和混凝土强度，承载能力显著提高。

2）刚度大：型钢使整体刚度大，能有效抵抗变形。

3）抗震性好：延性好，动力荷载下吸收能量，减少破坏。

4）耐火性佳：混凝土为型钢提供防火保护，提高耐火时间。

5）耐久性好：混凝土包裹型钢，减少腐蚀风险，提高耐久性。

4. 应用

（1）钢筋混凝土

钢筋混凝土被广泛应用于各种建筑结构中，如房屋、桥梁、隧道、道路等。

（2）预应力混凝土

预应力混凝土因其优良的性能被广泛应用于各种建筑结构中，如大跨度桥梁、高层建筑、地下工程（如隧道、地铁）等。在大跨度等条件下比传统钢筋混凝土桥梁更有优势，如图 4.3-29 所示。被誉为中国斜拉桥之母的章镇大桥，是我国第一座独塔预应力混凝土公路桥。

  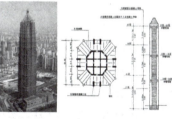

世界第一座钢筋混凝土桥　　　章镇大桥（中国斜拉桥之母）　　　　上海金茂大厦

图 4.3-29　钢筋（预应力、型钢）混凝土应用示意

（3）型钢混凝土

型钢混凝土结构广泛应用于高层建筑、大跨度桥梁、地下工程、工业厂房等领域。特别是在高层和超高层建筑中，型钢混凝土结构能够有效抵抗水平荷载（如风荷载和地震荷载），提高结构的整体稳定性和安全性，如上海金茂大厦。

4.3.8　木材

木材是一种传统的、可再生的建筑材料，它因其美观、环保和良好的结构性能而被广泛应用于建筑和家具制造中。

1. 分类

（1）根据形状分类

根据形状可以分为圆材、方材、条材、板材等，如图 4.3-30 所示。

图 4.3-30　木材及其特性示意

（2）按加工方式分类

1）原木是指直接从树木伐倒后得到的木材，未经任何加工处理。

2）锯材是由原木经过锯切加工而成的木材，包括板材、方材等。

3）人造板材是利用木材加工剩余物或其他植物纤维材料，通过胶合、压制等工艺制成的板材。常见的人造板材有胶合板、刨花板、纤维板等。

2. 特性

木材具有各向异性，顺纹强度高，横纹低。

（1）优点

1）轻质高强：顺纹强度高，其抗拉、抗压和抗弯强度都能满足建筑和结构的要求。

2）易于加工：木材可通过锯、刨、钻、铣等多种工具进行加工，操作相对简单

3）较高的弹性和韧性：受力变形不立即断裂，能承受一定程度的弯曲和扭转。

4）承受冲击和振动作用：弹性和韧性好。

5）保温性好：木材的导热系数小，具有良好的保温性能。

6）电绝缘性好：木材的电传导性差，是较好的电绝缘材料。

7）装饰性好：木材具有天然美丽的花纹，具有很好的装饰性。

（2）缺点

1）易燃：木材是一种可燃材料，可采取涂刷防火涂料等措施进行阻燃处理。

2）易腐蚀：木材在潮湿、通风不良的环境中容易腐烂、变质，可采取防腐处理措施，如浸泡防腐剂、涂刷防腐漆等。

3）结构变形大：木材具有一定的吸湿性，会随环境湿度的变化吸收或释放水分，从而导致变形。

3. 应用

木材因其轻质高强的特性，在木结构建筑中被用作梁、柱、椽、地板等承重构件；木材因其自然纹理和色泽，常用于墙面装饰、顶棚装饰和门窗框、家具等；木材可以通过锯、刨、雕刻等多种方式加工成不同的形状和尺寸，被广泛用于制作木雕、木刻等传统工艺品，如图 4.3-31 所示。

木结构房屋　　　　　　　木结构屋盖　　　　　　　应县木塔

图 4.3-31　木材的应用

4.4　建筑功能材料

建筑功能材料思维导图如图 4.4-1 所示。

图 4.4-1　建筑功能材料思维导图

4.4.1　建筑防水材料

1. 定义

建筑防水材料是用于防止雨水、地下水等侵入建筑物的各类材料，如图 4.4-2 所示。

| 防水卷材 | 防水涂料 | 防水密封材料 | 防水砂浆 |

图 4.4-2　常见的建筑防水材料

2. 分类及特性

（1）防水卷材

1）SBS 改性沥青防水卷材：良好的耐高低温性能，适用于屋面、地下室等防水工程。

2）APP 改性沥青防水卷材：耐高温性能出色，用于炎热地区建筑防水。

3）高分子防水卷材：如聚乙烯丙纶、聚氯乙烯（PVC）等，耐老化、耐腐蚀，适用于复杂防水环境。

（2）防水涂料

1）聚氨酯防水涂料：粘结力强、弹性好，用于卫生间、厨房等部位防水。

2）聚合物水泥（JS）防水涂料：双组分防水性、环保性能较好。

3）丙烯酸防水涂料：耐候性优良，适用于外露防水工程。

（3）刚性防水材料

1）防水砂浆：强度高、抗渗性能好，用于地下室、水池等部位。

2）防水混凝土：自身防水性能好，用于地下建筑主体结构。

（4）防水密封材料

1）密封胶：如硅酮、聚氨酯密封胶等，用于建筑接缝、门窗周边等部位密封防水。

2）止水带：用于地下工程变形缝、施工缝等部位，防止地下水渗透。

选择时需考虑建筑物使用功能、防水部位、环境条件、施工条件等因素，合理选材与科学施工是保证防水质量的关键。

4.4.2　建筑装饰材料

1. 定义

建筑装饰材料是指用于建筑物室内外装饰装修的材料，具有美化、保护建筑结构、改善使用功能等作用。

2. 分类及特性

（1）地面装饰材料

1）地砖：种类多，如陶瓷地砖，耐磨、易清洁、美观，常用于客厅、厨、卫等地面。

2）木地板：包含实木、复合木地板等，温馨舒适，常用于卧室、客厅等。

3）地毯：具有温馨舒适感，有一定的吸声效果，用于卧室、客厅等，如图 4.4-3 所示。

（2）墙面装饰材料

1）涂料：如乳胶漆、水性漆等，施工方便，颜色多样。

2）壁纸：图案丰富，能营造出各种风格的墙面效果。

地砖　　　　　　　　木地板　　　　　　　　地毯

图 4.4-3　地面装饰材料

3）集成墙板：安装快捷，具有保温、隔声等功能。

4）瓷砖：常用于厨房、卫生间的墙面，防水防潮，如图 4.4-4 所示。

  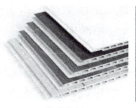 

涂料　　　　　　　壁纸　　　　　　集成墙板　　　　　　瓷砖

图 4.4-4　墙面装饰材料

（3）吊顶装饰材料

1）石膏板：质轻、防火、隔声，常用于客厅、卧室等吊顶。

2）铝扣板：防潮、防火，便于清洁，适用于厨房、卫生间。

3）PVC 扣板：价格便宜，施工简单。

（4）门窗装饰材料

1）实木门：质感好，美观大方，但价格较高。

2）铝合金门窗：坚固耐用，密封性好。

3）塑钢门窗：保温性能较好，价格适中。

（5）厨房和卫生间装饰材料

1）橱柜板材：如实木板、多层板、颗粒板等，用于制作橱柜。

2）卫浴洁具：包括马桶、浴缸、洗手盆等。

选择需考虑装饰风格、预算等因素，如现代简约选乳胶漆等；欧式选实木地板等。建筑装饰材料的发展创新为环境创造了更多可能。

4.4.3　建筑保温隔热材料

1. 定义

建筑保温隔热材料是一种能减少建筑室内外热量交换、降低能耗、提高舒适度的材料。

2. 分类及特性

常见的建筑保温隔热材料如图 4.4-5 所示。

（1）聚苯乙烯泡沫板（EPS 板）

由可发性聚苯乙烯珠粒制成，轻质、保温好、价格低，用于外墙等保温，如多层住宅外墙保温。

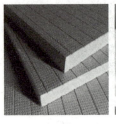    

| EPS板 | XPS板 | 岩棉板 | 玻璃棉板 | 聚氨酯板 |

图 4.4-5　建筑保温隔热材料

（2）挤塑聚苯乙烯泡沫板（XPS 板）

与 EPS 板相比，其抗压强度更高，保温性能更好，但价格也相对较高，适用于对保温要求较高的场所，如冷库、地面保温等。

（3）岩棉板

以天然岩石为主要原料，经高温熔融制成的纤维状材料，防火、保温、化学稳定性好，常用于外墙保温等，如高层建筑外墙保温。

（4）玻璃棉板

由玻璃原料熔融制成，保温、吸声、防火，用于墙体等保温吸声，如工厂厂房屋顶保温。

（5）聚氨酯板

由聚氨酯硬质泡沫制成，保温性能优异、粘结性好，用于外墙等保温，如商业建筑外墙保温。

选择建筑保温隔热材料时，需要考虑多种因素，如保温性能、防火性能、耐久性、施工难度、成本等。同时，合理地施工和安装对于保证保温隔热效果也至关重要。

4.4.4　建筑隔声吸声材料

1. 定义

建筑隔声材料是指能够有效阻隔声音传播的材料，吸声材料是指能够吸收声能、降低声音反射，从而降低噪声传播和吸收多余声音、提高声学环境质量的材料，如图 4.4-6 所示。

| 聚酯纤维吸声棉 | 阻尼隔声毡 | 金属穿孔吸声板 | 石膏板 |

图 4.4-6　建筑隔声吸声材料

2. 分类及特性

（1）纤维类材料

1）玻璃棉：吸声隔声好、防火，用于墙体等吸声隔声，如工厂车间隔墙。

2）岩棉：保温、吸声、隔声且防火性好，常用于大型公共建筑声学处理。

3）聚酯纤维吸声棉：质地软、颜色多、装饰性和吸声好，用于美观要求场所。

（2）泡沫类材料

1）聚氨酯泡沫：吸声好、有弹性和保温性能，用于设备机房等。

2）聚苯乙烯泡沫：质轻保温，用于隔声要求不高的场合。

（3）板材类材料

1）木质吸声板：外观美观，自然环保，吸声效果较好，常用于会议室、音乐厅等场所。

2）石膏板：具有一定的吸声作用，常与其他吸声材料结合使用，如在隔墙中填充吸声材料后再安装石膏板。

（4）其他类

1）陶铝吸声板：复合陶瓷和铝质材料，具有防火、防潮、吸声等多种性能，适用面广。

2）金属穿孔吸声板：在金属板穿孔背后设吸声材料，具有装饰吸声功能，用于商业空间。

3）阻尼隔声毡：由高分子材料制成，阻尼特性好，抑制振动和声音传播，柔韧性好、防火防潮无异味，用于家庭影院铺设等。

建筑隔声吸声材料的选择需要考虑多种因素，如声音的频率、声源的位置、使用场所的要求等。如对高频声音，较薄的材料可能就有较好的阻隔效果；而对低频声音，则需要更厚重、密度大的材料。

4.5 新型土木工程材料

新型土木工程材料思维导图如图 4.5-1 所示，具体内容参见二维码 4.5-1。

二维码 4.5-1 新型土木工程材料拓展阅读

图 4.5-1 新型土木工程材料思维导图

图 4.5-1　新型土木工程材料思维导图（续）

4.6　拓展知识及课程思政案例

（1）《绿色建材的未来——上海环球金融中心的预制装配化建筑》视频参见二维码 4.6-1。

（2）《透光奇迹——上海世博会意大利馆的透光混凝土》视频参见二维码 4.6-2。

（3）《北京奥运会场馆"鸟巢"钢结构与"水立方"膜结构材料》视频参见二维码 4.6-3。

二维码 4.6-1　绿色建材的未来——上海环球金融中心的预制装配化建筑

二维码 4.6-2　透光奇迹——上海世博会意大利馆的透光混凝土

二维码 4.6-3　北京奥运会场馆"鸟巢"钢结构与"水立方"膜结构材料

课后：思考与习题

1. 本章习题

（1）常见土木工程材料（钢、混凝土、砖石、木）各有什么特点？

（2）常见的建筑功能材料有哪些？各有什么特性？

（3）未来土木工程材料的发展方向有哪些？

2. 下一章思考题

（1）地基和基础之间的关系是什么？

（2）为什么要在建筑物与地基土之间设置基础？

（3）基础类型有哪些？如何选择基础形式？

（4）勘察的目的及勘察方式有哪些？

（5）为什么要进行地基处理，处理的方式有哪些？

第 5 章　土木工程设施

课前：导读

本章知识点思维导图

		5.1.1　概述
		5.1.2　地基
		5.1.3　岩土工程勘察
	5.1　地基与基础工程	5.1.4　基础工程
		5.1.5　地基处理
		5.1.6　不均匀沉降
		5.1.7　数智技术在地基与基础工程中的应用
		5.1.8　拓展知识及课程思政案例
		5.2.1　地下工程
	5.2　地下与隧道工程	5.2.2　隧道工程
		5.2.3　数智技术在地下与隧道工程中的应用
		5.2.4　拓展知识及课程思政案例
		5.3.1　建筑工程概述
		5.3.2　建筑物类别
		5.3.3　建筑物基本组成及基本构件
		5.3.4　多、高层建筑结构
	5.3　建筑工程	5.3.5　大跨度空间结构
		5.3.6　特种结构
		5.3.7　建筑结构功能与作用
		5.3.8　智能建筑
		5.3.9　拓展知识及课程思政案例
土木工程设施		5.4.1　桥梁的分类与组成
		5.4.2　桥梁的基本结构形式
		5.4.3　桥梁的基础和墩台
	5.4　桥梁工程	5.4.4　桥梁的施工方法
		5.4.5　桥梁的健康智能检测
		5.4.6　前景展望
		5.4.7　拓展知识及课程思政案例
		5.5.1　道路工程
	5.5　道路与铁路工程	5.5.2　铁路工程
		5.5.3　数智技术的应用
		5.5.4　拓展知识及课程思政案例
		5.6.1　机场的发展概述
		5.6.2　机场的分类与组成
	5.6　机场工程	5.6.3　航站区的规划与设计
		5.6.4　数智技术的应用及发展前景
		5.6.5　拓展知识及课程思政案例
		5.7.1　港口工程概述
		5.7.2　港口的组成与布置
		5.7.3　码头建筑
		5.7.4　防波堤
	5.7　港口工程	5.7.5　护岸建筑
		5.7.6　港口仓库与货场
		5.7.7　港口工程发展及前景
		5.7.8　数智技术在港口工程中的应用
		5.7.9　拓展知识及课程思政案例

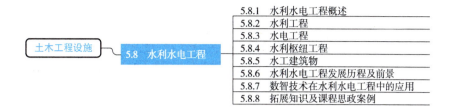

5.1　地基与基础工程

课前：导读

1. 本节知识点思维导图

2. 课程目标

课程目标

（1）知识目标
1）了解地基与基础基本概念以及其基本物理和力学指标
2）熟悉基础类型以及地基处理的目的和方法
3）熟悉勘察的目的和方法以及基础工程设计的重要性

（2）能力目标
1）初步具备根据建筑物的类型、地质条件等因素，选择合适的基础形式
2）能够对不良地质情况，提出合理的处理方式
3）能够对不均匀沉降等问题进行分析并采取适当的措施

（3）素养目标
1）激发家国情怀和社会责任感
2）增强质量重于泰山的安全意识，遵守工程伦理和职业道德
3）培养学生沟通协调能力与精益求精的工匠精神
4）培养学生不断创新与可持续发展的理念

3. 重点

1）地基与基础的关系及作用。
2）基础的类型及选择原则。
3）工程勘察的目的和方法。
4）地基处理的目的和方法。
5）不均匀沉降的原因及防治措施。

5.1.1 概述

万丈高楼平地起，任何一项工程设施必须建造在地基土层之上，地基与基础工程是建筑工程的重要组成部分，对建筑物的安全和稳定起着至关重要的作用。

一个完整的建筑体系包含上部结构、基础和地基三个部分。对于房屋建筑体系，上部的梁、板、柱等为上部结构，其下为基础，最底部承受房屋荷载的地层为地基，如图 5.1-1 所示。

对于桥梁结构，桥塔、桥面、桥墩等为上部结构，其下为基础，最底部承受桥梁荷载的地层为地基。

那么，什么是地基，什么是基础，什么是基础工程？为什么要在土木工程设施与地基土之间设置基础呢？基础工程研究的内容是什么？为什么要研究工程地质和土力学？

1. 地基、基础、基础工程的概念

（1）地基

地基是指支撑和承受建筑物上部全部荷载的那部分土体或岩体，位于基础下部。作为建筑地基的土层分为岩石、碎石土、砂土、粉土、黏性土和人工填土。

地基可分为天然地基和人工地基（复合地基）两类。

1）天然地基：是指天然土层具有足够的承载能力，不需要经过人工处理就可以直接作为建筑物地基的情况。

2）人工地基：当天然地基的承载力、变形能力等不能满足工程需求时，则需进行地基处理，以提高其承载能力和变形能力，这种经过处理后的地基称为人工地基。

（2）基础

基础是指建筑底部与地基之间的过渡结构，它的作用是将建筑上部结构荷载产生的应力有效扩散到地基。基础是房屋、桥梁、码头及其他构筑物的重要组成部分，必须坚固、稳定

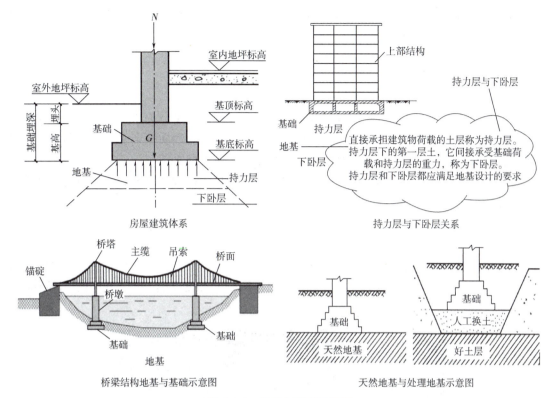

图 5.1-1　地基与基础示意图

而可靠。为什么要在建筑物和地基之间设置基础呢？

　　一般来说上部结构材料是砖、混凝土、钢结构等，砌体抗压强度为 1~4MPa，混凝土的抗压强度为 10 ~ 30MPa，钢的抗压强度为 200 ~ 300MPa，而土的抗压强度仅为 0.05 ~ 0.3MPa。对比发现，土层强度与砖相差 3 ~ 80 倍，与混凝土相差 30 ~ 600 倍，与钢相差 600 ~ 6000 倍，即上强下弱，上硬下软。因此，上部结构需要设置一个过渡层基础结构，放大底面积，以减少上部结构产生的应力，满足地基土承载力的要求。

　　（3）基础工程

　　基础工程以建筑物的地基、基础为对象，应用土力学的基本原理和方法，来研究建筑物地基与基础的承载力和变形等问题，从而保证建筑物安全和正常使用。

2. 地基与基础的关系

　　地基与基础紧密相连，共同为建筑物提供稳固支撑，其关系主要如下：

　　（1）基础依托于地基

　　基础建于地基之上，地基承受上部建筑荷载，为基础提供承载平台。如将建筑物比作大树，地基是土壤，基础是根系，无坚实地基则基础无法稳定。

　　（2）地基受基础影响

　　基础形式和施工影响地基。不同基础传递荷载方式不同，会以不同的方式改变地基应力的分布。如基础施工时降水作业会影响地下水下降，使周围地基土的性质发生变化。

　　（3）共同确保建筑物安全

　　地基和基础协同工作，共同承担建筑物的各种荷载，任何一方出现问题都有可能导致建筑物倾斜、裂缝或倒塌。如地基不均匀沉降使基础变形，影响结构安全。故需对二者合理设计、严格施工并定期监测维护。

5.1.2　地基

1. 概述

岩石和土是构成地基的重要组成部分，因此工程设施的地基分为岩质地基和土质地基。

岩石和土是自然界中最常见的工程地质材料，它们的工程性质复杂多变，受到多种因素的影响，如地质成因、矿物成分、结构构造、含水率、应力状态等。

岩土工程的任务就是要研究这些因素对岩土工程性质的影响，以及如何利用这些性质进行工程设计和施工。

2. 岩石与岩石力学

（1）岩石

岩石是一种天然的地质材料，具有复杂的物理和力学性质。岩石的矿物成分、结构和构造决定了其工程性质。岩石按形成方式有岩浆岩、沉积岩和变质岩三类，分别是岩浆作用、外力地质作用和变质作用的产物，如图 5.1-2 所示。

岩浆岩　　　　　　　沉积岩　　　　　　　变质岩

图 5.1-2　岩石示意

1）岩浆岩或称火成岩：是岩浆沿着地壳薄弱带向上侵入地壳或喷出地表逐渐冷凝结晶形成的岩石。岩浆岩约占地壳总体积的 65%，质地坚硬，抗压强度高。

2）沉积岩：是在地壳表层的条件下，母岩经过风化、剥蚀形成碎屑物质，再经搬运、沉积、成岩等作用形成的岩石。沉积岩质地较软，强度较低。

3）变质岩：原有岩石在高温、高压和化学活动性流体等作用下，发生矿物成分、结构和构造的改变而形成的岩石。变质岩硬度和强度因变质程度而异，一般比沉积岩硬。

（2）岩石力学

岩石力学是一门研究岩石在各种力的作用下的变形、破坏规律以及工程应用的学科，研究内容为岩石的物理性质、化学性质、岩石的变化与破坏规律、岩石的稳定性分析等。例如，岩石的密度越大，其强度通常也越高，其抵抗破坏的能力就越强。

应用领域涵盖采矿工程、水利水电工程、交通工程、地质灾害防治、石油工程等。

3. 土与土力学

（1）土

土是由岩石经过风化、剥蚀搬运、沉积等作用形成的松散堆积物，如图 5.1-3 所示。自然界的岩石和土，其存在、搬运和沉积的各个过程中都在不断地进行风化，由于形成条件、搬运方式和沉积环境的不同，自然界的土也就有了不同的成因类型。根据土的形成条件，常见的成因类型包括残积土和运积土两大类，如图 5.1-4 所示。

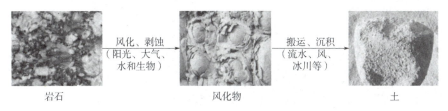

岩石　　　　　　　　　　风化物　　　　　　　　　　土

图 5.1-3　土的形成过程

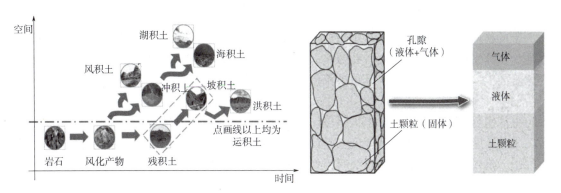

图 5.1-4　常见残积土和运积土形成及土颗粒结构

（2）土力学

土力学是主要研究土体在力的作用下的物理、力学性质，包括土的强度、变形、渗透性等规律的一门学科，研究对象主要是土，包括砂土（细砂、粗砂）、黏土、粉土等，如图 5.1-5 所示。

细砂　　　　　　　　粗砂　　　　　　　　黏土　　　　　　　　粉土

图 5.1-5　土力学研究对象

土力学研究为各类土木工程的设计、施工和维护提供理论基础和科学依据技术支持，确保工程安全、稳定。如在建筑工程中用于地基基础设计、边坡稳定分析等；在交通工程中涉及道路路基处理等；在水利工程中关乎堤坝稳定性等。

4. 土的物理指标

土主要由固体颗粒、水和空气组成。土的物理性质主要取决于土的这三相组成，土的三相组成物质和三相比例大小将对土的轻重、松密、湿干、软硬等一系列物理性质产生影响，而土的物理性质又在一定程度上决定了它的力学性质，因此，物理性质是土的最基本工程特性，如图 5.1-6 所示。

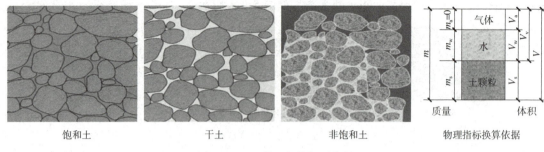

饱和土　　　　　　干土　　　　　　非饱和土　　　　物理指标换算依据

图 5.1-6　土的三相指标示意图

　　土的物理指标主要有三项基本指标（密度、土粒相对密度、含水率）为直接测定指标。其他为换算指标，比如孔隙比、孔隙率、饱和度、干密度、饱和密度、浮密度等。下面仅仅介绍土的三项直接测定指标，其他换算指标只需在今后土力学学习中明确定义，换算即可。

　　（1）土的密度

　　土的密度是指土在天然状态下单位体积的质量，单位 g/cm³ 或 t/m³。

　　土的密度反映了土的疏密程度，是计算土体自重应力等的重要参数。测定方法通常采用环刀法、蜡封法、灌水法和灌砂法等，如图 5.1-7 所示。

　　计算公式：$\rho = \dfrac{m}{V} = \dfrac{m_s + m_w}{V_s + V_w + V_a}$（其中 m 为土的总质量，V 为土的总体积）

　　（2）土粒相对密度

　　土粒相对密度是指土粒的质量与同体积4℃时纯水的质量之比，反映了土粒的矿物成分和密度特征，是计算其他指标的基础。测定方法常用比重瓶法、浮称法等，如图 5.1-7 所示。

　　计算公式：$G_s = \dfrac{m_s}{m_w^{4℃}} = \dfrac{\rho_s V_s}{\rho_w^{4℃} V_w^{4℃}}$（其中 V_s 是土粒的体积，$\rho_w^{4℃}$ 是4℃纯水的密度）

　　（3）土的含水率

　　土的含水率是指土中水的质量与土粒质量之比，以百分数表示，反映了土的湿度状态，对土的强度、变形等性质有重要影响。测定方法常用烘干法，如图 5.1-7 所示。

　　计算公式：$\omega(\%) = \dfrac{m_w}{m_s} \times 100\%$（其中 m_w 为土中水的质量，m_s 为土粒质量）

环刀法　　　　　　　比重瓶法　　　　　　　烘干法

图 5.1-7　土的三相指标测定方法示意图

5. 土的力学指标

　　土的力学指标主要包括强度指标、变形指标，以及土的渗流指标。

（1）强度指标

土的强度指标主要用于描述土体在外力作用下抵抗破坏的能力，强度指标主要有抗剪强度和抗压强度，其中最为关键的是土的抗剪强度指标。

1）抗剪强度指标：主要包括黏聚力（c）和内摩擦角（ϕ）。

黏聚力（c）：土颗粒间的胶结作用，单位为 kPa。黏聚力使土体在没有正应力作用下也能具有一定的抗剪强度，黏性土的黏聚力相对较大，对边坡稳定、地基承载力等方面有重要影响。

内摩擦角（ϕ）：反映土颗粒之间的摩擦特性和咬合作用，以度（°）为单位。砂土的内摩擦角相对较大，主要取决于颗粒的形状、粗糙度和级配等。

2）抗压强度指标：指的是土体在无侧向压力条件下抵抗轴向压力的极限强度，单位为千帕（kPa），常用于评价软土、淤泥等土体的强度特性，在岩土工程中对于地基处理和边坡稳定分析等具有重要意义。

（2）变形指标

土体在压力作用下会发生压缩变形，主要指标有压缩模量（MPa）和变形模量（MPa）等。

1）压缩模量：是土体在完全侧限条件下的竖向附加应力与相应的应变增量之比，压缩模量反映了土体抵抗压缩变形的能力。压缩模量越大，土体越不容易被压缩。在基础设计中，可根据压缩模量确定地基的沉降量。

2）变形模量：是土体在无侧限条件下的应力与应变之比，更真实反映变形情况，用于分析地基沉降、边坡稳定等。

（3）渗流指标

土的渗流是指水或其他流体在土体孔隙中的流动现象。渗透系数反映了土体的透水性能，不同类型的土渗透系数差异很大。如砂土的渗透系数较大，而黏性土的渗透系数相对较小。

土的渗流特性在岩土工程、水利工程、环境工程等领域有着广泛的应用。如在基础工程设计中需要考虑土的渗透性对地基沉降的影响；在堤防工程中需要评估渗流对堤防稳定性的影响。

任何材料的物理、力学性能必须通过各种试验方式获得，如室内试验、现场试验等，地基土也不例外。地基土是埋在地下的，采用什么方法才能得知岩土的力学性质和地基土的承载能力、变形特征呢？这个问题就是岩土工程勘察所要解决的问题。

5.1.3 岩土工程勘察

岩土工程勘察是土木工程建设的重要前期工作，也是一项重要的工程活动。

岩土工程勘察（Geotechnical Investigation）：是指根据建设工程的要求，查明工程地质条件，分析存在的地质问题，对建设场地和地基做出工程地质评价，编制勘察文件的活动。工程勘察为工程建设的规划、设计、施工全过程提供可靠的地质依据，以充分利用有利的自然和地质条件，避开或改造不利的地质因素，保证建筑物的安全和正常使用。

1. 工程勘察的目的

（1）为工程选址提供依据

1）评估场地稳定性：通过勘察了解场地的地质构造、地形地貌等特征，判断有无不良地质现象，对场地土稳定性进行评价。

2）分析场地适宜性：考察场地的地形条件，如地势高低、坡度大小等，确定工程建设的适宜性。

（2）为工程设计提供基础数据

1）确定岩土工程参数：通过现场取样和室内试验，测定土的物理力学性能指标，为计算地基承载力、沉降量、边坡稳定性等提供重要依据。

2）确定地基土的承载力特征值，为基础设计提供依据。根据勘察结果，选择合适的基础形式和埋深，确保基础的稳定性和安全性。

3）研究场地的水文地质条件，包括地下水位、含水层分布、水质等，判断场地是否存在地下水对工程的不利影响。

（3）为工程施工提供指导

1）预测施工中可能遇到的问题：根据勘察结果，预测施工过程中可能遇到的不良地质现象，如溶洞、暗河、软弱土层等，并提出相应的处理措施。

2）分析施工对周边环境的影响，如基坑开挖对邻近建筑物、道路、地下管线等的影响，提出合理的施工方案和保护措施。

2. 工程勘察的方法

工程勘察主要包括地表地形地貌的测绘（工程地质测绘、测量）和地下土层的勘探。

（1）测绘

1）测绘是工程勘察中最重要也是最基本的勘察方法。工程测绘可采用收集资料、调查访问、地质测量、遥感解译等方法，查明工程场地及周边地区的地形地貌（山地、平原、河流）、地层岩性（厚度、成因及分布）、地质构造（如断层、褶皱等类型）、不良地质现象（滑坡、崩塌、泥石流）等，并绘制相应的工程地质图，为后续的勘探和试验工作提供依据。

2）工程地质测绘方法有像片成图法、实地测绘法（路线法、布点法和追索法），如图5.1-8所示，以及测绘对象的标测方法（目测法、半仪器法和仪器法）。

像片法1　　　　　　像片法2　　　　　　实地测绘1　　　　　　实地测绘2

图 5.1-8　像片成图法、实地测绘法示意

3）常用测绘及测量仪器：常规测量仪器有水准仪（测高程）、经纬仪（测角度）、全站仪（高程角度距离均可测），如图5.1-9所示。

①水准仪：水准仪主要用于测量地面点间的高差，从而确定不同地点的高程，常用于场地平整、道路和桥梁施工中的高程测量、建筑物沉降观测等。

②经纬仪：经纬仪主要用于测量水平角和竖直角，可用于确定建筑物的方位、测量地形的坡度、进行控制测量等。

③全站仪：全站仪是一种集光、机、电为一体的高技术测量仪器，具有测角、测距、测高差等多种功能，广泛应用于工程测量的各个领域，如地形测量、控制测量、施工放样、变形监测等。

水准仪　　　　　　　　　　经纬仪　　　　　　　　　　全站仪

图 5.1-9　常用测量仪器

4）工程勘测方法新技术：随着科技的不断进步，一些新的勘测方法和技术也逐渐应用于工程勘察中，如 3S 系统［地理信息系统（GIS）、全球卫星定位系统（GPS）、监测遥感系统（RS）］、无人机测绘技术、地球物理层析系统等。这些测绘测量新技术将在工程测量与测绘中详细讲解。

（2）勘探

1）钻探：利用钻机在地面向下钻进，获取地下岩土层的样本和有关地质信息。然后通过采取土样和岩样进行室内试验，测定岩土的物理力学性质指标，了解地下水位的深度和变化情况。

2）坑探：在地面开挖探坑、探槽或探井等，直接观察和描述地下岩土的情况。可进行现场原位测试，如标准贯入试验、动力触探试验等，适用于地质条件复杂或需要详细了解岩土性质的场地。

3）地球物理勘探（Geophysical Exploration）：简称物探，是用专门仪器来探测各地质体物理场的分布情况，对其数据进行分析解释，从而划分地层、判定地质构造、水文地质条件及各种不良地质现象的一种勘探方法。常见有地震物探、电法物探、磁法物探、重力法物探、探地雷达物探等，如图 5.1-10 所示。

（3）现场原位测试

原位测试是在岩土体所处的原位条件下，对岩土体进行测试，以获得岩土的力学性质和工程特性等参数，主要有标准贯入试验、静力（动力）触探试验、平板载荷试验等。

1）标准贯入试验：用质量为 63.5kg 的穿心锤，76cm 的落距，将标准规格的贯入器，自钻孔底部预打 15cm 后，再打入 30cm，记录锤击数 N，用于判定砂土、粉土、黏性土等密实度，估算土的强度、变形参数及地基承载力等。

2）静力触探试验：通过液压装置将带有传感器的触探头匀速压入土层中，测量探头所受的阻力，包括锥尖阻力和侧壁摩阻力，主要用于划分土层，确定土的类型和工程性质，估算地基土的承载力、压缩模量等参数。

3）动力触探试验：利用一定质量的重锤自由下落，将探头打入土中，根据锤击数来评价土的密实度和承载力。试验根据类型不同，设备有所差异，有重型动力触探和轻型动力触探。

钻机钻探	钻探取样	坑探	地震物探

电阻率法物探	探地雷达物探	电磁法物探	重力法物探

图 5.1-10　勘探的方法

4）平板载荷试验：在地基土上放置刚性平板，通过逐级施加荷载，测量地基土的变形特性，确定地基土的承载力。

现场原位测试如图 5.1-11 所示。

标准贯入试验	静力触探试验	动力触探试验	平板载荷试验

图 5.1-11　现场原位测试

（4）室内试验

室内试验是将从现场采集的土样和岩样在实验室进行物理、力学和化学性质的测试。主要有：

1）土的物理性质试验，如含水率、密度、相对密度、颗粒分析等。

2）土的力学性能试验，如压缩试验、剪切试验、三轴试验等，测定土的强度和变形参数，如图 5.1-12 所示。

土的压缩试验机	直接剪切试验仪	土工环剪试验设备	三轴试验设备

图 5.1-12　土的力学性能试验设备

3）岩石的力学性质试验，如单轴抗压强度试验、抗拉强度试验、变形试验等。

4）水质分析试验，了解地下水的化学成分，判断其对建筑材料的腐蚀性。

3. 工程勘察报告

工程勘察报告是工程勘察的最终成果文件，它综合反映了工程场地的地质条件和岩土工程特性，为工程设计、施工和决策提供了重要依据。

一份完整的工程勘察报告，主要包括前言（阐述工程概况、勘察目的、任务以及勘察依据等）、场地工程地质条件、场地水文地质条件、岩土工程分析评价及结论与建议等部分，为地基处理、基础设计以及施工提出合理化的建议。

工程勘察报告还包括一些附件，如勘探点平面布置图、工程地质剖面图、钻孔柱状图、岩土物理力学性质试验报告、原位测试成果图表等，以便更直观地展示场地的地质条件和勘察结果。

5.1.4 基础工程

基础工程类型思维导图如图 5.1-13 所示。

图 5.1-13　基础工程类型思维导图

1. 概述

基础工程在设计中，首先应根据建筑物或构筑物的上部结构形式、荷载大小以及工程地质和水文地质条件等，选择合适的基础类型，进行相应的设计计算，确保基础工程满足地基承载力、地基变形、稳定性等要求。

基础类型根据基础埋置深度一般分为浅基础和深基础。

浅基础是指埋置深度较浅（埋深 $h \leqslant 5m$），或者虽然基础埋深大于 5m，但基础与埋置土层不考虑摩擦。浅基础埋深一般小于基础宽度。浅基础根据基础材料又分为刚性扩展基础和柔性扩展基础。

深基础一般是指埋深 $h>5m$ 的基础，如桩基、沉井、沉箱、地下连续墙等。

2. 浅基础

（1）刚性扩展基础

刚性扩展基础也称为无筋扩展基础，是由砖、毛石、混凝土或毛石混凝土、灰土和三合土等材料组成的基础。这类基础造价低、施工简单，主要利用材料本身的抗压性能，基础刚度大整体稳定性好，可以将上部结构的荷载均匀地传递到地基上。刚性扩展基础适用于建筑层数不太高、荷载比较小、地基土承载力较高的情况，如图 5.1-14 所示。

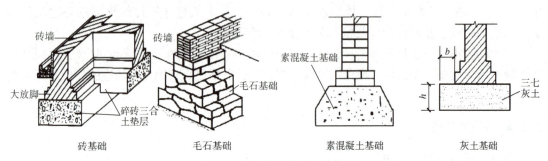

图 5.1-14　刚性扩展基础示意图

（2）柔性扩展基础

柔性扩展基础也称为钢筋混凝土扩展基础，是在混凝土基础中配置钢筋，以提高基础的抗拉、抗剪能力和抗弯性能。柔性扩展基础适用于各种地质条件和上部结构形式，造价相对刚性基础较高，施工工艺相对复杂。

柔性扩展基础有独立基础、条形基础（墙下或柱下）、筏板基础（梁式或平板）、箱形基础。

1）独立基础：独立基础有阶梯形和锥形。当建筑物上部结构采用框、排架结构承重，柱荷载较小且地质条件较好时，常采用独立基础。其形式简单，施工方便，如图 5.1-15所示。

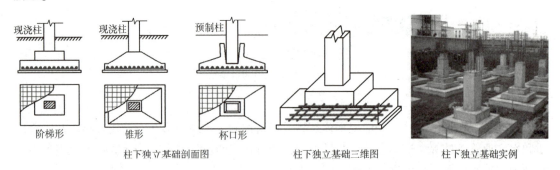

图 5.1-15　独立基础

2）单向条形基础：通常沿墙体或柱列的纵向连续布置，可分为墙下条形基础和柱下条形基础。墙下条形基础（图 5.1-16a）一般用于砖混结构，直接承受上部墙体传来的荷载；柱下条形基础（图 5.1-16b）则用于框架结构，将柱子传来的集中荷载均匀分布到地基上。

3）十字交叉条形基础：是由纵横两个方向的条形基础交叉组成。这种基础形式通常用于上部结构荷载较大，地基承载力较低，且柱网为正交的情况。十字交叉基础可有效地提高基础的承载能力和调整不均匀沉降的能力，如图 5.1-16c 所示。

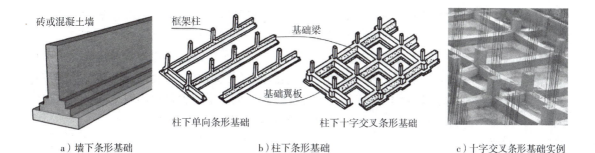

砖或混凝土墙

框架柱　　　　基础梁

基础翼板

柱下单向条形基础　　　柱下十字交叉条形基础

a）墙下条形基础　　　　　b）柱下条形基础　　　　　c）十字交叉条形基础实例

图 5.1-16　条形基础

4）筏板基础：将建筑物的所有柱子或墙体下的基础连接成一个整体，如同一个"筏"浮在地基土上。筏板基础整体性好，能够很好地抵抗不均匀沉降，减少建筑物因沉降差异而产生的裂缝和损坏，常用于上部荷载较大、对基础整体性要求较高的建筑物，如高层建筑、大型商场等。筏板基础有梁板式和平板式两种类型，如图 5.1-17 所示。

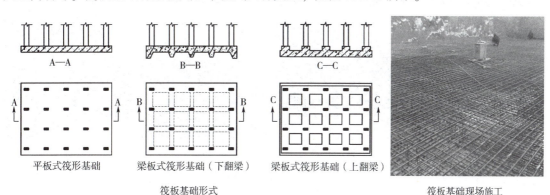

A—A　　　　　　　B—B　　　　　　　C—C

平板式筏形基础　　　梁板式筏形基础（下翻梁）　　梁板式筏形基础（上翻梁）

筏板基础形式　　　　　　　　　　　　　筏板基础现场施工

图 5.1-17　筏板基础示意图

5）箱形基础：由钢筋混凝土底板、顶板、侧墙及一定数量内隔墙构成的整体刚度较大的基础形式。它具有整体性好、刚度大、能有效抵抗不均匀沉降等特点，适用于高层建筑、重型设备基础等，对基础稳定性要求高的工程，如图 5.1-18 所示。

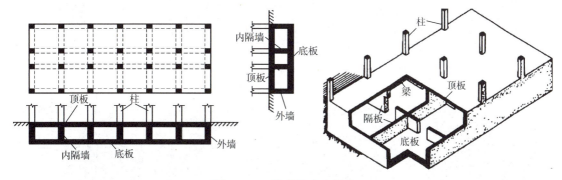

内隔墙　　底板
顶板
外墙

柱

顶板

梁

隔板

底板

顶板　　柱
内隔墙　底板　　外墙

图 5.1-18　箱形基础示意图

3. 深基础

深基础是指埋置深度大于 5m（$h > 5m$）的基础。与浅基础相比，深基础能把上部结构的荷载传递到更深处的坚实土层或岩层上，主要类型有桩基础、沉井基础、沉箱基础、地下连续墙等。

深基础适用于地质条件复杂，如上部土层软弱、地下水位高或者建筑物对沉降要求严格的情况。它的特点在于能够将荷载传递到深层的稳定土层或岩层，有效地减少建筑物的沉降和不均匀沉降，为上部结构提供更稳固的支撑，确保大型、重要建筑物的安全和稳定。但因埋置深，需要考虑更复杂的地质条件和地下环境因素，施工难度相对较大。

（1）桩基础

桩基础是最常见的深基础类型之一。它是由基桩和连接于桩顶的承台共同组成。基桩通过桩身将上部结构的荷载传递到深层的持力层。

桩的类型多样，按材料可分为木桩、混凝土桩、钢桩等；按受力情况可分为端承桩和摩擦桩。端承桩主要依靠桩端阻力来承受荷载，桩端一般坐落在坚硬的岩石或密实的土层上；摩擦桩则是通过桩身与周围土体的摩擦力来承担荷载。桩基础按施工方法可分为预制桩和灌注桩。

桩基础适用于各种地质条件，如图 5.1-19～图 5.1-21 所示。

| 木桩 | 钢管桩 | 混凝土预制方桩 | 水泥预制方桩 |

图 5.1-19　桩按材料分类

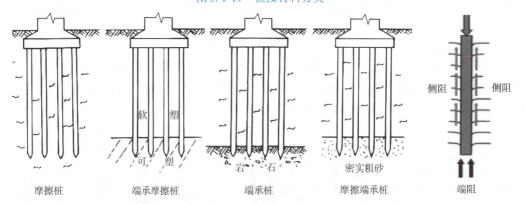

| 摩擦桩 | 端承摩擦桩 | 端承桩 | 摩擦端承桩 | 端阻 |

图 5.1-20　端承桩和摩擦桩示意图

| 人工挖孔灌注桩 | 冲孔灌注桩 | 钻孔灌注桩 | 预应力混凝土管桩 |

图 5.1-21　预制桩和灌注桩示意图

（2）沉井基础

沉井基础是一种在地面上预先制作成井筒状结构，然后在井筒内挖土，依靠自身重力克服井壁摩阻力后下沉到设计标高，再进行封底和构筑内部结构的深基础或地下工程施工的基础形式。

沉井基础通常由刃脚、井壁、内隔墙、封底和顶盖等部分组成。其优点包括占地面积小、对周围环境影响较小、稳定性好等，适用于地下水位较高的软土地基中，常用于桥梁墩台基础、取水构筑物、污水泵站、大型设备基础、地下车道和车站等工程，如图 5.1-22 所示。

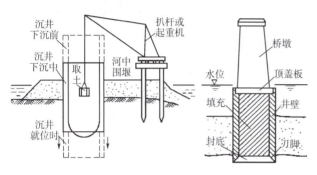

沉井基础工作示意图　　　　　　　　　　　钢沉井示意

图 5.1-22　沉井基础施工示意图

（3）沉箱基础

沉箱基础是一种大型的有顶无底的箱形结构。施工时，先在沉箱内工作室内挖土，借助沉箱自重下沉到设计深度。沉箱基础的特点是可以在水下作业，工人在工作室的气压下进行挖土等操作，能够有效控制基础的下沉和定位，主要用于一些特殊的大型水工建筑物或者对基础要求极高的海上工程等，如图 5.1-23 所示。

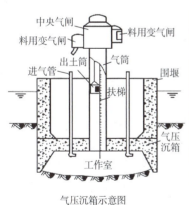

气压沉箱示意图　　　　　　沉箱离岸、浮运、下水　　　　　　沉箱封仓

图 5.1-23　沉箱基础施工示意图

（4）地下连续墙

地下连续墙是基础工程在地面上采用一种挖槽机械，沿着开挖工程的周边轴线，在泥浆护壁条件下，开挖出一条狭长的深槽，清槽后，在槽内吊放钢筋笼，然后用导管法灌注水下混凝土筑成一个单元槽段，如此逐段进行，在地下筑成一道连续的钢筋混凝土墙壁，如图 5.1-24 所示。

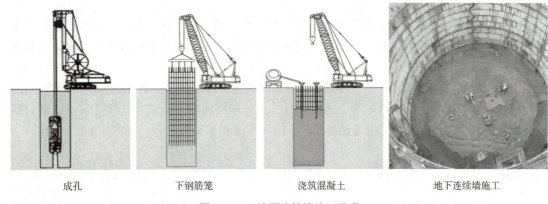

成孔　　　　　　　下钢筋笼　　　　　　浇筑混凝土　　　　　地下连续墙施工

图 5.1-24　地下连续墙施工示意

地下连续墙具有挡土、防渗、承重等多种功能，其优点包括施工振动小、噪声低，墙体刚度大，防渗性能好，对周边地基扰动小等。它常用于深基坑支护、水利工程、地下停车场、地铁车站、地下仓库等工程，或对挡土、防渗有较高要求的情况。

4. 基础设计基本要求

基础设计是建筑工程中至关重要的环节，基础设计应综合考虑安全性、适用性和经济性要求，以确保建筑物的安全、稳定和经济合理。在设计过程中，需要充分了解地质条件、建筑物的荷载情况和使用要求等因素，选择合适的基础形式和设计方案，如图 5.1-25 所示。

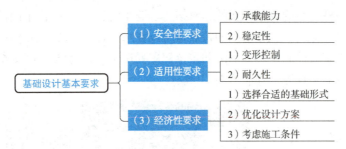

图 5.1-25　基础设计基本要求

（1）安全性要求

1）承载能力：基础必须能够承受建筑物的全部荷载，通过准确地计算和分析，确定基础的尺寸、埋深和形式，以保证在各种荷载作用下不发生破坏。

2）稳定性：基础应具有足够的稳定性，防止在土体滑移、倾覆或不均匀沉降等情况下发生破坏。如在软土地基上建造，需采取地基处理、增加基础埋深等措施来提高其稳定性。

（2）适用性要求

1）变形控制：基础的变形应控制在允许范围内，以保证建筑物的正常使用。可通过合理选择基础形式和地基处理，有效地控制基础的变形。

2）耐久性：基础应具有足够的耐久性，能够在设计使用年限内保持其性能。如在有腐蚀性土壤的地区，基础可以采用抗腐蚀材料或防腐措施等。

（3）经济性要求

1）选择合适的基础形式：不同的基础形式造价差异较大，如桩基础造价较高，而独立基础和条形基础相对较便宜。应根据建筑类型、荷载及地质条件等因素，选择合适的基础形式。

2）优化设计方案：通过优化基础的尺寸、埋深和布置等，降低工程造价。

3）考虑施工条件：设计基础时要考虑施工的可行性和便利性，选择施工工艺简单、周期短的基础形式，可降低成本，提高经济效益。在施工条件受限的地区，可选择预制桩或微型桩等基础形式。

5.1.5 地基处理

地基处理是提高地基承载力，改善其变形性能或渗透性能而采取的技术措施。

1. 地基存在的问题

（1）土体强度不足

1）地基承载力：当地基的承载力不足或稳定性受到威胁时，可能会导致建筑物或结构的失稳和破坏。这通常与地基土的强度、变形特性以及地下水位、地质构造等因素有关。如加拿大特朗斯康谷仓因地基土强度不足而引起失稳现象。

2）液化问题：因受到地震或其他动力荷载的作用时，砂土极易发生液化，出现喷砂冒水现象，土体失去承载力。液化可能导致地基突然沉降或滑移，对建筑物造成严重的破坏。如唐山、汶川等大地震中因土的液化而引起的破坏，如图 5.1-26 所示。

加拿大特朗斯康谷仓倾倒　　　　土的液化引起建筑物破坏　　　　浙江萧甬铁路整体下沉

图 5.1-26　土的强度引起建筑物破坏

（2）不均匀沉降问题

地基土在荷载作用下会产生沉降和水平位移，如果沉降或位移过大或不均匀，可能会导致建筑物的倾斜、开裂甚至倒塌。如典型的比萨斜塔、虎丘塔以及上海展览中心，如图 5.1-27 所示。

意大利比萨斜塔　　　　　　苏州虎丘塔　　　　　　上海展览中心

图 5.1-27　地基不均匀沉降引起的现象

（3）渗流问题

土的渗流是指水或其他流体在土体孔隙中的流动现象。渗流可能导致地下水的积聚和上升，引起土的变形和破坏，如管涌、流沙等。如美国 Teton 坝因渗流引起的破坏，如图 5.1-28 所示。

| 1976年6月5日10:30坝面有水渗出带泥沙 | 11:00左右洞口扩大向坝顶靠近，泥水流量增加 | 11:50左右洞口扩大加速，泥水冲蚀更加剧烈 | 12:30洪水扫过下游谷底附近所有设施被摧毁 |

图 5.1-28 美国 Teton 坝因渗流引起的破坏

2. 地基处理的目的

地基处理的目的在于提升地基的整体性能，确保建筑物或结构物的安全、稳定和长期使用。具体来说，地基处理的目的包括以下几个方面：

（1）提高地基的抗剪强度，增加其稳定性

通过地基处理，可以增加地基的承载能力，防止建筑物或结构物因地基剪切破坏而失稳。这在地基土层软弱、承载能力低的情况下尤为重要。

（2）降低地基土的压缩性，减少地基的沉降变形

地基处理可以降低地基土的压缩性，从而减少建筑物或结构物在使用过程中因地基沉降而产生的变形。这对于保证建筑物的使用功能和长期稳定性至关重要。

（3）改善地基土的渗透特性，减少地基渗漏或加强其渗透稳定

地基处理可以改善地基土的渗透性，防止地下水渗漏或突涌等问题。这在地下水位较高或地基土渗透性较差的情况下特别重要。

（4）改善地基土的动力特性，提高地基的抗震性能

对于地震等动力荷载作用下的建筑物或结构物，地基处理可以改善地基的动力特性，提高地基的抗震性能，确保建筑物的安全。

（5）改善特殊土地基的不良特性，满足工程设计要求

对于一些特殊土地基，如湿陷性黄土、膨胀土、冻土等，地基处理可以显著改善其不良特性，如湿陷性、膨胀性、冻融循环等，使其满足工程设计要求。

在实际工程中，需要根据地质条件、建筑物要求、荷载情况等因素综合考虑，选择合适的地基处理方法。

3. 地基处理的对象

地基处理的对象主要包括软弱地基和特殊土地基，如图 5.1-29 所示。

（1）软弱地基

软弱地基是主要由淤泥、淤泥质土、冲填土、杂填土、饱和松散粉、细砂或其他高压缩性土层构成的地基。这些土层通常具有较低的承载力和稳定性，需要进行地基处理以提高其承载力和稳定性，防止建筑物的沉降和变形。

图 5.1-29　地基处理的对象

　　在软弱地基上进行工程建设时，需根据具体的工程条件和地质环境，选择合适的地基处理方法，如换填法、压实法、预压法、强夯法、振冲法、深层搅拌法、排水固结法、加筋法、复合地基法等，以提高地基的承载力和稳定性，确保建筑物的安全。

　　（2）特殊土地基

　　特殊土地基是指具有特殊工程性质的土地基，如湿陷性土、红黏土、膨胀土、冻土、盐渍土和污染土等。这些土地基具有不同的工程特性，如强度低、变形大、稳定性差等，给地基工程带来很大的挑战。因此，在特殊土地基上进行建筑物建设时，需要采取相应的地基处理措施，以确保建筑物的稳定性和安全性，如图 5.1-30 所示。

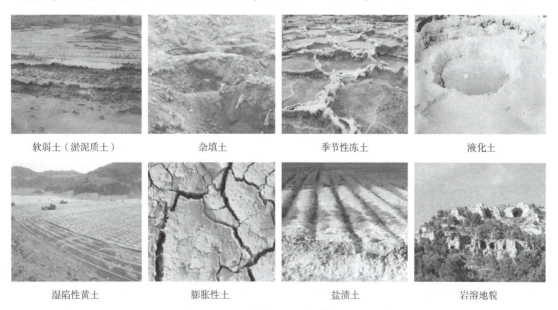

图 5.1-30　几种需要处理的典型地基土

4. 地基处理的方法

　　地基处理的原理："将土质由松变实"，"将土的含水量由高变低"，即可达到地基加固的目的。地基处理方法众多，归纳起来有"挖""换""压""夯""挤""拌""喷"七个字。根据《建筑地基处理技术规范》（JGJ 79—2012）地基处理方式有换填法、预压地基、压实地基、夯实地基、复合地基、注浆地基、微型桩等，如图 5.1-31、图 5.1-32 所示。

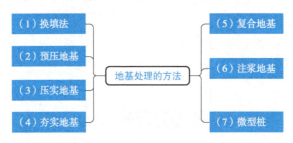

图 5.1-31　地基处理的方法

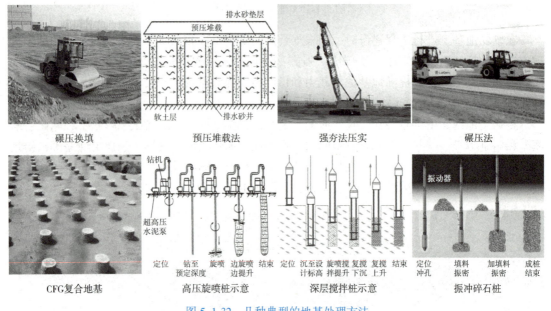

图 5.1-32　几种典型的地基处理方法

（1）换填法

将基础底面一定范围内软弱或不均匀土层挖去，换以砂、碎石、灰土等材料并分层充填压实（人工或机械方法分层压、夯、振动），可提高地基承载力、减少沉降。

换填垫层适用于浅层软弱土层或不均匀土层的地基处理。

（2）预压地基

在地基上进行堆载预压或真空预压，或联合使用堆载和真空预压，形成固结压密后的地基。预压地基的主要目的是通过在地基上施加一定的压力，使地基土压密，从而提高地基的承载力和减少建筑物的沉降。

预压法适用于处理淤泥质土、淤泥和冲填土等饱和黏性土地基。

（3）压实地基

压实地基是通过特定的压实机械（如利用平碾、振动碾、冲击碾或其他碾压设备）或方法，将填土分层密实处理的地基。

大面积填土地基，地下水位以上填土，可采用碾压法和振动压实法，非黏性土等宜用振动压实法。

（4）夯实地基

夯实地基是利用重锤自由下落产生的巨大冲击能和振动，对地基土进行强力夯实，提高地基的密实度和承载力。夯实地基方法包括强夯法（适用于碎石土等）和强夯置换法（用于加固饱和软黏土地基）。

（5）复合地基

复合地基是一种通过在地基中设置一些桩体，将部分土体增强或置换，形成由地基土和竖向增强体共同承担荷载的人工地基，从而提高地基承载力和变形特性的地基处理方法。

复合地基主要包括振冲碎石桩复合地基、沉管砂石桩复合地基、水泥土搅拌桩复合地基、旋喷桩复合地基、灰土挤密桩复合地基、土挤密桩复合地基、夯实水泥土桩复合地基、水泥粉煤灰碎石桩复合地基（CFG）、柱锤冲扩桩复合地基以及多桩型复合地基等。

这些复合地基类型各有其特点和适用范围，在实际工程中应根据地质条件、工程要求和施工条件等因素进行选择和设计。

（6）注浆地基

注浆地基是一种通过注浆管，将水泥浆或其他化学浆液注入地基土层中，增强土颗粒间的联结，使土体强度提高、变形减少、渗透性降低的地基处理方法。方法有水泥注浆、硅化浆液注浆和碱液注浆加固方法等。

（7）微型桩

用小型设备形成直径不大于300mm的桩，桩体由水泥浆等与加筋材料（加筋材料可为钢筋、钢棒、钢管或型钢等）组成，微型桩可为竖直或倾斜等配置，或排或交叉网状配置，故也被称为树根桩（Root Pile）或网状树根桩（Reticulated Roots Pile），简称为RRP工法。

5.1.6　不均匀沉降

不均匀沉降是指建筑物或结构物在使用过程中，由于各种原因导致不同部位产生不同程度的沉降现象。

1. 产生原因

（1）地质条件差异

1）土质类型不同：不同土质物理力学性质不同，如软土压缩性高、强度低，砂土压缩性较低、强度较高。建于土质不均地基上，软土部分沉降大，易导致不均匀沉降。

2）土层分布不均：地基土层分布不均会引发不均匀沉降。基础落在不同土层，沉降量不同。山区岩石和土层交错分布的地层结构易使建筑产生不均匀沉降。

（2）建筑物荷载差异

1）建筑功能不同：建筑物不同区域功能不同致荷载分布不均。如工业厂房中，放置重型设备区域荷载大，办公区域荷载小，荷载大的区域沉降量相对大，从而产生不均匀沉降。

2）建筑体形复杂：复杂体形造成荷载分布不均。有凸出部分、高低错落的建筑各部分重量分布不同，对地基压力不同。如高层建筑裙楼和主楼部分荷载差异大，裙楼部分沉降相对小，易出现不均匀沉降。

（3）地基处理不当

1）处理方法不合理：地基处理方法未根据实际情况选择可能导致不均匀沉降。如软弱地基需深层处理却只浅层处理，深部软弱土层会产生较大沉降。

2）施工质量问题：地基处理施工质量问题也会引起不均匀沉降。如换填地基施工时压实度不够，换填部分沉降大。

（4）环境因素影响

1）地下水位变化：地下水位升降改变地基土有效应力。水位下降，有效应力增加，土体压缩可能导致沉降。如城市中过度开采地下水使建筑物一侧水位下降快而倾斜。

2）地震及振动：地震或附近施工振动使地基土结构变化。敏感性高的地基土（如饱和砂土）遇地震可能液化，失去承载能力产生不均匀沉降。振动也一样，影响地基稳定性。

2. 危害

（1）对建筑物结构的危害

1）墙体开裂：不均匀沉降使建筑物墙体受拉应力和剪应力而产生裂缝，拐角处和门窗洞口周围因应力集中易出现裂缝，影响美观且削弱墙体承载能力，降低结构安全性。

2）结构倾斜：不均匀沉降可致建筑物整体或局部倾斜，基础两侧沉降差异会使建筑倾斜，如比萨斜塔，严重倾斜使重心偏移，增加倒塌风险，威胁内部设备和人员安全。

3）构件损坏：不均匀沉降引起内部结构构件损坏，梁、柱等因附加内力可能弯曲、扭曲或断裂，破坏整体结构稳定性，甚至引发连锁反应致部分或全部结构失效。

（2）对建筑物使用功能的危害

1）影响设备正常运行：不均匀沉降使建筑物倾斜或地面不平，影响精密仪器、电梯等对水平度要求高的设备正常运行，如电梯轨道变形会导致卡顿、晃动等安全隐患。

2）门窗变形：不均匀沉降致门窗变形，无法正常开启关闭，影响使用便利性，降低保温、隔热和隔声性能，如窗户框扭曲致无法紧密关闭，风雨天易渗漏和灌风。

3）地面不平：地面不均匀沉降造成地面不平，给人员行走和物品放置带来不便，损坏地面装饰材料，如地砖空鼓、开裂，影响室内美观和使用功能。

（3）对建筑物周围环境的危害

1）影响相邻建筑物：不均匀沉降的建筑物可能挤压或牵拉相邻建筑基础，使相邻建筑出现不均匀沉降、墙体开裂等问题，破坏周边建筑环境。

2）破坏地下管线：不均匀沉降会使地下给水排水管道、电缆管道等因地基变形被挤压、拉断或接头松动，导致泄漏、断电等，影响城市基础设施正常运行。

3. 防治措施

减少不均匀沉降的措施可以从建筑、结构和施工三个方面来考虑，如图 5.1-33 所示。

（1）建筑措施

1）体型控制：建筑设计力求简洁，避免复杂形状与过大立面高差。复杂体型和高差会致各部分受力不均，应力集中且变形差异大，易引发不均匀沉降。

2）沉降缝设置：在可能有较大沉降差处合理设置沉降缝，它可将建筑分割为独立单元，使各单元能自由沉降，防止因不均匀沉降造成结构破坏。

3）长高比控制：控制建筑长高比，防止建筑物过长或过高，过长过高受水平力影响大，易产生不均匀沉降，合理长高比可减小此影响，保障建筑稳定性。

图 5.1-33　减少不均匀沉降的措施

4）相邻建筑间距：合理规划相邻建筑间距，避免相互干扰，因建筑物沉降可能影响相邻建筑，合适间距可降低相互影响导致的不均匀沉降风险。

5）标高控制：依据预估沉降量，适当提高室内地坪与地下设施标高，合理调整建筑各部分标高，以使建筑更好适应地基变形。

6）纵横墙布置：合理布置纵横墙，形成整体空间结构，增加整体刚度，有助于提高建筑抵抗不均匀沉降能力，可采用纵横交错墙体布局。

（2）结构措施

1）减轻自重：采用轻质材料与结构体系减轻建筑重量，较轻的建筑对地基荷载小，能减少沉降量，如使用轻质隔墙板、轻钢龙骨等材料。

2）设置圈梁和基础梁：在适当位置设置圈梁和基础梁，圈梁连接墙体成整体，基础梁增强基础整体性，有效提高房屋整体性与抗不均匀沉降能力。

3）减小和调整基础底面附加应力：通过增大基础底面积或合理调整基底尺寸，可减小基础底面附加应力从而降低沉降量。

4）设置地下室或半地下室：设置地下室或半地下室，将部分建筑荷载转移到地下，减少基底附加压力，达到降低沉降量的目的。

5）结构与基础选型：根据地质条件与建筑特点选择合适结构和基础形式，优先考虑能适应地基变形的结构形式，如铰接排架、三铰拱等，对于复杂框架结构可采用连续基础或桩基础加强整体刚度以减少不均匀沉降。

（3）施工措施

1）合理安排施工顺序：遵循先重后轻、先高后低、先主体后附属原则，可减少施工中产生的不均匀沉降，如先施工高层建筑主楼再施工裙楼部分。

2）预留施工缝：对高低差别大或荷载悬殊时建筑需预留施工缝，使其在施工中能适应沉降差异。

3）沉降观测记录：施工中密切关注沉降观测记录，及时监测预测不均匀沉降情况，以便提前采取措施，如调整施工进度或加强支撑。

4）保护地基原状土结构：施工时注意保护地基原状结构，避免扰动破坏地基土，尤其是灵敏度高的软黏土，否则其承载能力和稳定性下降易致不均匀沉降。

5）严格执行施工规范：严格按标准规范施工，确保施工质量与安全，这是减少不均匀沉降的基本保障。

5.1.7 数智技术在地基与基础工程中的应用

数智技术在地基与基础工程中的应用思维导图如图 5.1-34 所示。具体内容详见二维码 5.1-1。

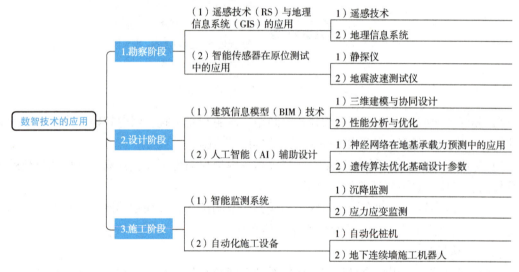

图 5.1-34 数智技术在地基与基础工程中的应用思维导图

5.1.8 拓展知识及课程思政案例

1. 拓展知识

1）光纤传感监测技术在工程地质领域中的应用研究进展（网上自行搜索）。

2）分布式光纤传感（DFOS）在桩基变形监测中的应用（网上自行搜索）。

二维码 5.1-1 数智技术在地基与基础工程中的应用

3）上海中心大厦超深地基的创新历程（网上自行搜索）。

4）北斗高精度定位技术用于基坑位移实时预警（网上自行搜索）。

5）桩基施工小视频（锚杆静压桩、长螺旋不出土施工、桩基础施工、孔桩施工动画）（网上自行搜索）。

2. 课程思政案例

（1）上海某楼倒塌事故分析视频（二维码 5.1-2）

（2）青藏铁路冻土技术突破体现的科学家精神（网上自行搜索）。

二维码 5.1-2　上海
某楼倒塌事故分析

课后：思考与习题

1. 本节习题

（1）建筑物下面为什么要设基础，如果建筑物下面没有基础，会带来什么严重后果？

（2）基础类型有哪些？基础设计应满足哪些要求？

（3）勘察的目的和方法有哪些？

（4）地基处理的方法有哪些？分别适用于什么土质？

（5）建筑物倾斜、破坏的原因有哪些？如何减小不均匀沉降？

（6）若在软土地基上建造 10 层住宅，采用哪种基础形式更合适？请阐述其理由。

（7）数智技术在桩基检测以及沉降观测中如何应用？

2. 下节思考题

（1）为什么要开发地下空间？地下空间的特点是什么？

（2）地下工程分类有哪些？地下核电站、水电站有哪些优势？

（3）地下综合管廊在城市建设中的意义是什么？

（4）什么是隧道工程？地下与隧道工程施工方法有哪些？

5.2　地下与隧道工程

课前：导读

1. 本节知识点思维导图

2. 课程目标

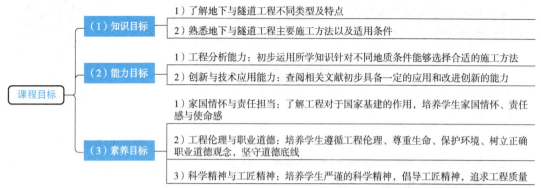

3. 重点

1）地下与隧道工程的分类及特性。

2）地下与隧道工程施工方法。

5.2.1 地下工程

1. 地下工程的定义

地下工程是指修建在地面以下的岩层、土层或水中的各类工程空间与设施，是地层中所建工程的总称，通常包括地下民用建筑、地下工业建筑、地下交通工程、地下市政管线工程、地下军事建筑等。

这类工程涉及对地下空间的开发与利用，以满足人们在交通、居住、生产、国防等方面的需求。地下工程的建设需充分考虑地质条件、地下水位、环境保护等因素，确保工程的安全性和稳定性。

2. 地下工程特点

（1）隐蔽性强，自然防护力强

根据防护和使用要求确定地下工程所需要的覆盖层厚度，有较好的防护能力，抵抗地震、飓风等自然灾害以及火灾、爆炸等人为灾害；隔离和限制危险性产品的生产和储存。

（2）受外界条件及环境影响小

地层的热稳定性和密闭性较好，内部温度受外界影响很小。地下工程的防震性、密闭性比地面建筑好。

（3）受地质条件影响大

岩土结构、强度及地下水位等对地下工程选址、平面布置、地下工程净高和跨度确定都有较大影响。

（4）通风、照明、防排水、防潮、防噪声处理

应采取可靠的通风、防潮和去湿措施；应考虑地下工程的采光效果及出入口部位的灯光过渡段；处理好噪声的隔离和控制，进行必要的声学处理。

（5）施工条件复杂，风险高

地下工程地质条件复杂，施工条件特殊；土石方量大；施工作业面小。

3. 地下工程分类

（1）地下民用工程

1）地下居住建筑：地下居住建筑是利用地下空间建造的居住场所。它具有稳定性高、

节能、安静舒适且私密性强等特点。这些建筑通常是为了节约土地资源、提高能源效率、增强防灾能力或满足特殊需求而设计的。地下居住建筑在全球范围内都有广泛的应用，尤其是在城市密集地区。地下居住建筑包含地下公寓、地下别墅、地下酒店和度假村等。设计要点涵盖通风、采光、防水防潮及安全设计。

2）地下公共建筑：地下公共建筑建于地下的公共活动场所，具有高效利用空间、稳定性强、节能环保等特点。设计要点包括通风采光、安全疏散和标识导向。类型有：

①地下商场：通常与地铁、地下通道等相连，形成综合性的地下商业空间。

②地下商业街：集购物、餐饮、娱乐等多种功能于一体，具有独特的商业氛围。

③地下文化设施：如博物馆、图书馆、展览馆等和体育设施等，利用地下空间的稳定性和安静性，为人们提供良好的文化体验。

地下民用建筑如图 5.2-1 所示。

中国民居窑洞　　　　　　地下商场　　　　　　地下商业街　　　　新疆吐鲁番地下展览馆

图 5.2-1　地下民用建筑

（2）地下工业建筑（图 5.2-2）

1）地下水电站。地下水电站是一种将厂房设置在地下的水电站。其原理是利用河流落差使水具有的势能通过水轮机转化为机械能，进而带动发电机转化为电能。

地下水电站优点是利于环境保护且安全性较高；缺点有建设难度大、成本高及维护困难。如图 5.2-2a 所示为新疆可可托海地下 136m 的水电站。

a）地下136m的水电站　　b）地下核工程　　c）世界最大"地下工厂"　　d）地下粮仓

图 5.2-2　地下工业建筑

2）地下核电站。地下核电站是将核反应堆及其相关设施设置在地下一定深度的一种核电站类型。

优点：地下环境提供天然辐射屏蔽，阻挡放射性射线，防护放射性物质泄漏优于地面核电站；抗外部灾害能力强，对地震、洪水等有更好抵抗力，且降低了遭受恶意攻击的风险。

缺点：地质条件要求高，需稳定且地下水少地区；施工难度大，需大型设备且防塌方，防水等系统施工维护复杂；成本高昂，因挖掘工程、特殊材料及复杂系统，遇意外情况还会增加成本。

3）地下工厂。地下工厂是将工业生产设施建造于地下的生产场所。它利用地下空间进行产品制造或加工等活动，一般具有较好的隐蔽性。其优点是安全性高、环境稳定性好，有助于精密生产过程对温湿度等条件的控制。但建设难度大、运营维护费用高。

2017 年 10 月，辽宁大连建造的世界最大"地下工厂"封顶。该地下工厂单体面积达 25 万 m^2，相当于 30 个标准足球场大小，如图 5.2-2c 所示。

4）地下粮仓。地下粮仓是建于地下用于储存粮食的设施，利用地下相对稳定的温度、湿度环境，可使粮食在适宜条件下长时间保存。它具有温度、湿度变化小，利于粮食的保鲜存储；隐蔽性好，安全性高；受外界气候和灾害（防空、防爆、抗震）影响小等优点。但建设时要考虑防水、排水和地下结构稳定性；粮食进出仓操作相对不便。如图 5.2-2d 所示是正在施工中的地下粮仓。

（3）地下交通工程（图 5.2-3）

1）地铁：地铁是在城市地下修建的快速、大运量轨道交通系统，通过电力驱动列车在轨道上运行，实现人员的快速运输。

地铁 地下公路 地下停车场

图 5.2-3　地下交通工程

地铁具有许多优点，如速度快、运量大，能缓解城市地面交通压力；受天气等外界因素干扰小；不占用地面空间，有利于城市合理规划。同时地铁还可以提供更加舒适的乘车环境，减少噪声和振动对乘客的影响。但建设成本高，施工难度大，涉及地下挖掘和复杂的地质情况；运营安全和维护要求高。

2）地下公路：地下公路也称为地下交通或地下道路，是一种利用地下空间建设的公路交通系统。

地下公路具有减少对地面土地占用，缓解地面交通拥堵；受气候和地面环境干扰小，行车较为安全稳定等优点。建设成本高、施工难度大，需要考虑地质条件和地下水；后期维护复杂，如通风和照明系统的维护。目前上海、南京、北京等大城市也在规划发展和使用地下公路，以解决交通拥堵问题。美国波士顿从 20 世纪 90 年代开始拆除城市高架路，转而发展"地下公路"，以减少对环境和城市景观的影响。

3）地下停车场：地下停车场是建于地下的停放车辆场所。它充分利用地下空间，解决城市停车难问题，提高土地利用率，但也存在通风、照明、排水及找车困难、安全隐患大等问题。

（4）地下市政管线工程（图 5.2-4）

1）地下管线工程分类。地下管线工程是埋设在地下的管道及电缆的总称，是城市重要的基础设施，如给水、排水、燃气、热力、电力和通信等管线。它具有保障城市运行、提高生活质量、促进经济发展等重要性。其建设复杂、隐蔽且需注重耐久性。

2）地下综合管廊。地下综合管廊又称为"共同沟"或"共同管道"，是一种集约化的隧道空间，主要用于在城市地下集中敷设两种或两种以上的市政管线，例如电力、通信、燃气、供热、给水排水等。这些管线在管廊内部设有专门的检修口、吊装口和监测系统，实施统一规划、设计、施工和维护。

地下综合管廊是一种重要的基础设施，对于提高城市地下空间的利用效率、增强基础设施安全性、便于管理维护、提升城市形象、减少施工挖开马路的次数、保障市政管线的安全运行等方面具有重要意义。

地下给水管　　　　地下热力管　　　　地下电缆　　　　地下综合管廊

图 5.2-4　地下市政管线工程

（5）地下军事工程（图 5.2-5）

1）地下人防工程。地下人防工程是战时用于人员与物资掩蔽、防空指挥等的地下防护建筑，它主要用于保障战时人员与物资的掩蔽、人民防空指挥、医疗救护等，具有坚固耐用、隐蔽性强、功能多样等特点。

随着城市化进程的加速和人口的不断增长，人防工程的建设需求将不断增加。另一方面，随着科技的进步和创新，人防工程的功能和性能也将不断提升。

2）地下指挥中心。地下指挥中心是为了在战争或紧急情况下保证军事指挥的安全和稳定而建造的地下设施。它具有确保指挥安全、保持通信畅通、辅助战略决策等作用。其特点包括坚固防护、隐蔽性高、功能齐全。管理上注重严格保密、定期维护和应急演练。

3）地下防空洞。地下防空洞是战争时期的防护设施，可提供安全避难场所、储备应急物资。其特点为坚固耐用、通风良好、易于识别和进入。

地下人防工程　　　　地下500m的指挥中心　　　　地下防空洞

图 5.2-5　地下军事工程

4. 地下工程的施工方法

（1）明挖法

先在地面上开挖基坑，然后在基坑内建造地下结构，最后回填土方。明挖法施工简单，速度快，质量容易保证，但对地面交通和环境影响较大，适用于地面开阔、地下水位较低的情况。

（2）暗挖法

暗挖法包括矿山法、盾构法、顶管法等。暗挖法适用于地面交通繁忙、地下管线复杂的情况，在不破坏地面的情况下进行地下施工，但技术要求高，施工风险大。

1）矿山法：用于岩石地层。通过钻爆或机械开挖，边挖边做初期支护，后做二次衬砌。它适用于山岭隧道等硬岩地层，施工灵活但进度慢、安全风险高。

2）盾构法：用于软土地层或软岩地层的机械化施工法。盾构机切削土体，边推进边拼装管片形成衬砌。它主要用于城市地铁等软土地下隧道，对于长距离大直径有优势，可在地下水位下施工。它速度快、对地面影响小，但设备贵、技术要求高。

3）顶管法：非开挖施工法，用于铺设地下管道。在工作坑内顶进管道，排出管内土体。它适用于多种口径管道铺设，占地小、对环境影响小，但顶进距离有限、遇障处理复杂。

（3）盖挖法

先在地下工程上方施工盖板，用于防护或支撑。施工灵活性较大，后续开挖方式多样。它常用于小型地下通道、临时防护工程，或地下工程穿越既有设施时，主要防止干扰、地表水流入，提供安全空间。

（4）逆作法

自上而下施工，先建地下结构顶板，以其为支撑向下逐层施工。它适用于城市中心地下建筑、多层地下结构、周边环境复杂的地下工程，能有效控制地面沉降，实现地上地下同时施工，节省工期，但工艺复杂。

（5）沉井法

先在地面制作混凝土井筒结构，在井筒内挖土使其利用自重下沉，沉至设计深度后封底并施工内部结构。它的优点是占地面积小、对周边环境影响小且无需复杂外部支护。缺点是遇地下障碍物处理难，下沉需精确控制垂直度和速度，否则影响后续施工质量。它适用于地下水位高、土质松软地区的地下泵站、竖井等工程，可克服不良地质条件造成的施工困难。

地下工程施工方法如图5.2-6所示。

明挖法　　　　　　矿山法　　　　　盾构法（施工模拟）　　　　顶管法

图 5.2-6　地下工程施工方法

5. 地下工程未来发展趋势

（1）技术创新层面

1）数字化与信息化技术的深度融合：建筑信息模型（BIM）、地理信息系统（GIS）、物联网等技术广泛应用于地下工程。实现地下工程的全生命周期管理，包括规划、设计、施工、运营和维护等各个阶段，并且为地下工程的智能化管理提供支持，提高管理效率和水平。

①施工过程智能化：大量采用智能化技术装备，盾构机等设备自动化程度提高，实现自主导航、自动纠偏、故障自诊断等功能，通过传感器、物联网实时监测地质条件和设备状态，为施工决策提供数据支持。

②运营管理智能化：智能化系统用于通风、照明等设施管理，通过自动化控制系统自动调节运行参数，利用大数据、人工智能分析预测地下空间使用情况，为运营管理提供科学依据。

2）新材料研发与创新：研发应用高性能混凝土、新型防水材料等，提高结构性能和耐久性，开发自修复材料延长使用寿命；探索创新施工技术方法，如 3D 打印技术实现快速成型提高施工效率，预制装配式技术提高质量、缩短周期、降低成本。

3）安全监测与预警系统升级：利用先进监测技术设备实时监测结构安全和地质环境，建立智能化系统及时发现隐患并防范处理，保障工程安全运行。

4）防灾设计优化：鉴于地下工程封闭性和隐蔽性，未来更注重防灾设计，加强防火、防水、防震等，设置疏散通道和应急救援设施保障人员安全。

（2）多功能拓展层面

1）空间综合利用：未来地下工程将集交通、商业、文化、娱乐等多功能于一体，如地下商业街、文化广场、停车场融合成多功能地下综合体，提高空间利用效率以满足多样需求。

2）与城市地上空间协同发展：地下工程与地上空间紧密结合，通过通道、商业街等连通，形成立体城市空间结构，缓解交通压力，提升城市整体功能和品质。

（3）深层化与大规模层面

1）深层开发：因城市土地资源紧张，地下工程向深层发展，超深隧道、大型深层停车场等不断涌现，需克服地质复杂、施工难、通风排水困难等挑战，研发新技术新工艺。

2）大规模建设：未来城市需大量地下空间，建设规模不断扩大，如完善地下轨道交通网络、推广地下综合管廊、发展大型地下物流系统等。

（4）可持续发展层面

1）节能减排：建设和运营中注重节能减排，施工采用节能设备和工艺，照明、通风系统应用高效节能技术产品，积极开发利用可再生能源为地下空间供能。

2）环境保护：施工加强环保，采用绿色材料降低有害物质排放，处理施工废水废渣达标排放，地下空间设计运营注重营造生态环境，增加绿化面积提高生态质量。

5.2.2 隧道工程

1. 隧道定义

隧道是修建在地下或水下或者在山体中，铺设铁路或修筑公路供机动车辆通行的建筑物。1970 年，OECD（世界经济合作与发展组织）隧道会议从技术方面给出了隧道的定义：以任何方式修建，最终使用于地表以下的条形建筑物，其内部空洞净空断面在 $2m^2$ 以上者均为隧道。

隧道可用于交通运输（如铁路、公路、行人和自行车隧道）、水利工程（如输水隧道）、市政设施（如地铁、地下管线）以及其他特殊用途（如军事设施、储藏库等）。它的主要目的是穿越山体、河流、海洋等自然障碍，以缩短交通距离、提高交通效率。

2. 隧道的分类

（1）按用途分

交通隧道与日常生活和生产密切相关，常见于城市跨河及山谷穿越的交通线，是铁路或公路穿越天然障碍时修建的地下通道。包括铁路隧道、公路隧道、城市地铁隧道等，主要用于人员和车辆的通行。如图 5.2-7 所示。我国典型的隧道有云南大瑞大柱山铁路隧道（中国最难掘进的隧道，约 14km）、秦岭终南山公路隧道（世界最长的双洞高速公路隧道，隧道长 18.4km，双洞四车道）。

秦岭终南山公路隧道（内外景）　　　　　水下电力隧道　　　　大瑞大柱山铁路隧道

图 5.2-7　按用途分类隧道

（2）按所处地质条件分（图 5.2-8）

深中通海底隧道　　　　港珠澳大桥海底隧道　　　　云南巴玉隧道　　　银西铁路早胜隧道群

图 5.2-8　按地质条件分类隧道

1）岩石隧道：在山体等岩石地层中开挖的隧道，其围岩稳定性相对较好。

2）土质隧道：在土质地层中修建的隧道，施工难度较大，需要采取特殊的支护措施。如银西铁路早胜隧道群，位于世界最大的黄土塬区。该隧道群全部位于 200m 以下的古土壤层，由中铁十二局四公司施工，累计全长 25km，是我国目前规模最大的古土壤隧道群。当地古土壤含蒙脱石，遇水膨胀开裂、土体易剥落掉块，且隧道群下穿多个水库有地下水渗出，增加了施工风险。技术人员通过校企合作开展研究形成黄土隧道快速施工工法，为古土壤隧道施工提供经验。

3）海底隧道：海底隧道是在海底建造的通道，连接被海洋分隔的陆地。主要有沉管法、盾构法、钻爆法等建造方式。其建设面临地质勘察难、防水要求高、通风防灾任务重及施工安全风险大等挑战。如深中通海底隧道（世界上最长、最宽的钢壳混凝土沉管隧道，全长 6845m）、港珠澳大桥海底隧道（世界上建设规模最大的沉管隧道，海底部分长约 5664m），海底隧道的建设面临着复杂的海洋环境、深厚的软土地层等诸多挑战，其综合技术难度堪称世界之最。

（3）按断面形状分

1）圆形隧道：受力均匀，适用于承受较大的围岩压力。

2）矩形隧道：空间利用率高，适用于城市地下空间的开发。

3）马蹄形隧道：结合了圆形和矩形隧道的优点，在一些特定的地质条件下使用。

（4）按横断面积的大小分

极小断面隧道（2~3m²）、小断面隧道（3~10m²）、中等断面隧道（10~50m²）、大断面隧道（50~100m²）和特大断面隧道（大于 100m²）。

（5）按长度分类

按照隧道的长度，可分为短隧道（铁路隧道规定：$L \leqslant 500m$；公路隧道规定：$L \leqslant 500m$）、中长隧道（铁路隧道规定：$500m < L < 3000m$；公路隧道规定：$500m < L < 1000m$）、长隧道（铁路隧道规定：$3000m \leqslant L \leqslant 10000m$；公路隧道规定：$1000m \leqslant L \leqslant 3000m$）和特长隧道（铁路隧道规定：$L > 10000m$；公路隧道规定：$L > 3000m$）。

（6）按所处位置和埋置深度分

1）按照隧道所在的位置：分为山岭隧道、水底隧道和城市隧道。

2）按照隧道埋置的深度：分为浅埋隧道和深埋隧道。

3. 隧道的组成

隧道通常是由主体构筑物和附属构筑物两大类组成。主体构筑物是隧道的主要结构部分，包括洞身、衬砌和洞门；附属构筑物则是由运营管理、维修养护、给水排水、通风、照明、消防、通信、监控等附属设施组成。

（1）主体构筑物

1）洞身：核心部分，供车辆或行人通过的通道空间，需有足够强度和稳定性承受岩土压力及外部荷载，形状和尺寸依用途与设计要求而定，常见有圆形、马蹄形、矩形等。

2）衬砌：为保持洞身稳定、防围岩变形坍塌的结构层。类型有整体式衬砌（由混凝土或钢筋混凝土浇筑，强度高、耐久性好）、复合式衬砌（由初期支护如锚杆、喷射混凝土加固围岩，二次衬砌在初期支护基础上提高稳定性和防水性）。

3）洞门：隧道两端出入口部分，作用是保持洞口边坡稳定、防坍塌，与周边地形地貌协调以美化环境，如图 5.2-9 所示。

（2）附属构筑物

1）通风设施：依据隧道长度或交通流量等因素，采用自然或机械通风保证空气流通和质量。

2）照明设施：应保障行车安全与行人视觉舒适。

削竹式门洞　　　　　　端墙式门洞　　　　　　直线正切式门洞　　　　　曲线正切式门洞

图 5.2-9　隧道山门形式

3）排水设施：防止地下水、雨水渗入隧道积水，排水沟设于两侧或底部，水汇集至排水管道经泵站排出。

4）消防设施：鉴于火灾严重性，设消防栓、灭火器、火灾报警系统等保障人民生命安全。

5）监控设施：通过摄像头、交通信号灯、可变信息标志等实时掌握交通状况与安全情况，监控系统监测控制交通流量、车速、事故等并发布信息引导安全通行。

4. 隧道工程的特性

（1）隐蔽性强

隧道工程大部分位于地下，施工过程和结构状态不易被直接观察到，需要借助各种监测手段进行检测和评估。

（2）地质条件复杂

隧道穿越的地层可能存在各种不良地质现象，如断层、溶洞、软土等，给施工带来很大的困难和风险。

（3）施工难度大

隧道施工需要在狭窄的空间内进行，作业条件艰苦，同时还需要考虑通风、排水、照明等问题。

（4）防水要求

水底隧道在河床、海峡或湖底以下底层开挖的隧道，防水要求非常高。

（5）对环境影响较大

隧道施工可能会引起地面沉降、地下水变化等问题，对周围的建筑物、道路和生态环境产生影响。

尽管隧道工程有上述特性及缺点，但隧道工程能缩短线路长度，减少能耗，节约土地资源，保护生态环境，提高安全性，适应性强，且使用寿命长。

5. 隧道工程的施工方法

隧道工程的施工方法按照适用于不同的地质条件分：适用于山岭隧道的施工方法有矿山法（包括传统矿山法、新奥法）、掘进机法；适合于海底隧道的施工方法有沉管法、盾构法；适合于软土隧道施工方法有盾构法、顶管；适合浅埋隧道的施工方法有明挖法、暗挖法等，如图 5.2-10、图 5.2-11 所示。

（1）矿山法

暗挖法的一种，主要用于岩石地层。通过钻爆法或机械开挖形成隧道空间，开挖后及时

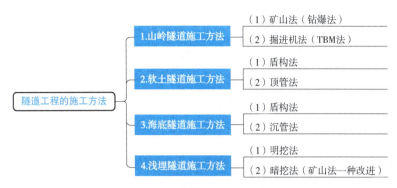

图 5.2-10　隧道工程的施工方法

盾构机　　　　　盾构掘进机（TBM）　　　　悬臂掘进机　　　　　沉管法

图 5.2-11　盾构机、掘进机、沉管法

进行初期支护（如安装锚杆、挂钢筋网、喷射混凝土、架设钢拱架等）防止围岩坍塌，随后进行二次衬砌。它适用于山岭隧道等硬岩地层，施工灵活但进度慢、安全风险高。

（2）新奥法

基于岩体力学理论，以利用围岩的自承能力为核心。在开挖过程中，通过喷射混凝土、锚杆等初期支护手段，将围岩和支护结构视为一个整体共同承载，根据围岩变形监测数据适时进行二次衬砌。

它适用于各类岩石地层的隧道工程，尤其适用于对围岩变形控制要求较高的情况。优点是能发挥围岩自承力，省材料、稳定性好；缺点是监测反馈要求高。

（3）掘进机法

掘进机（Tunnel Boring Machine，TBM）法是利用旋转刀盘上的刀具切削岩石，通过推进装置使掘进机向前推进，同时将切削下来的岩渣通过输送带等方式运出。掘进机自带支护设备，可在掘进过程中进行初期支护。

它适用于长距离、大直径的山岭隧道，特别是岩石硬度适中、完整性较好的地层。对于地质条件变化不大的山岭隧道施工效率较高。

（4）盾构法

盾构机在软土地层或软岩地层中，前端的刀盘切削土体或软岩，千斤顶推动盾构机前进，在盾壳的保护下进行管片拼装，形成隧道衬砌。同时，通过同步注浆填充管片与土体之间的空隙，防止地层变形。

它适用于海底软土地层或软岩地层的隧道施工，能够在高水压、复杂地质条件（如砂层、淤泥质土层等）下施工，并且对地面（海底面）的扰动较小，有利于保护海洋环境。

（5）顶管法

一种非开挖施工方法，在工作坑内，借助顶进设备将管道逐节顶入土中，出土设备将管道内的土体排出，施工过程中要控制顶进方向和管道的高程。

它适用于小直径的软土隧道，主要用于铺设给水排水管道、燃气管道等。在不允许大面积开挖地面的软土区域，如城市繁华地段、建筑物密集区下方的管道铺设较为适用。

（6）沉管法

先在岸上预制好隧道管段（钢筋混凝土管段），对管段进行防水处理后，浮运到预定的海底位置，然后通过注水等方式使管段下沉到预先挖好的水底沟槽中，最后进行管段之间的连接和防水处理。

它适用于跨越海峡、海湾等较宽水域的海底隧道。在水深较浅、水流速度相对较小的海域较为适用，且要求海底地形相对平坦，便于沟槽的开挖和管段的沉放。

（7）明挖法

先将隧道部位的岩土体全部挖除，然后修建隧道结构，最后回填恢复地面原状。施工过程中需要注意边坡的稳定性，必要时进行支护。

它适用于埋深较浅、地下水位较低的隧道工程。如城市中的地下人行通道、浅埋地铁区间等，在地质条件较好、周边环境允许大面积开挖的情况下使用。

（8）浅埋暗挖法（矿山法的一种改进）

在浅埋地层中，采用小导管超前支护、短台阶开挖等方式，减少开挖对地层的扰动，及时进行初期支护和二次衬砌，控制地层变形。

适用条件：适用于城市地下浅埋隧道，特别是在地下水位较高、地质条件复杂（如砂卵石地层、粉质黏土地层等）的情况下，能够有效控制地表沉降，保证地面建筑物和地下管线的安全。

6. 隧道工程的发展

（1）技术创新方面

1）盾构技术升级：盾构机作为隧道挖掘的关键设备，未来将不断向大型化、智能化、高适应性方向发展。例如，智能盾构机将具备更强的破岩能力、更精准的导向系统以及更高的掘进效率，以应对复杂地质条件。

2）3D打印技术应用：3D打印技术可能在隧道工程中得到更多应用，用于制造隧道的某些特殊结构部件或进行现场快速修复，提高施工效率和质量，减少材料浪费。

3）新型材料研发：研发和应用新型的隧道支护材料、防水材料、衬砌材料等。例如，高性能混凝土、纤维增强复合材料、智能材料等，这些材料具有更高的强度、更好的耐久性和防水性能，能够提高隧道的安全性和使用寿命。

（2）智能化与信息化方面

1）智能监测与预警系统：建立更加完善的隧道智能监测体系，通过传感器、物联网、大数据等技术，实时监测隧道的结构变形、应力变化、地下水情况、空气质量等参数。并利用人工智能算法对监测数据进行分析和预测，及时发现潜在的安全隐患，实现预警和自动报警，提高隧道的运营安全性。

2）智能施工管理：在隧道施工过程中，采用智能化的施工管理系统，对施工进度、质量、安全等进行全面监控和管理。例如，通过无人机巡检、机器人施工、自动化设备控制等技术，提高施工效率和精度，减少人为误差和安全事故。

3）数字化设计与模拟：利用计算机辅助设计（CAD）、建筑信息模型（BIM）等技术，进行隧道的数字化设计和模拟。在设计阶段，可以更加准确地预测隧道的施工难度和风险，优化设计方案；在施工前，可以进行虚拟施工模拟，提前发现和解决施工中可能出现的问题，提高施工的可行性和成功率。

（3）环保与可持续发展方面

1）绿色施工技术：采用更加环保的施工技术和方法，减少隧道施工对周围环境的影响。例如，采用低污染的爆破技术、节能的通风设备、废水处理和循环利用系统等，降低施工过程中的噪声、粉尘、废水、废气等污染物的排放。

2）可再生能源利用：在隧道的运营过程中，充分利用太阳能、风能、地热能等可再生能源，为隧道的照明、通风、监控等设备提供电力支持，降低能源消耗和运营成本。

3）生态修复与保护：在隧道建设完成后，对隧道周边的生态环境进行修复和保护，恢复植被、保护野生动物栖息地等，实现隧道工程与生态环境的协调发展。

此外，隧道工程将与城市地下空间的综合开发紧密结合，形成地下交通、商业、仓储、管廊等多功能的地下空间体系。例如，建设地下快速路隧道、地下商业街、地下停车场、地下综合管廊等，提高城市土地的利用效率，缓解城市交通拥堵和土地资源紧张的问题。

随着交通需求的不断增长和区域经济的发展，长距离、大直径隧道的建设将越来越多。例如，跨越山脉、海峡的长大隧道，将连接不同地区，缩短交通距离，促进区域间的交流与合作。

5.2.3 数智技术在地下与隧道工程中的应用

数智技术应用思维导图如图 5.2-12 所示。具体内容详见二维码 5.2-1。

二维码 5.2-1 数智技术在地下与隧道工程中的应用

图 5.2-12 数智技术应用思维导图

5.2.4 拓展知识及课程思政案例

1. 拓展知识

1）地下工程逆作法数字化施工平台的研发及应用（网上自行搜索）。

2）逆作法施工演示模型动画（网上自行搜索）。

3）测量机器人自动化监测在隧道工程中的应用（网上自行搜索）。

4）地下与隧道工程施工小视频（TBM、地下人防工程、地下综合管廊、矿山法、隧道施工全过程、雄安新区地下综合管廊）（网上自行搜索）。

2. 课程思政案例

1）北京地铁网视频参见二维码 5.2-2。

二维码 5.2-2 北京地铁网

2）王杜娟事迹视频参见二维码 5.2-3。

二维码 5.2-3 王杜娟事迹

课后：思考与习题

1. 本节习题

（1）为什么要开发地下空间？地下空间的特点是什么？

（2）地下工程分类有哪些？地下核电站、水电站有哪些优势？

（3）什么是隧道工程？地下与隧道工程施工方法有哪些？

（4）数智技术在地下与隧道工程中应用的实际工程案例有哪些？

（5）请同学们自主了解地下与隧道工程的发展历史。

2. 下节思考题

（1）建筑物的分类、基本组成及基本构件有哪些？

（2）多高层建筑结构形式及结构体系有哪些？

（3）大跨度空间结构结构形式有哪些？

（4）构筑物和建筑物有什么区别？请举例说明哪些是构筑物？

5.3 建筑工程

课前：导读

1. 本节知识点思维导图

2. 课程目标

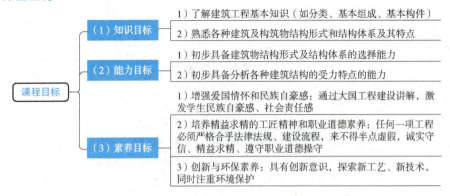

课程目标

(1) 知识目标
- 1）了解建筑工程基本知识（如分类、基本组成、基本构件）
- 2）熟悉各种建筑及构筑物结构形式和结构体系及其特点

(2) 能力目标
- 1）初步具备建筑物结构形式及结构体系的选择能力
- 2）初步具备分析各种建筑结构的受力特点的能力

(3) 素养目标
- 1）增强爱国情怀和民族自豪感：通过大国工程建设讲解，激发学生民族自豪感、社会责任感
- 2）培养精益求精的工匠精神和职业道德素养：任何一项工程必须严格合乎法律法规、建设流程，来不得半点虚假，诚实守信、精益求精、遵守职业道德操守
- 3）创新与环保素养：具有创新意识，探索新工艺、新技术，同时注重环境保护

3. 重点

1）建筑物类型及基本组成。

2）建筑物基本组成与力学的关系。

3）多高层建筑结构形式、结构体系及其特点。

4）大跨度空间结构形式特点。

5.3.1 建筑工程概述

1. 建筑

建筑是为了满足人类的生产、生活、文化等各种活动需求而创造的物质实体和空间环境。

从功能角度来看，建筑可以是居住的房屋，为人们提供安全、舒适的居住场所；可以是办公大楼，满足人们工作和商务活动的需要；也可以是学校、医院、体育馆等公共建筑，为特定的社会功能服务。

从艺术角度而言，建筑是凝固的音乐，是一种具有审美价值的艺术形式。它通过造型、比例、色彩、材质等元素的组合，展现出独特的风格和魅力。优秀的建筑作品能够给人带来美的享受，成为城市或地区的标志性景观。

从文化角度讲，建筑承载着历史、地域和民族的文化内涵。不同时期、不同地域的建筑反映了当时当地的社会制度、生活方式、价值观念和审美情趣，是人类文化遗产的重要组成部分。

每一个建筑项目都是一次对自然与人类社会的挑战与回应，既要考虑工程的安全性、耐久性和功能性，又要追求建筑的美观性、舒适性和可持续性。

2. 建筑工程

在人类文明的发展历程中，建筑工程始终扮演着至关重要的角色。从古老的洞穴、居所到现代的摩天大楼，从质朴的乡村小屋到宏伟的城市地标，建筑工程见证了人类的智慧、创造力与对美好生活的不懈追求。

建筑工程是为新建、改建或扩建房屋建筑物和附属构筑物设施所进行的规划、勘察、设计、施工、安装和维护等各项技术工作及完成的工程实体。

在规划阶段，要根据城市发展需求和土地利用情况，确定建筑的选址和功能布局。勘察阶段则对建设场地的地质、水文等条件进行详细调查，为设计提供依据。

设计阶段由建筑师和工程师共同完成，包括建筑设计、结构设计、给水排水设计、电气设计、暖通等多个专业设计，以确保建筑的安全性、功能性和美观性。

施工阶段是建筑工程的核心环节，包括土方工程、基础工程、主体结构工程、装饰装修工程等。施工过程中需要运用各种施工技术和设备，严格按照设计要求和施工规范进行操作，确保工程质量和进度。

安装阶段主要涉及建筑设备的安装，如电梯、空调、消防设备等。维护阶段则是在建筑投入使用后，对其进行定期检查、维修和保养，延长建筑的使用寿命。

建筑工程是一门融合了科学、技术、艺术与人文的综合学科。它不仅涵盖了规划、设计、施工、监理等多个环节，而且涉及力学、材料学、地质学、环境科学等众多专业领域。

在当今时代，建筑工程面临着诸多新的机遇和挑战。随着科技的飞速发展，新型建筑材料、先进施工技术和智能化管理系统不断涌现，为建筑工程的创新提供了强大的动力。同时，全球气候变化、资源短缺和环境保护等问题也对建筑工程提出了更高的要求，促使建筑行业向绿色、低碳、可持续的方向发展。

5.3.2　建筑物类型

将建筑按照不同的分类方法区分成不同的类型，以使相应的建筑标准、规范对同一类型的建筑加以技术上或经济上的规定。

1. 按建筑的使用性质

（1）民用建筑

根据现行《民用建筑设计统一标准》（GB 50352—2019）规定：民用建筑是供人们居住和进行各种公共活动的建筑的总称。民用建筑又分居住建筑和公共建筑。

1）居住建筑：供人们居住使用的建筑。居住建筑又分住宅建筑和宿舍建筑。如各类住宅、别墅、公寓、宿舍等。

2）公共建筑：供人们进行各种公共活动的建筑。它涵盖了多个领域，如教育领域（学校、幼儿园等建筑）、文化领域（图书馆、博物馆、展览馆、美术馆等）、科研院所、医疗领域（医院、诊所等）、商业领域（商场、超市、酒店等）、办公领域（写字楼等办公建筑）、广电领域（通信广播建筑）、体育领域（体育馆、体育场等）、交通领域（汽车站、火车站、航站楼等）等。

（2）工业建筑

工业建筑是用于工业生产的建筑，包括各类工厂、车间、仓库等。

（3）农业建筑

农业建筑是以农业生产为主要使用功能的建筑。如温室、畜禽饲养场、粮食仓库等。

2. 按建筑结构材料

建筑物类型按建筑结构材料分木、砖木、砖混、钢筋混凝土、钢结构等形式，如图 5.3-1 所示。

（1）木结构建筑

木结构建筑是以木材为主要建筑材料的建筑。木结构建筑具有施工简便、环保、保温性能好等优点。

（2）砖木结构建筑

砖木结构建筑是由砖和木材混合建造的建筑。一般来说，墙体采用砖砌筑，屋架等部分采用木材。

（3）砖混结构建筑

砖混结构建筑是以砖和混凝土为主要建筑材料的建筑。墙体采用砖砌筑，楼板、梁、柱等采用混凝土浇筑。砖混结构建筑具有造价低、施工简单等优点，但其整体性和抗震性能相对较差。

（4）钢筋混凝土结构建筑

钢筋混凝土结构建筑是主要由钢筋和混凝土组成的建筑结构。钢筋混凝土结构具有强度高、耐久性好、抗震性能强等优点。现代建筑中广泛应用钢筋混凝土结构，从多层住宅到高层写字楼、大型商场等。

（5）钢结构建筑

钢结构建筑是以钢材为主要建筑材料的建筑结构。钢结构建筑具有重量轻、强度高、跨度大、施工速度快等优点，常用于大型工业厂房、体育场馆、机场航站楼等建筑中。

砖混结构别墅　　　　　　钢筋混凝土建筑　　　　　　钢结构

图 5.3-1　建筑物示意图

3. 按建筑层数

根据《民用建筑设计统一标准》（GB 50352—2019）、《建筑设计防火规范》（GB 50016—2014），从消防角度规定：

（1）多、高层建筑

1）多层建筑：建筑高度不大于 27.0m 的住宅建筑、建筑高度不大于 24.0m 的公共建筑及建筑高度大于 24.0m 的单层公共建筑为低层或多层民用建筑。

2）高层建筑：建筑高度大于 27.0m 的住宅建筑和建筑高度大于 24.0m 的非单层公共建筑，且高度不大于 100.0m 的为高层民用建筑。

对于住宅类：《民用建筑设计术语标准》（GB/T 50504—2009）规定：

低层住宅（1~3 层）；多层住宅（4~6 层）；中高层住宅（7~9 层）；高层住宅（10 层以上）。

根据《高层建筑混凝土结构技术规程》（JGJ 3—2010）从结构受力角度，规定：

高层住宅：10 层及 10 层以上或房屋高度超过 28m 的住宅建筑结构。

其他民用高层建筑：房屋高度大于 24m 的其他高层民用建筑（不包括单层高度超过 24m 的建筑）。

（2）超高层建筑

凡是建筑高度超过 100m，不论住宅及公共建筑均为超高层建筑。

建筑高度是指自室外地面至房屋主要屋面的高度，不包括凸出屋面的电梯机房、水箱、构架等高度。

4. 根据建筑物破坏重要性

根据现行《建筑工程抗震设防分类标准》（GB 50223—2008），依照建筑物重要性分为以下四类。

（1）特殊设防类（甲类）

特殊设防类是指使用上有特殊设施，涉及国家公共安全的重大建筑工程和地震时可能发生严重次生灾害等特别重大灾害后果，需要进行特殊设防的建筑，简称甲类。例如：科研研究、试生产和存放剧毒生物制品及天然人工细菌与病毒的建筑。

（2）重点设防类（乙类）

重点设防类是指地震时使用功能不能中断或需尽快恢复的生命线相关建筑，以及地震时可能导致大量人员伤亡等重大灾害后果，需要提高设防标准的建筑，简称乙类。例如医疗、广播、通信、供水、供电、供气、消防、幼儿园、中小学校、人员密集的公共建筑。

（3）标准设防类（丙类）

按标准要求进行设防的一般建筑。例如：办公、住宅等。

（4）适度设防类（丁类）

适度设防类是指使用上人员稀少且震损不致产生次生灾害，允许在一定条件下适度降低要求的建筑。简称丁类次要的建筑。

5. 按使用年限

按使用年限可分为 100 年（纪念性建筑或特别重要建筑，如人民英雄纪念碑等）；50 年（普通建筑和构筑物）；25 年（易于替换构件的建筑）；5 年（临建建筑）。

5.3.3 建筑物基本组成及基本构件

1. 建筑物基本组成

无论是什么类型的建筑物，都由基本构件组成，以房屋建筑为例，基本组成包括承重结构、围护结构、垂直交通等。承重结构有基础、墙体、柱、梁、楼板、拱、桁架等，围护结构用于遮风挡雨、保温隔热、采光通风等，主要有围护墙体、门、窗、屋盖（既承重又围护）、雨棚等；多高层还有垂直交通楼梯、电梯等，如图 5.3-2 所示。

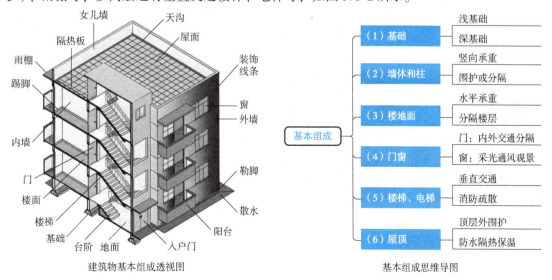

建筑物基本组成透视图　　　　　基本组成思维导图

图 5.3-2　建筑物基本组成示意图

（1）基础

基础是建筑物底部与地基接触的部分，它的主要作用是将建筑物的全部荷载传递给地基。

（2）墙体和柱

1）墙体：墙体是建筑物的竖向承重和围护构件，它的主要作用是承重、传递荷载、分隔空间、保温隔热、隔声等。墙体可以分为承重墙和非承重墙，承重墙主要承担竖向荷载，非承重墙则主要起到分隔空间和围护的作用。

2）柱：柱是建筑物中的竖向承重构件，主要承受梁和板传来的荷载，并将这些荷载传递给基础。柱通常采用钢筋混凝土、钢结构等材料制作，具有较高的强度和刚度。

墙体、柱示意图如图 5.3-3 所示。

   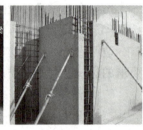

承重砖墙　　　　　　承重毛石墙　　　　　框架柱及填充墙　　　　装配式混凝土墙

图 5.3-3　墙体、柱示意图

（3）楼地面（图 5.3-4）

1）楼板：楼板是建筑物中水平分隔上下空间的构件。楼板的主要作用是承受楼面荷载，并将这些荷载传递给梁和柱。楼板还需要具有一定的隔声、防火、防水等性能。楼板有现浇（或预制）钢筋混凝土楼板、预应力钢筋混凝土楼板、钢楼板等。

2）地面：地面是建筑物底层与土壤接触的部分，地面的主要作用是承受底层房间的使用荷载，并将这些荷载传递给地基。地面还需要具有一定的防潮、防水、保温等性能。

地面的构造一般包括基层、垫层和面层。基层是地面的承重部分，通常采用素土夯实或混凝土浇筑。

 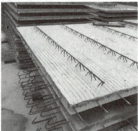 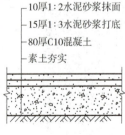 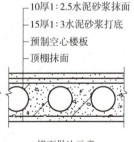

现浇钢筋混凝土楼板　　　装配式楼板　　　　地面做法示意　　　　楼面做法示意

图 5.3-4　楼地面示意图

（4）门窗

1）门：门是建筑物中用于人员和货物进出的构件，主要作用是分隔空间、提供通道、保证安全等。门的形式有很多种，如平开门、推拉门、旋转门、卷帘门等，如图 5.3-5 所示。

| 平开门 | 双扇推拉门 | 旋转门 | 防火卷帘门 |

图 5.3-5　各种门示意图

2）窗：窗是建筑物中用于采光、通风和观景的构件，其主要作用是将自然光和新鲜空气引入室内，同时提供观景。窗有多种形式，如平开窗、推拉窗、悬窗、固定窗等，如图 5.3-6 所示。

| 平开窗 | 推拉窗 | 上悬窗 | 固定窗 |

图 5.3-6　各种窗示意图

（5）楼梯、电梯（图 5.3-7）

1）楼梯：楼梯是建筑物中垂直交通的主要设施，主要起疏散功能。楼梯形式有多种，如直跑楼梯、双跑楼梯、三跑楼梯、螺旋楼梯等。

2）电梯：电梯是建筑物中垂直交通的辅助设施，主要作用是为人们提供快速、便捷的上下交通方式。

| 双跑板式楼梯 | 螺旋楼梯 | 悬挑楼梯 | 电梯入口 |

图 5.3-7　楼梯、电梯示意图

（6）屋顶

屋顶是建筑物顶部的覆盖构件，主要作用有防水、保温、隔热等性能。屋顶形式有多种，如平屋顶、坡屋顶、折线屋顶、曲面屋顶等，如图 5.3-8 所示。

平屋顶

小别墅坡屋顶

折线屋顶

- 保护层：绿豆砂（粒径3~6不带棱角）
- 防水层：二毡三油（或三毡四油）
- 结合层：冷底子油一道
- 找平层：1:3水泥砂浆
- 保温层：经热工计算确定
- 找坡层：1:8水泥炉渣，最薄处15厚
- 隔汽层：经计算确定
- 找平层：1:3水泥砂浆
- 结构层：钢筋混凝土楼板（预制或现浇）

平屋面做法示意

图 5.3-8　屋顶示意图

此外，建筑物还可能包括一些附属设施，如阳台、雨棚、散水、勒脚等，这些设施在一定程度上影响着建筑物的使用功能和外观造型。

2. 建筑物基本构件

建筑物的基本构件主要有：

（1）梁

梁是杆件长度远大于其截面尺寸的水平受弯构件，主要承受楼板传来的竖向荷载，并将其传递给柱或墙等竖向承重构件。梁有各种形式，如图 5.3-9、图 5.3-10 所示。

1）按材料分类有：钢筋混凝土梁、钢梁、木梁、预应力混凝土梁等。

2）按截面形状分类有：矩形梁、T 形梁、工字形梁。

3）按支承受力方式分类有：简支梁、悬臂梁、连续梁等。

| 矩形 | T形 | 工字形 | 十字形 | 工字钢 | 槽钢 | 组合梁 | 箱形梁 |

钢筋混凝土梁截面示意　　　　　　　钢梁截面示意

图 5.3-9　梁截面示意图

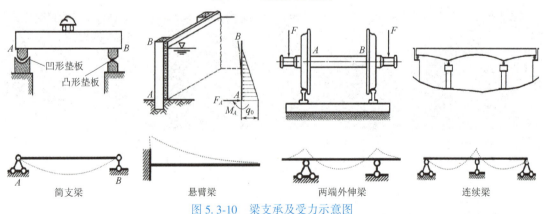

简支梁　　　　悬臂梁　　　　两端外伸梁　　　　连续梁

图 5.3-10　梁支承及受力示意图

（2）板

板是厚度远小于平面尺寸的水平受弯构件，主要承受楼面或屋面的荷载，并将其传递给

梁或墙等构件。板有多种形式，如图 5.3-11、图 5.3-12 所示。

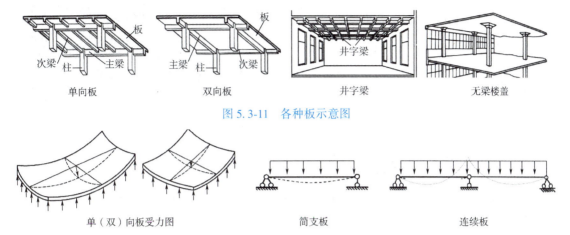

图 5.3-11　各种板示意图

图 5.3-12　单（双）向板受力示意图

1）按材料分类有：钢筋混凝土板（实心或空心）、钢板、木板。

2）按受力形式分类有：

单向板：板的长边与短边之比大于 3，荷载主要沿短边方向传递。

双向板：板的长边与短边之比小于等于 2，荷载沿两个方向传递。介于 2 和 3 之间的板，计算时可按双向板也可按单向板，若按单向板，长边配筋需要加强。

3）板的传力途径：荷载→板→次梁→主梁→柱（或墙）→基础→地基。

（3）柱

柱是建筑结构中的竖向承重构件，主要承受梁和板传来的竖向荷载，并将其传递给基础。

1）按材料分类有：钢筋混凝土柱、钢柱、木柱。

2）按截面形状分类有：矩形柱、圆形柱、异形柱（如 L 形、T 形、十字形）等，可根据建筑空间和使用要求进行设计。

（4）墙

墙是建筑结构中的竖向承重或水平围护构件，主要起分隔空间、承受荷载和保温隔热等作用。

1）按材料分类有：砖墙、混凝土墙、砌块墙、轻质隔墙等。

2）按受力形式分类有：承重墙、非承重墙（只起分隔空间和围护作用）。

（5）拱

拱是曲线形受压构件，通过将竖向荷载转化为轴向压力，实现较大跨度的空间覆盖，拱脚处将荷载传递给支座和基础，具有较好的稳定性和美观性，如图 5.3-13、图 5.3-14 所示。

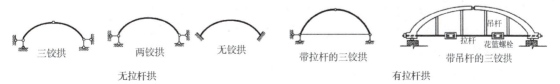

图 5.3-13　拱形状示意图

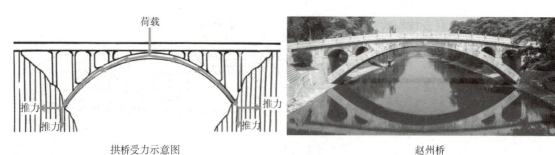

拱桥受力示意图　　　　　　　　　　　　　赵州桥

图 5.3-14　拱受力示意图

5.3.4　多、高层建筑结构

多、高层建筑设计时，首先要选择合理的结构形式和体系，然后再进行受力分析计算。

1. 结构形式

（1）砌体结构

砌体结构主要由砖、砌块等砌体材料组成。

1）特点：取材方便，施工技术简单，造价相对较低。但自重大，抗震性能较差，墙体厚度较大，占用空间较多，且难以适应较大的跨度和高度。

2）适用范围：一般适用于层数较低的多层建筑。常见于一些小型住宅、别墅和农村自建房等。

（2）钢筋混凝土结构

钢筋混凝土结构由钢筋和混凝土两种材料组成。

1）特点：强度高、耐久性、耐火性好，可模性好、整体性好等。但自重大、抗裂性差、相对钢结构抗震性能差等。

2）适用范围：适用于各种高度的建筑，包括住宅、办公楼、商业楼等。

（3）钢结构

钢结构以钢材为主，包括各种型钢、钢板等。

1）特点：强度高，重量轻，抗震性能好，施工速度快，可以实现大跨度和大空间的设计。但耐腐蚀性差，需要进行防腐处理，维护成本较高；钢结构在高温下强度会降低，防火性能较差，需要进行防火保护。

2）适用范围：广泛应用于高层建筑、大跨度建筑，如大型商场、体育馆、机场航站楼等。对于一些对造型有特殊要求的建筑，钢结构也能更好地实现设计意图。

（4）钢和混凝土混合结构

钢和混凝土混合结构兼顾了钢材和混凝土的优点，通常采用钢柱、钢梁与钢筋混凝土核心筒或剪力墙组合。

1）特点：既具有钢结构强度高、施工速度快等优点，又有混凝土结构整体性和耐久性特点。但设计和施工难度相对较大，需要协调两种不同材料的性能和连接方式。

2）适用范围：主要用于超高层建筑和大型复杂建筑，如一些标志性的摩天大楼等。

2. 结构体系

（1）砖混结构

砖混结构是由砖砌体和钢筋混凝土梁、板、柱等构件组成的混合结构体系。特点及应用同砌体结构，如图 5.3-15 所示。

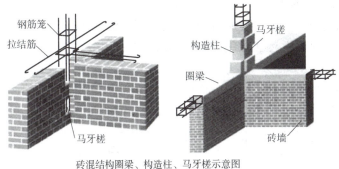

砖混结构圈梁、构造柱、马牙槎示意图　　　　　砖混结构房屋

图 5.3-15　砖混结构

（2）框架结构体系

框架结构是由梁和柱（刚性节点）组成，用来承受竖向和水平荷载的抗侧力结构，如图 5.3-16 所示。

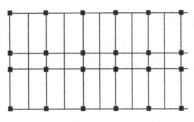

框架结构模型示意　　　　框架结构布置平面示意　　　　框架结构施工现场示意

图 5.3-16　框架结构

1）特点：空间分隔布置灵活，可根据不同需求进行室内布局调整。但抗侧刚度较小，侧向变形较大。

2）应用：适用于商业楼、教学楼、办公楼等布置灵活的大空间建筑。建造的层数、高度根据不同设防烈度有所不同。

（3）剪力墙结构体系

剪力墙结构体系主要由钢筋混凝土墙体组成，用来承受竖向和水平荷载的抗侧力结构。如广州白云宾馆，钢筋混凝土剪力墙结构，33 层，高 112.45m，1976 年建成，国内首栋百米高层建筑，如图 5.3-17 所示。

剪力墙结构住宅平面布置图　　　剪力墙结构住宅效果图　　　广州白云宾馆

图 5.3-17　剪力墙结构建筑

1）特点：

优点：抗侧刚度大，侧向变形小，整体性好，抗震性能好。

缺点：空间布置相对固定，不够灵活。混凝土墙体自重大，对基础要求较高。

2）应用：常用于高层建筑，特别是住宅建筑，能提供稳定的居住环境。

（4）框支剪力墙结构体系

框支剪力墙结构体系是将剪力墙结构的底层或底部几层做成框架，并有部分剪力墙落地，用于支撑上部结构。这种结构也称为带转换层的高层建筑结构，如图5.3-18所示。

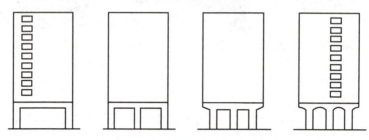

图5.3-18 框支剪力墙结构体系示意

1）特点：可以满足建筑底部对大空间的需求。但由于上下部分结构形式不同，转换层上、下层间侧向刚度发生突变，形成上刚下柔，造成结构的薄弱环节，受力复杂，在地震作用下极易遭受破坏甚至倒塌，需进行特殊的设计和加强。

2）应用：适用于底部需要大空间的商住楼、写字楼等。

（5）框架-剪力墙结构体系

框架-剪力墙结构体系是由框架柱和剪力墙共同组成的承重体系，如图5.3-19所示。

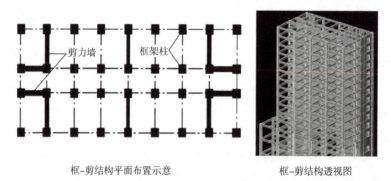

框–剪结构平面布置示意　　　　框–剪结构透视图

图5.3-19 框架-剪力墙结构体系示意

1）特点：结合了框架结构和剪力墙结构的优点，既有一定的空间灵活性，又有较好的抗侧刚度。在水平荷载作用下，框架和剪力墙协同工作，提高了结构的整体性能。但设计和施工相对复杂，需要协调框架和剪力墙的受力关系。结构体系的计算分析难度较大。

2）应用：广泛应用于中高层建筑，如酒店、公寓、写字楼等，满足不同功能需求。

（6）筒体结构体系

筒体结构体系由一个或多个筒体组成，筒体可以是实腹筒、框筒或桁架筒、成束筒等。

1）特点：具有极大的抗侧刚度和承载力，能适应很高的建筑高度。空间整体性强，能提供较大的无柱空间。但施工难度大，对施工技术要求高，造价较高。

2）应用：主要用于超高层建筑和大型复杂建筑，如标志性的摩天大楼等，如图 5.3-20 所示。

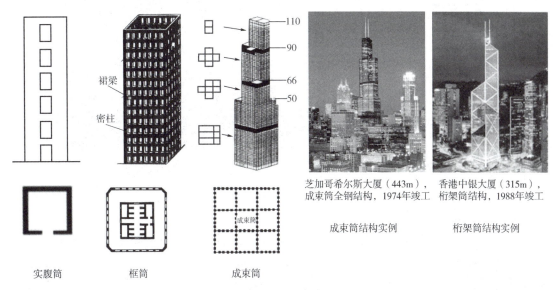

芝加哥希尔斯大厦（443m），
成束筒全钢结构，1974年竣工

香港中银大厦（315m），
桁架筒结构，1988年竣工

成束筒结构实例

桁架筒结构实例

实腹筒   框筒   成束筒

图 5.3-20　筒体结构体系示意

（7）混合结构体系

混合结构体系由多种不同结构形式组合而成，如钢框架-混凝土核心筒、型钢混凝土框架-钢筋混凝土核心筒等。

1）特点：可以充分发挥各种材料和结构形式的优势，提高结构的性能，适应复杂的建筑造型和功能要求。但设计和施工极为复杂，需要综合考虑不同材料的性能和连接方式。结构体系的维护和管理难度较大。

2）应用：适用于超高层建筑和大型复杂建筑，满足特殊的建筑需求。

（8）巨型框架体系

巨型框架体系是一种较为特殊的多高层建筑结构体系，主要由巨型梁、巨型柱和次结构组成。例如上海证券大厦，如图 5.3-21a、b 所示。

1）特点：可以创造出非常大的无柱空间，满足多种功能需求，刚度大、传力明确、适应性强。但施工难度大、造价高。

2）应用：巨型框架体系主要应用于超高层建筑、大型商业综合体、会展中心等对空间和结构性能要求较高的大型建筑。例如，一些标志性的摩天大楼采用巨型框架体系，既实现了独特的建筑外观，又保证了结构的稳定性和安全性。

（9）悬挂结构体系

悬挂结构是一种特殊的多高层建筑结构体系，主要由主结构（如巨型框架、核心筒等）、悬挂构件（钢索、吊杆等）和被悬挂的楼层结构组成。例如香港汇丰银行共 48 层，高 179m，1985 年建成，如图 5.3-21c 所示。

1）特点：便于进行空间布局调整，可创造出宽敞无柱的内部空间，满足特殊功能需求。通过柔性悬挂构件可有效耗散地震能量。但对施工技术和精度要求高，维护成本高。

2）应用：常用于大型展览馆、体育场馆等对空间要求高且有特殊造型需求的建筑。

a）巨型框架示意　　　　b）上海证券大厦（巨型框架）　　c）香港汇丰银行（悬挂结构体系）

图 5.3-21　巨型框架和悬挂结构体系示意

（10）超高层建筑案例

截至 2024 年，高层建筑世界排名前六的有以下超高层建筑，如图 5.3-22 所示。

哈利法塔　　　　默迪卡　　　　上海中心大厦　　麦加皇家钟楼　　深圳平安金融　　乐天世界塔
（828m）　　　（679m）　　　　（632m）　　　　（601m）　　　中心（599m）　　（555m）

图 5.3-22　世界高层建筑排名前六（截至 2024 年）

1）哈利法塔（Burj Khalifa）。位于迪拜，2010 年建造完成，总高度达 828m，共 163 层，是世界上最高的建筑。该建筑集办公、住宅和酒店等用途于一体。

2）默迪卡 118（Merdeka118）。位于吉隆坡，2023 年建成，高度为 679m，共 118 层，采用混凝土-钢混合材料建造，有酒店、酒店式公寓、办公室等功能。

3）上海中心大厦。位于中国上海，2015 年完工，高度 632m，楼层 128 层，也是混凝土-钢混合材料结构，主要用于酒店、办公等。

4）麦加皇家钟楼（Abraj Al Bait Clock Tower）。位于沙特阿拉伯麦加，2012 年建成，高 601m，共 120 层，为钢筋混凝土结构，包含服务式公寓、酒店、零售卖场等功能。

5）深圳平安金融中心。位于中国深圳，2017 年建成，高度 599m，楼层 115 层，是混凝土-钢混合材料结构的办公建筑。

6）乐天世界塔（Lotte World Tower）。位于韩国汉城，2017 年建成，高 555m，共 123 层，同样是混凝土-钢混合材料结构，有酒店、住宅、办公、零售等多种用途。

7）世界贸易中心（One World Trade Center）。位于美国纽约市，2014 年建成，高

541m，共 94 层，为混凝土-钢混合材料结构，主要用于办公。

8）广州周大福金融中心。位于中国广州，2016 年建成，高 530m，共 116 层，是混合材料结构，兼具酒店、住宅、办公等功能；与之高度相同的还有天津周大福金融中心，2019 年建成，位于中国天津，共 97 层，也是混凝土-钢复合材料结构，有酒店、酒店式公寓、办公室等功能。

9）中信大厦（中国尊）。位于中国北京，2018 年建成，高 528m，共 109 层，为混凝土-钢混合材料结构，是办公建筑。

10）台北 101 大厦。位于中国台北，2004 年建成，高度 508m，共 101 层，为混凝土-钢混合材料结构的办公建筑。

5.3.5　大跨度空间结构

1. 排架结构

排架结构由屋架（或屋面梁）、柱和基础组成。屋架与柱顶铰接，柱与基础刚接，保证结构的整体稳定性，如图 5.3-23 所示。

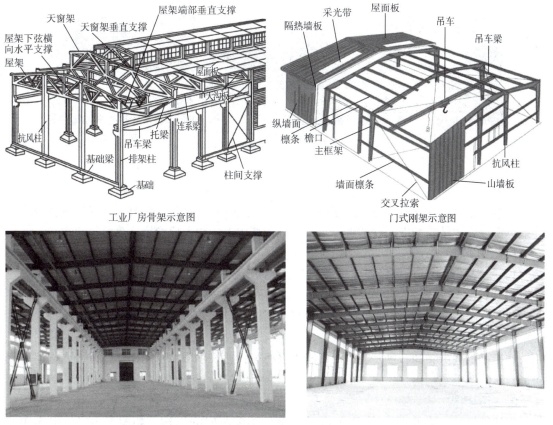

工业厂房骨架示意图　　　　　门式刚架示意图

钢筋混凝土工业厂房　　　　　门式刚架轻型钢结构厂房

图 5.3-23　装配式钢筋混凝土排架结构工业厂房示意图

（1）特点

1）传力明确：柱子是厂房中的主要承重构件，屋架和吊车梁分别将屋面荷载和吊车荷载传给柱子，基础承担柱子和基础梁传来的荷载。由于屋架与柱顶铰接，柱子主要承受轴向压力，弯矩较小，从而可以减小柱子的截面尺寸，降低工程造价。

2）空间布局灵活：排架结构的柱子间距较大，无承重墙的限制，可以根据生产工艺的需要灵活布置，满足不同的使用要求，提高了厂房的使用效率。

（2）应用

排架结构主要应用于单层工业厂房、仓库、大型超市等建筑中。排架结构可以满足大跨度、大空间的使用要求，适应不同的生产工艺和设备布置。

2. 拱结构

拱结构是一种传统的大跨度结构形式，如图 5.3-24、图 5.3-25 所示。

三铰拱　　　　　　　　两铰拱　　　　　　　　无铰拱

图 5.3-24　拱的结构计算简图

石拱桥　　　　　　　　拱形网架屋架　　　　　　　拱形屋盖

图 5.3-25　拱结构实例

（1）特点

拱结构主要承受轴向压力，采用砖、石和混凝土等脆性材料，能够充分发挥材料的抗压性能。实现梁式结构难以实现的大跨度，并且造型优美，给人以稳定、简洁的感觉。

（2）形式

1）三铰拱：由两个固定铰支座和一个中间铰组成，是一种静定结构。

2）两铰拱：只有两个铰支座，属于一次超静定结构。

3）无铰拱：没有铰支座，是三次超静定结构，具有较高的刚度和稳定性。

（3）应用

在桥梁工程中，如石拱桥、钢筋混凝土拱桥等；建筑领域，可用于体育馆、展览馆等大跨度建筑的屋盖结构。

3. 桁架结构

桁架结构是一种由杆件彼此在两端用铰链连接而成的结构，如图 5.3-26、图 5.3-27 所示。

（1）特点

1）桁架中的杆件主要承受轴向拉力或压力，能充分发挥材料的强度，从而可以跨越较大的空间。结构简单，传力明确，便于设计和施工。

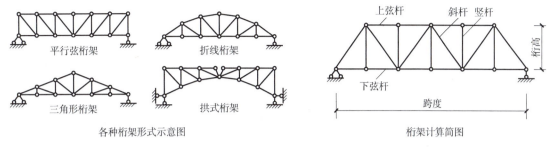

平行弦桁架　折线桁架　三角形桁架　拱式桁架

上弦杆　斜杆　竖杆　下弦杆　桁高　跨度

各种桁架形式示意图　桁架计算简图

图 5.3-26　桁架示意图

图 5.3-27　桁架结构实例图

2）可以根据不同的使用要求和跨度进行灵活设计。

（2）形式

1）平面桁架：由上弦杆、下弦杆和腹杆组成的平面结构，可分为三角形桁架、梯形桁架、平行弦桁架等。

2）空间桁架：也可以由多个平面桁架组成空间结构，具有更高的刚度和稳定性。

（3）应用

适用于工业厂房、仓库等建筑的屋盖结构；大跨度桥梁，如钢桁架桥；临时搭建的舞台、看台等设施。

4. 折板结构

折板结构是一种独特的建筑形式，它主要由若干狭长的薄板以一定角度相交连成折线形的空间薄壁体系构成，如图 5.3-28 所示。为了保证结构的稳定性，两端应有通长的墙或圈梁作为折板的支点。

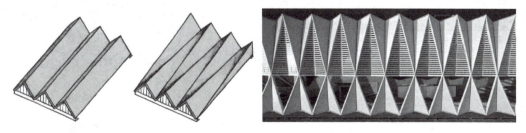

图 5.3-28　折板结构示意图

（1）特点

1）具有较好的空间刚度和承载能力。折板结构的跨度一般不宜超过 30m，特别适用于长条形平面的屋盖。

2）结构轻巧，造型简洁，制作简单、安装方便、节省材料，同时还能实现承重和围护的双重功能。

（2）形式

1）预制装配式折板：折板结构常采用 V 形、梯形等形式，其中预应力混凝土 V 形折板在我国应用较为广泛，其最大跨度可达 27m。

2）现浇折板：在施工现场支模浇筑混凝土，形成整体的折板结构。

（3）应用

适用于工业与民用建筑的屋盖结构，如厂房、仓库、食堂等，或水池顶盖、地沟盖板等小型结构。

5. 网架结构

网架结构是由多根杆件按一定的网格形式通过节点连接而成的平板型或微曲面形空间杆系结构，网架结构示意图如图 5.3-29 所示。

（1）特点

1）网架属高次超静定空间杆系结构，网架杆件节点一般为铰接，杆件主要承受轴向力，能充分发挥材料强度。

2）结构空间刚度大，重量轻、整体性好，抗震性能优越。

3）工厂化程度高，可批量生产杆件和节点，安装方便快捷。

4）支承布置灵活，有利于吊顶、便于管道穿越、设备安装等。

（2）形式

1）平面网架：由上弦杆、下弦杆和腹杆组成的平板状网架结构，可分为双向正交正放网架、双向正交斜放网架、三向网架等。

2）曲面网架：如穹顶网架、筒壳网架等，适用于具有特殊造型要求的建筑。曲面网架实例如图 5.3-30 所示。

3）双层或三层网架：双层网架是由上弦、下弦和腹杆组成，三层网架是由上弦、中弦、下弦、上腹杆和下腹杆组成。

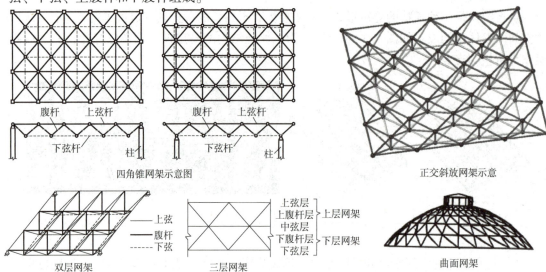

图 5.3-29　网架结构示意图

大连热带雨林馆　　　　　　雨林馆入口处　　　　　　雨林馆中心环

图 5.3-30　曲面网架实例

（3）应用

广泛应用于体育馆、影剧院、展览厅、候车厅、体育场看台雨棚、飞机库、机场航站楼、双向大柱距车间等大跨度建筑的屋盖。

6. 网壳结构（图 5.3-31）

网壳结构是以钢杆件组成的曲面状网状壳体结构，其外形为壳，其构成为网格状网壳与网架外形相似，一般区别在于网壳是刚接杆件体系，网架节点是铰接的。

（1）特点

1）以曲面的形式呈现，造型丰富美观，具有良好的艺术效果。空间受力性能好，能承受较大的外部荷载。

2）相比网架结构，杆件布置更加密集，结构刚度更大。

（2）形式

1）单层网壳：由单层杆件组成，适用于中小跨度的建筑。

2）双层网壳：由上下两层杆件组成，中间通过腹杆连接，适用于大跨度建筑。

（3）应用

适用于剧院、博物馆、科技馆以及大型商业综合体、购物中心等的屋盖结构。

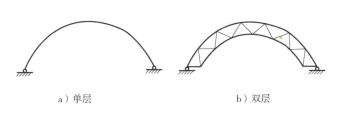

a）单层　　　　　　　　b）双层

单层（双层）网壳示意图　　　　　　天津体育馆，双层球面网壳

图 5.3-31　网壳结构

7. 薄壳结构

薄壳结构是四边支承的曲面板，薄壳的结构组成一般包括曲面的壳板和周边的边缘构件两部分。薄壳必须具备两个条件，一是"曲面的"，二是"刚性的"。其内力多向受压，具有较大的空间刚度。

（1）特点

1）利用壳体的空间曲面形状，将外力转化为壳体的内力，具有较高的强度和刚度。

2）薄壳突出一个"薄"字，材料用量少，自重轻，能跨越较大的空间。

3）造型独特，曲线优美，表现力强，可设计出各种富有创意的建筑形式，深受建筑师们的青睐。

4）缺点是体型复杂、施工不便，因为薄，隔热保温效果差，受外界环境影响易开裂。

（2）形式

1）球壳：如球形穹顶，具有良好的空间受力性能和稳定性。

2）筒壳：呈长筒状，可用于大跨度的工业厂房和仓库等建筑。

3）双曲扁壳：由双向弯曲的曲面组成，适用于平面形状较为复杂的建筑。

（3）应用

多用于大跨度的建筑物，如展览厅、食堂、剧院、天文馆、厂房、飞机库等，或一些标志性建筑的独特造型部分，以展现建筑的艺术魅力。

8. 悬索结构

悬索结构是以高强缆索为主要受力构件，以拉力作为构件主要受力形式的一种张力结构体系。它主要由悬索、边缘构件和支承结构组成。

（1）特点

1）悬索只承受拉力，可充分发挥钢材的抗拉强度，避免了构件受压失稳的问题，具有跨度大、自重轻、材料省等优点。据统计：悬索结构用材仅为普通钢结构的 $1/5 \sim 1/3$，钢筋混凝土结构的 $1/10 \sim 1/8$。如图 5.3-32 所示为美国 Raleigh 体育馆。

  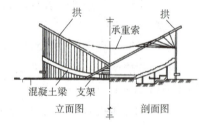

外形　　　　　　　　　　透视图　　　　　　　　　　结构示意图

图 5.3-32　美国 Raleigh 体育馆

2）悬索结构不仅建筑造型新颖，富于美感，实现了形状、力学与美的和谐统一，而且结构自重轻，效率高，抗震性能好，能创造出独特的建筑空间。

（2）形式（图 5.3-33）

1）单层悬索结构：由一系列平行的悬索组成，悬索两端锚固在边缘构件上，可用于覆盖矩形、圆形等平面形状的建筑。例如德国乌柏特市游泳馆，最早的单层悬索结构跨度 65m。又如德国慕尼黑奥林匹克体育场，单索辐射布置。

2）双层悬索结构：由上下两层悬索组成，两层悬索之间通过斜索或刚性撑杆连接，增加了结构的稳定性和刚度，适用于更大跨度的建筑。

3）索网结构：由相互交叉的两组悬索组成，形成双向受力的网格体系，常用于大型体育馆、展览馆等建筑的屋盖结构。例如国家速滑馆，采用了世界跨度最大的单层双向正交马鞍形索网屋面。

（3）应用

悬索结构主要应用于体育场馆、展览馆、机场航站楼和桥梁等领域，以实现大跨度空间、独特造型和良好采光等需求。

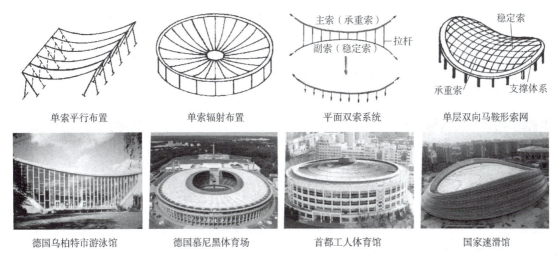

| 单索平行布置 | 单索辐射布置 | 平面双索系统 | 单层双向马鞍形索网 |

| 德国乌柏特市游泳馆 | 德国慕尼黑体育场 | 首都工人体育馆 | 国家速滑馆 |

图 5.3-33　单层、双层悬索结构

9. 膜结构

膜结构也称为张拉膜结构，是 20 世纪中期发展起来的一种新型建筑结构形式，是采用高强柔性薄膜材料（PVC 或 Teflon）及加强构件（钢架、钢柱或钢索），通过一定方式使其内部产生一定的预张应力，并形成应力控制下的空间形状。但这种膜只能承受拉力而不能受压和弯曲。

（1）特点

膜结构具有良好的可塑性、轻盈纤薄、透光性好、自洁性高、耐火性好、造型柔美而且具备足够的受拉力等特色，被誉为绿色环保建筑。膜建筑以其独有的优美曲面造型，简洁明快的设计风格，呈现给人以耳目一新的感受，同时能充分展现出设计师无限的创意，无论是流线形、球形还是其他不规则形状，常常能给人以独特的艺术感受。

（2）分类

膜结构可分为骨架式膜结构、张拉式膜结构、充气式膜结构。

1）骨架式膜结构：是由钢结构或其他刚性结构作为支撑体系，膜材覆盖在骨架上形成的建筑形式。其具有较高的稳定性和承载能力，适用于大型建筑，如图 5.3-34a 所示上海世博轴。

2）张拉式膜结构：是通过钢索或桅杆等对膜材进行张拉，形成稳定的曲面结构。张拉式膜结构建筑造型优美，具有较高的艺术价值，适用于各种景观建筑和标志性建筑，如图 5.3-34b 所示的上海八万人体育场。

3）充气式膜结构：是通过向膜材内部充气，使其形成一定的形状和刚度。充气式膜结构建筑具有重量轻、安装方便等优点，适用于临时建筑和一些特殊场合。1970 年大阪世博会上瑞士馆，是当时世界最大的气肋式膜结构，如图 5.3-34c 所示。同期的美国馆，139m×78m，是世界上第一个大跨度气承式膜结构。

（3）应用

膜结构建筑广泛应用于体育场馆、交通枢纽、商业建筑、文化设施以及景观设计等多个领域。它不仅美化了人们的生活环境，还提高了建筑的功能性和环保性。

随着科技进步，膜材料的性能不断提高，使得膜结构建筑在设计和施工上更加灵活多样。同时，膜结构建筑具有轻质化、可蓄能、可再生等特点，能够实现能源的有效利用和环境的保护，因此在可持续发展的背景下，膜结构建筑得到了越来越多的关注和应用。如图 5.3-34d 所示为国家游泳中心水立方的双层气枕膜结构，是一种创新的建筑结构形式，具有诸多独特的优势。

a）上海世博轴（骨架膜）　　b）上海体育场（张拉膜）　　c）瑞士馆气肋式膜结构　　d）水立方双层气枕膜结构

图 5.3-34　膜结构实例

5.3.6　特种结构

特种结构是指具有特殊用途的工程结构（也称构筑物），包括电视塔、烟囱、水塔、储液池、筒仓、挡土墙、深基坑支护等。本节介绍几种常见的特种结构。

1. 电视塔

（1）功能

主要用于广播电视信号的发射和接收，随着时代的进步，电视塔已不单作播放电视信号之用，也可能兼具旅游观光、餐饮娱乐等。而且是一个城市中较高的标志性建筑，造型优美。

（2）结构特点

电视塔多为筒体悬臂结构或空间框架结构，一般由塔基、塔座、塔身、塔楼及桅杆五部分组成。塔身较高，多为钢结构或钢筋混凝土结构，具有良好的稳定性和抗风能力。塔楼部分可能设有观光层、餐厅、机房等设施。

（3）典型的电视塔

1）日本东京的晴空塔（东京天空树）：高度为 634m，是世界上最高的电视塔，2011 年获得了吉尼斯世界纪录的认证。"蓝白"色调是其外观的主要色彩，与天空相互衬托，具有独特的视觉效果。

2）中国典型的电视塔：

①广州塔，广州市地标建筑，昵称"小蛮腰"。其塔身主体高 454m，天线桅杆高 146m，总高度达到了 600m，是中国第一高塔，也是世界第二高塔，仅次于日本东京晴空塔。

②上海东方明珠广播电视塔：电视塔高 468m，位于浦东新区陆家嘴，是上海的标志性文化景观之一，也是全国首批 5A 级旅游景区。

③中央广播电视塔：为国家级的 4A 景点，加避雷针总高 405m，是中国第三高塔。

④中原福塔：又名"河南广播电视塔"，位于河南省郑州市，塔高 388m，在目前已建

成的世界全钢结构电视塔中居第一位。

这些电视塔均是集广播电视发射和旅游观光、餐饮、娱乐为一体的综合性建筑，如图 5.3-35 所示。

东京晴空塔　　东方明珠广播电视塔　　中央广播电视塔　　中原福塔

图 5.3-35　典型的电视塔

2. 烟囱

（1）功能

烟囱是将烟气排入高空的高耸结构，主要用于将锅炉或炉排中燃烧产生的废气或烟雾排放到室外，如火力发电厂、化工厂的废气等，以保持地面层的空气清新。

（2）结构特点

通常为高耸的圆柱形或圆锥形结构，由基础、筒身、内衬和附属设施等组成。筒身一般采用耐高温、耐腐蚀的材料，如砖、混凝土或钢材。因此，烟囱可分为砖烟囱（50m 以下）、钢筋混凝土烟囱（50m 以上）和钢烟囱三类，如图 5.3-36 所示。建造高度要根据废气排放的要求和周围环境因素确定。国内目前最高的钢筋混凝土烟囱，高达 270m。

砖烟囱　　　　钢筋混凝土烟囱　　　　钢烟囱

图 5.3-36　烟囱

3. 水塔

（1）功能

水塔是储水和供应生活、工业用水的高耸结构，用来保持和调节给水管网中的水量和水压。

（2）结构特点

水塔由水箱、塔身和基础组成。水箱可采用钢结构、钢筋混凝土结构或砖石结构。塔身的形式多样，外形有圆柱形、钢筋混凝土倒锥壳形和球形钢制水塔等，如图 5.3-37 所示。

高度根据供水区域的地形和水压要求确定。

圆柱形

钢筋混凝土倒锥壳形

球形钢制水塔

砖石结构水塔

图 5.3-37　水塔

4. 筒仓

（1）功能

筒仓是用于储存粮食、水泥、煤炭等散装物料，如图 5.3-38 所示。

钢板仓

钢筋混凝土筒仓

水泥库

储煤筒仓

图 5.3-38　筒仓

（2）分类

1）按使用性质分：分为农业筒仓和工业筒仓两大类。农业筒仓主要用于储存粮食、饲料等粒状和粉状物料，而工业筒仓则用于储存焦炭、水泥、食盐、食糖等散装物料。

2）按材料分：分为钢筋混凝土筒仓、钢筒仓和砖砌筒仓。

3）按深浅分：有浅仓和深仓。浅仓主要作为短期储料用，深仓主要供长期储料用。

4）按截面形状分：有圆形、正方形、矩形、多边形等。其中圆形筒仓应用最广。

（3）结构特点

通常为圆柱形或矩形的密闭结构，由仓体、仓顶、仓底和附属设施组成。仓体一般采用钢筋混凝土结构或钢结构。其结构特点为：

1）具有较高的承载能力和良好的密封性，以防止物料受潮、变质或泄漏。

2）建设、维护成本较高，仓底出料口易发生棚拱、堵仓事故，不易处理，且对地基基础要求严格，易受地质条件影响。

因此，在选择是否使用筒仓时，需要综合考虑其优缺点以及具体的使用场景和需求。

5. 水池

（1）功能

水池是指用于蓄水或其他液体的容器或结构。水池多建造在地面和地下，主要包括净水厂、污水处理厂的各类水工构筑物；民用水池主要有地下储水池和游泳池等。

当然水池可以是天然形成的，如湖泊或池塘，也可以是人工建造的，如游泳池、观赏池或工业用水池等，如图 5.3-39 所示。

（2）结构特点

水池由池底、池壁和顶盖组成，材料可采用钢筋混凝土、砖石等。水池一般分为矩形水池和圆形水池。矩形水池施工方便，占地少，平面布置紧凑，适用于小型水池和深度较浅的大型水池；圆形水池受力合理，可采用预应力混凝土，适用于 $200m^3$ 的中型水池。水池设计时不仅要考虑结构强度，还要考虑防渗、耐腐蚀等性能。

消防水池　　　　　过滤池　　　　　游泳池　　　　　清水池

图 5.3-39　水池

6. 其他特种结构

其他特种结构还包括灯塔、电力杆塔、冷却塔、景观挡土墙等结构，如图 5.3-40 所示。

灯塔　　　　　电力杆塔　　　　　冷却塔　　　　　景观挡土墙

图 5.3-40　其他构筑物

5.3.7　建筑结构功能与作用

1. 工程结构功能

（1）安全性

安全性是工程结构最重要的功能之一。它确保结构在设计使用年限内，能够承受各种可能的荷载作用而不发生破坏，保障人员生命和财产安全。安全性要求结构具有足够的强度、刚度和稳定性，能够抵抗重力、风、地震等自然力以及人为因素的影响。如在建筑结构中，梁、柱等构件需要具备足够的承载能力，以防止在正常使用和极端情况下发生断裂或倒塌。

（2）适用性

适用性是指工程结构在正常使用条件下，能够满足预定的使用功能要求。这包括结构的变形、裂缝宽度、振动等性能指标应在允许范围内，以确保结构的使用舒适性和耐久性。例如，对于住宅建筑，楼板的变形不能过大，以免影响居住者的生活；对于工业厂房，吊车梁的挠度应控制在一定范围内，以保证吊车的正常运行。

（3）耐久性

耐久性是指工程结构在设计使用年限内，能够抵抗各种环境因素的侵蚀，保持其性能和外观的稳定性。环境因素包括大气、水、化学物质等。耐久性要求结构具有良好的抗腐蚀、抗冻融、抗老化等性能。例如，在沿海地区的建筑结构，需要考虑海水对混凝土和钢材的腐蚀作用，采取相应的防护措施；在寒冷地区的结构，需要考虑冻融循环对混凝土的破坏，选用抗冻性能好的材料。

（4）稳定性

稳定性是指工程结构在受到外部干扰时，能够保持其平衡状态而不发生倾覆或滑移。稳定性要求结构具有足够的抗倾覆力矩和抗滑移力，以抵抗风、地震等水平力的作用。例如，对于高层建筑，需要通过合理的结构设计和基础处理，确保其在强风作用下不会发生倾覆；对于挡土墙，需要有足够的抗滑移和抗倾覆能力，以防止土体的滑移和坍塌。

结构极限状态失效示意如图 5.3-41 所示。

承载力不足倒塌　　　　裂缝引起钢筋锈蚀、保护层剥落　　　　框架节点破坏

图 5.3-41　结构极限状态失效示意

2. 工程结构上的作用

结构上的作用是指使结构产生内力或变形的原因。作用分为直接作用和间接作用，如图 5.3-42 所示。

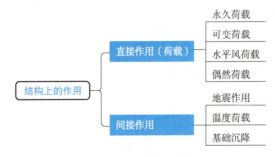

图 5.3-42　结构上的作用

（1）直接作用

直接作用以力的形式表现出来，习惯上称为荷载。直接作用可分为：

1）永久荷载。永久荷载又称恒荷载，是指在结构使用期间，其值不随时间变化，或其变化与平均值相比可以忽略不计的荷载。例如，结构的自重、土压力、预应力等都属于永久荷载。

2）可变荷载。可变荷载又称活荷载，是指在结构使用期间，其值随时间变化，且其变化与平均值相比不可忽略的荷载。例如，建筑物的楼面活荷载、屋面活荷载、风荷载、雪荷载等都属于可变荷载。

3）水平风荷载。风荷载是由空气流动对工程结构产生的压力和吸力。风荷载的大小与风速、风向、结构的形状和尺寸等因素有关。

4）偶然荷载。偶然荷载是指在结构使用期间不一定出现，而一旦出现，其值很大且持续时间很短的荷载。例如，爆炸荷载、撞击荷载等。

（2）间接作用

间接作用以变形的形式表现出来，如收缩、温度变化、基础沉降、地震等。

1）地震作用。地震作用是由于地震引起的地面运动对工程结构产生的惯性力。地震作用的大小与地震的震级、震中距、场地条件、结构的自振周期等因素有关。

2）温度荷载。温度荷载是由于温度变化引起的结构变形和应力。温度荷载的大小与结构的材料特性、尺寸、约束条件等因素有关。

3. 作用效应与结构抗力的关系

（1）结构的效应与抗力

1）作用效应：是指结构在各种作用（直接作用或间接作用）下，在结构内产生内力和变形（如轴力、剪力、弯矩、扭矩以及挠度、转角和裂缝等），通常用 S 表示。

2）结构抗力：是指结构抵抗荷载效应的能力，通常用 R 表示。在工程结构设计中，需要根据荷载效应和抗力的关系，确定结构的设计参数，以保证结构的安全性、适用性和耐久性。

（2）作用效应与结构抗力的计算

在设计中，需要根据结构的类型、使用功能、所处环境、有无抗震等因素，确定结构效应和抗力的设计参数。同时，还需要考虑结构的可靠性和经济性，在保证结构安全的前提下，尽量降低工程造价。

无地震作用效应组合： $$\gamma_0 S_d \leqslant R_d$$
有地震作用效应组合： $$S_d \leqslant R_d / \gamma_{RE}$$

式中　γ_0——结构重要性系数（安全等级为一级、二级、三级时分别为 1.1、1.0、0.9）；

　　　S_d——作用组合的效应设计值；

　　　R_d——构件承载力设计值；

　　　γ_{RE}——构件承载力抗震调整系数，一般根据抗震等级确定。

4. 工程结构设计的一般流程

以框架结构设计流程为例，如图 5.3-43 所示。

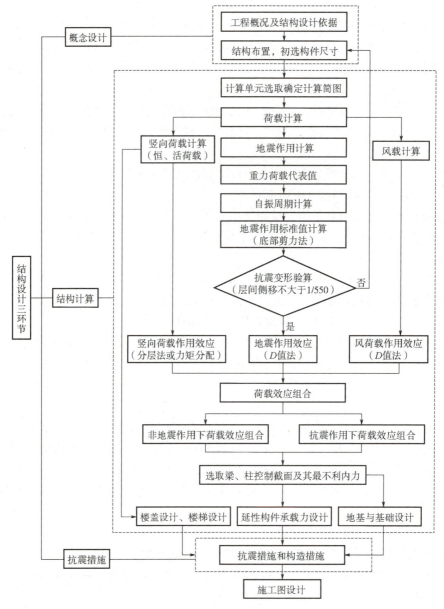

图 5.3-43　框架结构设计的一般流程

5.3.8　智能建筑

1. 定义

智能建筑是指通过将建筑物的结构、系统、服务和管理根据用户的需求进行最优化组合，从而为用户提供一个高效、舒适、便利的人性化建筑环境。它集现代建筑技术、现代通信技术、现代计算机技术和现代控制技术等于一体。

2. 系统构成

智能建筑由建筑设备自动化系统（BAS）、通信自动化系统（CAS）、办公自动化系统

（OAS）构成，如图 5.3-44 所示。

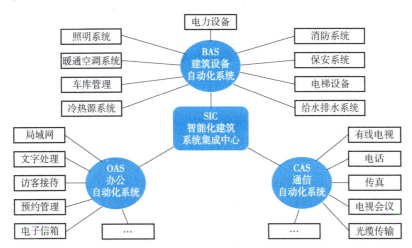

图 5.3-44　智能建筑系统构成

（1）建筑设备自动化系统（BAS）

这是智能建筑的核心系统之一。它主要负责对建筑物内的各种设备进行自动化控制和管理，如暖通空调（HVAC）系统、给水排水系统、照明系统等。

例如，在暖通空调系统中，BAS 可以根据室内外温度、湿度等参数自动调节空调的制冷或制热模式。通过传感器感知室内温度，当温度高于设定的舒适温度时，自动开启制冷设备，并且可以根据人员流量等情况，动态调整风速和制冷量，以达到节能的目的。

对于照明系统，它可以实现定时控制和光感控制。在白天，根据自然光照强度，自动调节室内人工照明的亮度，或者在夜晚按照预设的时间自动开启和关闭公共区域的照明灯具，减少能源浪费。

（2）通信自动化系统（CAS）

该系统主要包括语音通信、数据通信和图像通信等功能。它为建筑物内的用户提供了多种通信手段，如电话系统、计算机网络系统、卫星通信系统等。

以计算机网络系统为例，在智能建筑中会构建高速的局域网（LAN），让用户能够快速地访问内部网络资源，如文件服务器、打印机等。同时，通过互联网接入设备，如路由器等，实现与外部网络的连接，使用户可以浏览网页、收发电子邮件等。

视频会议系统也是通信自动化系统的一部分。在企业办公的智能建筑中，不同部门甚至不同地区的员工可以通过视频会议系统进行面对面的交流，共享文档和演示文稿，提高沟通效率。

（3）办公自动化系统（OAS）

该系统是智能建筑中用于提高办公效率的重要系统。它主要包括文字处理、文档管理、电子表格、日程安排等功能模块。

例如，企业员工可以使用办公自动化软件来撰写报告、制作演示文稿。文档管理系统可以方便地对企业的各种文件进行分类、存储和检索。通过日程安排功能，员工可以安排自己的工作任务和会议时间，并且可以设置提醒功能，确保工作的顺利开展。

3. 智能建筑的优势

（1）提高能源效率

如前面提到的建筑设备自动化系统对各种设备的智能控制，可以有效地降低能源消耗。根据统计，智能建筑通过优化设备运行，可比传统建筑节能 30%~50%。

（2）提升舒适度

可以根据用户的个性化需求自动调节室内环境。例如，为用户提供适宜的温度、湿度和光照条件。同时，智能建筑的通信系统可以让用户随时随地保持与外界的联系，享受便捷的通信服务。

（3）增强安全性

智能建筑配备了先进的安全防范系统，如门禁系统、监控系统、火灾报警系统等。门禁系统可以通过刷卡、指纹识别等方式限制人员的进入，只有授权人员才能进入特定区域。监控系统可以实时监控建筑内的各个角落，一旦发现异常情况，如非法入侵等，可以及时报警并记录相关信息，为后续的调查提供证据。火灾报警系统能够快速感知火灾的发生，自动启动消防设备，如喷淋系统等，并通知建筑内的人员紧急疏散，如图 5.3-45 所示。

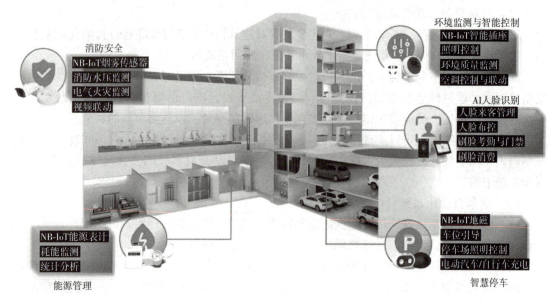

图 5.3-45　智能建筑示例

4. 发展历程与趋势

（1）发展历程

智能建筑的概念最早在 20 世纪 80 年代提出。当时随着计算机技术和通信技术的初步发展，建筑开始尝试引入一些自动化控制和通信设备。

20 世纪 90 年代，随着信息技术的快速发展，智能建筑的内涵得到了进一步拓展。建筑设备自动化系统、通信自动化系统和办公自动化系统逐步完善，越来越多的建筑开始向智能化方向发展。

进入 21 世纪，智能建筑在全球范围内得到了广泛的应用。物联网、大数据、云计算等新兴技术不断融入智能建筑领域，使其智能化程度不断提高。

（2）发展趋势

1）物联网技术的深度融合：更多的设备将接入物联网，实现设备之间的互联互通。例如，建筑内的各种传感器、执行器和智能终端设备将能够相互通信和协作，进一步优化建筑的运行和管理。

2）绿色智能建筑兴起：在环保意识不断增强的背景下，智能建筑将更加注重节能减排。采用环保材料、高效的能源回收系统等将成为未来智能建筑的重要发展方向。

3）智能化服务的个性化定制：根据不同用户的需求，提供个性化的智能建筑服务。如为老年人提供专门的健康监测和紧急救援服务，为上班族提供便捷的交通出行和办公服务等。

5.3.9 拓展知识及课程思政案例

1. 拓展知识

1）上海中心大厦案例分析（网上搜索）。

2）数智技术在建筑工程中的应用（网上搜索）。

3）国内外典型智能建筑应用案例分析（网上搜索）。

2. 课程思政案例

1）《土木工程专业视角下的中国建筑之美》视频参见二维码 5.3-1。

2）《雄安新区：未来之城的建设奇迹——土木工程篇》视频参见二维码 5.3-2。

二维码 5.3-1　土木工程专业视角下的中国建筑之美　　二维码 5.3-2　雄安新区：未来之城的建设奇迹——土木工程篇

课后：思考与习题

1. 本节习题

（1）多高层建筑结构形式有哪些？各有什么特点？

（2）多高层建筑结构体系有哪些？各有什么特点？

（3）大跨度空间结构形式有哪些？各有什么特点？

（4）请同学网上搜索上海中心大厦、国家体育馆鸟巢、水立方建设全过程视频，并写出观后感。

2. 下节思考题

（1）桥梁的结构形式有哪些？各有什么特点？

（2）桥梁基础部分包括哪些？

（3）桥梁施工方法有哪些？

5.4　桥梁工程

课前：导读

1. 本节知识点思维导图

桥梁工程
- 5.4.1　桥梁的分类与组成
  - 1.桥梁的分类
  - 2.桥梁的组成
- 5.4.2　桥梁的基本结构形式
  - 1.梁式桥
  - 2.拱式桥
  - 3.悬索桥
  - 4.斜拉桥
  - 5.组合体系桥
- 5.4.3　桥梁的基础和墩台
  - 1.基础
  - 2.墩台
- 5.4.4　桥梁的施工方法
  - 1.预制拼装法
  - 2.现浇法
  - 3.转体施工法
  - 4.悬臂施工法
  - 5.缆索吊装法
  - 6.顶推施工法
- 5.4.5　桥梁的健康智能检测
  - 1.传感器系统
  - 2.数据采集与传输
  - 3.数据处理与分析
  - 4.预警与决策支持
  - 5.云服务平台
- 5.4.6　前景展望
  - 1.数字化与智能化
  - 2.材料创新
  - 3.环保与可持续性
  - 4.技术创新
  - 5.服务于国家战略
- 5.4.7　拓展知识及课程思政案例

2. 课程目标

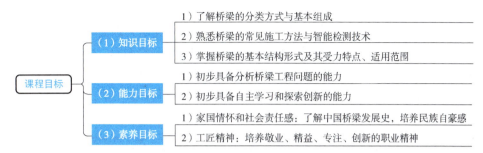

3. 重难点

1）桥梁的分类方式与各部分组成。

2）桥梁的基本结构形式、适用情况及受力特点。

3）常用的桥梁施工方法。

4）桥梁的健康智能检测技术。

5.4.1 桥梁的分类与组成

1. 桥梁的分类

（1）按工程规模分类

桥梁按工程规模分类见表5.4-1。

表 5.4-1 桥梁按工程规模分类

桥梁	多孔跨径总长 L/m	单孔跨径 L_0/m
特大桥	$L>1000$	$L_0>150$
大桥	$100 \leqslant L \leqslant 1000$	$40 \leqslant L_0 \leqslant 150$
中桥	$30<L<100$	$20 \leqslant L_0<40$
小桥	$8 \leqslant L \leqslant 30$	$5 \leqslant L_0<20$
涵洞	$L<8$	$L_0<5$

（2）按用途分类

桥梁按用途可分为公路桥、铁路桥、公铁两用桥、人行桥、管线桥和观光桥等。公铁两用桥是指在同一桥梁结构上同时设置有公路和铁路两种交通方式的桥梁，其结构设计复杂，需同时满足公路和铁路两种不同交通方式的要求。管线桥仅用于输送管道、电缆等，不承担其他交通功能。

（3）按建筑材料分类

桥梁按建筑材料可分为钢桥、钢筋混凝土桥、圬工桥和木桥等。钢桥的强度高、韧性好、跨越能力强、施工快，可预制拼装；但易生锈，维护成本高。钢筋混凝土桥的耐久性好、造价低、施工方便，是现代广泛应用的桥梁类型之一。由于其自重大，因此对地基的要求高。圬工桥采用砖、石、混凝土等材料，它坚固耐用、维护成本低，有历史价值和实用意义。其自重大，施工难度较大，在特定环境中可发挥交通作用。木桥取材方便、施工简单，但耐久性差，易受腐蚀、虫蛀和火灾影响，且承载能力有限。

（4）按结构形式分类

1）梁式桥。梁式桥是一种以受弯为主的结构，其主要承重构件是梁。梁式桥可分为简支梁桥、连续梁桥和悬臂梁桥，如图 5.4-1 所示。简支梁桥两端分别支撑在两个桥墩上，它是最常见的梁式桥形式。其桥特点是结构简单、施工方便、受力明确，但跨径相对较小。连续梁桥由多跨梁连续跨越，中间支座处连续。此桥型行车舒适性好，跨径比简支梁桥大。悬臂梁桥的一端或两端悬臂伸出，主要依靠悬臂的平衡来承受荷载。它在一些特殊地形条件下有较好的适应性。

a）简支梁桥　　　　　　　b）连续梁桥　　　　　　　c）悬臂梁桥

图 5.4-1　梁式桥的分类

2）拱式桥。拱式桥的主要承重结构是拱圈或拱肋。拱结构将竖向荷载转化为轴向压力，充分利用了材料的抗压性能。根据桥面位置的不同，拱式桥可分为上承式桥、中承式桥和下承式桥，如图 5.4-2 所示。上承式桥是桥面在拱圈之上的桥梁，其构造简单，施工方便，但建筑高度较大。中承式桥是桥面位于拱圈中部的桥梁，其建筑高度适中，造型美观。下承式桥是桥面在拱圈之下的桥梁，其建筑高度小，视野开阔，但构造相对复杂。

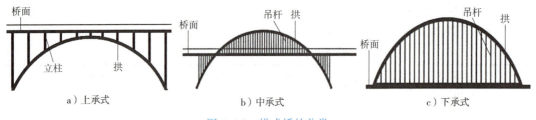

a）上承式　　　　　　　b）中承式　　　　　　　c）下承式

图 5.4-2　拱式桥的分类

3）悬索桥。悬索桥由主缆、吊索、加劲梁和桥塔等组成，主要依靠主缆承受拉力，如图 5.4-3 所示。其中，单跨悬索桥只有一个主跨，适用于跨越宽阔的水域或峡谷；多跨悬索桥由多个主跨组成，可适应复杂的地形条件。

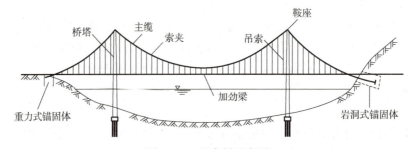

图 5.4-3　悬索桥示意图

4）斜拉桥。斜拉桥由斜拉索、主梁和塔架组成，如图 5.4-4 所示。斜拉索将主梁的荷载传递给塔架。其中，单塔斜拉桥只有一个塔架，适用于跨度较小的桥梁；双塔斜拉桥有两个塔架，是最常见的斜拉桥形式；多塔斜拉桥有三个或以上塔架，可进一步增大桥梁的跨越能力。

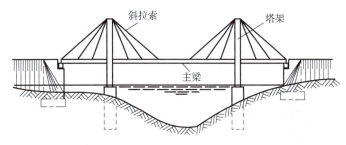

图 5.4-4　斜拉桥示意图

5）组合体系桥。组合体系桥是由两种或两种以上不同结构形式组合而成的桥梁。常见的组合体系桥有梁拱组合桥、斜拉-悬索组合桥（图 5.4-5）等。

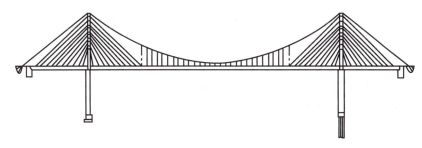

图 5.4-5　斜拉-悬索组合桥示意图

2. 桥梁的组成

桥梁主要由上部结构、下部结构、支座和附属结构组成，如图 5.4-6 所示。

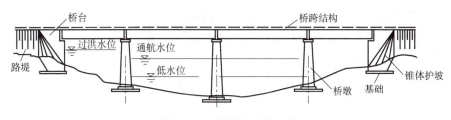

图 5.4-6　桥梁的基本组成

（1）上部结构

上部结构包括桥跨结构（主梁）和桥面系。桥跨结构是主要承重结构，它承受来自桥面以上的所有活载和恒载，并将荷载传递给下部结构。桥跨结构的形式多样，如梁式、拱式、斜拉桥主梁、悬索桥加劲梁等。桥面是为车辆和行人提供通行的平面，通常由桥面铺装、栏杆、排水系统等组成。桥面铺装采用沥青混凝土或水泥混凝土保护桥面板并提供平整行车表面；排水系统通过泄水管、排水槽等排除雨水防止损害桥梁结构；人行道、栏杆和防撞护栏能够保障行人安全、分隔车道并防止车辆意外驶出桥梁。

（2）下部结构

下部结构包括桥墩、桥台和基础，如图 5.4-7 所示。桥墩支撑上部结构，将上部结构传来的荷载传递到基础。桥台位于桥梁两端，它既能连接路堤并支撑上部结构，又能抵挡台后填土压力。基础将桥梁的全部荷载传递到地基，其稳定性至关重要。下部结构的设计和施工需考虑地质条件、水流情况、上部结构的荷载等因素，以确保桥梁的安全和稳定。

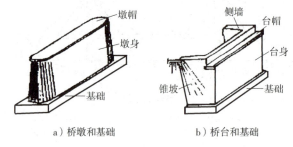

a）桥墩和基础   b）桥台和基础

图 5.4-7　下部结构示意图

（3）支座

支座位于上部结构和下部结构之间，主要作用是支撑上部结构，允许其在荷载作用下产生一定的位移，同时保持结构的稳定性和可靠性。

（4）附属结构

附属结构包括防护设施、排水系统、照明设备、交通监控系统、装饰结构等，它们对桥梁的整体功能起着补充和辅助作用。

5.4.2　桥梁的基本结构形式

1. 梁式桥

梁式桥以主梁作为主要承重构件，在竖向荷载作用下主要承受弯矩和剪力，并通过支座将荷载传递到桥墩和桥台（图 5.4-8a）。梁式桥构造简单、施工方便、造价较低、适用性强。但由于弯矩和挠度随着跨度的增加而增大，故其跨度受限。此外，梁式桥的自重较大，对下部结构要求高。它适用于中小跨度桥梁，如城市道路和公路桥梁，尤其适用于地形较为平坦、对桥下净空要求不高的场合。

2. 拱式桥

拱式桥主要承受压力，以拱圈作为主要承重结构（图 5.4-8b）。拱式桥将竖向荷载转化为轴向压力，通过拱脚传递到桥墩或基础。因拱脚产生较大水平推力，故需要坚固的基础。其优点包括跨越能力较大，造型美观，耐久性好。缺点是对基础要求高，施工难度较大且维护成本较高。拱式桥适用于大跨度桥梁需求的场合，如跨越宽阔的河流、峡谷等；在对景观要求较高的区域（例如城市公园、风景区等），拱式桥可作为特色景观；同时，它在地质条件较好，能够为拱脚提供足够支撑力的地区较为适用。

3. 悬索桥

悬索桥的受力特点是通过主缆承受拉力，将桥面荷载传递到桥塔，再由桥塔传递至基础（图 5.4-8c）。主缆主要承担拉力，桥面由吊索悬挂于主缆上。它的跨越能力极强，可跨宽阔水域和峡谷等，建筑高度低、造型美；但结构柔性大，对风、地震敏感，施工复杂，维护成本高。悬索桥的适用范围主要是大跨度桥梁需求场合，如跨越宽阔江河、海峡等；对景观要求高的区域，可提升吸引力；以及地质条件适合建造锚碇的地区，以保证桥梁稳定性。

4. 斜拉桥

斜拉桥的受力特点是通过斜拉索将主梁的荷载传递给塔架，塔架再将荷载传递到基础

（图 5.4-8d）。塔架主要承受压力，斜拉索承受拉力，主梁则承受弯矩和剪力。其优点包括跨越能力较大，能满足现代交通对大跨度的需求；造型美观，常成为城市标志性建筑；施工相对方便，可采用多种方法减少对桥下的影响。缺点是对风荷载敏感，需专门进行抗风设计；维护成本较高，斜拉索等部件需定期检测维护；技术要求高，设计和施工需专业知识。适用范围为大跨度桥梁需求场合，如跨越河流、海峡、山谷等较宽水域和地形，对景观要求较高的区域以及地质条件较好能为基础提供稳定支撑的地区。

5. 组合体系桥

组合体系桥结合了不同结构的受力优点，通常将梁、拱、索等结构组合在一起。例如，在梁拱组合体系中（图 5.4-8e），梁和拱共同承担荷载，梁主要承受弯矩，拱则主要承受压力，通过合理的组合使得桥梁的受力更加高效。组合体系桥具有跨度大、造型独特、适应复杂地形和交通需求等特点，是现代桥梁工程技术不断创新发展的成果体现。

a）梁式桥

c）悬索桥

b）拱式桥

d）斜拉桥

e）梁拱组合桥

图 5.4-8　桥梁的基本结构形式

5.4.3　桥梁的基础和墩台

1. 基础

基础是桥梁结构物直接与地基接触的最下部分，它的主要作用是将上部结构传来的荷载传递给地基，确保桥梁的稳定性和安全性。常见的基础形式包括桩基础、扩大基础、沉井基础和组合基础等。桩基础适用于地质条件较差的地区，通过将桩打入地下深处，以获得足够的承载力。扩大基础则是将基础底面扩大，以分散上部荷载。

2. 墩台

墩台是支承桥梁上部结构的构筑物，包括桥墩和桥台。桥墩位于相邻桥跨之间，而桥台则位于桥梁的两端。桥台的后端伸入路基，不仅起到支撑作用，还兼有挡住桥头路基填土以及连接路基和桥跨的功能。常见的桥墩类型有重力式、构架式、X 形、Y 形、V 形、桩式、双柱式、单柱式等，如图 5.4-9 所示。常见的桥台类型有矩形、U 形、埋式、耳墙式、肋板式、悬臂式、扶壁式、撑墙式、箱式、排架式等，如图 5.4-10 所示。

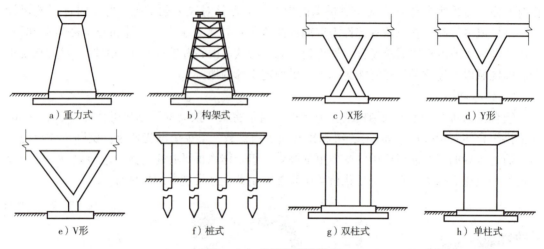

图 5.4-9　常见的桥墩类型

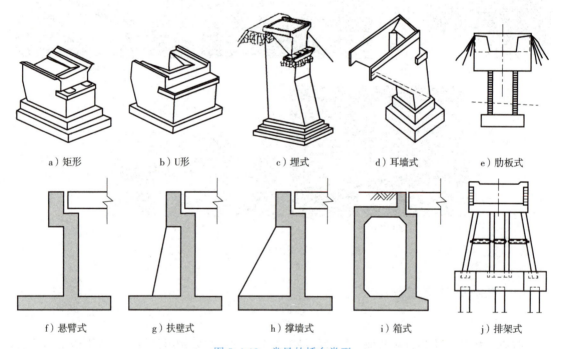

图 5.4-10　常见的桥台类型

5.4.4　桥梁的施工方法

1. 预制拼装法

预制拼装法是将结构构件在工厂预先制作好，然后运输到施工现场进行拼装的施工方法（图 5.4-11a）。这种方法既可以提高施工质量，确保构件的精度和质量；又能够大大缩短施工工期，降低现场作业时间和天气等因素的影响。此外，预制拼装法还具有绿色环保的特点，可以减少施工现场的噪声、粉尘等污染，对周边环境的影响较小。

2. 现浇法

在施工过程中，首先在施工现场搭建支撑体系和模板，然后将混凝土等材料直接浇筑到模板中，使其在原位逐步凝固成型（图 5.4-11b）。这种方法可以适应不同的桥梁形状和尺寸要求，对于复杂的桥梁结构也能较好地实现施工。现浇施工法能够确保桥梁结构的整体性和连续性，使桥梁具有较高的强度和稳定性。不过，它也存在一些挑战，比如施工周期较长，对施工现场的条件要求较高，且需要大量的人力、物力资源。

3. 转体施工法

转体施工法的操作步骤是：首先，在桥梁建设位置的一侧或两侧进行部分桥梁结构的浇筑或拼装；然后，借助转动装置将这部分结构旋转至设计位置，实现桥梁合龙（图 5.4-11c）。转体施工法对桥下既有交通线路的影响较小，无需长时间中断交通，大大降低了对交通的干扰。该方法能在较窄的场地施工，适用于一些地形复杂、施工空间受限的区域。此外，转体施工可以减少高处作业量，提高施工安全性。转体施工法在现代桥梁建设中发挥着重要作用，为解决各种复杂建设条件下的桥梁施工难题提供了有效的解决方案。

4. 悬臂施工法

悬臂施工法是从桥墩等固定点开始，向两侧逐步延伸施工的方法。通常利用挂篮等设备，在已完成的梁段上进行新梁段的浇筑或拼装工作（图 5.4-11d）。悬臂施工法可以跨越山谷、河流等复杂地形，无需搭建大量的满堂支架，减少对地面交通和周边环境的影响；还能够逐段控制桥梁的线形和内力，保证桥梁的施工质量和结构安全。不过，该方法对施工技术和管理要求较高，需要精确的测量和监控，以确保各阶段施工的准确性。

5. 缆索吊装法

缆索吊装法主要借助缆索系统来进行桥梁构件的吊装作业（图 5.4-11e）。在施工现场，通常会设置高耸的塔架，用于支撑承重缆索。通过控制缆索的收放和移动，可以将预制好的桥梁构件精准地吊运到安装位置。此法尤其适用于大跨度桥梁和地形复杂的山区，能够有效克服施工场地受限、交通不便等困难。它具有施工效率高、对地面干扰小等优点，在保证施工质量的同时，可以减少对周边环境的影响。不过，该法也需要精确的工程计算和严格的施工管理，以确保吊装过程安全可靠。

6. 顶推施工法

顶推施工通常是先在桥梁一端的特定场地预制梁体节段，然后利用千斤顶等设备，逐段将梁体向另一端顶推前进，直至桥梁主体完全就位（图 5.4-11f）。此法具有诸多优势，一方面，对桥下现有交通和周边环境影响较小，无需大量支架和临时设施，能最大程度减少施工对交通的干扰；另一方面，施工过程较为平稳可控，能够保证梁体的质量和精度。

5.4.5　桥梁的健康智能检测

桥梁健康智能检测技术是一种运用现代信息技术和工程监测手段，对桥梁的结构完整性和使用性能进行持续、自动、全面监测的技术体系。该技术旨在通过数字化和智能化手段对桥梁的运行状态进行评估，以确保桥梁的安全性和可靠性，并提前预警可能的结构损伤和功能退化。

a）预制拼装法　　　　　b）现浇法　　　　　c）转体施工法

d）悬臂施工法　　　　　e）缆索吊装法　　　　　f）顶推施工法

图 5.4-11　桥梁的施工方法

1. 传感器系统

桥梁传感器包含应变传感器、位移传感器和加速度传感器等多种类型。应变传感器可精确测量桥梁结构在不同荷载下的应变变化，反映内部受力情况；位移传感器能监测桥梁整体位移和局部变形，如伸缩缝开合及桥墩沉降等；加速度传感器则可记录桥梁振动特性，通过分析振动频率和振幅等参数判断结构刚度及振动模态。

2. 数据采集与传输

通过先进的数据采集系统，对安装在桥梁各个关键部位的传感器信号进行精确收集，包括应变、位移、加速度等数据。这些数据经过信号调理和模数转换等处理后，以高采样率和高精度被记录下来。数据传输方面，利用有线或无线技术，将采集到的数据及时、稳定地传输至数据中心。

3. 数据处理与分析

首先对采集到的数据进行预处理，去除噪声、异常值等干扰，使其更具准确性。接着运用大数据分析技术，提取关键特征参数，如应变变化率、位移趋势等。通过统计分析、机器学习等方法建立评估模型，对桥梁的健康状况进行智能评估，判断是否存在结构损伤或潜在风险。同时，能够预测桥梁在不同工况下的未来状态，为桥梁的维护管理提供科学依据，确保桥梁安全稳定运行。

4. 预警与决策支持

当监测系统检测到桥梁结构的关键参数超出安全阈值时，会立即触发预警，及时通知相关人员。通过对大量数据的深度挖掘和智能分析，为桥梁的维护、加固和管理提供科学的决策支持。它能准确评估桥梁的剩余寿命和风险等级，帮助制定合理的维护计划和应急预案，确保桥梁安全运行，降低潜在的安全风险和经济损失。

5. 云服务平台

云服务平台可将采集到的桥梁监测数据进行集中存储和管理，利用云计算强大的计算能力对数据进行快速处理和分析。通过云服务平台，不同地点的用户可以实时远程访问桥梁健康数据，实现对桥梁状态的全方位监控。同时，平台可整合多种智能检测技术成果，为桥梁管理部门提供高效的决策支持，助力及时制定维护方案，确保桥梁的安全稳定运行和长久使用寿命。

5.4.6 前景展望

1. 数字化与智能化

桥梁工程将越来越依赖于数字化技术，从设计到施工再到养护，都将实现数字化管理。通过智能化监测系统，桥梁的健康状态可以实时监控，提前预警潜在的风险，从而延长桥梁的使用寿命。

2. 材料创新

随着科技的发展，新型的材料（例如，高强度钢、高性能混凝土以及智能材料等）将不断被应用于桥梁建设中，这些材料将使桥梁更加坚固耐用，同时减少对环境的影响。

3. 环保与可持续性

桥梁工程在设计、建造和维护过程中，将更加注重环保和可持续性，如采用绿色施工技术，使用可回收材料，减少施工过程中的污染等。

4. 技术创新

随着大跨度、高位转体等新技术的应用，未来的桥梁工程将实现更大的跨度，更高的效率，同时也为桥梁的美学设计提供了更多的可能性。

5. 服务于国家战略

桥梁工程将更好地服务于国家的区域协调发展战略，如京雄快线项目，将有助于京津冀地区的协同发展。

5.4.7 拓展知识及课程思政案例

1. 拓展知识

1）分析国内外重大桥梁工程（如港珠澳大桥、深中通道）等典型案例，分析其在设计、施工和运维中的技术创新（网上自行搜索）。

2）5G 技术在桥梁施工、监测及维保中的应用（网上自行搜索）。

3）BIM 技术在桥梁工程设计与施工中的应用（网上自行搜索）。

4）光纤传感技术在桥梁检测中的应用研究（网上自行搜索）。

2. 课程思政案例

1）著名桥梁工程专家李国豪小视频参见二维码 5.4-1。

2）港珠澳大桥小视频参见二维码 5.4-2。

二维码 5.4-1　著名桥梁工程专家李国豪　　二维码 5.4-2　港珠澳大桥

3）南京长江大桥小视频参见二维码 5.4-3。

4）胶州湾大桥小视频参见二维码 5.4-4。

5）武汉长江大桥小视频参见二维码 5.4-5。

二维码 5.4-3　南京长江大桥　　　二维码 5.4-4　胶州湾大桥　　　二维码 5.4-5　武汉长江大桥

课后：思考与习题

1. 本节习题

（1）桥梁的定义是什么？

（2）梁拱组合桥、斜拉–悬索组合桥的适用情况是什么？

2. 下节思考题

（1）道路的类型有哪些？分为几个等级？由哪几部分组成？

（2）高速公路有什么特点？

（3）铁路的分类和组成是什么？由哪几部分组成？

（4）铁路如何选线？

（5）高速铁路有什么特点？

（6）地铁、城市轻轨和磁悬浮铁路的优缺点是什么？它们分别适用于哪种场合？

5.5　道路与铁路工程

课前：导读

1. 本节知识点思维导图

```
                                              ┌ 1.道路的发展概述
                                              ├ 2.道路的分类与分级
                              ┌ 5.5.1 道路工程 ┤ 3.道路的基本组成
                              │               ├ 4.道路的设计与施工要求
                              │               └ 5.高速公路
                              │               ┌ 1.铁路的发展概述
                              │               ├ 2.铁路的分类
 道路与铁路工程 ──────────────┤ 5.5.2 铁路工程 ┤ 3.铁路的基本组成
                              │               ├ 4.高速铁路
                              │               └ 5.城市轨道交通
                              │                   ┌ 1.设计阶段
                              ├ 5.5.3 数智技术的应用 ┤ 2.施工阶段
                              │                   └ 3.运营阶段
                              └ 5.5.4 拓展知识及课程思政案例
```

2. 课程目标

3. 重点

1）道路的分类与分级。

2）道路的基本组成。

3）高速公路的特点。

4）铁路的分类及选线原则。

5）高速铁路的特点。

5.5.1 道路工程

1. 道路的发展概述

详见二维码 5.5-1。

二维码 5.5-1 道路的发展概述

2. 道路的分类与分级

（1）道路的分类

道路可以根据不同的标准进行分类。当按照使用性质分类时，道路可分为公路、城市道路和专用道路。公路主要承担长途运输的功能，连接城市与城市、城市与乡村、乡村与乡村，通常用于省际或城际交通。城市道路主要服务于城市内部的需要。专用道路是指为特定目的或特定类型的交通提供服务的道路，包括厂矿专用道路、乡村专用道路和其他专用道路等。

（2）道路的分级

1）公路的等级。公路包括高速公路、一级公路、二级公路、三级公路和四级公路。高速公路的设计车速在 80~120km/h。它一般设有多车道并具有中央隔离带，路面平坦，坡度小。主要承担长距离、快速、大容量交通流。一级公路的设计车速为 60~80km/h。其主要功能是连接城市与城市、城市与主要城镇。二级公路的设计车速为 40~60km/h。其路面相对平坦，坡度适中。主要功能是连接城市与乡村、城镇与城镇。三级公路的设计车速为 30~40km/h，它的车道数较少，可能没有中央隔离带，路面条件相对较差。主要功能是连接乡村与乡村、城镇与乡村。四级公路的设计车速为 20~30km/h，车道数更少，没有中央隔离带，路面条件最差。主要功能是连接农村与农村及乡村内部。

2）城市道路的等级。按功能和用途不同，城市道路可分为快速路、主干道、次干道和支路。快速路通常为城市中的高速公路或快速干道，设有中央隔离带，不允许行人通行，主要供车辆快速通行。主干道是连接城市主要区域的道路，承担较大交通流量，通常设有多个车道。次干道是连接主干道和支路的道路，它承担中等交通流量。支路连接次干道和居住区、商业区等，其交通量较小。

3. 道路的基本组成

道路是一种为交通通行而建造的线性土木工程结构，它由线形和结构两部分组成。

（1）线形组成

线形组成包括路线平面、路线纵断面和路线横断面。路线平面是道路中心线在水平面上的投影，它描述了道路在二维空间中的走向、弯曲程度、直线长度以及与周围地形、地物的相对位置关系。平面线形主要包括直线、圆曲线和缓和曲线。路线纵断面是道路中心线在垂直平面上的剖面图，如图 5.5-1 所示。它展示了道路沿其长度方向的垂直起伏情况。纵断面线形主要包括坡度线和竖曲线。路线横断面是沿着道路中心线垂直切割所形成的剖面图，如图 5.5-2 所示。它展示了道路宽度、各组成部分的布局和尺寸，以及道路与周围地面的相对关系。横断面线形主要包括横断面设计线和地面线。

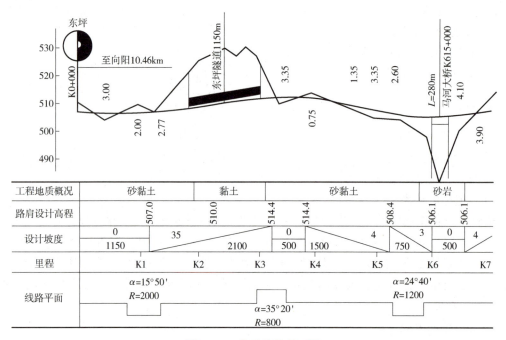

图 5.5-1　某道路纵断面图

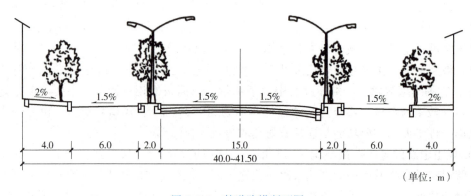

（单位：m）

图 5.5-2　某道路横断面图

（2）结构组成

结构组成包括路基、路面、排水系统、特殊构筑物和沿线附属结构。

路基是道路工程中用以支撑路面的基础结构，它是由土、石等材料按照一定的技术要求填筑或挖掘形成的带状土工结构。路基的主要功能是分散和承受来自路面的车辆荷载，并将这些荷载传递到下面的土层，同时确保道路的稳定性、平整性和排水性。

路面是道路工程中直接承受车辆行驶荷载的部分，它铺设在路基之上，是道路结构的最上层。路面不仅需要具备足够的强度和稳定性来承受车辆的反复荷载，还要具有良好的耐磨性、抗滑性和舒适性。

排水系统是一组设计用于收集、传输和排除道路及其相关区域雨水的工程设施，包括排水沟、排水管、渗井、雨水井、截水沟、排水层等，其目的是保持道路干燥，防止水损害路基和路面结构，保障行车安全。

为了解决道路工程中的特殊问题，如跨越障碍、提供支撑、保护环境等，需修建一些特殊构筑物。常见的特殊构筑物有桥涵、隧道、挡土墙和悬出路台等。

沿线附属结构是指那些与道路主体结构相伴随，用于支持道路功能、提高道路安全性、改善道路使用条件以及保护环境的一系列设施。主要包括交通安全设施、服务设施、环境保护设施、照明设施和紧急救援设施。

4. 道路的设计与施工要求

（1）设计要求

1）交通流量分析：准确预测不同时间段的交通流量，包括高峰时段和平均时段。考虑车辆类型、交通组成以及未来交通流量增长的可能性。

2）线形设计：直线段长度适中，避免过长导致驾驶员疲劳。曲线半径应根据设计速度和车辆转弯性能合理确定，保证行车安全和平顺。

3）横断面设计：确定车道数量和宽度，以适应交通流量和车辆类型。考虑设置人行道、非机动车道和分隔带，实现人车分流。

4）纵断面设计：控制坡度和坡长，避免过大的坡度影响车辆行驶性能和燃油消耗。合理设置竖曲线，保证行车视距和舒适性。

5）排水设计：设计有效的路面排水系统，防止积水影响行车安全和道路使用寿命。考虑边沟、雨水管等设施的布置和容量。

6）交叉口设计：优化交叉口的形状、尺寸和交通控制方式，减少交通冲突。为行人、非机动车提供安全的过街设施。

（2）施工要求

1）施工准备：进行详细的现场勘查，了解地下管线、地质条件等。制定合理的施工组织方案和交通疏导方案。

2）路基施工：处理好地基，确保其承载力满足要求。分层填筑和压实路基，控制压实度和含水量。

3）路面施工：选用符合标准的材料，严格控制材料质量。按照规范的施工工艺进行摊铺、碾压等作业。

4）质量检测：对路基、路面的各项指标进行检测，如压实度、平整度、强度等。及时发现并处理质量问题。

5）安全管理：设置明显的施工标志和安全防护设施。对施工人员进行安全教育，确保施工过程中的安全。

5. 高速公路

（1）概况

高速公路的发展始于20世纪30年代。德国是最早修建高速公路的国家之一，其在1932年建成了世界上第一条高速公路。二战后，随着各国经济复苏和汽车工业的迅速发展，高速公路建设在全球范围内得到了大规模的推进。美国、法国和日本等发达国家纷纷投入大量资源建设高速公路网络，以满足日益增长的交通运输需求。

在我国，高速公路建设起步较晚，但发展迅速。20世纪80年代末，我国开始大规模修建高速公路。经过几十年的建设，我国高速公路通车里程不断增长，已形成了庞大的高速公路网络，极大地促进了经济的发展和区域间的交流。

（2）特点

1）车速高。高速公路设计的车速通常较高，一般在80~120km/h。这使得车辆能够快速、高效地行驶，大大缩短了出行时间。例如，从A城市到B城市，走普通公路可能需要5个小时，而走高速公路可能只需3个小时。

2）全封闭。通过设置隔离设施，如护栏、隔离带等，将高速公路与外界隔离开来，减少了外界因素对行车的干扰。比如行人、非机动车和动物等无法随意进入高速公路，保障了行车安全。

3）车道多。通常拥有多条行车道，包括快车道、慢车道等，车辆可以根据自身速度和行驶需求选择合适的车道。像一些繁忙的高速公路，可能会有四车道甚至更多，有效提高了道路的通行能力。

4）交通设施完善。配备了齐全的交通标志、标线、照明、监控等设施，为驾驶员提供清晰准确的信息和良好的行车环境。例如，在雾天或夜间，照明设施能够保证驾驶员有足够的视线。

5）服务设施齐全。沿线设有加油站、休息区、餐厅、卫生间等服务设施，方便驾驶员和乘客在途中休息和补充必要的物资。比如在长途驾驶感到疲劳时，可以在休息区停车休息，避免疲劳驾驶。

6）安全性高。由于其设计标准高、路况好、交通管理严格，相对普通公路事故发生率较低。比如道路的平整度高，减少了车辆颠簸导致失控的风险。

7）运输效率高。能够快速、大量地运输人员和货物，对促进地区经济发展和物资流通发挥着重要作用。例如，快递物流的运输，很多都依赖高速公路来保证时效性。

5.5.2 铁路工程

1. 铁路的发展概述
详见二维码5.5-2。

二维码5.5-2 铁路的发展概述

2. 铁路的分类

（1）按设计运行速度分类

铁路按设计运行速度可分为普速铁路、快速铁路和高速铁路（图5.5-3）。普速铁路的设计运行速度一般低于120km/h。快速铁路的设计运行速度是120~200km/h。对于既有线改造后的高速铁路，其设计运行速度在 200km/h 以上；而新建高速铁路的设计运行速度在 250km/h 以上。

a）普速铁路　　　　　　　b）快速铁路　　　　　　　c）高速铁路

图 5.5-3　铁路按设计运行速度分类

（2）按运输性质分类

铁路按运输性质可分为客运铁路、货运铁路和客货共线铁路。客运铁路用于旅客运输，货运铁路用于货物运输，客货共线铁路是既能进行旅客运输也能进行货物运输的铁路。

（3）按轨道结构分类

铁路按轨道结构可分为有砟轨道铁路和无砟轨道铁路（图 5.5-4）。有砟轨道铁路的轨道结构由钢轨、轨枕、道砟等组成。道砟是用于铁路轨道道床铺设的碎石，它可以起到减振、分散压力的作用，但需定期进行维护和清筛。无砟轨道铁路的轨道结构采用整体式道床，没有道砟。无砟轨道具有稳定性高、维修工作量小等优点，适合高速列车运行。

a）有砟轨道铁路　　　　　　b）无砟轨道铁路

图 5.5-4　有砟轨道和无砟轨道的对比

（4）按所有权和运营管理分类

铁路按所有权和运营管理可分为国家铁路、地方铁路和合资铁路。国家铁路由国家投资建设和运营管理，是国家综合交通运输体系的骨干。它通常连接重要的城市和经济区域，承担大量的客货运输任务。地方铁路由地方政府或企业投资建设及运营管理，主要服务于地方经济发展。其规模较小，线路较短，但在促进区域经济发展方面发挥着重要作用。合资铁路由多个投资主体共同出资建设和运营管理，包括国家、地方政府、企业等。它可以充分发挥各方的优势，提高铁路建设和运营的效率。

3. 铁路的基本组成

铁路由轨道、路基和辅助设施组成。

（1）轨道

轨道主要包括钢轨、轨枕、道床和连接零件等。钢轨直接承受车轮的压力和冲击力，一一般采用高强度钢材制成，具有足够的强度和耐磨性。钢轨的形状通常为工字形，其头部用于引导车轮，底部则铺设在轨枕上，通过扣件与轨枕连接。轨枕的作用是支撑钢轨，保持钢轨的位置，并将钢轨传来的压力分散传递到道床上。轨枕的材料有木材、混凝土和钢材等。其中，混凝土轨枕具有使用寿命长、稳定性好等优点，被广泛应用于现代铁路。道床是铺设在轨枕下面的道砟层，其作用是承受轨枕传来的压力，将压力均匀地传递到路基上，同时固定轨枕的位置，防止轨枕移动。道砟一般采用碎石、卵石等材料，具有良好的排水性和弹性。连接零件包括扣件、鱼尾板等，用于将钢轨和轨枕连接在一起，以保证轨道的稳定性和连续性。扣件的作用是固定钢轨和轨枕的相对位置，防止钢轨在列车运行时发生移动。鱼尾板则用于连接相邻的钢轨，使钢轨形成连续的轨道。

（2）路基

铁路路基是指铁路轨道下方，为支撑轨道和承受列车荷载而建造的土工结构。它包括填筑的土石材料、排水系统、防护工程等部分，是铁路轨道系统的直接支撑结构。路基由路堤、路堑和路基排水设施组成。路堤是填方形成的路基。其填土应分层压实，保证足够的强度和稳定性。比如在软土地基上修筑路堤，可能需要进行地基处理，如打桩、铺设土工格栅等。路堑是挖方形成的路基。路堑边坡需要进行防护，防止滑坡和坍塌。防护方式包括植被防护、砌石防护、土钉防护等。路基排水设施包括排水沟、侧沟、天沟等，其作用是排除路基范围内的地表水和地下水，保证路基的干燥和稳定。排水设施的设置需要根据地形地貌和气候条件进行，以确保排水效果。

（3）辅助设施

辅助设施包括牵引供电系统、信号系统、车站、车辆等。牵引供电系统为列车提供动力，信号系统则保证列车行驶的安全。车站是铁路运输的枢纽，承担着旅客和货物的集散。车辆则包括客车、货车等各类列车，满足不同的运输需求。

4. 高速铁路

（1）概况

日本是世界上最早开始发展高速铁路的国家。1964年东京奥运会前夕，日本开通了第一条高速铁路线——东海道新干线，这也是全球首条载客营运的高速铁路系统。随后，欧洲各国如法国和德国也相继发展了自己的高速铁路系统，法国的TGV和德国的ICE分别于1981年和1991年开始运营，以高速、准时和舒适性著称。韩国在2004年引入了基于法国TGV技术的KTX高速列车，连接了首尔和釜山。美国的高速铁路发展较晚，2000年阿西乐快线（Acela Express）开通并在东北走廊提供高速铁路服务。

20世纪90年代末，中国开始探索高速铁路技术，经历了长期的论证和技术探讨。2004年至2008年，中国高铁进入技术引进期，通过国际竞标引进了多国的高速列车技术，初步建立了自己的高铁网络。2008年以后，中国高铁进入自主制造与创新阶段，CRH380A型动车组的成功研发标志着中国高铁技术的重大突破，实现了从"中国制造"到"中国创造"的转变。此后的十几年间，中国高铁网络迅速扩张，技术创新不断，成为国家重要的交通基础设施。特别是在2011年以后，中国高铁进入了高速发展阶段，技术和标准全面成熟，营业里程和客运量持续增长。至2023年底，中国高铁总营业里程已达到4.5万km，占全国铁路总营业里程的28.3%，高铁客运量约为29.4亿人次，显示出其在民众出行中的重要性。

（2）特点

1）速度快。高速铁路运行时速通常在 250km 及以上，大大缩短了城市之间的时空距离，提高了出行效率。例如，原本几个小时的车程可能缩短到一小时左右，为商务出行和旅游等提供了极大的便利。按照国际公认的乘客最佳旅行时长 4h 计算，高速铁路的优势服务距离可达到 200~1500km，如图 5.5-5 所示。

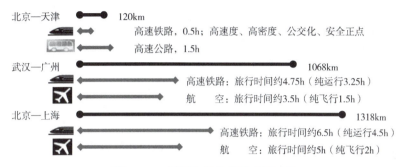

图 5.5-5　不同出行方式的时间对比

2）安全性高。高速铁路采用先进的技术和设备，如自动控制系统、高精度的轨道检测系统等，能够实时监测列车运行状态和轨道状况，及时发现并处理潜在的安全隐患。轨道结构稳定，采用无砟轨道技术，减少了轨道的变形和沉降，保证了列车运行的平稳性和安全性。列车具备完善的安全防护装置，如制动系统、防撞系统等，在紧急情况下能够迅速响应，确保乘客的生命安全。

3）舒适性好。车厢内部空间宽敞，座椅设计符合人体工程学，如图 5.5-6 所示。列车运行平稳，振动和噪声小，乘客在旅途中不会感到明显的颠簸和不适。高速铁路配备先进的空调系统、照明系统和娱乐设施，为乘客提供了舒适的旅行环境。

图 5.5-6　高速铁路车厢内部构造

4）准点率高。高速铁路采用全封闭的线路，受外界因素的干扰很小，如恶劣天气、交通拥堵等。先进的列车运行控制系统能够精确控制列车的运行速度和时间，确保列车按时到达目的地。

5）节能环保。高速列车采用电力驱动，减少了对石油等化石能源的依赖，降低了碳排放和环境污染。由于速度快、运行效率高，在单位运输量下高速铁路的能耗相对较低（图 5.5-7），符合可持续发展的要求。

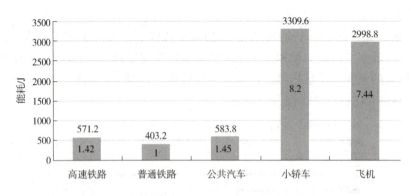

图 5.5-7　各种交通工具平均每人公里能耗对比

6）带动经济发展。高速铁路的建设能够促进区域经济的发展，加强城市之间的联系和交流，带动沿线地区的产业升级和城市化进程。高铁站周边往往会形成新的商业中心和交通枢纽，促进房地产、旅游、物流等产业的发展。

5. 城市轨道交通

（1）地铁工程

1）概况。19 世纪中叶，英国伦敦开通了世界上第一条地铁线，使用蒸汽机车牵引，为解决城市交通拥堵问题提供了新思路。随后，美国纽约等城市也相继建设地铁，推动了地铁技术的快速发展，尤其是电力驱动技术的应用，极大地提升了地铁的运行效率和乘坐舒适度。进入 20 世纪，地铁工程在全球范围内迅速扩张，巴黎、东京、莫斯科等城市的地铁系统以其独特的建筑风格、先进的技术和高效的运营管理而闻名。这一时期，地铁工程不仅注重基础设施建设，还开始关注乘客体验和环境保护，引入了自动扶梯、电动门、无人驾驶等创新技术。现代地铁工程已成为城市交通规划的重要组成部分，对促进城市可持续发展、提高居民生活质量发挥着关键作用。

1965 年，北京地铁一期工程动工，标志着中国地铁建设的开始。1971 年，北京地铁试运营，成为中国大陆第一条地铁线路，虽然初期仅对公众开放部分区间，但它开启了中国地铁时代的大门。进入 20 世纪 80 年代，随着改革开放的深入，中国地铁建设进入快速发展阶段。上海、广州和深圳等大城市相继开始建设地铁，地铁网络逐渐形成，不仅缓解了城市交通压力，也促进了城市的经济发展。这一时期，中国地铁工程在引进国外先进技术的同时，也开始注重自主创新和技术研发。21 世纪以来，中国地铁工程进入了一个新的高速发展期，众多城市如杭州、南京、成都等纷纷投入地铁建设，地铁线路和运营里程迅速增长。地铁在建设规模、技术水平、运营管理等方面都取得了显著成就，中国成为世界上地铁建设最为活跃的国家之一。地铁的发展不仅提升了城市交通的便捷性，还推动了城市结构的优化和区域经济的协调发展。

2）特点

①高效快速。运行速度较高，通常能达到每小时 30～60km 甚至更高，能够在短时间内将乘客送达目的地。发车间隔短，一般在几分钟之内，在高峰时段甚至可以达到一两分钟一班，大大减少了乘客的等待时间，提高了出行效率。

②大运量。地铁列车通常采用多节车厢编组，每列地铁可以运载数千名乘客。这对于人

口密集的城市来说，能够有效地缓解地面交通压力。能够满足大量人群在同一时间段内的出行需求，特别是在早晚高峰时段，为城市居民的通勤提供了有力保障。

③准时可靠。地铁运行在专用轨道上，不受地面交通拥堵、信号灯等因素的影响，能够严格按照时刻表运行，准点率高。乘客可以根据地铁的运行时间表合理安排自己的出行计划，不必担心因交通延误而耽误行程。

④环保节能。地铁采用电力驱动，不会产生尾气排放，对城市环境的污染较小。与传统的燃油交通工具相比，地铁在减少空气污染、降低噪声污染等方面具有明显优势。能够充分利用地下空间，减少对地面土地资源的占用，有利于城市的可持续发展。

⑤安全舒适。地铁系统配备了先进的安全设备和监控系统，如自动列车控制系统、火灾报警系统、紧急疏散通道等，能够确保乘客的生命安全。车厢内部设计人性化，空间宽敞，座椅舒适，还配备了空调、照明等设施，为乘客提供了良好的乘坐体验。

⑥不受天气影响。乘客在任何天气条件下都可以选择地铁出行，无需担心恶劣天气带来的不便。

（2）城市轻轨

1）概况。19 世纪末至 20 世纪初，柏林和维也纳开始运营有轨电车系统，这可以视为轻轨的早期形式。这些系统起初以马力和蒸汽为动力，后来逐渐过渡到电力驱动，为城市居民提供了比马车更快速、便捷的出行方式。20 世纪中叶，随着汽车的普及和城市交通拥堵问题的加剧，轻轨作为一种现代化的公共交通工具重新受到重视。70 年代，温哥华空中列车和圣迭戈轻轨系统的出现标志着轻轨系统在北美的复兴。这些系统采用了更先进的技术，如无人驾驶和线性电动机驱动，提高了运营效率和乘客容量。随着时间的推移，轻轨系统在全球范围内得到推广，成为城市公共交通的重要组成部分。欧洲、亚洲和拉丁美洲的许多城市都建立了轻轨网络，以适应快速的城市化和环境保护的需求。现代轻轨系统以其灵活性、环保性和对城市景观的影响较小等特点，成为城市可持续发展战略的关键要素。

1999 年，中国第一条轻轨线路——长春轻轨一期工程开通，标志着中国轻轨交通时代的开始。21 世纪，中国城市轻轨建设进入快速发展阶段。天津、大连、武汉等城市相继建成并运营轻轨线路，这些线路在很大程度上缓解了城市交通压力，促进了城市交通结构优化。轻轨系统在建设过程中，不仅借鉴了国际先进经验，还注重技术创新和适应本土需求，如采用无人驾驶技术、节能环保材料和设计人性化车站等。近年来，中国城市轻轨网络继续扩张，许多新兴城市如苏州、东莞、郑州等也开始规划和建设轻轨系统。中国轻轨的发展不仅体现在线路和运营里程的增长，还包括服务质量的提升、运营效率的提高以及对城市可持续发展的贡献。轻轨已成为中国城市公共交通体系中的重要一环，对于推动城市绿色出行和提升居民生活质量发挥着重要作用。

2）特点

①地面或高架运行。城市轻轨通常在地面或高架桥上运行，这使得轻轨线路能够穿越城市，减少对地面交通的影响。

②中等运量。城市轻轨的运量介于地铁和有轨电车之间，能够满足城市中短途出行需求。

③灵活多变。城市轻轨线路可以根据城市地形和需求进行调整，具有较强的适应性。

④噪声和环境影响较小。相比传统铁路和地铁，城市轻轨噪声和环境影响较小。

⑤建设成本相对较低。城市轻轨的建设成本相对较低，尤其是在地面和高架桥上运行的轻轨线路。

⑥综合性服务。城市轻轨车站通常设有商业设施，如商店、餐厅等，为乘客提供便利。

⑦安全舒适。城市轻轨车厢内部设计考虑了乘客的舒适性和安全性，如空调、座椅、紧急疏散设施等。

（3）磁悬浮铁路

1）概况。磁悬浮铁路是一种利用磁力使列车悬浮在轨道上，从而减小摩擦阻力，实现高速运行的铁路技术。磁悬浮列车如图 5.5-8 所示。

20 世纪 60 年代，日本和德国几乎同时开始了磁悬浮技术的研究，分别发展了超导磁悬浮和常导磁悬浮技术。日本的磁悬浮列车在 1969 年首次实现了载人运行，而德国则在 1971 年进行了首次磁悬浮列车试验。20 世纪末，磁悬浮铁路技术逐渐成熟，开始投入商业运营。1997 年，日本的首条商业磁悬浮线路——山梨磁悬浮实验线开通，成为世界上第一条实现商业运营的磁悬浮铁路。同时，德国的 Transrapid 系统也在中国上海浦东机场至市区间进行了示范运营，展示了磁悬

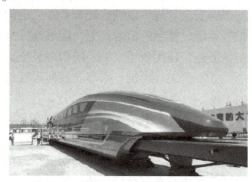

图 5.5-8　磁悬浮列车

浮铁路的商业潜力。然而，尽管技术成熟，磁悬浮铁路在全球范围内的推广仍受到了成本和法规等因素的限制。德国的 Transrapid 项目最终未能在本国实现商业化，而日本的 SCMA-GLEV 系统则继续发展，计划在 2027 年开通连接东京和大阪的磁悬浮线路，这将标志着磁悬浮铁路技术的一个新的里程碑。磁悬浮铁路的发展历程表明了其在未来高速铁路领域的巨大潜力，尽管面临挑战，但它仍然是交通运输技术创新的重要方向。

20 世纪 90 年代，中国开始关注磁悬浮技术，并在 2000 年初启动了多个磁悬浮列车项目。2002 年，中国第一条磁悬浮列车试验线——上海磁悬浮示范线开通。随后，中国继续推进磁悬浮技术的发展。2015 年，中国自主研发的中低速磁悬浮列车在长沙开通运营，这是中国首条自主知识产权的中低速磁悬浮商业线路，展示了中国在磁悬浮技术领域的自主创新成果。中低速磁悬浮列车以其较低的建造成本和良好的适应性，成为中国城市轨道交通的新选择。近年来，中国在高速磁悬浮领域也取得了显著进展。2021 年，中国发布了时速 600km 的高速磁悬浮交通系统，这是目前世界上速度最快的地面交通工具之一。中国磁悬浮铁路的发展不仅体现了中国在高速铁路技术上的领先地位，也为全球高速铁路发展提供了新的模式和技术路径。中国磁悬浮铁路的发展仍在继续，未来有望在国内外实现更广泛的应用。

2）特点

①高速度。磁悬浮列车可以达到非常高的运行速度，目前商业运营的最高速度可达 600km/h 以上，试验速度更高。

②低能耗。由于减少摩擦，磁悬浮列车的能耗相对较低，有助于降低运营成本。

③平稳性好。磁悬浮列车在运行过程中振动小，能提供平稳的乘坐体验，减少了噪声污染。

④环境影响小。磁悬浮列车在运行过程中产生的环境影响较小，是一种相对环保的交通方式。

⑤建设成本较高。磁悬浮铁路的建设成本较高，包括磁悬浮列车、轨道系统和相关基础设施的建设。

⑥技术要求高。磁悬浮铁路技术要求高，包括磁悬浮技术、列车控制技术、信号系统等。

5.5.3 数智技术的应用

1. 设计阶段

（1）三维建模与仿真

利用计算机辅助设计（CAD）和建筑信息模型（BIM）技术，创建道路的三维模型。设计师可以在虚拟环境中直观地观察道路的设计效果，进行碰撞检测和优化设计。同时，通过仿真软件可以模拟车辆在道路上的行驶情况，分析交通流量、车速分布等，为设计提供参考。

在铁路工程设计中引入 BIM 技术，可以实现全专业的协同设计。设计师可以在三维模型中进行线路、桥梁、隧道、站房等设施的设计，及时发现各专业之间的冲突问题，提高设计质量和效率。同时，BIM 模型还可以为后续的施工和运营阶段提供准确的数据支持。

（2）地理信息系统（GIS）应用

结合 GIS 技术，整合地形、地貌、地质等地理信息数据，为道路和铁路的选线提供科学依据。可以快速分析不同路线方案的优缺点，如地形起伏、土地利用、环境影响等，提高选线的合理性和效率。

2. 施工阶段

（1）智能施工设备

如智能摊铺机、智能压路机等，这些设备配备了传感器和控制系统，可以实时监测施工参数，如摊铺厚度、压实度、平整度等，并自动调整施工操作，确保施工质量。同时，智能施工设备还可以提高施工效率，减少人工操作的误差。

（2）施工管理信息化

建立施工管理信息系统，实现对施工进度、质量、安全等方面的实时监控和管理。通过物联网技术，将施工现场的各种设备、材料和人员连接起来，采集数据并进行分析，及时发现问题并采取措施解决。同时，信息化管理还可以提高施工协调效率，减少沟通成本。

（3）无人机与三维扫描

利用无人机进行航拍和三维扫描，可以快速获取施工现场的地形地貌和工程进展情况。无人机拍摄的高分辨率图像和三维扫描数据可以用于施工监测、土方计算、质量检查等，为施工管理提供准确的数据支持。

3. 运营阶段

（1）道路工程

1）智能交通系统（ITS）。通过安装在道路上的传感器、摄像头等设备，实时采集交通流量、车速、路况等信息。利用 ITS 技术，可以实现交通信号控制的优化、交通诱导、智能收费等功能，提高道路的通行效率和安全性。

2）道路健康监测。采用传感器网络对道路的结构健康进行实时监测。传感器可以检测道路的变形、裂缝、沉降等情况，并将数据传输到监测中心进行分析处理。通过及时发现道路的潜在问题，可以采取有效的维护措施，延长道路的使用寿命。

3）大数据分析与预测。收集和分析道路运营过程中的大量数据，如交通流量、事故数据、天气情况等。利用大数据分析技术，可以预测交通拥堵、事故发生的可能性等，为交通管理部门提供决策支持，提前采取措施进行疏导和预防。

（2）铁路工程

1）智能监测与诊断系统。在铁路线路、桥梁、隧道等设施上安装传感器，实时监测结构的变形、应力、振动等参数。通过数据分析和智能诊断算法，可以及时发现结构的潜在问题，预测故障发生的可能性，为维护决策提供科学依据。同时，智能监测系统还可以提高铁路运营的安全性和可靠性。

2）智能调度与运输管理。利用大数据、人工智能等技术，实现铁路运输的智能调度和管理。通过对客流、货流、列车运行状态等数据的分析，可以优化列车运行图，提高运输效率和服务质量。同时，智能调度系统还可以实现对突发事件的快速响应和处理，保障铁路运输的安全和畅通。

3）虚拟现实与增强现实技术。在铁路员工培训和设备维护中应用虚拟现实（VR）和增强现实（AR）技术，可以提高培训效果和维护效率。通过 VR 技术，员工可以在虚拟环境中进行模拟操作和应急演练，提高应对突发事件的能力。AR 技术可以为设备维护人员提供实时的指导和信息支持，帮助他们快速准确地完成维护任务。

5.5.4 拓展知识及课程思政案例

1. 拓展知识

1）BIM 技术在道路工程的应用研究（网上自行搜索）。
2）SZT-R1000 车载激光雷达测量系统在道路工程测量中的应用（网上自行搜索）。
3）刍议无人机测绘技术在市政道路工程中的应用（网上自行搜索）。
4）BIM-IoT 技术在轨道交通工程智能化施工中的应用研究（网上自行搜索）。

2. 课程思政案例

1）青藏铁路小视频参见二维码 5.5-3。

2）詹天佑先生。詹天佑是中国近代铁路工程专家，被誉为"中国铁路之父"。他自幼聪慧，勤奋好学。1872 年，詹天佑作为首批留美幼童之一出国留学。在美国期间，他接受了系统的现代科学教育，并考入耶鲁大学土木工程系。

二维码 5.5-3 青藏铁路

回国后，他致力于中国铁路事业。1905 年，清政府决定修建京张铁路，任命詹天佑为总工程师。面对资金短缺、技术落后、地势险峻等诸多困难，詹天佑精心设计，大胆创新，特别是在居庸关和八达岭两处艰难的隧道工程中，他运用了"竖井开凿法"等新技术，成功完成了这一伟大工程，京张铁路于 1909 年全线通车，这是中国人自行设计和施工的第一条铁路干线。

詹天佑具有深厚的爱国主义情怀，他在国家危难时刻，多次拒绝外国公司的高薪聘请，坚持为中国自己的铁路事业服务。他的爱国精神、创新意识和务实作风，至今仍激励着一代又一代的中国工程技术人。

课后：思考与习题

1. 本节习题
（1）道路的定义是什么？铁路的定义是什么？
（2）中国高铁未来的发展趋势是什么？
（3）地铁和轻轨的区别是什么？

2. 下节思考题
（1）机场由哪几部分组成？
（2）机场航站区的设计要点是什么？

5.6 机场工程

课前：导读

1. 本节知识点思维导图

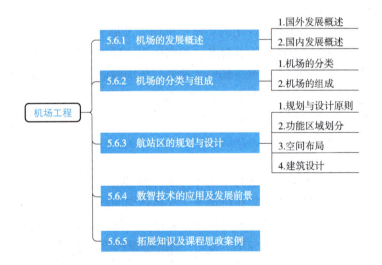

2. 课程目标

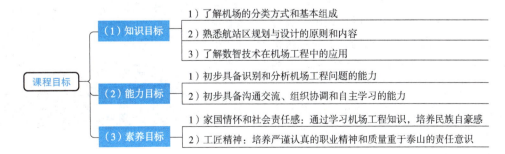

3. 重点

1）机场的分类方式与各部分组成。

2）航站区的规划与设计。

3）数智技术在机场工程未来发展中的作用。

5.6.1 机场的发展概述

1. 国外发展概述

20 世纪初期，飞机的发明和首次成功飞行标志着航空时代的开始。早期的机场多为简易的草地跑道，设施极其简陋，主要用于飞行员训练和少量的邮政运输。随着第一次世界大战的爆发，飞机开始被用于军事目的，这促使了机场设施的快速发展，包括更坚固的跑道、机库和维修设施的建设。战后，商业航空开始萌芽，20 世纪 20 年代，美国和欧洲开始建设一些民用机场，如美国的拉瓜迪亚机场和法国的勒布尔歇机场，这些机场配备了基本的客运和货物处理设施。

第二次世界大战后，喷气式飞机的发明和商业航空的兴起推动了机场的快速发展。这一时期，机场开始采用混凝土和沥青跑道，以适应喷气式飞机的起降需求。同时，候机楼、空中交通管制塔、行李处理系统等现代化设施相继建成，提高了机场的运营效率和旅客的舒适度。美国的肯尼迪国际机场和英国的希思罗机场等在这一时期建成或进行了大规模扩建，成为国际航空运输的重要枢纽。

进入 20 世纪 80 年代，随着全球化的加速，机场的发展更加注重旅客体验和商业价值。机场开始引入自动化的登机系统、安检设备、购物中心、餐饮服务等设施，使得机场成为集交通、购物、休闲于一体的综合性服务场所。此外，机场的设计也开始注重美学和环保，如新加坡的樟宜机场，它们以创新的设计和高效的服务赢得了国际声誉。21 世纪初，随着航空业的进一步发展，许多国家开始建设新的机场或对现有机场进行改造升级，以应对日益增长的旅客和货物运输需求。

2. 国内发展概述

新中国成立之初，中国的航空业几乎从零开始。20 世纪 50 年代，中国开始建设自己的民航机场，如北京首都机场和上海虹桥机场等。这些早期的机场设施简单，主要用于国内航线。当时的机场跑道较短，候机楼等设施也非常基础，远远无法满足现代航空运输的需求。

改革开放后，中国的经济迅速发展，航空需求大幅增长，机场建设进入快速发展期。这一时期，许多城市的机场进行了扩建和改造，增加了跑道长度，改善了候机楼设施，提升了旅客服务水平。北京首都机场、上海虹桥机场等主要机场的扩建工程标志着中国机场开始向现代化迈进。

进入 21 世纪，中国机场的发展更加注重国际化、现代化和人性化。新建的机场如北京大兴国际机场（图 5.6-1）、上海浦东国际机

图 5.6-1 北京大兴国际机场

场等，不仅在规模上达到了国际一流水平，而且在设计、技术和服务上也体现了高标准的国际化。这些机场配备了现代化的导航系统、自动化的行李处理系统、多样化的商业服务，成为展示中国对外开放形象的重要窗口。同时，随着中国民航市场的持续扩大，中小城市也开始建设或扩建机场，形成了覆盖全国、辐射全球的机场网络。

5.6.2 机场的分类与组成

1. 机场的分类

（1）按使用性质分类

机场按使用性质可分为商业机场、军用机场、通用航空机场和混合用途机场。商业机场是提供定期商业航班服务的机场。军用机场专供军事飞行使用。通用航空机场的作用是为私人飞机、小型飞机和其他通用航空提供服务。混合用途机场既能提供商业航班服务，也可用于军事或其他目的。

（2）按规模和航班量分类

机场按规模和航班量可分为枢纽机场、大型机场、中型机场和小型机场。枢纽机场具有大量航班起降，能够提供大量转机服务。大型机场是旅客吞吐量和航班量较大的机场。中型机场的规模和航班量介于大型和小型机场之间。小型机场的旅客吞吐量和航班量最小。

（3）按所有权和管理方式分类

机场按所有权和管理方式可分为公立机场、私立机场和合资机场。公立机场由政府机构拥有和管理，私立机场由私人企业或个人拥有和管理，而合资机场是由政府和其他私营部门共同拥有和管理的机场。

（4）按服务范围分类

机场按服务范围可分为国内机场和国际机场。国内机场主要提供国内航班。国际机场是提供国际航班的机场，通常具备更严格的入境和出境程序。

2. 机场的组成

机场由飞行区、航站区、地面交通系统和附属设施组成。飞行区是用于飞机起飞、降落和地面滑行的区域，包括跑道、滑行道和停机坪等。航站区是旅客办理登机手续、候机和到达后提取行李的主要区域，包括值机区、安检区、候机区、登机口区域、到达区等功能区域。地面交通系统主要为旅客、工作人员和货物提供进出机场服务，它包括停车场、机场巴士站、出租车候车区和轨道交通站点。辅助设施包括导航设施、供油设施、消防救援设施和气象观测设施。

5.6.3 航站区的规划与设计

1. 规划与设计原则

（1）功能性

满足旅客出行、货物运输、航班保障等基本功能需求，合理布局各功能区域，确保流程顺畅。

（2）人性化

以旅客为中心，提供舒适、便捷的服务设施和环境，满足不同旅客群体的需求。

（3）可持续发展

考虑未来发展需求，预留发展空间，采用节能环保的设计和技术，降低运营成本和对环境的影响。

（4）安全性

确保机场的安全运营，合理规划安全设施和应急通道，提高应对突发事件的能力。

2. 功能区域划分

值机区设置足够数量的值机柜台和自助值机设备，方便旅客办理登机手续。安检区配备先进的安检设备和专业的安检人员，确保旅客和行李的安全。候机区提供舒适的座椅、商店、餐厅、卫生间等设施，满足旅客在候机期间的需求。登机口区域设置清晰的标识和引导系统，方便旅客找到登机口。到达区设有行李提取大厅、旅客通道和交通换乘设施。

3. 空间布局

（1）流线设计

设计合理的旅客流线，确保旅客从进入航站楼到登机或到达后离开的过程顺畅高效。避免流线交叉和拥堵，提高旅客通行速度。行李处理系统应与旅客流线相协调，确保行李快速准确地运输。设置行李分拣区、运输通道等，提高行李处理效率。为机场工作人员设计专用通道，避免与旅客流线交叉，确保工作人员能够高效地开展工作。

（2）空间尺度

航站楼的高度和跨度应根据旅客流量及航班类型进行合理设计。高大宽敞的空间可以给旅客带来舒适的感觉，但也会增加建设成本和能源消耗。候机区的座椅间距、通道宽度等应满足旅客的舒适度和通行需求。同时，要考虑到紧急情况下的疏散要求。

（3）采光与通风

充分利用自然采光和通风，减少能源消耗。采用大面积的玻璃窗和天窗，让自然光进入航站楼内部。同时，设计合理的通风系统，确保空气流通。在采光和通风设计中，要考虑到不同季节和天气条件的影响，采取相应的遮阳和保温措施。

4. 建筑设计

（1）外观设计

机场航站楼的外观设计应具有标志性和独特性，成为城市的地标建筑。可以结合当地的文化特色和自然环境，打造具有个性的建筑风格。外观设计要考虑到建筑的功能性和实用性，确保航站楼的结构稳定、防水防潮、隔热保温等性能良好。

（2）内部装修

内部装修应注重舒适度和美观度，营造出温馨舒适的候机环境。选择环保、耐用的装修材料，确保旅客的健康和安全。色彩搭配应协调统一，避免过于刺眼或单调。可以根据不同的功能区域选择不同的色彩主题，增强空间的识别性。

（3）绿色建筑设计

采用绿色建筑技术，如太阳能发电、雨水收集、地源热泵等，降低机场的能源消耗和环境污染。建设生态屋顶、垂直绿化等，增加航站楼的绿化面积，改善周边生态环境。

5.6.4 数智技术的应用及发展前景

数智技术在机场工程中大展身手。人们通过大数据可以精准预测航班流量，优化资源配置。智能监控与识别系统能够保障安全。物联网可实现对设施状态的实时监测，并提前做出故障预警。此外，旅客可借助智能值机、导航等服务轻松出行，数字孪生技术在机场规划和运营决策方面也发挥了重要作用。未来，数智技术在机场工程中的发展将更加智能化、个性化、绿色化和协同化。

5.6.5 拓展知识及课程思政案例

1. 拓展知识

1）BIM 技术在机场建设工程中的应用现状与发展（网上自行搜索）。

2）机场工程数字化监控技术研究与应用（网上自行搜索）。

3）机场在数字化转型中的新技术应用，如物联网、大数据、人工智能在机场运营管理中的应用案例（网上自行搜索）。

二维码 5.6-1　北京大兴国际机场

2. 课程思政案例

二维码 5.6-1 北京大兴国际机场小视频。

课后：思考与习题

1. 本节习题

（1）飞行区跑道的设计需要考虑哪些因素？

（2）机场航站区规划与设计原则是什么？

2. 下节思考题

（1）港口工程的功能是什么？如何选址？

（2）港口工程的组成及布置是怎样的？

（3）码头建筑、防波堤、护岸建筑的功能及结构形式是怎样的？

5.7 港口工程

课前：导读

1. 本节知识点思维导图

2. 课程目标

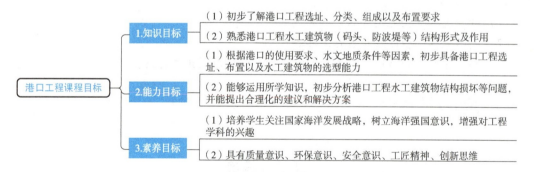

3. 重点

1）港口工程的分类及组成。

2）码头的结构形式与断面形式。

3）防波堤的结构形式及适用条件。

4）护岸建筑的类型。

5.7.1 港口工程概述

1. 港口定义

港口是综合运输系统中水陆联运的重要枢纽。它位于海、江、河、湖、水库沿岸，是水陆交通的枢纽和水陆联运的咽喉，是水陆运输工具的衔接点，也是船舶进出、停泊、货物装卸、旅客上下、补给、修理等技术服务和生活服务的场所。

2. 港口工程

港口工程是指为满足港口运输生产需要而进行的各类工程设施的建设和维护活动。这些工程涵盖了从港口选址、规划、设计、施工到运营维护的全过程，涉及土木工程、海洋工程、机械工程、电气工程、信息技术等多个领域。港口工程旨在提高港口的吞吐能力、保障作业安全、优化资源配置、促进环境保护，以适应不断增长的航运需求和经济发展需要。

3. 港口分类

港口根据其规模、用途、位置、成因、形状等因素可分为多种类型，如图 5.7-1 所示。具体详见二维码 5.7-1。

二维码 5.7-1　港口的分类

图 5.7-1　港口工程概述思维导图

4. 港口的选址

港口的位置选择受多种因素影响，包括水深条件、航道条件、陆域条件、经济腹地、自然环境等。

（1）自然条件

港口要选在地理位置优越、靠近贸易航线和经济中心且与内陆交通易连接的地方，同时水域有足够水深、适宜水流、波浪小、潮汐规律利于船舶进出。

（2）地质条件

地质条件要稳定，避免软土和地震活跃区。

（3）经济因素

应选择腹地经济发达，有充足货源，运输成本低，土地成本合理的地点。社会和环境因素中，要注重环境保护，减少对周边居民的影响，且以有政策支持的区域为佳。

5. 全球典型的港口工程

截至 2024 年 4 月，全球排名前十的港口工程如图 5.7-2 所示，信息可能会根据不同的统计机构和统计时间略有差异。全球排名前十的港口中，中国的上海港、宁波舟山港、广州港、深圳港、天津港、青岛港等名列其中，突显了中国港口在全球海运贸易中的主导地位，彰显了中国港口在全球经济中的地位和影响力。典型的港口如图 5.7-3 所示。

图 5.7-2　全球排名前十的港口工程（截至 2024.4）

图 5.7-3　典型的港口实景

鹿特丹港　　　　　　　韩国釜山港　　　　　比利时安特卫普港　　　　洛杉矶港

图 5.7-3　典型的港口实景（续）

5.7.2　港口的组成与布置

1. 港口的组成

港口由水域和陆域两大部分组成，如图 5.7-4、图 5.7-5 所示。

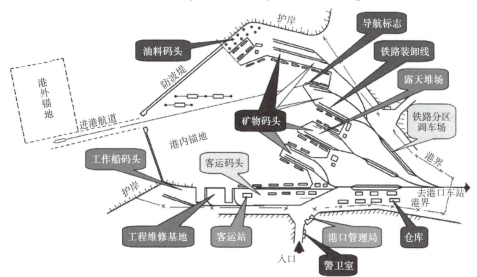

图 5.7-4　港口的组成示意图

图 5.7-5　港口水域和陆域实例图

（1）水域部分

水域部分包括进港航道、锚地和港池。若自然条件水域掩护不良的，需要设置防波堤。

1）航道：供船舶安全进出港口的通道，其宽度、深度和弯曲半径需根据不同船舶类型及通航密度确定，且要定期进行疏浚维护以确保水深满足船舶航行要求。

2）锚地：船舶进港前等待引航、避风、待泊或进行水上作业的区域，应选择在水流平稳、水深适宜且地质良好之处，并配备锚泊设施和助航标志。

3）港池：船舶停靠、装卸货物的主要水域，尺度要根据停靠船舶的类型和数量确定，保证船舶有足够回旋余地，可采用突堤式、顺岸式等布置形式。

（2）陆域部分

陆域部分是港界线以内的陆域面积，供旅客集散、货物装卸、货物堆存和转载之用，要求有适当的高程、岸线长度和纵深。

1）码头：港口核心设施，用于船舶停靠和货物装卸，包括集装箱码头、散货码头、杂货码头等不同类型，应根据货物种类和运输需求选择。

2）堆场和仓库：堆场用于露天堆放货物，仓库用于存储对环境要求较高的货物，布置应靠近码头以便货物装卸和搬运，并根据货物类型和存储要求分区布置以提高管理效率。

3）道路和铁路：港口内部完善的道路和铁路网络连接码头、堆场、仓库等设施，方便货物运输，其布局需考虑交通流量、运输效率和安全等因素。

4）辅助设施：包括港口办公区、生活区、维修区、加油站等，为港口运营和管理提供支持，应合理布置。

2. 港口的布置

港口布置方案在规划阶段是最重要的工作之一，不同的布置方案在许多方面会影响到国家或地区发展的整个进程，必须遵循统筹安排、合理布局、远近结合、分期建设等原则。港口的布置形式如图 5.7-6 所示。

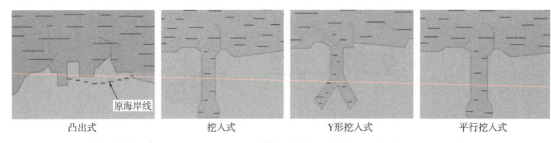

| 凸出式 | 挖入式 | Y形挖入式 | 平行挖入式 |

图 5.7-6　港口的布置形式

1）自然地形的布置，可称为天然港，适用于疏浚费用不太高的情况。

2）挖入内陆的布置，为合理利用土地提供了可能性；在泥沙质海岸，当有大片不能耕种的土地时，宜采用这种建港形式。

3）填筑式的布置，如果港口岸线已充分利用，泊位长度无法延伸，但仍未能满足增加泊位数的要求时可采用。

5.7.3　码头建筑

码头建筑思维导图如图 5.7-7 所示。

1. 码头定义

码头是供船舶停靠、装卸货物和上下旅客的水工建筑物的总称。码头一般采用直立式，便于船舶停靠和机械直接开到码头前沿，以提高装卸效率。

图 5.7-7　码头建筑思维导图

2. 码头的布置形式

常规码头的布置形式一般有顺岸式、突堤式、挖入式三种。

（1）顺岸式

码头沿线与自然岸线大体平行，在河港、河口港及部分中小型海港中较为常用。其优点是陆域宽阔、疏运交通布置方便，工程量较小。顺岸式布置类型有一字形、锯齿形、折线形，如图 5.7-8 所示。

（2）突堤式

码头沿线布置成与自然岸线有较大的角度，如大连、天津、青岛等港口均采用了这种形式。其优点是在一定的水域范围内可以建设较多的泊位，缺点是突堤宽度往往有限，每泊位的平均库场面积较小，作业不方便，如图 5.7-9 所示。

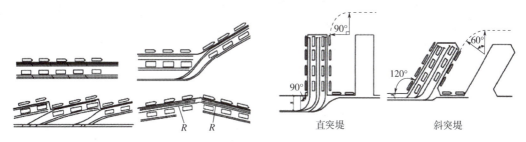

图 5.7-8　顺岸式码头布置方式　　　　　图 5.7-9　突堤式码头布置方式

（3）挖入式

港池由人工开挖形成，在大型的河港及河口港中较为常见，如荷兰的鹿特丹港、中国的唐山港等均属这一类型。其优点是可以充分利用岸线，增大吞吐量，掩护条件好，不影响通航，缺点是开挖量大，在含沙量大的地方易受泥沙回淤影响。常见有 Y 形和平行挖入式，如图 5.7-10 所示。

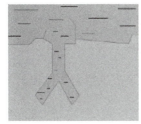
Y形挖入式

平行挖入式

鹿特丹港

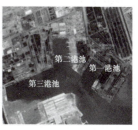
唐山港

图 5.7-10　挖入式码头示意及实例

3. 码头的结构形式

码头按结构形式可分为重力式、板桩式、高桩式和混合式，如图 5.7-11、图 5.7-12 所示。

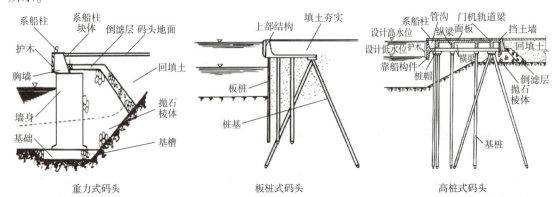

重力式码头 　　　　　板桩式码头 　　　　　高桩式码头

重力式码头实例 　　　　板桩式码头实例 　　　　高桩式码头实例

图 5.7-11　码头的结构形式及实例

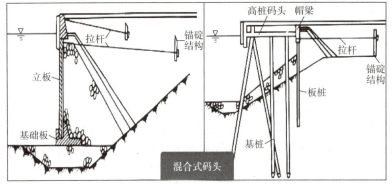 

混合式码头示意 　　　　　　混合式码头实例

图 5.7-12　混合式码头

（1）重力式码头

重力式码头是靠自重（包括结构重量和结构范围内的填料重量）来抵抗滑动和倾覆的。这种结构一般适用于较好的地基。

（2）板桩式码头

板桩式码头是靠打入土中的板桩来挡土的，它受到较大的土压力。所以板桩式码头目前适用于墙高不大的情况，一般在 10m 以下。

（3）高桩式码头

高桩式码头主要由上部结构和桩基两部分组成，一般适用于软土地基。

（4）混合式码头

除上述三种主要结构形式外，根据当地的地质、水文、材料、施工条件和码头使用要求等，也可采用混合式结构。例如，下部为重力墩、上部为梁板式结构的重力墩式码头，后面为板桩结构的高桩栈桥码头，由基础板、立板和水平拉杆及锚碇结构组成的混合式码头。

4. 码头的断面形式

码头按其前沿的横断面外形有直立式、斜坡式、半直立式和半斜坡式等，如图 5.7-13 所示。

（1）直立式码头

直立式码头岸边有较大的水深，便于大船系泊和作业，不仅在海港中广泛采用，在水位差不太大的河港中也常采用。

（2）斜坡式码头

斜坡式码头适用于水位变化较大的情况，如天然河流的上游和中游港口。

（3）半直立式码头

半直立式码头适用于高水位时间较长而低水位时间较短的情况，如水库港。

（4）半斜坡式码头

半斜坡式码头适用于枯水时间较长而高水位时间较短的情况，如天然河流上游的港口。

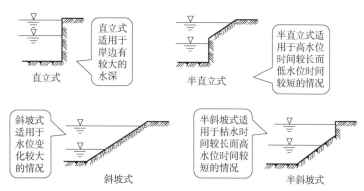

图 5.7-13　码头断面形式

5.7.4　防波堤

防波堤思维导图如图 5.7-14 所示。

1. 防波堤及功能

防波堤位于港口水域的外围，是一种用于防御海浪侵袭、维护海港水域平稳的水工建筑物，如图 5.7-15 所示。其主要功能：

（1）防御波浪、防沙淤积、防冰凌侵蚀

防御波浪、冰凌的侵袭，围护港池，防止波浪冲蚀岸线，减少波浪对港口水域的冲击，以及波浪对码头、堤岸和船舶造成损坏，为船舶提供安全的停泊和作业环境。

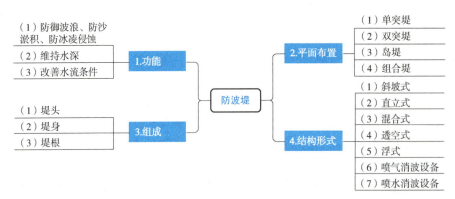

图 5.7-14　防波堤思维导图

防浪防波堤　　　　　防沙防波堤　　　　　防冰凌防波堤

图 5.7-15　各种防波堤

（2）维持水深

减少或阻止泥沙进港、减轻港池淤积，保证港内水深，确保船舶能够顺利进出港口。

（3）改善水流条件

防波堤的内侧也可以兼作码头用，或安装一定的锚系设备，供船舶靠泊，从而节省投资。

2. 防波堤的组成

防波堤根据位置分为突堤和岛堤两种类型。

突堤由堤头、堤身、堤根组成，岛堤只有堤头和堤身，如图 5.7-16 所示。

突堤的组成　　　　　　　　　岛堤的组成

图 5.7-16　防波堤的组成

（1）堤头

堤头是防波堤的重要组成部分，主要承受波浪的直接冲击和漂浮物的撞击。堤头结构设计应确保足够的强度和稳定性，同时要考虑到波浪爬高、越浪以及回流等因素的影响。堤头通常采用圆弧形或斜坡形，以适应波浪的冲击和减少波浪的反射。

（2）堤身

堤身是防波堤的主体部分，它承受着波浪引起的推力和压力。堤身结构的设计需要考虑波浪的特性、地基条件、材料性能和施工条件等因素。

（3）堤根

堤根是突堤与岸的连接部分，一般处于浅水区，堤根段多采用斜坡式。如果为岩石海岸，堤根处水深较高，且堤身为直立式，也可采用直立式堤根。

3. 防波堤的平面布置

防波堤的平面布置，因地形、风浪等自然条件及建港规模要求等而异，主要分为突堤和岛堤，也有突堤和岛堤的混合堤。突堤是与岸连接的，而岛堤则不连接岸。突堤又分为单突堤、双突堤。防波堤平面布置形式如图 5.7-17 所示。

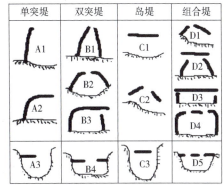

图 5.7-17　防波堤平面布置形式

（1）单突堤

单突堤一端与岸连接，另一端伸向海中，呈凸出状，使堤端达适当深水处。其走向一般与波浪的主向垂直或斜交。单突堤有多种形式（如图 5.7-17 中 A1、A2、A3），在特定条件下使用，是一种简单有效常用的防波设施。

（2）双突堤

双突堤是自海岸两边适当地点，各筑突堤一道伸入海中，遥相对峙，而达深水线，两堤末端形成一凸出深水的口门，以围成较大水域，保持港内航道水深。根据海底坡度的不同，双突堤有多种形式（如图 5.7-17 中 B1、B2 等），主要用于中、小型海港及海底平坦的开敞海岸。

（3）岛堤

岛堤是一种特殊类型的防波堤，其两端均不与岸相连接，而是孤立地伸入海中保持自身稳定性来承受波浪和潮流的作用。岛堤有多种形式（如图 5.7-17 中 C1、C2 等），适用于大型港口和深水海域。

（4）组合堤

组合堤是由上述几种基本形式组合而成，组合堤灵活性高、可以充分发挥各种形式的优点，适应复杂的海洋条件和港口功能要求，但设计和施工难度较大、管理与维护复杂。组合堤有多种形式（如图5.7-17中D1、D2等），适用于不同的情况。

一般防波堤布置时，防波堤轴线宜向港内拐折，避免向外拐折形成凹角，造成波能集中，波高增大，如堤必须向外拐折时，两段堤轴线外夹角不宜小于150°，最好用圆弧连接，凹角处应加强处理，以保证整个防波堤结构的安全。应设置一定数量的永久观测点。

4. 防波堤的结构形式

防波堤按其构造形式（或断面形状）及对波浪的影响，可分为重型（包括斜坡式、直立式、混合式）和轻型（包括透空式、浮式、喷气堤和喷水堤等多种类型）。结构形式的选择，取决于水深、潮差、波浪、地质等自然条件，以及材料来源、使用要求和施工条件等。下面主要介绍重型防波堤结构形式，如图5.7-18、图5.7-19所示。

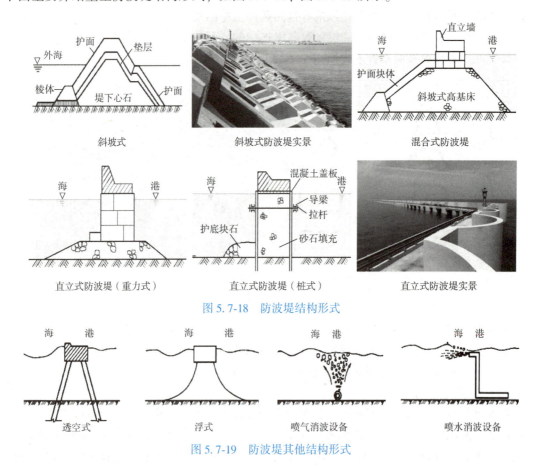

图5.7-18　防波堤结构形式

图5.7-19　防波堤其他结构形式

（1）斜坡式防波堤

斜坡式防波堤是由堤心石、护面块体和护底组成，横断面两侧为斜坡，由块体堆筑而成的防波堤。堤身坡度较缓，一般在1∶1.5~1∶3，在我国使用最为广泛。

1）优点：消波性能良好，结构简单、施工方便、造价较低，对地基的适应性强。

2）缺点：堤身断面较大，占用海域面积较多。堤的内侧不能用作靠船码头。

3）适用范围：一般适用于水深较小（<10~12m）、地基较软弱及当地盛产石料的情况。

（2）直立式防波堤

直立式防波堤（也称为直墙式）是墙身为直立的防波堤，由抛石基床+直立墙身（混凝土方块或沉箱)+上部结构（胸墙）组成。

1）优点：占用海域面积小，堤身断面较小，省材，适用于水深较大、波浪较强的海域。

2）缺点：消波效果差，对地基要求高，施工难度大，造价较高，如发生损坏难修复。

3）适用范围：适用于海底土质坚实，地基承载能力较好、水深较大的情况。

（3）混合式防波堤

混合式防波堤结合了斜坡式和直立式防波堤的特点。如高基床直立堤，是下部为斜坡式、上部为直立式的综合体，兼具两者的优点，适用于各种复杂的海洋环境。

5.7.5 护岸建筑

1. 护岸建筑的功能

天然河岸或海岸，因受波浪、潮汐、水流等自然力的破坏作用，会产生冲刷和侵蚀现象。因此，要修建护岸建筑物，用于防护海岸或河岸免遭波浪或水流的冲刷。其主要功能：

（1）防止河岸、海岸坍塌

抵御水流、波浪的侵蚀和冲刷，保护岸坡的稳定性。减少水土流失，防止岸线后退。

（2）维持航道水深

防止泥沙淤积，保持航道的畅通。减少水流对航道的影响，提高通航能力。

（3）保护生态环境

为水生生物提供栖息场所，维护生态平衡。减少人类活动对岸线生态系统的破坏。

2. 护岸建筑的类型

护岸方法可分为两大类：一类是直接护岸，即利用护坡和护岸墙等加固天然岸边，抵抗侵蚀；另一类是间接护岸，即利用在沿岸建筑的丁坝或潜堤，促使岸滩前发生淤积，以形成稳定的新岸坡。

（1）直接护岸建筑

斜面式护坡和直立式护岸墙，是直接护岸方法所采用的两类建筑物。

1）护坡：一般是用于加固岸坡。采用砌石、混凝土预制块、草皮等材料铺设在岸坡表面，防止水流冲刷。分为干砌石护坡、浆砌石护坡、混凝土护坡等。

护坡坡度常较天然岸坡为陡，以节省工程量，但也可接近于天然岸坡的坡度。

2）护岸墙：多用于保护陡岸。通常由混凝土、砖石等材料建造，用于支撑岸坡土体，防止其坍塌。可分为重力式挡土墙、悬臂式挡土墙、扶壁式挡土墙等，墙面做成垂直或接近垂直的，当波浪冲击墙面时，激溅很高，下落水体对于墙后填土有很大的破坏力。而凹曲墙面，使波浪回卷，这对于墙后填土的保护和岸上的使用条件都较为有利。

此外，护坡和护岸墙的混合式护岸也颇多采用，在坡岸的下部做护坡，在上部建成垂直的墙，这样可以缩减护坡的总面积，对墙脚也有保护，如图5.7-20所示。

（2）间接护岸建筑

1）丁坝：一端与河岸相连，另一端伸向河中，呈丁字形，可以改变水流方向，减少水流对河岸的直接冲击，同时促进泥沙淤积，保护岸线。

2）顺坝：与水流方向平行布置，用于引导水流，减少水流对岸线的侵蚀，通常由土石材料或混凝土建造。

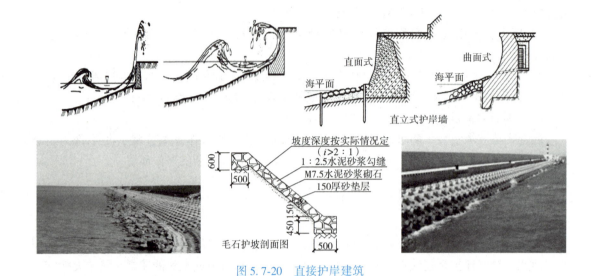

图 5.7-20　直接护岸建筑

间接护岸建筑如图 5.7-21 所示。

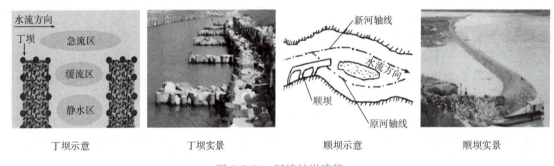

图 5.7-21　间接护岸建筑

5.7.6　港口仓库与货场

港口仓库与货场是港口重要的配套设施，在货物存储和周转中发挥着关键作用。港口仓库主要是以船舶发到货物为储存对象的仓库，一般位于港口附近，便于进行船舶的装卸作业。货场则是用来存放不怕日晒雨淋的大宗散货和桶装箱装货物的地方。

1. 港口仓库

（1）功能

1）存储货物：为货物提供安全、干燥、通风的储存环境，保护货物免受恶劣天气和其他外部因素的影响。

2）货物分类与整理：方便对不同种类的货物进行分类存放，便于管理和查找。

3）货物周转缓冲：在货物运输过程中，起到临时存储和缓冲的作用，协调货物的进出港时间。

（2）类型

1）普通仓库：适用于一般货物的存储，如日用品、工业原料等。通常采用钢结构或混凝土结构，具有较好的防火、防潮性能。

2）冷藏仓库：用于存储需要低温保存的货物，如食品、药品等。配备制冷设备，保持恒定的低温环境。

3）危险品仓库：专门存储易燃易爆、有毒有害等危险货物。具有严格的安全措施和管理制度，确保货物存储安全。

4）保税仓库：在海关监管下，存放未缴纳关税的货物。货物在保税仓库内可以进行加工、装配等操作，待货物实际进出境时再缴纳关税。

2. 港口货场

（1）功能

1）露天堆放货物：适合存放一些对存储环境要求不高的货物，如矿石、煤炭、钢材等。

2）货物装卸作业场地：为货物的装卸提供足够的空间，便于装卸设备的操作。

3）货物分拣与调配：对货物进行分拣和调配，满足不同运输方式的需求。

（2）特点

1）面积较大：为了满足大量货物的堆放和装卸需求，港口货场通常具有较大的面积。

2）地面平整坚实：能够承受重型装卸设备和货物的压力，保证货物的安全堆放和装卸。

3）排水良好：防止雨水积聚，影响货物质量和装卸作业。

3. 港口仓库与货场布置

港口仓库与货场的合理布置对于港口的高效运营至关重要。港口仓库与货场的布置要综合考虑交通便利性、功能分区、空间利用、安全环保等因素，合理规划布局，提高港口的运营效率和服务水平，如图 5.7-22 所示。

大连大窑湾新港堆场　　　　　　　　大连散粮码头筒仓

图 5.7-22　港口仓库及货场示意图

（1）布置原则

港口仓库与货场布置需遵循交通便利、功能分区、空间合理利用、安全环保的原则。

例如，尽量靠近码头、铁路和公路等交通枢纽，以便货物能够快速、便捷地进出仓库和货场。将普通货物、危险品、冷藏货物等分别设置在不同的区域，避免相互干扰和安全隐患，提高作业效率。危险品仓库应远离其他区域，设置专门的安全设施和应急预案。同时，货场的排水、通风等设施也应符合环保要求。

（2）布置方式

1）仓库可成组、沿道路或靠近铁路布置，便于管理和货物的调配、方便运输车辆进出、提高货物装卸效率。例如，将普通货物仓库、冷藏货物仓库和危险品仓库分别布置在不同的区域，形成各自的仓库群组。在港口的铁路货场附近布置仓库，方便货物的铁路运输和装卸。

2）货场分区设置，便于管理和操作；露天与有盖相结合且靠近码头前沿，以节省建设成本，减少货物的搬运距离，提高装卸效率。

3）合理配置装卸设备，完善道路、堆场、消防、照明通风等配套设施。

5.7.7 港口工程发展及前景

港口工程发展及前景思维导图如图 5.7-23 所示，具体内容详见二维码 5.7-2。

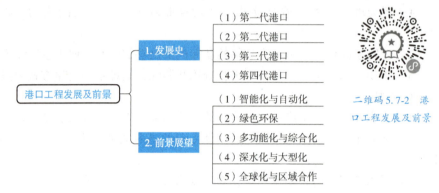

二维码 5.7-2 港口工程发展及前景

图 5.7-23 港口工程发展及前景思维导图

5.7.8 数智技术在港口工程中的应用

数智技术在港口工程中的应用思维导图如图 5.7-24 所示，具体内容详见二维码 5.7-3。

二维码 5.7-3 数智技术在港口工程中的应用

图 5.7-24 数智技术在港口工程中的应用思维导图

5.7.9 拓展知识及课程思政案例

1. 拓展知识

1）分析国内外大型港口（如上海洋山港、荷兰鹿特丹港等）的建设经验，重点介绍技术创新和管理经验。（网上自行搜索）

2）数智技术在港口工程中的应用，如物联网技术实现设备远程监控，大数据分析优化设备运行和维护。（网上自行搜索）

3）港口工程使用了哪些创新材料来提升港口设施的耐久性和维护性。（网上自行搜索）

4）探讨港口工程如何通过环保材料、节能技术等实现绿色港口可持续发展的。（网上

自行搜索）

2. 课程思政案例

二维码 5.7-4《探秘中国海洋工程：从洋山港到深海养殖》小视频。

二维码 5.7-4　探秘
中国海洋工程：从
洋山港到深海养殖

课后：思考与习题

1. 本节习题

（1）从区域发展战略角度看，请举例说明港口选址的重要性。

（2）请查阅相关生态护岸技术的文献，阐述如何实现生态保护和护岸功能的平衡？

（3）数智技术在港口工程中有哪些应用？

（4）请同学们网上观看洋山港建设视频，并写出观后感。

2. 下节思考题

（1）什么是水利水电工程？

（2）为什么要大力发展水利水电工程？

（3）水利、水电工程各有哪些类型？

（4）国内外典型的水利枢纽工程有哪些？

（5）水工建筑物有哪些类型？有什么作用？

5.8　水利水电工程

课前：导读

1. 本节知识点思维导图

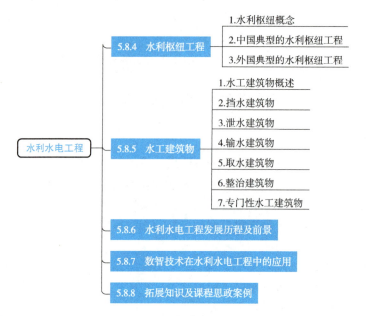

2. 课程目标

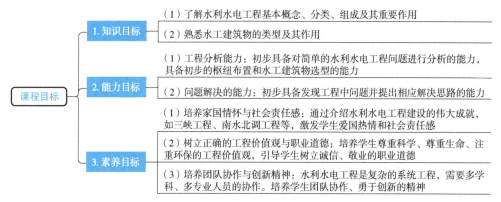

3. 重点

1）水利工程分类。

2）典型水利枢纽工程。

3）水工建筑物类型。

5.8.1 水利水电工程概述

水利水电工程是为了控制、利用和保护地表及地下的水资源与环境，同时利用水能资源发电而修建的各项工程建设的总称。

1. 我国水资源现状及特点

（1）水资源总量丰富

根据 2023 年水利部《中国水资源公报》显示，我国水资源总量为 25782.5 亿 m^3，约占全球水资源的 6%，居世界第六位。

（2）用水量大

中国是世界上用水量最多的国家之一，2002 年全国淡水取用量达到 5497 亿 m^3，约占世界年取用量的 13%，是美国 1995 年淡水供应量的 1.2 倍，2023 年全国淡水取用量达到 5906.5 亿 m^3，比多年平均值偏少 6.6%。用水效率稳步提升，用水结构不断优化。

（3）人均水资源量匮乏

尽管我国水资源丰富，但人均水资源量只有 2300 m^3，仅为世界平均水平的 1/4，是全球人均水资源最贫乏的国家之一。

（4）水资源分布不均

水资源在地域上分布差异大，南多北少，东多西少，从东南沿海向西北内陆递减，导致不同地区的水资源供需矛盾突出，同时，水资源夏秋多，冬春少，年际变化大，这种不均匀的分布容易导致旱涝灾害的发生。

（5）水资源与耕地、人口的分布不相匹配

北方人口占全国人口的 2/5 以上，耕地面积占全国耕地总面积的 3/5，但水资源占有量不足全国水资源的 1/5；南方人口占全国的 3/5，耕地面积占全国的 2/5，而水资源为全国的 4/5。此外，北方矿多水少，南方矿少水多，这也使得水资源的利用更加困难。

（6）水资源浪费严重、利用率低

受技术和设备水平限制，我国水资源的利用效率相对较低。这导致了大量水资源的浪费，也增加了水资源的供需矛盾。

（7）水污染问题严重

随着工业化和城市化的快速发展，我国的水污染问题日益严重。工业废水、生活污水等未经处理或处理不当就直接排放，对水质造成了严重影响。水污染不仅威胁到人民的健康和生态安全，也降低了水资源的可利用性。

（8）气候变化影响大

全球气候变化对我国水资源产生了明显影响，一些地区降水有减少的趋势，而海平面上升加重了沿海地区和沿潮河段的水灾风险。

2. 水利水电工程建设的重要性

水利水电工程建设的重要意义如下：

（1）水资源管理

1）防洪：通过修建大坝、堤防等水工建筑物，有效拦截洪水，降低洪水对下游地区的危害，保护人民生命财产安全和社会稳定。

2）灌溉：建设灌溉渠道和水利设施，将水资源合理分配到农田，确保农业生产的顺利进行。

3）供水：为城市、工业和农村提供稳定可靠的生活、生产用水，满足人们日常需求和经济发展的需要。

（2）水力发电

水电是一种清洁、可再生的能源。水利水电工程利用水流的能量转化为电能，降低碳排放，对环境保护和可持续发展具有重要意义。

（3）经济发展

水利水电工程关系相关产业发展，如建筑、材料等，能创造大量就业机会，促进区域经济增长。有些水利水电工程还兼具航运功能，可以改善河道通航条件，提高水上运输效率，降低物流成本。

（4）生态保护

大型水库形成的水域可以调节周边气候，增加空气湿度，减少风沙灾害。同时，在枯水期放水，维持河流生态流量，保护水生生物的生存环境。

3. 水利水电工程分类

水利水电工程分类方式很多，按功能分有水利工程、水电工程、水利枢纽工程。另外还有跨流域调水工程，如南水北调工程。

（1）水利工程

定义：为控制、利用和保护地表及地下的水资源与环境而修建的各项工程建设的总称。

目的：主要侧重于防洪、灌溉、供水、排水、航运、养殖等，以满足社会对水资源的合理利用和综合管理需求。

工程内容：包括河道整治、堤防建设、水闸、泵站等。例如，修建防洪堤以防止洪水泛滥，建设灌溉渠道将水引至农田进行灌溉。

（2）水电工程

定义：以利用水能资源发电为主要目的的工程。

目的：通过建造水电站，将水能转化为电能，为社会提供清洁的电力能源。

工程组成：主要有大坝、水电站厂房、水轮机、发电机等设备。比如三峡水电站就是典型的水电工程，通过拦截长江水流，利用水位落差推动水轮机转动发电。

（3）水利枢纽工程

定义：为实现一项或多项水利任务，在一个相对集中的场所修建若干不同类型的水工建筑物组合体。

目的：通常具有综合功能，可同时实现防洪、灌溉、发电、航运等多个目标。例如，葛洲坝水利枢纽既可以防洪，又能发电和改善航运条件。

工程组成：一般包括拦河坝、溢洪道、水电站、船闸等多种水工建筑物。

4. 水利水电工程组成部分

（1）挡水建筑物

挡水建筑物如大坝，用于拦截水流，形成水库。大坝的类型有重力坝、拱坝、土石坝等。

（2）泄水建筑物

泄水建筑物包括溢洪道、泄洪洞等，用于在洪水期或需要降低水库水位时排放多余的水量，确保水库的安全运行。

（3）输水建筑物

输水建筑物如输水渠道、压力管道等，用于将水输送到需要的地方，在灌溉和供水工程中起着重要作用。

（4）取水建筑物

取水建筑物用于从水源地取水，如进水闸、引水渠等，将水引入水电站或灌溉渠道等设施。

（5）水电站建筑物

水电站建筑物包括水轮机、发电机、厂房等，是实现水力发电的核心设施。不同类型的水电站可根据水头和流量的大小选择合适的水轮机和发电机。

5.8.2　水利工程

1. 概念

水利工程是指为了调控、利用和保护水资源，防治水害，满足人类生产、生活和生态环境需求而修建的各类工程设施的总称。其包含防洪、治涝、灌溉、供水、水力发电、航运、水资源保护、水土保持，以及水产、旅游和改善生态环境等项目中的涉水工程，达到除害兴利的目的。

2. 主要类型

（1）防洪工程

1）堤防工程：沿江河、湖泊、海洋岸边修建的挡水建筑物，用于抵御洪水侵袭。例如长江中下游的防洪大堤，能有效阻挡洪水，保护沿岸地区的人民生命财产安全。

2）河道整治工程：通过疏浚、拓宽、裁弯取直等手段改善河道行洪能力。如对一些淤积严重的河道进行清淤，增加河道的过水断面，提高洪水排泄速度。

3）分洪工程：在河流适当位置开辟分洪道，将超过河道安全泄量的洪水引入分洪区，以减轻下游河道的洪水压力。

防洪工程如图5.8-1所示。

防洪工程导流堤防　　　　　　　河道整治　　　　　　　　　分洪道

图 5.8-1　防洪工程

（2）灌溉工程

1）渠道灌溉工程：修建渠道将水从水源地输送到农田，进行灌溉，包括干渠、支渠、斗渠、农渠等不同级别的渠道系统。例如，在大型灌区中，通过修建纵横交错的渠道网络，将水引至各个农田地块。

2）喷灌工程：利用专门的喷灌设备将水喷洒到空中，形成细小水滴均匀地洒落在田间，具有节水、省工、提高灌溉效率等优点，适用于各种地形和作物。

3）滴灌工程：通过管道将水以滴流的方式缓慢地输送到作物根部附近的土壤中，节水效果显著，能精确控制灌溉水量，适合于缺水地区和经济价值较高的作物。

灌溉工程如图5.8-2所示。

渠道灌溉　　　　　　喷灌　　　　　　　滴灌　　　　　　高效节水工程

图 5.8-2　灌溉工程

（3）排水工程

1）农田排水工程：排除农田中多余的水分，防止土壤过湿，改善农作物生长环境，包括明沟排水、暗管排水等方式。例如，在低洼易涝地区，修建排水明沟或埋设暗管，将田间积水及时排出。

2）城市排水工程：收集和排放城市中的雨水和污水，防止城市内涝和水污染，由排水管网、泵站、污水处理设施等组成。

（4）供水工程

1）城市供水工程：为城市居民生活、工业生产和公共服务提供用水，包括水源工程（如水库、河流取水口等）、输水工程（管道、渠道等）、净水工程（水厂）和配水工程（供水管网）等环节。

2）农村供水工程：解决农村地区居民的饮水安全问题，通常采用小型集中供水或分散供水的方式，建设水源井、蓄水池、输配水管网等设施。

给水排水工程如图 5.8-3 所示。

给水排水管道　　　　　　　农田排水管道　　　　　　　净化水厂　　　　　　　蓄水池

图 5.8-3　给水排水工程

（5）调水工程

将一个流域的水资源调到另一个流域，以解决水资源分布不均的问题。例如，中国的南水北调工程就是一个典型的现代调水工程，它将长江、淮河、黄河、海河四大江河的水资源进行调配，包括东线、中线和西线三条调水线路，涉及水源工程、输水工程、泵站工程、调蓄工程等多个方面，以满足北方地区的水资源需求，同时保护南方地区的生态环境。如图 5.8-4 所示为南水北调工程部分示例。

南水北调线路图　　　　　　南水北调东线工程　　　　　　南水北调中线工程

图 5.8-4　南水北调工程

5.8.3　水电工程

1. 水电工程概念

水电工程又称水力发电工程，是利用水流的能量来生产电能的工程，具有清洁、可再生的特点，是重要的绿色能源之一，而且有较高的可靠性和稳定性。

水力发电主要依靠水的位能和动能转化为电能。通过在河流上修建大坝形成水库，抬高水位，使水具有较高的势能。当打开水闸或通过引水管道让水流动时，水的势能转化为动能，冲击水轮机的叶片，使水轮机旋转。水轮机与发电机相连，水轮机的旋转带动发电机转子在磁场中转动，从而产生电能，如图 5.8-5 所示。

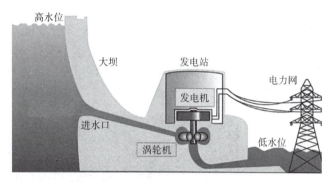

图 5.8-5 水力发电原理示意图

水力发电工程除了发电功能外，还可以兼具防洪、灌溉、供水、航运等综合效益。例如，水库可以在洪水期拦蓄洪水，减轻下游地区的洪水灾害；在枯水期放水，保证下游的灌溉和供水需求；同时，水库还可以改善河道的通航条件，促进水上运输的发展，如图 5.8-6 所示。

三峡水电站　　　　　　　白鹤滩水电站　　　　　　　溪洛渡水电站

图 5.8-6 水电工程示例

2. 水电工程基本组成

水电工程主要由水工建筑物、水电站厂房及机电设备、辅助设施等组成。

（1）水工建筑物

水工建筑物包括大坝拦截水流形成水库，进水口控制水流进入，引水建筑物将水引至厂房，调压室稳定水压，泄水建筑物排出水流。

（2）水电站厂房

水电站厂房安装水轮机和发电机等主要设备，副厂房布置辅助和控制设备，附近还有变电站将电能升压送入电网。

（3）机电设备

由水轮机将水能转化为机械能，发电机再转化为电能，调速器和励磁系统分别调节转速和提供励磁电流。

（4）辅助设施

辅助设施有油系统、气系统、水系统和通信系统，分别为设备提供润滑油、压缩空气、用水及保证通信联络。

3. 水电站基本类型

水电站的分类根据不同标准有多种，如按装机容量分为小型（50MW 以下）、中型（50~300MW）、大型（300MW 以上），也有按中、低、高水头分类的，下面主要介绍按照开发方式分类的水电站。

（1）堤坝式水电站

堤坝式水电站是在河流上修拦河坝抬高水位，利用坝上下游水位差发电，如三峡水电站，就是典型的坝式水电站，其大坝为混凝土重力坝，高度达 185m。

其主要组成有挡水建筑物、泄水建筑物、压力管道、厂房及机电设备等。按厂房与坝相对位置可分为河床式和坝后式水电站，如图 5.8-7 所示。

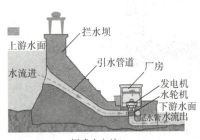
坝式水电站

葛洲坝水电站（河床式）

三峡水电站（坝后式）

图 5.8-7　堤坝式水电站

河床式水电站厂房与坝建在河床上，适用于低水头、大流量河流，如葛洲坝水电站；坝后式水电站厂房在坝下游，通过压力管道引水，适用于高水头情况，如三峡水电站是坝后式水电站的代表。

（2）引水式水电站

引水式水电站通过引水建筑物导引水流至下游形成落差发电，无大坝，也称径流式水电站，如图 5.8-8 所示。

引水式水电站

鲁布革水电站

以礼河水电站

图 5.8-8　引水式水电站

其特点是一般无调节，库容小，适用于坡降大、流量小的山区河流。由进水口、引水建筑物、压力前池、厂房、尾水建筑物组成，主要形式有无压和有压引水式水电站。

无压式引水建筑物为明渠或无压隧洞，结构简单但对地形要求高；有压式引水建筑物为有压隧洞或压力管道，可利用大水头，发电效率高但施工难度大和造价高。其与堤坝式水电站发电方式和水源获取方式不同。

（3）混合式水电站

混合式水电站兼具坝式和引水式特点，有拦河坝抬高水位及引水建筑物增加水头，综合两者优点提高发电效率且有综合利用效益，如灌溉、航运、防洪等。一些中、小型水电站采用坝后式引水发电形式增加水头。中国的混合式水电站有狮子滩、古田溪、流溪河等水电站其实例图如图 5.8-9 所示。

| 狮子滩水电站 | 古田溪水电站 | 流溪河水电站 |

图 5.8-9　混合式水电站

（4）潮汐水电站

潮汐水电站利用潮汐能发电，涨潮时海水流入水库储存势能，落潮时利用水推动水轮机发电。常建于潮汐能丰富处，如法国朗斯、韩国始华湖潮汐电站、中国江厦潮汐电站。

其优点是潮汐能清洁且可再生无污染，且建设无需移民和淹没农田，对生态环境影响小，可与多产业结合提高经济效益。缺点是能量密度低需大规模建设，建设和运营成本高，还受自然因素影响需采取措施确保安全稳定，如图 5.8-10 所示。

| 法国朗斯潮汐电站 | 中国江厦潮汐电站 | 韩国始华湖潮汐电站 |

图 5.8-10　潮汐水电站实例

5.8.4　水利枢纽工程

1. 水利枢纽概念

（1）概念

为了综合利用和开发水资源，常需在河流适当地段集中修建几种不同类型和功能的水工建筑物，以控制水流，并便于协调运行和管理。这种由几种水工建筑物组成的综合体，称为水利枢纽。其主要功能有防洪、灌溉、发电、供水、航运等。

（2）分类

水利枢纽按功能分有：

1）防洪枢纽：主要功能防洪抗灾，含拦河大坝、泄洪建筑物（如溢洪道、泄洪洞等）等，通过拦蓄洪水、调节河道流量减轻下游洪水危害，如长江三峡水利枢纽。

2）灌溉枢纽：以灌溉为主，有水库、渠道、泵站等设施，水库蓄水后经渠道输水满足农田用水需求，如河套灌区部分水利枢纽。

3）发电枢纽：利用水能发电，由大坝、水电站厂房、引水系统等组成，通过抬高水位形成水头发电，如三峡水利枢纽、白鹤滩水电站等都是大型发电枢纽。

4）供水枢纽：为城市、工业和居民生活供水，包括水源工程、输水管道、净水厂等设施，如南水北调工程中的部分枢纽。

5）航运枢纽：改善通航条件，有船闸、升船机等通航建筑物，如长江葛洲坝水利枢纽。

2. 中国典型的水利枢纽工程

古代和近现代典型的水利枢纽工程如图 5.8-11、图 5.8-12 所示。

都江堰

郑国渠

灵渠

京杭大运河

图 5.8-11 古代典型的水利枢纽工程

长江三峡水利枢纽

黄河小浪底水利枢纽

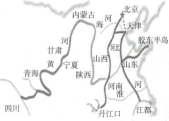
南水北调工程

丹江口水利枢纽

图 5.8-12 近现代典型的水利枢纽工程

（1）都江堰

都江堰位于四川省都江堰市境内，岷江上的大型引水枢纽工程，始建于秦昭王末年（约公元前 256 年~前 251 年），由秦蜀守李冰主持兴建。都江堰由鱼嘴分水堤、飞沙堰泄洪道、宝瓶口引水口三部分组成，科学地将分洪、泄洪排沙、灌溉三项工程合为一体，具有灌溉、防洪、水运、城市供水等多种效益，使成都平原成为水旱从人、沃野千里的"天府之国"，是全世界迄今为止，年代最久、唯一留存、以无坝引水为特征的宏大水利工程。

（2）郑国渠

郑国渠位于陕西泾阳县泾河北岸，公元前 246 年由韩国郑国主持兴建，历时十年完工。引泾水入洛水，长 300 余里，利用地势西北高、东南低的特点，实现自流灌溉，把关中沼泽盐碱地变为良田，为秦国统一奠定了物质基础。

（3）灵渠

灵渠建成于公元前 214 年，是沟通长江水系和珠江水系的古运河，在广西兴安县境内。

其由铧嘴、大小天平、南渠、北渠、泄水天平和陡门组成，设计科学，将湘江水分流，三分入漓，七分归湘。大小天平调节水量和水位。其是古代南北交通重要通道，促进了地区经济文化交流。

（4）京杭大运河

京杭大运河从北京至杭州，始建于春秋，元代开通，全长 1790km 以上，经六省市（北京、河北、天津、山东、江苏、浙江），联系五大水系（海河、黄河、淮河、长江和钱塘江），是古代南北交通主动脉，也是世界上里程最长、工程最大的古代运河，对经济发展、文化交流和政治统一作用重大，促进了南北物资的流通，推动了沿线城市的兴起和繁荣。

（5）三峡工程

三峡工程全称为长江三峡水利枢纽工程，是中国也是世界上最大的水利枢纽工程，是治理和开发长江的关键性骨干工程，具有防洪、发电、航运等综合效益。

（6）黄河小浪底工程

黄河小浪底工程位于河南，是集减淤、防洪、防凌、供水灌溉、发电等功能于一体的大型综合性水利工程，由大坝、泄洪排沙和引水发电建筑物组成，是治理黄河关键工程，创造多项世界纪录。

（7）南水北调工程

南水北调工程分东、中、西三条调水线路，建成后与长江、淮河、黄河、海河相互连接，将构成我国水资源"四横三纵、南北调配、东西互济"的总体格局，是缓解中国北方水资源严重短缺问题的重大战略性工程。

（8）丹江口水利枢纽工程

丹江口水利枢纽工程位于湖北丹江口市汉江与丹江汇合口下游 800m 处，是治理开发汉江的关键工程，具有防洪、发电、灌溉、航运及水产养殖等综合效益，是南水北调中线水源工程。

3. 外国典型的水利枢纽工程

国外典型水利枢纽工程如图 5.8-13 所示。

胡佛大坝　　　　　　　　伊泰普水电站　　　　　　　　阿斯旺高坝

图 5.8-13　国外典型水利枢纽工程

（1）胡佛大坝（Hoover Dam）

胡佛大坝位于美国内华达州和亚利桑那州交界黑峡，坝高 221.4m，混凝土重力拱坝，具有防洪、灌溉、发电、航运等效益，为美国西南部提供电力和灌溉用水，建设采用先进技术，是世界水利工程的经典。

（2）伊泰普水电站（Itaipu Dam）

伊泰普水电站位于巴拉那河流经巴西与巴拉圭边境河段，两国共建，是世界装机容量和发电量第二大水电站，坝长 7744m，高 196m，具有发电、防洪、航运、旅游等综合效益，为两国经济发展提供电力，在水资源调节和生态保护方面有积极作用。

（3）阿斯旺高坝（Aswan Dam）

阿斯旺高坝位于埃及阿斯旺市附近尼罗河，是埃及重要水利工程，具有防洪、灌溉、发电、旅游等功能。1960 年始建，1970 年竣工，黏土心墙堆石坝，坝高 111m，长 3830m，体积为胡夫大金字塔 17 倍，拦截尼罗河形成纳赛尔湖，世界第二大人工湖，面积 5000 多 km²。

5.8.5　水工建筑物

1. 水工建筑物概述

（1）定义

水工建筑物是水利工程中用于控制和利用水流，以满足兴利除害目标的专门建筑物。它们在水利枢纽工程中占据核心地位，并直接影响着枢纽的整体布置、造价、运行管理及效益的发挥。

（2）分类

水工建筑物可根据功能分为挡水建筑物、泄水建筑物、输水建筑物、取（进）水建筑物、整治建筑物以及专门为灌溉、发电、过坝需要而兴建的建筑物。

2. 挡水建筑物

挡水建筑物是用以拦截或约束水流，并可承受一定水头作用的建筑物，如各种拦河坝、堤防、施工围堰等。挡水建筑物有以下几种形式：

（1）重力坝

重力坝依靠自身重力维持稳定，通常由混凝土或浆砌石建造，坝体厚实，一般适用于地质条件较好、河谷较窄的区域。例如三峡大坝就是典型的混凝土重力坝，坝高 185m，坝顶长度 2309m，能有效拦蓄长江洪水，发挥防洪、发电、航运等综合效益。

按坝体结构形式分类，重力坝可分为实体重力坝、宽缝重力坝和空腹（腹孔）重力坝，如图 5.8-14、图 5.8-15 所示。

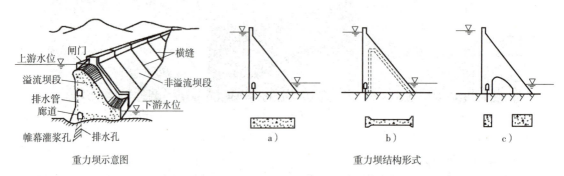

图 5.8-14　重力坝及结构形式

（2）拱坝

拱坝通常由混凝土或浆砌石等材料修筑，利用拱形结构将水压力传递给两岸山体，从而保持坝体稳定。坝体是空间壳体结构，通常较薄、呈曲线形、造型优美，能充分利用材料的强度。

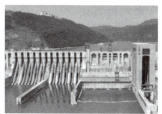

三峡重力坝　　　　　　胡佛重力坝　　　　　　向家坝重力坝

图 5.8-15　重力坝实景示意图

拱坝可以分为两种形式：单曲拱和双曲拱，如图 5.8-16 所示。如锦屏一级水电站大坝，为双曲拱坝，坝高 305m，是世界上已建成的最高拱坝。拱坝能适应复杂的地质条件，在高山峡谷地区具有独特优势，如图 5.8-17 所示。

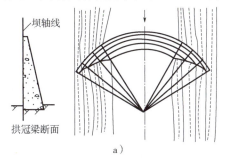

a)　　　　　　　　　　　　　　　　　　b)

图 5.8-16　单曲拱坝和双曲拱坝示意图

沙牌水电站（单曲）　　锦屏大坝（双曲）　　白鹤滩大拱坝（双曲）

图 5.8-17　拱坝实景示意图

（3）土石坝

土石坝由土料、石料等当地材料填筑而成。根据坝体材料和结构的不同，可分为心墙土石坝、斜墙土石坝、面板堆石坝等。

小浪底水利枢纽的主坝为壤土斜心墙土石坝，坝高 154m，坝顶宽度 15m，坝底宽度 864m。土石坝施工相对简单，造价较低，对地质条件的适应性较强，如图 5.8-18 所示。

糯扎渡水电站土石坝　　吉林老龙口土石坝　　土石坝与支墩坝

图 5.8-18　土石坝实景图

3. 泄水建筑物

泄水建筑物是用以排泄水库、湖泊、河渠等多余的水量，以保证挡水建筑物和其他建筑物安全，或为必要时降低水库水位乃至放空水库而设置的建筑物，如溢洪道、泄洪洞、泄水闸、溢流坝、泄水孔、泄水隧洞等，如图 5.8-19 所示。

北京密云水库溢洪道　　　　　二滩水电站泄洪洞　　　　　葛洲坝泄水闸

图 5.8-19　泄水建筑物实景图

（1）溢洪道

溢洪道是泄水建筑物的一种，主要用于宣泄规划库容所不能容纳的洪水，以保证坝体的安全。溢洪道是一种开敞式或带有胸墙进水口的溢流泄水建筑物，通常由进水渠、控制段、泄水段、消能段和尾水渠组成。

（2）泄洪洞

泄洪洞一般是在山体中开凿的隧洞，用于在紧急情况下快速泄洪。泄洪洞可以根据需要设置闸门控制流量。如二滩水电站设有多条泄洪洞，最大泄洪能力可达 $23900\mathrm{m}^3/\mathrm{s}$，能有效应对洪水灾害。

（3）泄水闸

泄水闸是一种利用闸门来控制流量和调节水位的低水头水工建筑物，通常修建在河道、渠道、水库、湖泊等水域上，是水利枢纽工程中的重要组成部分，具有挡水、泄水、排沙、调节水位等多种功能。

4. 输水建筑物

输水建筑物是为了满足灌溉、发电、供水等的需要，将水自水源或某处送到另一处或用户的建筑物，如引水隧洞、引水涵管、渠道、渡槽、倒虹吸管、输水涵洞等，如图 5.8-20 所示。其中直接自水源输水的也称引水建筑物。

锦屏引水隧洞　　　　　　　渠道　　　　　　　　涵洞

图 5.8-20　输水建筑物实景图

（1）引水隧洞

引水隧洞用于将水从水源地引至水电站厂房或灌溉渠道等，一般埋于山体，可减少水头损失，提高水能利用效率，如锦屏二级水电站引水隧洞长 16.7km，穿越高山峡谷，将雅砻江的水引至地下厂房发电。

（2）渠道

渠道是一种明渠输水建筑物，用于灌溉、供水等，有土质、混凝土、砌石等渠道，都江堰灌溉渠道历经两千多年仍发挥着重要灌溉作用，其设计施工要考虑多种因素确保输水安全。

（3）涵洞

涵洞是一种公路工程常见输水建筑物，修筑于路基下方，使公路过水渠且不妨碍交通，也用于跨越沟谷洼地排泄洪水、做人畜车辆通道及农田灌溉水渠。

5. 取水建筑物

取水建筑物是从水源取水并输送至用水地点、位于引水建筑物首部的水工建筑物，如取水口、进水闸、扬水站等，分为无坝取水和有坝取水。

（1）无坝取水

无坝取水是指在水源处不建拦河坝直接取水。其通常采用岸边式取水建筑物，如岸边式取水口、引水渠等，取水口设河流凹岸，适用于水位变化不大、水量充足、水质较好地区。其工程简单、投资少、施工期短，对生态环境影响小，但取水保证率低，受水位流量变化影响大。

（2）有坝取水

有坝取水是指在水源处建拦河坝抬高水位取水。取水建筑物包括拦河坝、进水闸、冲沙闸等。拦河坝抬高水位形成库容，进水闸控制取水流量，冲沙闸排除泥沙，适用于水位变化大、水量不稳定、水质较差地区。其取水保证率高，可调节水量，缺点是工程复杂、投资大、施工期长，对生态环境影响大。

6. 整治建筑物

整治建筑物是用以改善河道水流条件、调整河势、稳定河槽、维护航道和保护河岸的各种建筑物，如丁坝、顺坝、潜坝、导流堤、防波堤、护岸等。

（1）堤防（图 5.8-21a）

堤防是河道防洪的主要建筑物，防洪水淹没两岸农田和城镇，一般用土修筑，城镇也有用混凝土修筑。位置由防洪规划确定，选地势高、地质好之地且满足泄洪要求，用于平原河道，有时因防洪需置于不良地基，填土标准较土坝稍低但要防管涌破坏。堤防按作用分为多种类型。

（2）护岸

护岸是指采用混凝土、块石等材料做成坝等形式保护河岸，适用于易受冲淘等沟（河）段。主要功能是控制河势、抑制崩岸、保护堤防，对保障安全有重要意义。

（3）丁坝、顺坝、潜坝

丁坝、顺坝和潜坝都是坝式护岸形式，用于调整水流，保护河岸或海岸，如图 5.8-21 b~d 所示。

1）丁坝：与河岸斜交或正交伸入河道，用于河床宽阔、水流缓慢地段。

2）顺坝：与河岸平行或接近平行，引导水流防冲刷河岸，多为土石方建造。

3）潜坝：埋于河床以下，调整水流、降低河床高程、防河道冲刷，对河流生态影响小但要注意稳定性和耐久性。

a) 堤防　　　　　　b) 丁坝　　　　　　c) 顺坝　　　　　　d) 潜坝

图 5.8-21　堤防及坝式护岸的形式

7. 专门性水工建筑物

专门性水工建筑物是为水利工程中某些特定的单项任务而设置的建筑物，如水电站厂房、船闸、升船机、鱼道、筏道、沉沙池等。

实际上，不少水工建筑物的功能并不是单一的，如溢流坝、泄水闸都兼有挡水与泄水功能，作为专门性水工建筑物的河床式水电站厂房也是挡水建筑物。

二维码 5.8-1　水
利水电工程发展历程
及前景

5.8.6　水利水电工程发展历程及前景

水利水电工程发展历程及前景思维导图如图 5.8-22 所示，具体内容详见二维码 5.8-1。

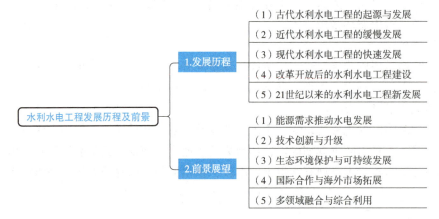

图 5.8-22　水利水电工程发展历程及前景思维导图

5.8.7　数智技术在水利水电工程中的应用

随着物联网（IoT）、大数据、云计算、移动互联网、人工智能（AI）等新一代信息技术在土木工程行业的推广与应用，数智技术共同构成了智慧水利的核心支撑体系，正在推动水利水电工程向智慧化建设方向发展，如图 5.8-23 所示。具体内容详见二维码 5.8-2。

二维码 5.8-2　数
智技术在水利水电
工程中的应用

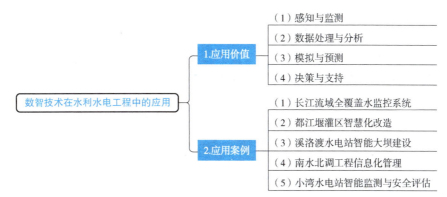

图 5.8-23　数智技术在水利水电工程中的应用思维导图

5.8.8　拓展知识及课程思政案例

1. 拓展知识

1）介绍水利水电工程中智能化技术的应用，如智能监测系统、自动化控制技术以及大数据分析在工程运行管理中的作用。（网上自行搜索）

2）探讨水利水电工程在生态保护、生态修复以及清洁能源利用方面的创新技术。（网上自行搜索）

3）介绍高性能混凝土、新型防渗材料等在水利水电工程中的应用，以及施工工艺的创新。（网上自行搜索）

4）观看水力发电视频了解其发电原理（如坝式水电站、引水式水电站）。（网上自行搜索）。三峡工程与南水北调的设计与影响小视频可扫描二维码 5.8-3 了解。

2. 课程思政案例

二维码 5.8-3　中国水利壮举：三峡工程
与南水北调的设计与影响

课后：思考与习题

1. 本节习题

（1）水利水电工程分为哪些类别？水利工程主要类型有哪些？

（2）水电站基本类型有哪些？各有什么特点？

（3）水利枢纽工程按功能分为哪些类别？

（4）简述水工建筑物分类及功能。

2. 下一章思考题

（1）工程建设项目的基本流程是什么？

（2）各阶段的主要职责和任务是什么？

第6章 土木工程项目建设基本程序

课前：导读

1. 章知识点思维导图

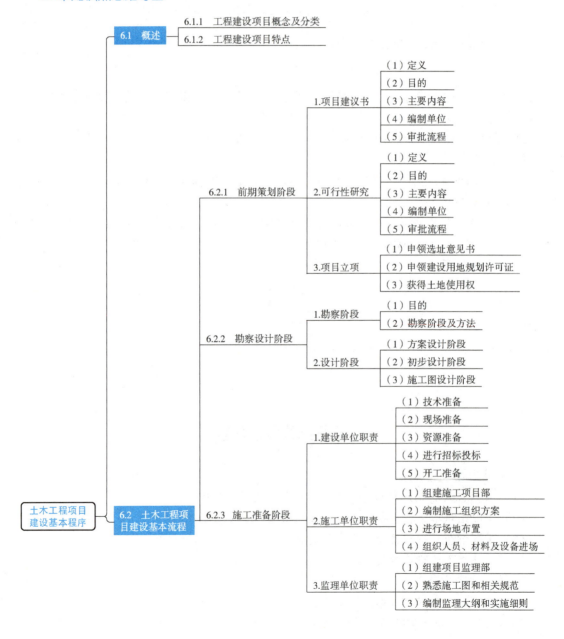

- 6.1 概述
  - 6.1.1 工程建设项目概念及分类
  - 6.1.2 工程建设项目特点
- 6.2 土木工程项目建设基本流程
  - 6.2.1 前期策划阶段
    - 1.项目建议书
      - （1）定义
      - （2）目的
      - （3）主要内容
      - （4）编制单位
      - （5）审批流程
    - 2.可行性研究
      - （1）定义
      - （2）目的
      - （3）主要内容
      - （4）编制单位
      - （5）审批流程
    - 3.项目立项
      - （1）申领选址意见书
      - （2）申领建设用地规划许可证
      - （3）获得土地使用权
  - 6.2.2 勘察设计阶段
    - 1.勘察阶段
      - （1）目的
      - （2）勘察阶段及方法
    - 2.设计阶段
      - （1）方案设计阶段
      - （2）初步设计阶段
      - （3）施工图设计阶段
  - 6.2.3 施工准备阶段
    - 1.建设单位职责
      - （1）技术准备
      - （2）现场准备
      - （3）资源准备
      - （4）进行招标投标
      - （5）开工准备
    - 2.施工单位职责
      - （1）组建施工项目部
      - （2）编制施工组织方案
      - （3）进行场地布置
      - （4）组织人员、材料及设备进场
    - 3.监理单位职责
      - （1）组建项目监理部
      - （2）熟悉施工图和相关规范
      - （3）编制监理大纲和实施细则

土木工程项目建设基本程序

2. 课程目标

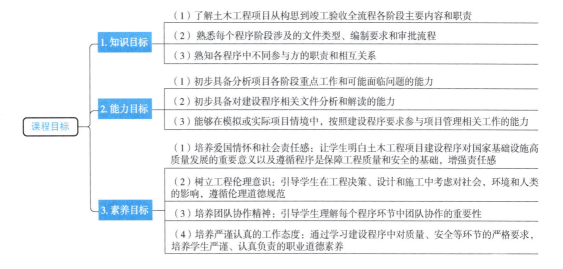

3. 重点

1）土木工程建设流程各阶段的任务及职责。

2）为什么必须遵守土木工程建设基本程序。

6.1 概述

6.1.1 工程建设项目概念及分类

1. 概念

工程建设项目是指为了达到一定的固定资产投资目的，通过新建、扩建、改建等方式，进行的建筑、安装、设备购置等一系列活动的总称。它是一种综合性、有明确目标的建设活动，通常包括从项目构思、可行性研究、设计、施工到竣工验收并交付使用的全过程。

2. 分类

（1）按建设性质分类

1）新建：从无到有建设项目，如新建工厂或小区，要完整规划和建设。

2）扩建：在原有基础上扩大规模，如工厂增建厂房、学校增建教学楼。

3）改建：改造现有建筑或设施，如厂房改文创园、住宅抗震节能改造。

4）迁建：因多种原因迁移建设，涉及拆卸、运输和重新建设。

5）恢复：对受灾或损坏的固定资产按原规模重建，如地震后房屋重建。

（2）按投资作用分类

1）生产性：用于物质生产或服务，如工业、农业建设项目。

2）非生产性：满足生活需求，不直接生产物质产品，如教育、医疗、文体建设项目。

（3）按项目规模分类

1）大型：投资大、规模大、技术复杂、周期长，如三峡工程、高铁建设。

2）中型：介于大小型之间，如中型商业综合体，投资、规模、周期适中。

3）小型：投资少、规模小、技术难度低，如小型住宅开发、街区道路改造。

（4）按行业性质分类

1）建筑工程行业：建筑物和构筑物建设，包括各类住宅、公共、工业建筑等。

2）交通运输工程行业：涵盖公路、铁路、桥梁、水运、航空领域建设。

3）水利水电工程行业：包括水利枢纽、灌溉排水、防洪、供水工程。

4）能源工程行业：涉及煤炭、石油等能源领域建设。

5）通信工程行业：主要是通信网络建设。

6.1.2 工程建设项目特点

1. 固定性

工程项目位置固定，与土地紧密相连。建设必须依据当地条件，如地理环境、气候等因素会直接影响工程，且建成后难以移动，这也使得选址规划尤为重要。

2. 一次性

每个工程有独特目标，是为满足特定需求的单件生产。从规划到交付，各环节都有针对性，不同于标准化工业产品一样大量复制，例如特定用途的场馆建设。

3. 长期性

建设周期包含多个阶段，从前期研究到竣工验收，耗时长久。资金投入也是长期持续的过程，并且资金回收慢，如大型交通基础设施建设往往需要多年资金投入，运营后才逐步回收。

4. 不可逆性

工程建设环节环环相扣，一旦完成部分建设，如基础施工后，若要大规模修改，成本高、难度大，甚至可能导致项目失败，所以施工过程中决策要谨慎。

5. 约束性

受法律法规和合同的双重约束。在法律层面，要遵守建筑、环保等法规，符合城市规划等要求。在合同方面，各参与方要履行工程质量、工期、造价等约定的义务。

6. 整体性

工程项目是一个有机整体，各个部分相互关联、相互依存。无论是建筑主体结构，还是附属的水电系统等，都要协同工作，以确保项目功能完整，局部的变动可能影响整体的运行和效果。

7. 复杂性

工程建设涉及多专业配合，建筑、结构、设备等专业需紧密协作。同时受自然环境和社会环境的双重干扰，如恶劣的地质条件会增加施工复杂性，社会舆情也可能影响工程进度。

8. 风险性

技术风险源于新技术应用可能带来的不确定性。经济风险主要是资金和成本方面的不确定性，如资金短缺、材料价格波动。安全风险表现为施工现场事故隐患多，并且可能对周边环境和人员安全产生威胁。

6.2 土木工程项目建设基本流程

任何一项土木工程项目从设想到项目的实施使用，一般都需要经过项目前期策划阶段、勘察设计阶段、实施阶段、竣工验收阶段、运营维护阶段，如图 6.2-1、图 6.2-2 所示。

图 6.2-1 建设项目全生命周期示意图

6.2.1 前期策划阶段

土木工程项目前期策划是根据拟建项目的投资设想与总目标要求，从不同角度出发，对项目建设活动的全过程进行系统分析、运筹规划。前期策划与决策是项目的开始，是整个项目顺利发展的良好基础，正确的决策事关项目的成败。

1. 项目建议书（必要性）

（1）定义

项目建议书是由项目投资方向其主管部门上报的文件，它是对拟建项目建设的必要性，提出框架性的总体设想。

（2）目的

主要是为推荐一个初步的项目设想，供上级部门决策参考，争取项目的立项。它着重于说明项目建设的必要性和可能性，从宏观角度为项目的建设寻求初步的依据。

（3）主要内容

主要包括项目建设的必要性、建设规模和地点的初步设想、资源情况、建设条件、投资估算和资金筹措设想、项目进度安排、经济效益和社会效益的初步估计等。内容较为简略，对问题的分析和论证相对较为宏观，数据多为估算值，精度要求相对较低。

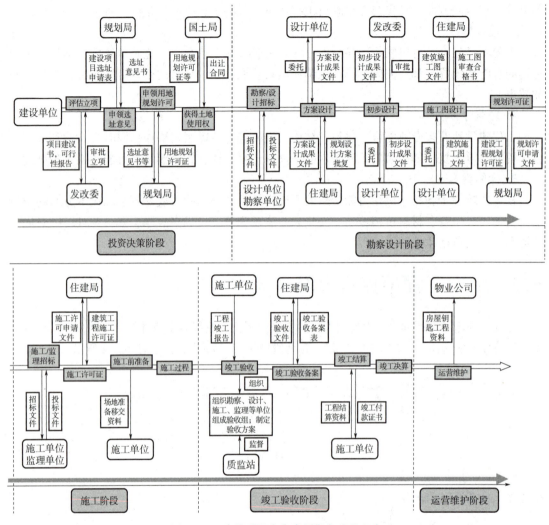

图 6.2-2　建设项目全生命周期各阶段职责

（4）编制单位

由建设单位提出，对项目建设的必要性进行论证。项目建议书可委托有资质的专业咨询机构编制。若建设单位具备一定专业技术人员和项目管理经验，也可自行组织编制。

（5）审批流程

项目建议书是项目立项的第一道程序，是项目申报和审批的基础文件。

审批流程一般由项目投资方向其主管部门上报，政府审批部门组织专家对项目建议书进行评审，评审项目是否符合国家产业政策、城市规划和环保要求等，项目建议书批复后，再开展可行性研究工作。

2. 可行性研究（可行性）

（1）定义

可行性研究报告是在投资决策前，项目建议书批准后，对与项目建设有关的社会、经济和技术等各方面情况，进行深入细致的调查研究，对各种可能的建设方案和技术方案进行认真的技术经济分析和比较论证，对项目建成后的经济效益进行科学的预测和评价。

（2）目的

为项目投资决策提供科学、可靠的依据，确定项目是否可行，包括技术上的可行性、经济上的合理性、环境上的可持续性等。

（3）主要内容

涵盖项目的背景、市场分析、建设方案、技术工艺、组织管理、投资估算、财务评价、风险分析、社会与环境评价等多个方面。内容全面且深入，对各项内容进行详细的分析和论证，数据来源可靠，多为经过调研和计算得出的精确值。

（4）编制单位

可行性研究报告一般委托有资质的专业咨询机构或设计院进行编制。若建设单位在技术上、经济上、财务上、市场分析等方面有实力可以对项目进行全方位的分析和论证，也可自行组织有能力的团队编制。

（5）审批流程

审批流程较为严格，政府审批部门再次组织专家对可行性研究报告进行评审，做出是否批准项目立项的决定。通常需要经过多个部门的审查，如发展改革部门、环保部门、国土资源部门等。各部门各司其职，对项目的技术、经济、环境等方面进行审查、深入分析和论证，提出审查意见。各部门审查通过后，项目才能获得批准立项。

3. 项目立项

（1）申领选址意见书

通常项目立项后，建设单位向自然资源和规划部门申请建设项目选址意见书。选址意见书主要是从城市规划的角度，确定建设项目的选址是否符合规划要求，为后续的规划审批和土地供应提供依据。

（2）申领建设用地规划许可证

在取得选址意见书后，建设单位向自然资源和规划部门提交相关手续，申请建设用地规划许可证。建设用地规划许可证明确了建设用地的位置、范围、性质等规划条件，确保建设项目在土地使用上符合城市规划要求。

（3）获得土地使用权

自然资源和规划部门负责土地出让、划拨等工作，确定土地使用权人。

1）出让方式：建设单位参加土地招拍挂活动，提交竞买申请等相关材料。如果成功竞得土地，与自然资源和规划部门签订土地出让合同，缴纳土地出让金等费用，获得土地使用权。

2）划拨方式：建设单位提出建设用地申请，提交相关材料，经审批后，由自然资源和规划部门下达划拨决定书，建设单位获得土地使用权。

6.2.2 勘察设计阶段

1. 勘察阶段

（1）目的

查明工程建筑地区的工程地质条件、水文地质条件等，分析评价可能出现的工程地质问题，充分利用有利的地质条件，避开或改造不利的地质因素，为工程的规划、设计、施工和运营提供可靠的地质依据，以保证工程建筑物的安全稳定、经济合理和正常使用。

（2）勘察阶段及方法

勘察包括选址勘察、初步勘察、详细勘察等阶段，通过钻探、取样、测试等手段，获取场地的地质信息，如土层分布、岩土性质、地下水情况等，如图6.2-3、图6.2-4所示。

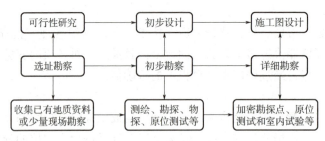

图 6.2-3　勘察三个阶段

测绘　　　　　　　全站仪　　　　　　　钻探　　　　　　平板载荷试验

图 6.2-4　勘察方法

2. 设计阶段

建筑工程设计由五个专业组成：建筑专业、结构专业、给水排水专业、电气专业、暖通专业。设计过程一般分为三个阶段，方案设计阶段、初步设计阶段（或扩大初步设计）和施工图设计阶段。规模较小、技术要求较低的小型建筑，经有关部门同意，在设计方案审批后可以直接进行施工图设计。建筑专业在整个设计中是龙头，起着主导作用，其他专业都是围绕着建筑的功能需求而设计。结构专业就像人体骨架起着支撑作用，主要功能是安全性、适用性、耐久性及稳定性，给水排水、暖通、电气专业就像人体的各个系统、神经、器官等，保证建筑各个方面功能的正常工作。

（1）方案设计阶段

每个专业都有方案设计阶段，各专业在方案阶段的任务是确定各专业总体方案。

方案设计阶段各专业的主要任务如图6.2-5所示。

（2）初步设计阶段

初步设计阶段是对方案设计阶段进一步深化分析，介于方案设计阶段和施工图设计阶段之间，起着承上启下的作用。初步设计阶段各专业的主要任务如图6.2-6所示。

（3）施工图设计阶段

施工图是设计各专业交付设计成果的阶段，是设计与施工的桥梁。施工图是根据批准的初步设计文件或技术设计文件，结合实际情况，进行详细的施工图设计，包括结构施工图、给水排水施工图、电气专业强电弱电施工图、暖通专业施工图等，明确施工的具体要求和技术标准，编制施工图预算。各专业阶段设计示意如图6.2-7所示。

建筑：概念设计、场地分析、方案比选、环境初步分析、安全疏散、节能分析

 结构：场地选择、结构形式（主要材料选择）、结构体系的初步确定

 给水排水：给水系统、排水系统、消防用水、中水利用等系统的确定

 电气：建筑电气系统、变配发电系统的确定以及电气节能措施

 暖通：采暖热源选择、空调冷热源选择；通风系统、防烟排烟系统、暖通空调系统确定及节能、减振、降噪、废气排放处理措施

图 6.2-5　方案设计阶段各专业的主要任务

 建筑：建筑性能分析（包括日照分析、能耗分析、安全疏散分析、绿建评估）

 结构：基础方案确定、结构方案及结构性能分析

 给水排水：室外给水系统分析（给水、消防、中水、雨水利用、循环冷却水等）、室外排水系统分析、室内给水、排水系统分析（给水排水、消防、热水、中水等）

 电气：机电性能分析（变配电系统、强弱电系统、自动报警系统、防雷系统、智能化系统等）

 暖通：采暖系统分析、通风系统分析、空调系统分析、防烟排烟及暖通空调系统的防火措施分析、废气排放、降噪、减振等技术节能分析

图 6.2-6　初步设计阶段各专业的主要任务

规划鸟瞰图

教学楼方案效果图

住宅方案平面图

框架结构模型

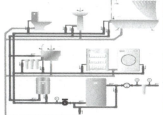
给水排水示意图

设备综合管线

图 6.2-7　各专业阶段设计图示意

6.2.3 施工准备阶段

施工前进行充分准备，可以确保施工顺利进行、保障施工质量、提高施工效率、确保施工安全。下面是不同建设主体的职责，如图 6.2-8、图 6.2-9 所示是建设、施工、监理单位的职责。

图 6.2-8 施工准备阶段建设单位职责

图 6.2-9 施工准备阶段施工及监理单位职责

1. 建设单位职责

（1）技术准备

1）施工图审查：施工图审查是土木工程项目建设中的重要环节，主要目的是确保施工图设计文件符合国家法律法规、工程建设标准和规范，保障工程质量和安全。施工图审查一般流程如图 6.2-10 所示。

图 6.2-10 施工图审查一般流程

2）组织图纸会审：建设单位召集设计单位、施工单位、监理单位等建设相关方，对施工图进行全面审查。检查图纸是否存在错、漏、碰、缺现象，以及是否符合现行国家规范和建设单位的要求。对会审中发现的问题以书面形式提交设计单位，并要求设计单位及时整改。

（2）现场准备

按照"三通一平"（水通、电通、路通、场地平整）或"五通一平"（水通、电通、路通、通信通、燃气通、场地平整）的要求，做好施工现场的准备工作。

（3）资源准备

根据设计要求，组织工程所需的设备、材料的采购，确保设备、材料的质量和供应及时。

（4）进行招标投标

通过招标等方式选择具备相应资质和实力的施工单位和监理单位。与施工单位签订施工合同，明确工程范围、工期、质量标准、价款等重要条款。与监理单位签订监理合同，委托其对施工过程进行监督管理。图 6.2-11 所示为工程项目招标投标流程。

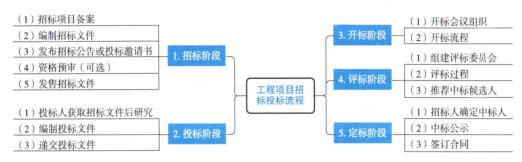

图 6.2-11　工程项目招标投标流程

（5）开工准备

准备好各项申报材料，向建设行政主管部门申请施工许可证。申报材料通常包括土地使用证、规划许可证、施工图审查合格书、中标通知书等。同时，根据工程需要，办理质量监督手续、安全监督手续、消防审批手续等其他相关手续。

2. 施工单位职责

（1）组建施工项目部

选派经验丰富的项目经理，组建项目管理团队，包括技术负责人、施工员、质检员、安全员、材料员等。明确各岗位人员的职责和分工，建立健全项目管理制度。

（2）编制施工组织方案

根据施工图和工程实际情况，编制施工组织设计，确定施工部署、施工方法、施工进度计划、质量安全保证措施等。对于危险性较大的分部分项工程，如深基坑、高大模板、起重吊装等，编制专项施工方案，并组织专家进行论证。

（3）进行场地布置

施工前要进行场地布置，包括划分办公区、生活区、施工区，规划交通组织及出入口、道路，搭建临时水电、排水设施与仓库、加工车间，布置安全防护设施如围挡、通道和消防器材等。

（4）组织人员、材料及设备进场

招聘和培训施工人员，确保其具备相应的技能和素质。根据施工进度计划，组织材料、设备进场，并进行检验和验收。确保材料的质量符合要求，设备的性能良好。

3. 监理单位职责

监理单位是建设单位代表，主要对施工单位进行三控（质量、进度、投资）、三管（合同、信息、安全）一协调（协调建设各方主体）。监理单位施工前应做如下工作：

（1）组建项目监理部

组建项目监理团队，包括总监理工程师、总监代表、专业监理工程师、监理员等。明确监理人员的职责和分工，制定监理工作制度和流程。

（2）熟悉施工图和相关规范

监理人员认真熟悉施工图，了解工程设计要求和技术标准，学习相关的法律法规、规范标准，为监理工作提供依据。

（3）编制监理大纲和实施细则

根据工程特点和监理合同要求，编制监理大纲，明确监理工作的目标、范围、内容、方法和措施。另外，针对具体的分部分项工程，编制监理实施细则，详细规定监理工作的流程和要点。

总之，在施工图文件提交建设单位后、施工前准备阶段，各相关方需要密切配合，认真做好各项准备工作，为工程的顺利施工奠定坚实的基础。

6.2.4 施工实施及竣工验收阶段

土木工程项目施工实施是将设计图纸转化为实际建筑物或基础设施的关键阶段。它涉及一系列复杂的活动和过程，需要多个参与方的协同合作，以确保项目按照计划、质量、安全和成本要求顺利完成。施工实施及竣工验收阶段主要内容如图 6.2-12 所示。

图 6.2-12　施工实施及竣工验收阶段

1. 施工实施阶段

土木工程施工一般分为四个主要阶段：土方工程、基础工程、主体结构工程和安装及装修工程。它们相互关联、相互影响，共同构成了一个完整的土木工程建设过程。

（1）土方工程

主要任务是场地平整、土方开挖与回填，土方工程是整个工程的基础阶段，其施工质量和进度对后续工程的开展有着重要影响，如图 6.2-13 所示。

1）场地平整：通过挖掘、填方等操作，将施工场地整理到设计要求的标高和平整度，为后续工程创造良好的施工条件。

2）土方开挖：根据基础设计要求，进行地下部分的土方挖掘，形成基础施工的空间，包括基坑、基槽等的开挖。

3）土方回填：在基础施工完成后，将合适的土料回填到开挖区域，恢复场地地貌或达到设计要求的标高。

场地平整的质量直接关系到场地的排水情况，避免积水对工程造成不良影响。同时，合理的土方开挖和回填可以确保基础的稳定性。

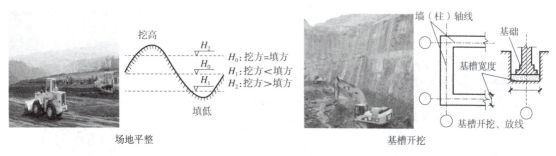

图 6.2-13　土方工程

（2）基础工程

基础工程的主要任务就是按照基础设计要求进行基础的施工，包括基础的开挖、基坑支护、降排水、模板安装、钢筋绑扎、混凝土浇筑等工序，如图 6.2-14 所示。

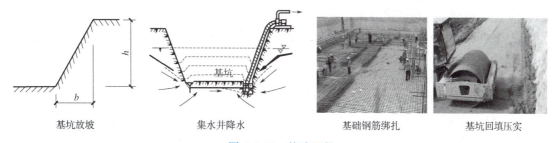

图 6.2-14　基础工程

（3）主体结构工程

主体结构是工程的核心部分，其施工质量直接影响到建筑物的安全性、舒适性和耐久性。其施工进度和质量也对整个工程的进度和质量起着决定性作用。

1）主体结构施工：根据设计要求，进行建筑物主体结构的施工，包括框架结构、剪力墙结构、钢结构、砌体结构等。主要工序有模板安装、钢筋绑扎、混凝土浇筑、砌体砌筑等，如图 6.2-15 所示。

砌筑工程　　　　　钢筋绑扎　　　　　模板安装　　　　　混凝土浇筑

图 6.2-15　主体结构工程

2）结构验收：对主体结构工程的质量进行检验和验收，确保主体结构的强度、刚度、稳定性等指标符合设计要求。

（4）安装及装修工程

安装及装修工程包括设备管道安装及室内外装饰装修，装修工程可以提升建筑物的美观性和舒适性，满足人们对工作和生活环境的需求。装修工程可以对主体结构进行保护，延长建筑物的使用寿命，如图 6.2-16 所示。

安装工程　　　　　　　　　　室内装修　　　　　　　　　　室外装修

图 6.2-16　安装及装修工程

1）室内装修：包括墙面、地面、顶棚的装饰，门窗安装，水电安装等。

2）室外装修：包括外墙装饰、屋面防水、室外景观等。

3）装修验收：对装修工程的质量进行检验和验收，确保装修效果符合设计要求和使用功能。

2. 竣工验收阶段

（1）施工单位自检

施工单位完成工程建设任务后，应进行自检。当施工单位对工程进行全面检查（包括结构安全、使用功能、外观质量等方面），确认工程质量符合要求后，整理工程技术资料，向建设单位提交竣工验收申请。

（2）建设单位组织验收

建设单位组织设计单位、施工单位、监理单位、勘察单位、质检部门等进行竣工验收。五方主体对工程的质量、功能、技术指标等进行全面检查和验收，确认工程符合设计要求和相关标准，签署竣工验收报告。

（3）竣工备案

建设单位在竣工验收合格后，将竣工验收报告和相关资料报送建设行政主管部门进行备案。建设行政主管部门对备案资料进行审查，符合要求的予以备案，颁发工程竣工验收备案证书。

6.2.5　运营与维护阶段

竣工验收后，建设单位向使用单位移交工程管理权和使用权。

运营与维护阶段在项目全生命周期中时间最长，可达 50 年以上甚至 100 年，项目运营与维护的目的是确保工程设施在其设计寿命内能够安全、高效地运行，满足用户的需求，并最大限度地降低运营成本和延长设施的使用寿命，如图 6.2-17 所示。运维管理范畴主要包括：

图 6.2-17　运营与维护阶段

（1）空间管理

合理规划使用空间，对不同功能区域进行划分和布局调整，以满足不断变化的使用需求。确保空间的高效利用，避免闲置和浪费。对闲置空间进行评估，改造或出租以增加收益。

（2）资产管理

对各类资产进行登记和盘点，包括设备、设施、家具等。建立资产台账，明确资产的数量、价值和使用状态。制定资产维护计划，定期对资产进行检查、保养和维修，延长资产使用寿命。同时，对资产进行风险评估，制定应对措施，防止资产损失。如对易损资产进行保险投保，降低风险。

（3）维护管理

制定维护计划，涵盖设施设备的日常维护、定期维护和紧急维护。明确维护的内容、周期和责任人，进行日常巡检，及时发现和处理设备故障和安全隐患。同时，建立维护档案。为后续维护提供参考。

（4）公共安全管理

制定安全管理制度和应急预案，明确安全责任和应急处置流程。对员工和使用者进行安全培训，增强安全意识。安装安全设施并维护，如消防设备、监控系统、门禁系统等，及时检查排查隐患。

（5）能耗管理

安装监测设备，分析能耗，制定节能措施，优化运行模式，改造老旧设备，加强节能教育。倡导节约能源的行为习惯，以便降低能耗，提高能源利用效率，如节能灯具、节能设备、随手关灯、关闭电器等。

6.3　拓展知识及课程思政案例

1. 拓展知识

1）港珠澳大桥建设全过程视频（网上自行搜索）。

2）了解数智化技术在土木工程建设全过程的应用（网上自行搜索）。

2. 课程思政案例（二维码 6.3-1）

二维码 6.3-1　莲花山塔小视频

课后：思考与习题

1. 本章习题

（1）工程建设项目的特点是什么？

（2）为什么必须遵守土木工程建设基本程序？

2. 下一章思考题

（1）工程事故发生的原因有哪些？

（2）如何防止工程事故的发生？

（3）结构检测、鉴定以及加固的方法有哪些？

第7章 工程防灾与减灾

课前：导读

1. 本章知识点思维导图

7.1 工程灾害概述	7.1.1	工程灾害的类型及危害
	7.1.2	工程防灾减灾基本原则及内容
7.2 地震灾害及其防治	7.2.1	地震灾害概述
	7.2.2	防震减灾主要措施
	7.2.3	建筑抗震设防
	7.2.4	隔震与消能技术
	7.2.5	地震相关拓展知识
7.3 地质灾害及其防治	7.3.1	地质灾害概述
	7.3.2	滑坡及其防治
	7.3.3	泥石流及其防治
	7.3.4	崩塌及其防治
	7.3.5	地面沉陷及其防治
	7.3.6	液化土及其防治
7.4 风灾及其防治	7.4.1	风灾的概述
	7.4.2	防风减灾主要措施
7.5 火灾及其防治	7.5.1	火灾概述
	7.5.2	防火减灾主要措施
	7.5.3	建筑防火设计
7.6 洪灾及其防治	7.6.1	洪灾及成因
	7.6.2	防洪减灾主要措施
7.7 爆炸灾害及其防治	7.7.1	爆炸及成因
	7.7.2	防爆主要措施
7.8 工程结构检测、鉴定与加固	7.8.1	工程结构检测
	7.8.2	工程结构鉴定
	7.8.3	工程结构加固
7.9 数智技术的应用	7.9.1	数智技术在防灾减灾中的应用
	7.9.2	数智技术在结构检测鉴定加固中的应用
7.10 拓展知识及课程思政案例		

工程防灾与减灾

2. 课程目标

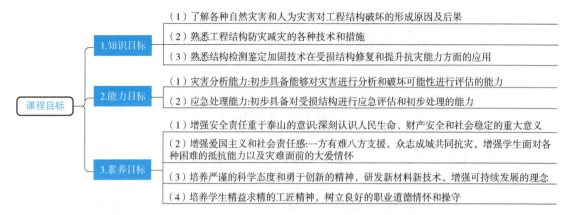

3. 重点

1）各种灾害的类型及其防治措施。

2）工程结构检测、鉴定及加固方法。

7.1 工程灾害概述

工程灾害概述思维导图如图 7.1-1 所示。

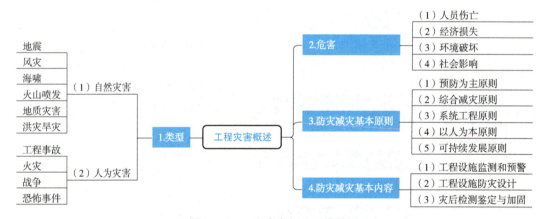

图 7.1-1　工程灾害概述思维导图

7.1.1　工程灾害的类型及危害

1. 工程灾害含义

灾害是指自然发生或人为发生的，对人类和人类赖以生存的环境造成具有危害后果的事情或现象。

2. 工程灾害的类型

工程灾害主要包括自然灾害和人为灾害，如图 7.1-2 所示。其中自然灾害是随时随地都有可能发生的，主要是指地震、风灾、洪灾、地质灾害等。人为灾害是指由人们某个不当的行为引起的火灾、爆炸、工程质量与安全事故等。

图 7.1-2　各种灾害图例

3. 工程灾害的危害

工程灾害危害包括多方面，既有人员伤亡和经济损失，又破坏环境和影响社会稳定，故须高度重视预防和应对工作，采取有效措施减少灾害的发生和损失。

（1）人员伤亡

工程灾害往往具有突发性与强大破坏力，如地震、山体滑坡致建筑倒塌人员被埋；洪水冲毁基础设施使人溺亡；火灾蔓延致人员烧伤或窒息死亡。灾害还可能引发次生灾害，如地震致燃气泄漏爆炸，山体滑坡形成堰塞湖溃坝引发洪水等。

（2）经济损失

工程灾害对基础设施、建筑和工业设施破坏严重，如地震毁坏房、桥、路需重建；洪水淹没农田、工厂和商业设施致减产、停产和商业中断；台风破坏电力、通信设施影响生活生产。

（3）环境破坏

工程灾害对自然环境破坏大，如山体滑坡和泥石流破坏植被、土壤和河流生态系统；洪水致水土流失、水质污染和生态失调；火灾毁坏森林，破坏野生动物栖息地；地震致化工企业泄漏污染土壤、水源和空气；洪水将垃圾、污水冲入河湖影响水质。

（4）社会影响

工程灾害给人们带来心理创伤，出现恐惧、焦虑等问题可能需要心理干预。灾害还可能引发社会不稳定，如使人们失去家园财产致生活陷入困境，引发矛盾冲突。

7.1.2　工程防灾减灾基本原则及内容

1. 基本原则

（1）预防为主原则

1）风险评估先行：土木规划设计阶段对应项目地自然环境等全面评估，确定灾害类型，如地震多发区抗震设计、洪水易发区建防洪堤坝，危险地段禁建或需避开。

2）工程设计预防：根据风险评估结果在设计中采取措施，如场地、结构、材料选择等，提高抗灾能力，如抗震用延性好的结构体系。

（2）综合减灾原则

灾害往往具有复杂性和连锁性，一种灾害可能引发其他灾害。例如，在沿海地区的建筑设计中，既要考虑台风带来的强风荷载，又要考虑可能发生的风暴潮和洪水灾害，需综合采取防风、防洪、防潮等措施。

（3）系统工程原则

将土木工程防灾减灾视为一个系统工程，从整体上进行规划和设计。如城市的防洪工程系统不仅包括堤坝、河道等水利设施，还涉及城市排水系统、道路桥梁等基础设施。

（4）以人为本原则

保障人民生命安全为首位，灾前保障安全，灾时迅速救援减少伤亡，灾后妥善安置帮助恢复，如建筑设疏散通道出口，城市规划布局避难场所及设施。

（5）可持续发展原则

土木工程防灾减灾措施要与环境保护相结合，尽量减少对自然环境的破坏。如在河道治理工程中，采用生态护坡技术，既可以防止河岸坍塌，又可以保护河道生态环境。

2. 主要内容

灾害之所以造成人员伤亡和财产损失，与土建工程建设确有很大关系。土木工程设施场地的选择、设计以及施工质量，直接影响到工程事故的发生。如现实显示地震时死伤的绝大部分人并非"震死"，而是房屋倒塌后被砸死，而财产损失集中于损毁的房屋及工程基础设施，因而土木工程与防灾减灾关系密切。

（1）工程设施监测和预警

1）监测和预警：灾害前用先进技术实时监测，如卫星遥感、气象雷达、地震监测仪等，异常时发出预警，为修复加固提供依据，如监测桥梁运行状态等。

2）风险评估及防护：评估灾害风险，制定防范措施，如地质灾害区加固山体、修建排水设施。

（2）工程设施防灾设计

土木工程设计需考虑各种灾害，用合理的结构形式和参数提高抗灾能力，如地震区进行建筑抗震设计或隔震消能减震设计，确保结构在地震作用下具有足够的强度和变形能力。

（3）灾后检测鉴定与加固

灾害时制定预案抢险救灾，及时进行结构检测鉴定、修复加固受损设施。

7.2 地震灾害及其防治

7.2.1 地震灾害概述

地震是一种自然现象，每年大约发生 500 万次，只有 1% 为有感地震。我国是世界上多发地震的国家，百年来全世界发生的 7 级以上地震中，我国占 35%。

1. 地震定义

地震是由于地壳长期运动引发的地球内部能量急剧增加突然释放，引起地壳的振动，这种振动能够以波的形式传播到地表，造成地面的摇晃、断裂甚至建筑物的倒塌，从而对人类社会和自然环境产生重大影响。

2. 地震成因

如图 7.2-1 所示，引发地震的原因复杂多样，主要包括以下几个方面：

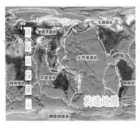

新丰江水库大坝

构造地震   火山地震   陷落地震   诱发地震

图 7.2-1 地震成因示意图

（1）构造地震

由于地壳的剧烈运动，岩层断裂，发生变位错动而引起的地震是构造地震，占地震总数的 90% 左右。

（2）火山地震

由于火山活动时岩浆喷发或热力作用而引起的地震称为火山地震，其占地震总数的 7% 左右。

（3）陷落地震

由于地下水溶解可溶性岩石，使岩石中出现空洞并逐渐扩大，或由于地下开采矿石形成巨大的空洞，造成岩石顶部和土层崩塌陷落，引发的地震，称为陷落地震，其约占地震总数的 3%。

（4）诱发地震

在特定的地区因某种地壳外界因素诱发而引起的地震，诱发地震。其中，最常见的是水库地震。如工业爆破、地下核爆炸造成的振动有时也会诱发地震。

3. 地震灾害类型

地震灾害是一种极具破坏力的自然灾害，会造成大量的人员伤亡和巨大的财产损失，给人类社会带来重大的伤痛和影响。地震灾害分为直接灾害和次生灾害。

（1）直接灾害

如图 7.2-2 所示，由地震的原生现象如地震断层错动，以及地震波引起的强烈地面振动所造成的灾害称为地震直接灾害。直接灾害的后果有：

1）建筑物破坏：包括房屋倒塌、桥梁断裂、水坝损毁等。地震的强烈振动可能导致建筑物结构受损，无法继续使用，甚至完全倒塌，对人们的生命和财产安全造成巨大威胁。

2）地面破坏：如地面裂缝、塌陷、山体滑坡等。地震可能引发地质结构的变化，导致地面出现裂缝和塌陷，影响交通和基础设施的正常运行。山体滑坡则可能掩埋道路、房屋和农田，造成更大的灾害。

房屋倒塌　　　　　　　地裂　　　　　　　桥梁损坏　　　　　　　滑坡

图 7.2-2　直接灾害图片

（2）次生灾害

如图 7.2-3 所示，由地震直接灾害发生后引发的一系列灾害称为地震次生灾害。次生灾害主要有：

火灾　　　　　　　　水灾　　　　　　　　海啸　　　　　　　毒气泄漏

图 7.2-3　次生灾害图片

1）火灾：地震可能破坏电线、燃气管道等设施，引发火灾。火灾不仅会烧毁建筑物和财产，还会危及人们的生命安全，并且可能导致火势蔓延，扩大灾害范围。

2）水灾：地震可能破坏水库、堤坝等水利设施，导致洪水泛滥。此外，地震还可能引发山体滑坡，堵塞河流，形成堰塞湖，一旦堰塞湖决堤，也会引发严重的水灾。

3）毒气泄漏：地震可能破坏化工厂、炼油厂等工业设施，导致有毒气体泄漏。毒气泄漏会对周围环境和人员造成严重危害，甚至可能引发中毒事故。

4）瘟疫：地震后，由于卫生条件恶化、水源污染等原因，容易引发传染病的流行。瘟疫的传播会给灾区人民的健康带来巨大威胁，增加灾害的损失。

（3）典型灾害

1）唐山大地震：1976 年 7 月 28 日，河北唐山发生 7.8 级大地震，震中烈度 11 度，震源深度 12km。这次地震造成 24.2 万多人死亡，16.4 万多人重伤，一座工业城市瞬间被夷为平地，直接经济损失达 100 亿元，如图 7.2-4 所示。

2）汶川大地震：2008 年 5 月 12 日，汶川 8.0 级大地震，震中烈度 11 度，震源深度 14km，9 万多人遇难或失踪，37 万多人受伤，经济损失 8451.4 亿元。汶川大地震牵动了全国人民的心，各方力量迅速集结，展开了一场艰苦卓绝的抗震救灾行动，如图 7.2-5 所示。

3）日本 311 大地震：2011 年 3 月 11 日，日本东北部太平洋海域仙台发生 9.0 级大地震，震源深度 20km，地震引发的巨大海啸导致大量房屋倒塌、道路中断、基础设施损毁，死亡、失踪、无家可归者达 2 万多人，经济损失 2350 亿美元，同时地震引发福岛第一核电站发生核泄漏，对当地及周边地区的环境和居民健康造成长期影响，如图 7.2-6 所示。

图 7.2-4　唐山大地震图片

图 7.2-5　汶川大地震图片

东日本大地震引发的核泄露　　东日本大地震引发的海啸

图 7.2-6　日本 311 大地震图片

4）智利大地震：1960 年 5 月 21 日，智利发生 9.5 级大地震。这是有仪器记录以来世界上最大的一次地震。地震引发了海啸，海浪高达 25m，对智利沿海地区造成了严重破坏。智利大地震不仅对智利本国造成了巨大影响，还在全球范围内引发了地震学和地质学的研究热潮。

总之，地震灾害的影响是多方面的，需要充分认识到地震直接灾害和次生灾害的危害，加强地震预防和应急救援工作，以减少地震灾害带来的损失。

7.2.2　防震减灾主要措施

防震减灾的总体核心思想是以预防为主、抗震设防和消能隔震相结合，如图 7.2-7 所示。

1. 预防为主

（1）加强地震监测与预警

建立密集监测网络，用先进技术设备（卫星遥感、GPS 观测、地震波速报等）研发预警系统，实时监测地壳运动，争取提前几秒至几十秒预警。

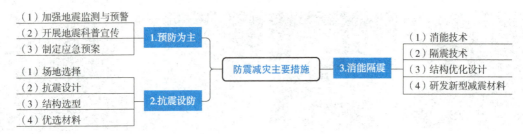

图 7.2-7　防震减灾主要措施

（2）开展地震科普宣传

经多种渠道（学校教育、社区活动、媒体宣传等）普及知识，增强意识和自救互救能力，定期演练让公众熟悉疏散路线、避险场所和流程。

（3）制定应急预案

政府、单位、学校等制定详细预案，明确架构、分工、路线和救援措施并定期演练。

2. 抗震设防

（1）场地选择

在工程建设前，对场地进行地震安全性评价，避开地震断裂带、易发生滑坡、泥石流等地质灾害的区域。

（2）抗震设计

严格执行现行国家《建筑抗震设计规范》，根据不同地区的设防烈度以及建筑物抗震设防类别，确定建筑物的抗震等级和设计要求，确保建筑物的整体稳定性和抗震性能。

（3）结构选型

采用合理的建筑结构形式和结构体系，如框架结构、剪力墙结构等，增强建筑物的整体性和稳定性。同时，加强关键部位的抗震构造措施，如梁柱节点、楼梯间等。

（4）优选材料

建筑材料应具有良好的延性（耗散吸收地震能量）、韧性（抵抗冲击和振动的能力）、足够的强度（在拉伸过程中抵抗破坏的能力），良好的延展性有助于结构在地震作用下通过变形来耗散能量，减轻破坏程度。

3. 消能隔震

（1）消能技术

在建筑物中安装阻尼器、耗能支撑等消能减震装置，通过这些装置在地震时吸收和消耗地震能量，减少主体结构的振动和损伤。

（2）隔震技术

采用基础隔震技术，在建筑物基础与上部结构之间设置隔震层，如橡胶支座等，隔离地震能量向上部结构的传递，降低地震对建筑物的影响。

（3）结构优化设计

通过优化结构形式、增加耗能构件等方式，提高建筑物的整体耗能能力。

（4）研发新型减震材料

研发有优良耗能性能的新型建筑材料，如高阻尼橡胶、形状记忆合金、高韧性混凝土、高强度钢材等，并将其应用于建筑物的减震设计中，提高建筑物的抗震能力。

7.2.3　建筑抗震设防

1. 抗震设防的基本目标

建筑抗震设防的基本目标"小震不坏，中震可修，大震不倒"的原则。

（1）第一水准（小震）

当建筑物遭受低于本地区抗震设防烈度的多遇地震影响时，建筑物一般不受损坏或不需修理仍可继续使用。此时结构处于弹性工作阶段。

（2）第二水准（中震）

当遭受相当于本地区抗震设防烈度的地震影响时，建筑物可能损坏，但经一般修理或不需修理仍可继续使用。此时允许结构进入非弹性工作阶段。

（3）第三水准（大震）

当遭受高于本地区抗震设防烈度的预估的罕遇地震影响时，建筑物不致倒塌或发生危及生命的严重破坏。此时结构有较大的非弹性变形。

2. 建筑抗震设防的主要措施

（1）合理选址

1）优选有利地形：优先选择平坦、开阔且地基稳定的场地，对于山地建筑，应合理利用地形，减少地震波的放大效应。

2）避开危险地段：避开地震断裂带、滑坡、泥石流、塌陷等地质灾害易发区。严禁在危险地段建造甲、乙类建筑。

3）避开或处理不利地段：尽量避开，确实无法避开时应进行地基处理，比如软弱土、不均匀土、湿陷性黄土、液化土等。

（2）合理的抗震设计

1）结构选型与布置：选择合适的结构形式和结构体系。建筑平面、立面尽可能规则、对称，质量分布均匀，避免过大的局部凸出或凹进，以减少地震作用下的扭转效应。

2）抗震计算：按照国家相关规范和标准，进行抗震计算分析，确保结构具有足够的强度、刚度和延性。

3）抗震措施和构造措施：抗震设计最重要的就是要保证结构体系的延性设计。通常要做到强柱弱梁、强剪弱弯、强节点弱杆件、刚柔匹配、多道设防的延性设计原则，以增强建筑物抗震和耗能的能力。

（3）严格施工质量控制

1）材料选用：选用符合抗震要求的建筑材料，确保材料的质量和性能。

2）质量检测：严格检测确保抗震性能符合设计，如结构实体和材料检测。

（4）定期检测维护

定期检查建筑物，及时处理损伤隐患，排查裂缝和变形并修复加固。

3. 抗震设防的两阶段设计方法

《建筑抗震设计规范》要求建筑物抗震设防采用两阶段设计方法。

（1）第一阶段设计

多遇地震下进行截面承载力和弹性变形验算达到第一水准要求，通过概念设计和构造措施保证延性达到第二水准要求。

（2）第二阶段设计

罕遇地震下对结构薄弱部位进行弹塑性变形验算并采取构造措施达到第三水准要求。

7.2.4 隔震与消能技术

1. 隔震技术

（1）原理

通常在基础与上部结构之间设置隔震层，将基础和上部分开。其作用是延长整个结构体系的自振周期，就像在建筑物底部安装了一个"缓冲垫"，隔震层的高阻尼特性保证地震能量的吸收与耗散，进一步减小结构响应，隔震后一般可使结构的水平地震加速度反应降低60%左右，如图7.2-8、图7.2-9所示。附：减隔震技术原理演示动画（详见相应二维码）。

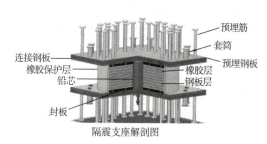

橡胶支座隔震垫　　　　　　隔震支座解剖图

图7.2-8　隔震支座示意图

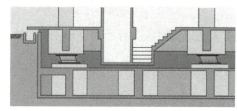
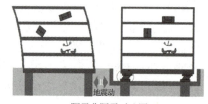

隔震结构组成　　　　　　隔震非隔震对比图

图7.2-9　隔震组成及隔震非隔震对比图

（2）隔震技术装置特点

结构基础隔震体系由上部结构、隔震沟、基础、隔震支座以及阻尼器组成。隔震技术相对于传统抗震结构有以下特点：

1）延长结构周期：显著延长建筑结构自振周期（延长2~3倍或更长），远离地震动卓越周期，降低加速度反应。

2）增加阻尼耗能：有阻尼特性，结构变形时耗能，减小振动幅度。

3）降低地震反应：有效降低反应，使上部结构基本保持弹性，减小构件损坏，如在医院、学校建筑中采用，地震时主体基本完好。如图7.2-9中隔震非隔震对比图。

4）保护内部设施：保护建筑及内部设施，减少经济损失，对特定场所很重要。

5）抗震可靠性高：比传统抗震结构性能更稳定可靠。

6）适用范围广：适用于新建建筑和既有结构隔震加固，提高地震安全性。

（3）隔震技术的应用

结构隔震核心是用隔离装置阻断地震波对建筑结构直接影响以降低地震响应，隔震装置在建筑基础和桥梁墩台等应用广泛且形式多样。

1993 年广东汕头建成我国第一栋橡胶支座 8 层隔震住宅, 坐于 23 个橡胶支座上, 如图 7.2-10 所示, 在次年台湾海峡 6.4 级地震中, 隔震楼摇摆但结构保持弹性无损坏。北京新机场航站楼采用组合隔震技术, 设 1232 个橡胶隔震支座和弹性滑板支座连接成 "隔震层", 可防御 8 级特大地震。

8 层隔震住宅　　　　　隔震垫　　　　　工程实例施工图

图 7.2-10　隔震实际应用示意

2. 消能技术

（1）原理

消能减震是指把结构物中某些构件（如支撑、剪力墙等）设计成消能部件或在结构物的某些部位（节点或连接处）装设阻尼器, 在风载或小震作用下消能杆件或阻尼器处于弹性状态, 结构体系具有足够的抗侧移刚度, 以满足正常使用要求; 在强烈地震作用时, 消能杆件或阻尼器率先进入非弹性状态, 大量耗散输入结构的地震能量, 使主体结构避免进入明显的非弹性状态, 从而保护主体结构在强震中免遭破坏, 如图 7.2-11 所示。

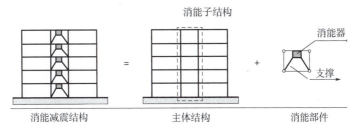

消能减震结构　　　　　主体结构　　　　　消能部件

图 7.2-11　消能减震原理

（2）消能减震装置特点

1）高效耗能: 能在外力下通过自身变形或运动耗能, 如黏滞阻尼器利用液体黏滞性、金属阻尼器通过塑性变形吸收能量, 降低振动响应, 减少地震损坏。

2）适用性强: 适用于各类建筑结构, 新建及既有建筑加固改造均可按需选择。

3）可靠性高: 由专业厂家生产, 经严格检测试验, 有高可靠性和稳定性。

4）易于维护: 一般定期检查检测即可, 损坏或性能下降时可维修或更换。

5）不影响建筑使用功能: 通常安装在结构内外, 不占空间, 不影响外观和使用功能, 如黏滞阻尼器可装在梁柱节点或墙内。

6）可调节性好: 部分装置具有可调节性能参数, 能依地震工况和结构需求调整, 适应不同风险和特点, 提高抗震性能。

（3）结构消能减震的应用

消能减震技术应用广泛, 形式多样, 如传统支撑式、墙墩式等减震结构。北京盈泰中心、深圳宝安国际机场 T3 航站楼及中小学校医院等建筑采用该技术，如图 7.2-12a、b 为消能装置示意。台北 101 大厦采用结构消能减震技术，安装 660t 调谐质量阻尼器（TMD）于八十八~九十二层楼间，作为主要消能装置，此钢球通过反向振动抵消强风与地震引起的楼体摆动，显著提升抗震和抗风性能，如图 7.2-12c 所示。

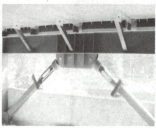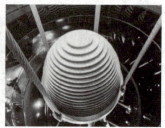

　　a）消能装置示意一　　　　　　b）消能装置示意二　　　　　　c）调谐质量阻尼器

图 7.2-12　消能装置及调谐质量阻尼器示意

7.2.5　地震相关拓展知识

地震相关拓展知识详见二维码 7.2-1。

二维码 7.2-1　地震相关知识

7.3　地质灾害及其防治

7.3.1　地质灾害概述

1. 地质灾害的概念及类型

（1）概念

地质灾害通常是指在自然或人为因素下，地质体发生变形、破坏、运动等，对人类社会、生态环境造成破坏和损失的地质现象。

（2）类型

根据灾害发生的时间快慢，分为突变型地质灾害和缓变性地质灾害，突变型地质灾害是在很短的时间内爆发的灾害，如崩塌、滑坡、泥石流等；缓变性地质灾害的形成是一个漫长的过程，如地面沉陷、地面塌陷、沙漠化等，如图 7.3-1 所示。

　　山体滑坡　　　　　　　泥石流　　　　　　　山体崩塌　　　　　　　地面沉陷

图 7.3-1　地质灾害类型示意

2. 地质灾害的危害

（1）对生命安全的威胁

地质灾害具有突发性和破坏性，可致人员伤亡，如滑坡等掩埋房屋人员，泥石流冲毁道路桥梁致人员被困伤亡。

（2）对财产的破坏

地质灾害破坏建筑物、基础设施和农田等，造成经济损失，如地震引发山体滑坡摧毁村镇，泥石流冲毁重要设施。

（3）对生态环境的影响

地质灾害破坏自然生态系统致水土流失等，如泥石流覆盖植被、破坏土壤结构影响生态恢复。

（4）对社会稳定的影响

地质灾害可致灾区交通等中断影响运转，重建需大量人力物力财力，给社会带来负担。

3. 我国地质灾害的分布特点

我国的地质灾害分布具有显著的区域性特征，主要受地形地貌、地质构造、气候条件和人类活动等多重因素影响。我国几乎所有的省、自治区、直辖市都受到过地质灾害的影响。

其分布特点：西部地区多于东部地区、南部地区多于北部地区、在地形地势过渡带集中、降水多的地区、受人类工程活动频繁的地区，都有可能引起地质灾害的发生。

7.3.2 滑坡及其防治

1. 滑坡的成因

（1）滑坡定义

滑坡指的是在重力作用下，斜坡上的土体或岩体沿着一定的滑动面整体或局部顺坡向下滑动的现象，如四川省汉源县突发山体滑坡致 20 人失踪。

（2）滑坡的成因

滑坡形成主要有自然和人为两方面因素。

1）自然原因

①地形地貌：陡坡、沟谷发育等地形易引发滑坡。

②地质构造：断裂带、褶皱等区域岩土体破碎，稳定性差。

③岩土性质：松散土体、破碎岩石等在重力和水作用下易滑动。

④降水和地下水：地下水流动产生动水压力推动岩土体滑动。

⑤地震和火山活动：破坏岩土体稳定性导致滑坡。

2）人为原因

①工程建设：开挖边坡、填筑路堤等改变斜坡应力状态引发滑坡。

②矿产资源开发：破坏山体稳定性可能引发滑坡。

③水资源开发：改变地下水分布和流动状态可能引发滑坡。

④植被破坏：降低斜坡稳定性，易受雨水侵蚀和重力作用发生滑坡。

2. 滑坡的防治措施

滑坡防治可从预防、治理防治结合两方面着手。

（1）预防措施

1）监测预警：这是滑坡防治的重要部分，通过监测滑坡体动态变化，及时发现前兆并发布预警信息，包括建立监测网络、进行数据分析与评估、发布预警信息。

2）搬迁避让：对危险区域采取工程避让，如搬迁居民。

（2）工程治理措施

1）排水工程：排地表水和地下水降低岩土体含水量，包括地表修建截水沟等引离地表水，地下修建盲沟等降低水位。

2）削坡减载工程：如削坡减载、反压回填等，降低滑坡体重量和下滑力。

3）支挡工程：修建抗滑桩、挡土墙、锚杆支护等增加抗滑力，提高滑坡稳定性。

4）护坡工程：防护坡面防冲刷和侵蚀，提高稳定性，有植被护坡等。

7.3.3 泥石流及其防治

1. 泥石流成因

（1）泥石流定义

泥石流是指在山区或者其他沟谷深壑，地形险峻的地区，因为暴雨、暴雪或其他自然灾害引发的山体滑坡并携带有大量泥沙以及石块的特殊洪流。泥石流具有突然性以及流速快、流量大、物质容量大和破坏力强等特点。发生泥石流常常会冲毁公路铁路等交通设施甚至村镇等，造成巨大损失。

（2）泥石流的成因

1）地形地貌：山区陡峭地形、大纵坡降及狭窄深切沟谷为泥石流提供地形条件。

2）松散物质来源：山体岩石风化、崩塌、滑坡及人类活动如采矿、修路、砍伐森林等大量松散物质，为泥石流提供物质基础。

3）水源条件：暴雨、暴雪、冰川融水等迅速汇集的水流携带松散物质形成泥石流。

2. 泥石流的防治措施

泥石流是一种突发性强、破坏力巨大的自然灾害，防治需科学有效。措施主要有预防为主、防治结合、水土保持等。

（1）预防措施

监测与预警是关键环节，能及时发现迹象并发布预警信息，包括建设监测网络，在易发区建立自动监测站监测关键指标；建设预警系统，基于监测数据建立模型发布预警信息。

（2）工程治理措施

1）滞留与拦截：通过构建工程设施阻挡、滞缓泥石流流动。措施有在沟道上游或中游修拦沙坝拦截泥沙石块、下游设停淤场沉积泥沙、用格栅坝拦截大块石料并允许部分水流通过。

2）排导与引流：引导泥石流流向安全区域减轻冲击，包括建设排导槽引至特定区域、修引流渠导向安全地带。

3）跨越与避让：改变区域或设施位置避开危险区。方式有利用桥梁等结构跨越流动路径、规划时合理避让不在易发区建设重要设施或居民区。

（3）水土保持工程

水土保持是预防泥石流发生的根本措施之一。其核心在于通过植树造林、退耕还林还草、坡改梯等工程措施，增强地表植被覆盖，提高土壤抗蚀能力，减少水土流失。

具体措施包括：

1）植被恢复：在易发区种植适宜的植物形成稳定的覆盖层，减少雨水直接冲刷土壤。

2）梯田建设：将陡坡改梯田，缓坡度、降流速、增入渗、减径流。

3）沟道治理：治理沟道，如修拦沙坝等，减缓沟床比降、拦截泥沙、防止沟道侵蚀扩大。

7.3.4 崩塌及其防治

1. 崩塌的成因

（1）崩塌定义

崩塌是较陡斜坡上岩土体在重力及多种因素作用下，突然脱离母体崩落、滚动、堆积在坡脚（或沟谷）的地质现象，具有突发性、破坏性强且规模不可控等特点，多发生在60°~70°斜坡。物质称崩塌体，有土崩、岩崩、山崩等分类，岸崩发生在河流等区域，山崩限于高山峡谷区。如2023年1月28日吕梁柳林县发生黄土崩塌灾害，致房屋受损、人员伤亡和经济损失。

（2）崩塌的成因

崩塌形成主要有自然和人为两方面。

1）自然原因：包括高陡斜坡地形、地质构造（断裂带等区域岩石破碎）、岩石性质（坚硬脆性岩石易裂缝松动）、地震和风化作用、降水和地下水（增加岩石重量、降低摩擦力、侵蚀溶解岩石）。

2）人为原因：有工程建设（不合理开挖边坡、爆破）、矿产资源开发（改变应力状态）、植被破坏（降低稳定性）等。

2. 崩塌的防治措施

崩塌突发性强、破坏性大，威胁人民生命财产及自然环境。防治遵循以预防为主、防治结合的原则。

（1）预防措施

监测与预警是重要手段，通过实时监测边坡变化预警潜在风险。具体有安装监测设备（如 GPS 监测站等）、建立预警系统、采用绕避策略等。

（2）工程治理措施

1）遮挡与拦截：在崩塌体上方或潜在路径设障碍物，如修挡石墙、设柔性防护网，减缓下落速度或改变运动方向。

2）支挡与锚固：增加崩塌体稳定性，如用支挡结构（抗滑桩等）、锚固技术（锚索等）。

3）削坡与清除：减小坡度或移除不稳定岩土体，如削坡减载、清除危石。

4）排水与防渗：排水降低水位、防渗减少软化，包括地表排水、地下排水、防渗处理。

5）护墙与护坡：构筑保护层增强稳定性，有植被护坡、工程护坡。

7.3.5 地面沉陷及其防治

1. 地面沉陷成因

（1）定义

地面沉陷是自然或人为因素致大面积地面标高降低的地质现象，具有发展缓慢无预兆、不可逆性，塌陷区有裂缝。

（2）成因

地面沉陷成因复杂，包括自然因素（地下水超采、岩溶塌陷等）和人为活动（矿产开采、地下工程等），致地层应力平衡破坏，土体或岩体移动变形形成地面沉陷。

2. 地面沉陷的防治措施

（1）预防措施

未发生严重地面沉陷区域以预防为主，控制诱发因素。针对自然因素，合理规划地下水开采、保护地下水，对岩溶地区勘察并采取工程措施；针对人为活动，严格控制矿产开采强度和方式，采用先进技术和工艺，城市建设中加强地基处理、合理设计地下空间开发方案。

（2）治理措施

对已发生地面沉陷地区采取工程治理、生态恢复和控制地下水开采等措施。工程治理可采用注浆加固、充填开采等；生态修复可以植树造林、种草恢复植被；限制地下水开采，必要时暂停，避免沉陷加剧。

7.3.6 液化土及其防治

1. 液化土成因

（1）概念

液化土是指在地震等动力作用下，饱和松散砂土或粉土颗粒结构破坏，土体变成可流动状态，失去承载能力，出现的喷砂冒水现象，即"土的液化"，如图 7.3-2 所示。

土液化现象　　　　　　　　土液化危害一　　　　　　　　土液化危害二

图 7.3-2　土的液化及危害

（2）成因

液化土成因有多方面，主要有地质年代形成久远程度、粉土的黏粒含量，以及松散砂土等细颗粒土（细砂比粗砂易液化，颗粒级配不良和透水性差的也易液化）、地下水位浅、上覆盖层厚度小，在地震作用下易使孔隙水压力增加上升引发喷砂冒水现象，即土的液化。

2. 液化土防治措施

一般对可能液化土壤需初判和标准贯入试验判别其液化程度，液化程度根据液化指数分为轻微、中等、严重三种。防治措施可根据液化程度和建筑抗震设防类别，采用不同方式确保工程安全稳定。

（1）加固地基改善土性

通过提高土层密实度和固结度增强抗液化能力，可用振冲加密挤密砂桩法等法，或液化土层不深时挖去，换填非液化土。

（2）改变基础形式

通过增加埋深或用桩基等深基础穿透液化土层，或调整为箱形、筏板等大刚度基础以抵抗不均匀沉降。

（3）避开液化地段

在选择场地时尽量避开易液化地段，如砂土、河流、湖泊等。

（4）其他处理方式

1）增压：如增加建筑物自重或增加基础顶部上覆压力。

2）围封：限制砂土液化侧流，约束剪切变形防止破坏。

3）排水：减小孔隙水压力威胁，降低液化危险性。

4）改善地下水位：降低地下水位，减少土壤含水量，预防液化灾害。

7.4　风灾及其防治

7.4.1　风灾的概述

1. 风灾定义

风灾主要是指由强风或气候异常引起的自然灾害，这些灾害可能包括台风、龙卷风、雷暴风雨等，如图 7.4-1 所示。风灾具有风速强、影响范围广、破坏力大、持续时间短等特点。风灾的危害与影响包括人员伤亡、财产损失、交通受阻以及生产和生活、环境受到影响，如图 7.4-2 所示。

图 7.4-1　台风、龙卷风

图 7.4-2　风灾的危害

2. 风灾类型及等级

风灾等级依风力大小和影响程度划分，可分为台风、龙卷风、雷暴大风等类型，按蒲福风力等级标准分为三级。

（1）类型

1）台风（飓风）：热带海洋上强烈气旋性涡旋，飓风在大西洋和东太平洋，风力12级以上，带来狂风、暴雨和风暴潮。

2）龙卷风：强烈狭窄气旋，多在雷暴中发生，中心风力极强伴漏斗状云柱，破坏力极强。

3）雷暴大风：由雷暴引起，风速20m/s以上，具有突发性、局地性。

（2）风灾等级

1）一级：一般大风，6~8级，对农作物破坏，对工程设施一般无明显破坏。

2）二级：较强大风，9~11级，破坏农作物、林木及工程设施，影响生产生活。

3）三级：特强大风，12级及以上，破坏力极强，除破坏农作物、林木，对工程设施和船舶、车辆等也会造成严重破坏，威胁人民生命安全。

3. 风荷载的形成及影响因素

（1）风荷载

风荷载源于空气流动，遇结构物受阻产生压力，在结构上形成作用力。

（2）影响因素

风荷载大小和分布受多种因素影响，主要有：

1）风速：风速是决定风荷载大小的关键，风速越大风荷载越大。

2）风向：决定作用方向，不同风向会使建筑不同部位的风荷载发生变化。

3）建筑物高度和形状：影响受风面积和绕流效应，高层建筑风压随高度增加而增大，受风荷载影响显著，形状影响绕流特性和分布。

4）所在地环境及地貌：根据《建筑结构荷载规范》，按地面粗糙程度分为A、B、C、D四类，A类为近海等地区，空旷风荷载大；B类为乡村等；C类为城市市区密集建筑群；D类为密集且房屋较高市区，风荷载相对小。

7.4.2 防风减灾主要措施

风灾是一种不可抗力的自然灾害，其带来的破坏力不容小觑，为减轻其对生命财产的威胁和造成的损失需采取预防措施和抗风设计，兼顾既有建筑等监测加固，如图7.4-3所示。

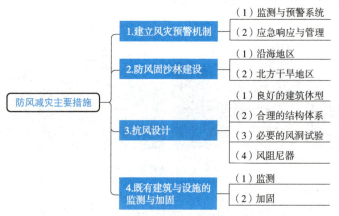

图7.4-3 防风减灾主要措施

1. 建立风灾预警机制

（1）监测与预警系统

利用气象卫星等设备实时监测气象数据，建立完善的预警系统并及时发布信息。

（2）应急响应与管理

建立健全的应急响应机制和管理体系，使其能够在风灾发生时迅速组织救援和恢复工作。

2. 防风固沙林建设

（1）沿海地区

在沿海地区或风沙比较大的地方，种植防风护岸植被，如红树林、海草床等，可以减轻海浪对海岸线的侵蚀，如图 7.4-4 所示。

图 7.4-4　防风固沙林

（2）北方干旱地区

在北方干旱和半干旱地区，通过种植防风固沙林，可以有效减少风蚀作用，保护土壤和植被。树种应选择耐旱、耐盐碱的，如胡杨、沙棘等，形成生态屏障，改善区域气候条件。

3. 抗风设计

在建筑物的抗风设计中，抗风性能好的建筑体型和抗风性能好的结构体系是两个至关重要的方面。

（1）良好的建筑体型

建筑体型影响抗风性能，合理设计如流线形、带有圆角的方形或矩形，都能有效减少风阻系数，降低风压，引导风流减少涡旋产生，如图 7.4-5 所示。

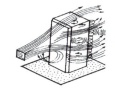

图 7.4-5　有利的抗风体型

（2）合理的结构体系

结构体系是建筑物抵抗风荷载的主要承载系统，合理的结构体系设计能够显著提高建筑物的抗风能力，如框架、剪力墙、筒体结构等。

（3）必要的风洞试验

高层建筑、大跨度空间结构、大跨度桥梁和高耸结构中抗风设计很重要，风洞试验可优化外形降低风阻，确保结构强度、稳定性和舒适度，如图 7.4-6 所示。

风洞试验　　　　　　　　　　数值模拟

图 7.4-6　某大桥风洞试验图

（4）风阻尼器

风阻尼器又称调谐质量阻尼器（Tuned Mass Damper，TMD），是一种安装在高层建筑中的装置，主要用于减少强风或地震对建筑物的影响，如上海中心大厦及台北 101 风阻尼器，如图 7.4-7 所示。

图 7.4-7　风阻尼器

4. 既有建筑与设施的监测与加固

（1）监测

对既有建筑及基础设施，定期安全检查，及时发现并处理潜在的安全隐患，对关键部位进行重点监测和维护，确保其处于良好状态。

（2）加固

通过对老旧建筑物和基础设施（如桥梁、道路、电力设施）进行加固，提高抗风能力，减少风灾造成的损失。

7.5　火灾及其防治

7.5.1　火灾概述

1. 火灾定义

所谓火灾是指由于在时间和空间上失去控制的燃烧所造成的灾害。一旦发生火灾，通常会对人类的生命、财产和环境造成巨大的危害，如图 7.5-1 所示。

2. 火灾成因

（1）人为因素

1）用火不慎：如炉灶用火无人看管、乱扔烟头、蜡烛使用不当等。

建筑物失火　　　　　　　　厂房失火　　　　　　　　森林火灾

图 7.5-1　火灾危害现场

2）电气故障：电线老化、短路、过载、电器设备故障等都可能引发火灾。

3）违规操作：在易燃易爆场所违规使用明火、进行焊接等作业。

4）故意纵火：一些人出于恶意或其他目的故意放火。

（2）自然因素

1）雷击：雷电击中建筑物、树木等可能引起火灾。

2）自燃：某些物质在特定条件下会自行燃烧，如煤堆、干草堆、干旱高温森林失火等。

3）火山喷发：火山活动可能引发大规模的火灾。

3. 火灾危害

（1）生命威胁

1）烧伤和窒息：火灾产生的高温、浓烟和有毒气体对人体造成严重伤害，可能导致烧伤、窒息甚至死亡。

2）恐慌和踩踏：火灾发生时，人们往往会惊慌失措，容易发生踩踏事故，增加人员伤亡的风险。

（2）财产损失

1）建筑物损毁：火灾可以烧毁建筑物及其内部的物品，造成巨大的财产损失。

2）设备损坏：工厂、仓库等场所的设备和物资可能在火灾中被损坏，影响生产和经营。

（3）环境破坏

1）空气污染：火灾产生的浓烟和有害气体污染空气，对环境和人体健康造成危害。

2）生态破坏：森林火灾等会破坏生态平衡，影响动植物的生存和繁衍。

4. 火灾特点

（1）突发性

火灾常在意料之外发生，随机性强。可由电气故障、用火不慎等多种原因引发。从起火到火势蔓延速度快，令人措手不及。

（2）复杂性

火灾爆炸事故原因复杂，而且常伴随房屋倒塌、设备烧毁等给调查带来困难。主要表现为：

1）起火原因复杂：起因多样，有人为因素如吸烟、玩火、违规操作等，也有自然因素如雷击、自燃等。如电气火灾易引发爆炸，油类火灾燃烧猛烈难以扑灭。

2）燃烧过程复杂：涉及物理化学变化，包括热量传递等多方面。不同物质燃烧产生不同火焰、烟雾和有毒气体，如木材产生浓烟和一氧化碳，塑料释放有毒氯化物气体。

（3）严重性

火灾爆炸常造成巨大的经济损失和人员伤亡，打乱生产秩序，后果严重，使国家财产受损，影响生产，恢复时间长。

7.5.2　防火减灾主要措施

火灾极具破坏性，威胁人民生命、财产安全及环境。预防火灾发生及控制火势是维护社会和谐稳定的重要任务，如图 7.5-2 所示。

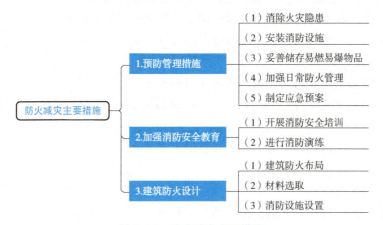

图 7.5-2　防火减灾主要措施

1. 预防管理措施

（1）消除火灾隐患

定期检查电气设备、电线线路，及时更换老化、损坏的设备和线路。保持通道畅通，不堆放易燃物品。加强对易燃易爆物品的管理，严格遵守操作规程。

（2）安装消防设施

建筑物安装火灾报警、灭火系统及灭火器等，定期检查维护确保其完好有效。

（3）妥善储存易燃易爆物品

易燃易爆物品存储应采用专用仓库，且符合防火要求，设置相应的通风、防爆、泄压等设施。如明火作业时清除周围易燃物并配备灭火器材。

（4）加强日常防火管理

严格控制明火的使用，在禁止明火的场所设置明显的标志。例如，在加油站、加气站等易燃易爆场所，严禁吸烟和使用明火。

（5）制定应急预案

单位和社区应制定火灾应急预案，明确各部门和人员的职责与任务。定期进行应急预案演练，提高应急响应能力。

2. 加强消防安全教育

（1）开展消防安全培训

定期组织员工进行消防安全培训，增强员工的消防安全意识和自防自救能力。培训内容包括火灾的预防、火灾的扑救、疏散逃生等方面的知识和技能。

（2）进行消防演练

定期组织消防演练，检验和提高员工的应急处置能力。演练内容包括火灾报警、人员疏散、灭火救援等方面。如可以模拟火灾场景，组织员工进行疏散逃生演练和灭火实战演练。

3. 建筑防火设计

建筑防火设计是确保建筑物在火灾发生时能够有效阻止火势蔓延、保障人员安全疏散及减少财产损失的重要措施。

建筑防火设计主要从材料的选取、防火分区的划分以及消防设施的设置几方面进行设计。

7.5.3 建筑防火设计

建筑防火设计是保障建筑物安全使用的重要基础。通过科学合理的防火设计，可以有效预防火灾的发生，并在火灾发生时迅速控制火势、保障人员安全疏散及减少财产损失，如图 7.5-3 所示。

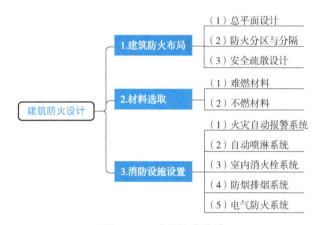

图 7.5-3　建筑防火设计

1. 建筑防火布局

（1）总平面设计

1）防火间距：合理确定建筑物之间的防火间距，防止火灾的蔓延。防火间距应根据建筑物的耐火等级、高度等因素确定。如高层与高层民用建筑之间的防火间距不应小于 13m。

2）消防车道：确保周围有畅通消防车道，以便消防车迅速到达。宽度、高度和转弯半径应符合规范规定，如宽度、高度均不应小于 4m，转弯半径不应小于 9m 等，避免设置障碍物。

（2）防火分区与分隔

1）防火分区：根据建筑物的使用功能和火灾危险性，合理划分防火分区，限制火灾蔓延范围，如图 7.5-4 所示。

2）防火墙与防火门：设置防火墙、防火门等防火分隔设施，将火灾控制在一定区域内，防止火势扩大。

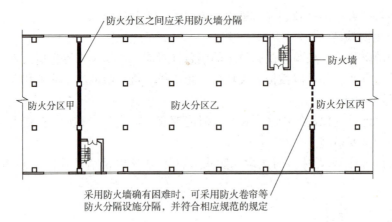

图 7.5-4　防火分区

（3）安全疏散设计

1）安全出口：建筑物内应设置足够数量的疏散楼梯和安全出口，以便人员在火灾时能够迅速疏散。疏散楼梯和安全出口的位置、数量、宽度应符合规范要求。例如，公共建筑内每个防火分区或一个防火分区的每个楼层，安全出口的数量不应少于 2 个。

2）疏散距离：合理设置疏散距离，确保人员在火灾发生时能够迅速到达安全出口。

3）疏散指示：设置明显的疏散指示标志和应急照明设施，引导人员有序疏散。

2. 材料选取

建筑材料应选用防火性能好的材料，如难燃、不燃材料，避免使用易燃材料。如建筑结构构件采用不燃材料，装修材料采用不燃或难燃材料。钢结构建筑常采用防火涂料保护以提高耐火时间。

3. 消防设施配置

防火设施如图 7.5-5 所示。

挡烟垂壁

防火卷帘门

自动喷淋

火灾报警器

图 7.5-5　防火设施

（1）火灾自动报警系统

建筑物内应设置火灾自动报警系统，以便及时发现火灾并发出报警信号。该系统应包括火灾探测器、火灾报警控制器等设备，且应与消防联动控制系统相连接，实现自动灭火、疏散指示等功能。

（2）自动喷水灭火系统

火灾危险性大的场所如商场、仓库等应设置自动喷水灭火系统。该系统包括喷头、报警阀组、水流指示器等设备，系统可自动喷水灭火，有效控制火势蔓延。

（3）室内消火栓系统

建筑物内应设置室内消火栓系统，以便及时为消防队员提供灭火水源。该系统包括消火栓、水带、水枪等设备，该系统应能保证在任何位置都能够有两股充实水柱同时到达。

（4）防烟排烟系统

根据需要，合理划分防烟分区，防烟楼梯间、前室等防烟设施及机械排烟系统，或自然排烟窗，确保人员疏散通道不受烟雾影响。如长度大于 20m 的走道等应设置排烟设施。

（5）电气防火系统

1）电气线路的防火：应选择符合防火要求的阻燃或耐火电线电缆，敷设应符合规范要求，避免接触易燃物。如吊顶内电线电缆用金属管等保护。

2）电气设备的防火：选择符合防火要求的电气设备，如防爆及防火电气设备等，安装应规范，避免故障。如易燃易爆场所，应使用防爆电气设备。

7.6 洪灾及其防治

7.6.1 洪灾及成因

1. 洪灾

（1）定义

洪灾是指一个流域内因集中大暴雨或长时间降雨，造成江、河、湖、库水位猛涨，堤坝漫溢或溃决，水流入境而造成的灾害，如图 7.6-1 所示。

图 7.6-1　暴雨引发的洪灾

（2）洪灾类型

如图 7.6-2 所示，洪灾可以分为融雪洪水、溃坝洪水、暴雨洪水、山洪、风暴潮、冰凌洪水等。

1）融雪洪水：主要发生在高纬度地区或高山地区。当气温升高导致积雪和冰川融化，河流水位急剧上升，形成融雪洪水。其特点是缓慢，持续时间长，但水量较大。

2）溃坝洪水：由于水库、大坝等水利工程出现故障或被破坏，导致蓄水突然下泄而形成的洪水。溃坝洪水具有流量大、流速快、破坏力强的特点，会给下游带来巨大的灾难。

3）暴雨洪水：由短时间强降雨引起，雨水汇集导致水位上涨。来得快、去得快、破坏力大，易引发城市内涝和泥石流等次生灾害。

4）山洪：由于山区地形陡峭，降雨后雨水迅速汇集，强大的水流沿山谷奔腾而下。山洪具有突发性、水量集中、流速快、破坏力大的特点，常常会冲毁房屋、道路和桥梁。

冰凌洪水

融雪洪水

山洪

风暴潮

板桥水库决堤特大洪灾

板桥水库决堤受灾区

图 7.6-2　洪灾类型

5）风暴潮：由强烈的热带气旋（如台风）或温带气旋等引起的海水异常升高现象。风暴潮会导致沿海地区海水倒灌，淹没低洼地区，对沿海城市和港口造成严重破坏。

6）冰凌洪水：主要发生在北方有结冰期的河流。当春季气温升高，冰盖破裂，冰块随水流下泄，容易堵塞河道，形成冰凌洪水。冰凌洪水会对河流两岸的堤防和建筑物造成破坏。

2. 洪灾形成的原因

洪灾形成的原因是多方面的，主要有以下几个方面：

（1）自然因素

1）气象因素：长时间强降雨是主因之一，大量雨水汇集致水位上涨，台风、暴雨、暴雪等极端天气也会增加洪灾的风险。

2）地形地貌：地势低洼、河流弯曲及狭窄等地形地貌条件容易导致洪水积聚和泛滥。

3）地质因素：如地震断层带易引发地震、泥石流滑坡等地质灾害进而引发洪灾。

（2）人为因素

1）城市化进程加快：城市地面硬化，雨水下渗减少，地表径流增加，易形成城市内涝。

2）不合理的土地利用：如在河流沿岸、湖泊周边过度开发破坏自然的防洪屏障。

3）森林砍伐：森林砍伐会导致水土流失加剧，洪水的发生频率和强度增加。

总之，洪灾由多种因素共同作用。减少洪灾发生和损失需综合考虑气象、地形、人类活动和地质等因素，采取有效预防应对措施。

7.6.2　防洪减灾主要措施

洪灾是一种严重的自然灾害，对人类的生命财产和社会经济发展造成巨大的损失。为了有效防治洪灾，需要采取预防措施和工程措施相结合的方法，加强防洪工程建设，提高洪水预警和应急处置能力，同时加强生态环境保护，从源头上减少洪水灾害的发生，如图 7.6-3、图 7.6-4 所示。

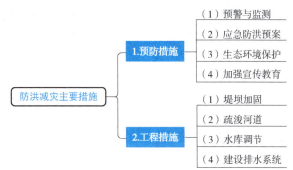

图 7.6-3　防洪减灾主要措施

堤坝加固　　　　　　　　疏浚河道　　　　　　　　防洪监测预警

图 7.6-4　防洪工程措施

1. 预防措施

（1）预警与监测

1）预警系统：利用卫星遥感、雷达测雨等先进技术，建立健全洪水预警系统，提高洪水预报的准确性和时效性。

2）监测网络：完善水文监测网络，加强对河流、水库、堤防等关键区域的实时监测，为防洪决策提供科学依据。

（2）应急防洪预案

根据不同地区的地形地貌、水系特征和社会经济发展情况，制定和完善防洪应急预案，明确各级政府和部门的职责分工，确保在洪水发生时能够迅速响应。

（3）生态环境保护

加强森林保护、水土保持等生态环境保护工作，减少水土流失，降低洪水发生的风险。实施河道生态修复工程，恢复河流自然生态功能，增强河流自我净化能力。

（4）加强宣传教育

通过多种形式加强防洪减灾知识的宣传教育，增强公众的防洪减灾意识和自救互救能力。

2. 工程措施

（1）堤坝加固

对重要河段和易发洪涝区域，修建堤坝，阻挡洪水，防止洪水泛滥。同时要定期对堤防进行巡查和维护，及时发现并处理隐患，确保堤防安全。

（2）疏浚河道

定期对河道进行疏浚，清除河道中的淤积物，保持河道畅通，提高河流的泄洪能力。定期整治河道岸线，防止水土流失，保持河道稳定。

（3）水库调节

加强水库建设，提高水库的蓄洪、滞洪和调洪能力，通过合理调度水库蓄水量，减轻下游河道的防洪压力。可采用现代水文预报技术和水库调度系统，实现精准调度，既保障防洪安全，又兼顾水资源利用和生态需求。

（4）建设排水系统

在城市和农村建设完善的排水系统，及时排除雨水和洪水，防止内涝。

7.7 爆炸灾害及其防治

7.7.1 爆炸及成因

1. 爆炸定义及特征

（1）定义

爆炸是一种在极短时间内，能量以机械功的形式迅速释放，并伴随有强烈的冲击波、高温高压气体和光辐射等物理效应的现象。

（2）爆炸特征

1）瞬时性：爆炸反应速度极快，在极短时间内（通常以毫秒计）释放出大量能量。

2）高温高压：爆炸过程中伴随着温度的急剧升高和压力的迅速增大，形成高温高压的爆炸性产物。

3）破坏性：由于瞬间释放的巨大能量，爆炸往往造成周围环境的严重破坏，包括建筑物的倒塌、设备的损坏等。

4）冲击波和声响：爆炸产生的冲击波可以传播很远，对周围物体造成冲击损伤；同时伴随着巨大的声响，即爆炸声。

5）发光发热：部分爆炸过程（如化学爆炸中的燃烧反应）会伴随发光现象，且释放出大量热能。

2. 爆炸成因

（1）物理爆炸

由于物质的物理状态发生急剧变化而引起的爆炸，如压力容器爆炸、蒸汽锅炉爆炸等。通常是由于设备内部压力过高，超过了设备的承受能力而导致的。

（2）化学爆炸

由于物质发生化学反应，释放出大量的能量而引起的爆炸，如炸药爆炸、可燃气体爆炸等。化学爆炸的发生需要满足一定的条件，如可燃物质与氧化剂的比例合适、点火源的能量足够等。

（3）核爆炸

由原子核的裂变或聚变反应引起的爆炸，具有巨大的破坏力和杀伤力。核爆炸会释放出大量的放射性物质，对人体健康和环境造成严重的危害，如原子弹爆炸、氢弹爆炸等。

爆炸案例如图 7.7-1 所示。

天津港"8.12"特大爆炸

锅炉发生爆炸

核爆炸产生蘑菇云

图 7.7-1　爆炸案例

7.7.2　防爆主要措施

1. 爆炸预防技术

（1）设计安全

1）设备选型：选用符合安全标准的设备和材料，确保其能承受产生的压力和温度。

2）结构设计：合理设计设备的结构和布局，避免形成爆炸性混合物积聚的死角。

（2）过程控制

1）温度与压力监控：实时监控设备的温度和压力，防止超温、超压引发爆炸。

2）惰性气体保护：在易形成爆炸性混合物的区域通入惰性气体，降低氧气浓度，抑制爆炸发生。

（3）储存与运输

1）分类储存：将易燃、易爆物品分类存放，避免相互反应引发爆炸。

2）安全运输：严格遵守危险品运输规定，确保运输过程中不发生泄漏、撞击等危险情况。

2. 爆炸控制策略

（1）隔爆与抑爆

1）隔爆装置：在设备或系统中设置隔爆装置，如隔爆墙、隔爆门等，阻止爆炸火焰和冲击波的传播。

2）抑爆系统：安装抑爆装置，如自动灭火系统、抑爆剂等，在爆炸初期迅速扑灭火焰或抑制爆炸发展。

（2）泄爆与排爆

1）泄爆口设计：在设备或厂房顶部设置泄爆口，使爆炸产生的压力能迅速释放，减轻对设备的破坏。

2）排爆系统：通过排风系统或专门的排爆管道，将可能形成爆炸性混合物的气体排出室外，降低爆炸风险。

3. 其他预防措施

（1）加强安全管理

1）消除火源：严格控制火源，禁止在易燃易爆场所吸烟、使用明火等。

2）防止静电：采取有效的防静电措施，如接地、使用防静电材料等。

（2）应急措施

1）制定应急预案：明确各部门和人员的职责与任务，提高应急反应能力。

2）进行应急演练：定期组织爆炸应急演练，提高员工的应急处置能力和自我保护意识。在爆炸发生时，迅速组织人员撤离到安全地带，迅速撤离，避免人员伤亡。同时及时进行灭火和救援工作，减少爆炸造成的损失。

爆炸是一种极其危险的现象，对人员、建筑物和环境都可能造成严重的危害。为了有效防止爆炸，需要加强安全管理，消除火源，防止静电，控制温度和压力等，并制定完善的应急预案，提高应急反应能力。

7.8 工程结构检测、鉴定与加固

工程结构检测、鉴定与加固是确保建筑物安全、延长使用寿命的重要手段，对于预防安全事故、保护人民生命财产安全具有重要意义，如图 7.8-1 所示。

图 7.8-1 工程结构检测、鉴定与加固思维导图

图 7.8-1　工程结构检测、鉴定与加固思维导图（续）

7.8.1　工程结构检测

结构检测是工程结构加固工作的首要步骤，旨在通过专业的技术手段和方法，对结构进行全面的检查和测量，以获取结构的实际状况数据。

1. 检测目的

（1）确保结构安全

检测结构在使用过程中的安全性，包括结构的强度、刚度、稳定性等方面，及时发现结构存在的安全隐患，采取相应的措施进行修复和加固，防止结构发生破坏或倒塌，保障人民生命财产安全。

（2）评估结构性能

通过检测了解结构的实际性能，如承载能力、抗震性能、抗风性能等。并与设计要求进行对比，评估结构是否满足使用要求，为结构的维护、改造和管理提供依据。

（3）延长结构寿命

检测结构的损伤和老化情况，及时进行维护和修复，延缓结构的老化进程，延长结构的使用寿命。同时，通过检测可以了解结构的耐久性，为结构的耐久性设计提供参考。

（4）保证工程质量

对新建结构进行检测，确保施工质量符合设计要求和相关标准。

2. 检测内容

（1）材料性能检测

对结构中使用的材料进行检测，包括钢材、混凝土、砖石、木材等。检测内容主要有材料的强度、弹性模量、耐久性、化学成分等。如对混凝土的强度检测可以采用回弹法、超声回弹综合法、钻芯法等；对钢材的性能检测可进行拉伸试验、弯曲试验、冲击试验等。

（2）结构外观检测

对结构的外观进行检查，包括结构的尺寸、形状、平整度、垂直度等。外观检测可以采用目测、量具测量、摄影测量等方法。如对于建筑物的外观检测，可以检查墙体是否有裂缝、变形、渗漏等现象；对桥梁结构，可检查桥面是否平整、栏杆是否完好、桥墩是否有倾斜等。

（3）结构内部缺陷检测

采用无损检测技术对结构内部的缺陷进行检测，如混凝土结构中的裂缝、空洞等；钢结构中的焊缝缺陷、裂纹等。常用方法有超声检测、射线检测、磁粉检测、渗透检测等。如超声检测可以检测混凝土结构内部的缺陷深度和大小；射线检测可以检测钢结构焊缝质量。

（4）结构承载能力检测

通过加载试验等方法可对结构的承载能力进行检测。加载试验可以分为静载试验和动载试验。静载试验评估结构的承载能力和刚度；动载试验则评估结构的抗震性能、抗风性能等。

3. 检测方法

（1）传统检测方法

传统检测方法如图 7.8-2 所示。

目测　　　　　　　　量具检测　　　　　　　全站仪检测　　　　　　　钻芯取样

图 7.8-2　传统检测方法

1）目测法：通过肉眼观察结构的外观，发现明显的缺陷和问题。目测法简单直观。

2）量具测量法：使用量具如卡尺、卷尺、水准仪、经纬仪、全站仪等，对结构尺寸、形状、平整度、垂直度等进行测量。量具测量法准确可靠，但需操作人员具备一定的专业技能和经验。

3）破损检测法：通过对结构进行局部破坏，如钻芯取样、截取试件等，来检测材料的性能和结构的内部质量。破损检测法结果准确，但会对结构造成损伤，检测后需进行修复。

（2）现代无损检测技术

现代无损检测技术如图 7.8-3 所示。

1）超声检测：利用超声波检测结构内部缺陷和材料性能，精度高、无损伤，对复杂结构和小尺寸缺陷检测效果有限。

2）射线检测：利用 X 射线、γ 射线等对结构进行透视，检测结构内部的缺陷。射线检测可直观地显示结构内部缺陷等，但检测成本较高，且有一定辐射危害。

3）磁粉检测：适用于铁磁性材料表面和近表面缺陷检测，操作简单、速度快，但只能检测表面和近表面缺陷。

超声无损检测

X射线探伤检测

磁粉无损检测

渗透无损检测

图 7.8-3　现代无损检测技术

4）渗透检测：检测非多孔性材料表面开口缺陷，将渗透剂渗入材料缺陷中，施加显像剂，使缺陷显示出来。渗透检测不受材料种类限制，但只能检测表面开口缺陷。

（3）常见结构材料的检测方法

常见结构材料的检测方法如图 7.8-4 所示。

图 7.8-4　常见结构材料的检测方法

4. 检测流程

工程结构检测流程如图 7.8-5 所示。

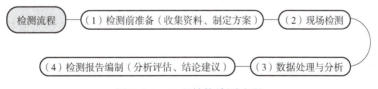

图 7.8-5　工程结构检测流程

7.8.2　工程结构鉴定

工程结构鉴定是对其安全性、适用性、耐久性及抗震性能评估判断的过程。既有建筑鉴定与加固应遵循先检测、鉴定，后加固设计、施工与验收原则。

1. 鉴定目的

（1）确保结构安全

鉴定结构在设计使用年限内能否承受各种荷载，确定是否有安全隐患，为加固或修复提供依据。对既有结构，特别是受损结构，鉴定其剩余承载能力和安全性。

（2）保证结构适用性

评估结构使用中能否满足正常要求，如变形、裂缝等是否在允许范围。既有建筑物考虑空间布局、采光、通风等是否满足使用功能，对交通工程要考虑行车舒适性、通行能力等。

（3）确定结构耐久性

分析结构在环境下的耐久性，评估材料性能变化和损伤程度（如混凝土的碳化、钢筋锈蚀、化学侵蚀等），预测剩余使用寿命，为维护、修复和改造提供决策依据。

2. 鉴定内容

（1）结构安全性鉴定

1）材料性能鉴定：检测结构材料性能，为安全性和耐久性鉴定提供数据。

2）承载能力鉴定：根据实际情况和设计要求，采用适当的计算方法和分析模型，对结构强度、刚度、稳定性等进行分析评估。

3）损伤程度鉴定：结合无损检测和现场勘查，检测评估结构损伤（如裂缝分布、宽度、深度、混凝土的疏松、剥落；钢材的锈蚀、疲劳损伤等）。确定损伤类型、程度和原因，为维修加固提供依据。

（2）结构抗震性能评估

对于位于地震区的工程结构，进行抗震性能评估，包括对结构的抗震设防标准、抗震构造措施、结构的动力特性等进行分析，评估结构在地震作用下的安全性。

3. 鉴定方法

（1）传统经验法

主要依靠鉴定人员的经验和主观判断，对工程结构的安全性、适用性和耐久性进行评估。这种方法简单直观，但缺乏科学依据和定量分析，鉴定结果的准确性和可靠性较低。

（2）实用鉴定法

在传统经验法的基础上，结合现代检测技术和计算分析方法，对工程结构进行鉴定。实用鉴定法具有一定的科学性和可靠性，但对鉴定人员的专业水平要求较高。

（3）概率鉴定法

基于结构可靠性理论，采用概率统计方法对工程结构安全性、适用性和耐久性进行评估。概率鉴定法具有较高的科学性和准确性，但计算较为复杂，需要大量统计数据和计算资源。

4. 鉴定流程

工程结构鉴定流程如图 7.8-6 所示。

图 7.8-6　工程结构鉴定流程

7.8.3 工程结构加固

1. 加固目的

（1）增强结构承载能力

通过加固，可以提高结构的强度、刚度和稳定性，使其能够承受更大的荷载。

（2）修复结构损伤

加固可以修复工程中出现的裂缝、腐蚀、破损等情况，防止损伤的发展，确保结构安全。

（3）提高结构抗震性能

加固可以增强结构的抗震能力，减少地震破坏的风险。

（4）延长结构使用寿命

结构加固后，可以延长使用寿命，减少维修和更换成本，提高经济效益和社会效益。

2. 加固内容

（1）结构受力体系加固

包括对梁、柱、墙等主要受力构件的加固。比如增加柱子的截面尺寸，或者在墙体两侧增设钢筋混凝土壁柱，改变结构的受力分布，提高整体承载能力。

（2）构件连接加固

重点关注构件之间的连接节点，如梁柱节点、主次梁节点等。采用高强螺栓、焊接等方式加强连接的可靠性，确保力在结构中能够有效传递。例如在钢结构建筑中，检查和加固梁柱节点的螺栓连接，防止节点松动。

（3）结构耐久性加固

主要针对混凝土结构的碳化、钢筋锈蚀等耐久性问题。可以采用表面防护（如涂刷防腐涂料）、阴极保护（对钢筋）等方法，提高结构抵抗环境侵蚀的能力。

3. 加固方法

加固方法如图 7.8-7 所示。

增大截面加固　　　粘钢或粘碳纤维布加固　　　外包钢加固　　　预应力加固

图 7.8-7　加固方法

（1）增大截面加固法

增加构件截面尺寸提高承载能力和刚度，适用于梁、柱、墙等构件。如混凝土梁可在底部或侧面增加混凝土层和钢筋提高承载能力。

（2）粘贴钢板加固法

将钢板粘贴在构件受拉部位与原结构共同作用提高承载能力，适用于梁、板、柱等。如混凝土梁底部粘贴钢板，利用钢板的抗拉强度来提高梁的承载能力。

（3）粘贴碳纤维布加固法

将碳纤维布粘贴在构件的受拉部位，通过碳纤维布与构件的共同作用，提高构件的承载能力。这种方法具有强度高、重量轻、耐腐蚀等优点，适用于梁、板、柱等构件的加固。

（4）预应力加固法

通过施加预应力改变构件受力状态，以此提高承载能力和刚度，适用于梁、板、柱等。如混凝土梁用预应力钢绞线加固提高承载能力和抗裂性能。

（5）改变结构体系加固法

通过改变结构受力体系，调整结构内力分布，来提高承载能力和稳定性，适用于框架等结构。如框架结构通过增加剪力墙或支撑改变体系提高其抗震性能。

4. 加固流程

工程结构加固流程如图 7.8-8 所示。

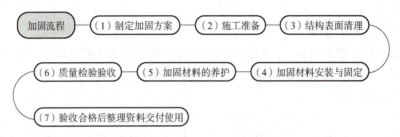

图 7.8-8 工程结构加固流程

7.9 数智技术的应用

二维码 7.9-1 数智技术在防灾减灾中的应用

7.9.1 数智技术在防灾减灾中的应用

数智技术在防灾减灾中的应用如图 7.9-1 所示。具体内容详见二维码 7.9-1。

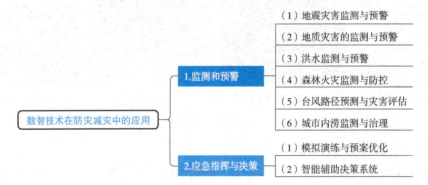

图 7.9-1 数智技术在防灾减灾中的应用

7.9.2　数智技术在结构检测鉴定加固中的应用

数智技术在结构检测鉴定加固中的应用如图 7.9-2 所示。

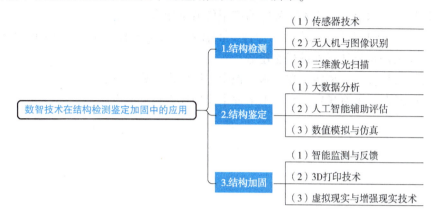

图 7.9-2　数智技术在结构检测鉴定加固中的应用

7.10　拓展知识及课程思政案例

1. 拓展知识

1）基于数字孪生的城市洪涝灾害模拟与疏散路径研究。（网上自行搜索）

2）观看减、隔震技术视频原理。（网上自行搜索）

3）观看粘弹性阻尼技术原理演示动画。（网上自行搜索）

4）观看高分卫星防灾减灾视频。（网上自行搜索）

5）高分影像在辽宁防灾减灾救灾中的应用。（网上自行搜索）

6）北斗在防灾减灾应用。（网上自行搜索）

2. 课程思政案例

1）《工程灾难启示录：塔科马大桥的悲剧与教训》小视频，参见二维码 7.10-1。

2）《汶川、唐山大地震》小视频，参见二维码 7.10-2。

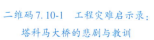

二维码 7.10-1　工程灾难启示录：
塔科马大桥的悲剧与教训

二维码 7.10-2　汶川、唐山大地震
带来的经验与教训

3）《上海中心大厦的抗震防风设计》（调谐质量阻尼器）。（网上自行搜索）

课后：思考与习题

1. 本章习题

（1）自然灾害类型有哪些？其应对的工程措施分别有哪些？

（2）工程结构检测鉴定加固的目的和方法分别是什么？

（3）如何应用数智技术进行工程的防灾减灾？

2. 下一章思考题

（1）数智技术内涵及在土木工程中的应用价值是什么？

（2）为什么 BIM 技术被称为"革命性"的技术？BIM 技术特性及应用价值是什么？

（3）为什么国家要加强推进智能建造？

（4）智能共性技术有哪些？在土木工程中应用体现在哪些方面？

（5）智能设备技术有哪些？在土木工程中应用体现在哪些方面？

第二篇

数智技术

第8章 数智技术与土木工程

课前：导读

1. 本章知识点思维导图

数智技术与土木工程

- **8.1 数智技术概述**
  - 8.1.1 数智技术的基本概念
  - 8.1.2 数智技术与土木工程的关系

- **8.2 数字化BIM技术**
  - 8.2.1 BIM技术概念及内涵
  - 8.2.2 BIM技术特性
  - 8.2.3 BIM技术应用价值

- **8.3 智能化共性技术**
  - 8.3.1 人工智能（AI）技术
  - 8.3.2 物联网（IoT）
  - 8.3.3 大数据技术
  - 8.3.4 云计算
  - 8.3.5 地理信息系统（GIS）
  - 8.3.6 扩展现实技术（XR）

- **8.4 智能设备技术**
  - 8.4.1 无人机
  - 8.4.2 智能建筑机器人
  - 8.4.3 智能穿戴设备
  - 8.4.4 三维激光扫描
  - 8.4.5 3D打印机
  - 8.4.6 智能传感器

- **8.5 数智技术应用案例**
  - 8.5.1 项目概况
  - 8.5.2 智能规划与设计
  - 8.5.3 智能生产
  - 8.5.4 智能施工
  - 8.5.5 智能运维

- **8.6 拓展知识及课程思政案例**

2. 课程目标

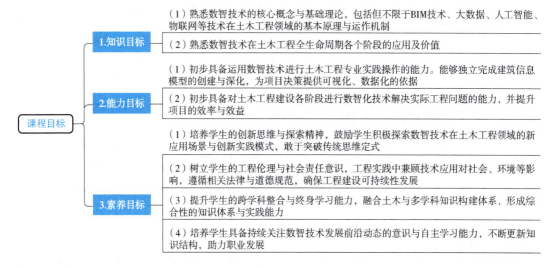

课程目标

1.知识目标
（1）熟悉数智技术的核心概念与基础理论，包括但不限于BIM技术、大数据、人工智能、物联网等技术在土木工程领域的基本原理与运作机制

（2）熟悉数智技术在土木工程全生命周期各个阶段的应用及价值

2.能力目标
（1）初步具备运用数智技术进行土木工程专业实践操作的能力。能够独立完成建筑信息模型的创建与深化，为项目决策提供可视化、数据化的依据

（2）初步具备对土木工程建设各阶段进行数智化技术解决实际工程问题的能力，并提升项目的效率与效益

3.素养目标
（1）培养学生的创新思维与探索精神，鼓励学生积极探索数智技术在土木工程领域的新应用场景与创新实践模式，敢于突破传统思维定式

（2）树立学生的工程伦理与社会责任意识，工程实践中兼顾技术应用对社会、环境等影响，遵循相关法律与道德规范，确保工程建设可持续性发展

（3）提升学生的跨学科整合与终身学习能力，融合土木与多学科知识构建体系，形成综合性的知识体系与实践能力

（4）培养学生具备持续关注数智技术发展前沿动态的意识与自主学习能力，不断更新知识结构，助力职业发展

3. 重点

1）数智技术的内涵及特性。

2）数智技术在土木工程中的应用及价值。

3）智能设备技术在土木工程中的应用及价值。

8.1 数智技术概述

8.1.1 数智技术的基本概念

数智技术（Digital Intelligence Technology）是指将数字技术与智能技术相结合，以实现数据的采集、处理、分析和应用，从而为各个领域带来创新和变革的一系列技术手段。它融合了 BIM 技术、大数据、人工智能、物联网、云计算、GIS、区块链等先进技术，通过数字化转型和智能化升级，推动各行业和领域的发展与创新。

数智技术的核心在于利用数字化手段获取海量数据，并运用智能算法对这些数据进行深入分析和挖掘，以实现智能化的决策支持、流程优化、创新服务等。

例如，在交通领域，数智技术可以实现交通流量的实时监测和预测，优化信号灯控制，提高交通运输效率。在电商领域，数智技术可以通过分析用户的购买行为和偏好数据，为用户精准推荐商品，优化库存管理和物流配送等。

数智技术正在重塑各个行业的发展模式，为经济社会的发展带来巨大的潜力和机遇。

8.1.2 数智技术与土木工程的关系

数智技术作为当今科技发展的前沿领域，正与土木工程行业深度融合，为其带来了前所未有的变革与创新。数智技术在土木工程中的应用，涵盖了从项目的前期规划到后期运维的全生命周期以及既有土木工程设施的结构健康检测。

1. 数智技术在土木工程中的应用架构

如图 8.1-1 所示，数智技术在土木工程中的应用架构主要包括以下几个方面：

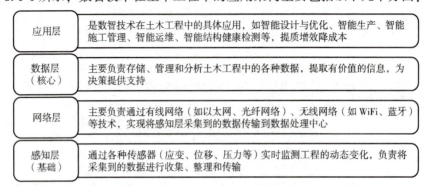

图 8.1-1　数智技术在土木工程中的应用架构

（1）感知层

感知层是数智技术应用的基础，通过传感器实时监测工程动态变化，收集、整理并传输数据，建立监测系统，对土木工程结构全方位监测。

（2）网络层

网络层是神经中枢，通过有线、无线网络技术将感知层数据传输至数据处理中心。

（3）数据层

数据层是核心，负责存储、管理和分析土木工程数据，利用数据分析提取有价值的信息以支持决策。

（4）应用层

应用层主要包括智能设计与优化、智能施工管理、智能运维等，目的是提质、增效、降成本。

2. 数智技术在土木工程中的应用价值

数智技术在土木工程中的应用价值如图 8.1-2 所示。

图 8.1-2　数智技术在土木工程中的应用价值

（1）数字化

大数据技术的核心价值在于挖掘数据潜在的价值，为建筑决策提供真实可靠的数据依据。基于 BIM 技术特点，可实现项目全过程信息化协同管理，减少错漏碰缺工程事故，提质增效。

（2）智能化

人工智能与优化算法可以实现结构智能设计的优化，结合物联网传感器、大数据分析等技术可以进行信息化管理，实现工程项目全过程智能监测。

（3）网络化

网络技术可以实现对结构的远程监测和控制。

（4）高效化

利用强大的数据分析算法和软件，可以快速处理大量的监测数据，提取有价值的信息。相比传统的人工处理方式，大大提高了工作效率。

（5）精准化

高精度的传感器能够准确获取结构的各种物理参数（如应变、位移、温度等），为后续的分析和决策提供可靠的基础。

（6）自动化

设计阶段软件可自动出图、审核、检查碰撞，施工阶段机器人代替人工，运维阶段实现自动化控制。

（7）可视化

虚拟现实（VR）、增强现实（AR）的可视化虚拟特性，可以展示项目三维空间的信息，便于设计和施工人员直观地了解结构特点与施工要求等。

数智技术的融入为土木工程注入了新的活力，实现了土木工程的智能化、信息化和高效化，不仅提升了工程的质量、效率和安全性，而且推动了土木工程行业向智能化、绿色化和可持续的方向发展。

8.2 数字化 BIM 技术

8.2.1 BIM 技术概念及内涵

1. BIM 概念

根据《建筑信息模型应用统一标准》（GB/T 51212—2016）中对 BIM 术语定义如下：

BIM（Building Information Modeling，Building Information Model）建筑信息模型：是指在建设工程及设施全生命期内，对其物理和功能特性进行数字化表达，并依此设计、施工、运营过程和结果的总称。

2. BIM 内涵

（1）BIM 中的第一个字母"B"—Building

Building 不应该简单理解为"建筑物"。BIM 应用不仅仅局限于建筑领域，随着 BIM 技术的应用逐渐扩展到"大土木"工程建设各个领域。

（2）BIM 中的第二个字母"I"——Information

Information 是能够反映工程实体几何信息、非几何信息的属性、过程的数据化信息、计算机可识别的所有信息。比如房屋中梁、板、柱、墙、门窗等基本构件的几何信息、非几何信息以及项目建设过程中所发生的所有信息。如构件的尺寸、位置、材料的耐火等级、传热系数、造价、采购信息等。如图 8.2-1、图 8.2-2 所示项目的三维建筑模型就是这些复杂信息的载体。

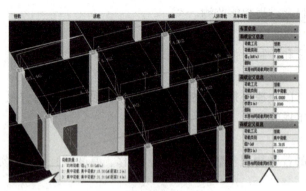

结构设计信息　　　　　　　　　项目全过程建筑信息

图 8.2-1　构件几何信息及建筑全过程信息

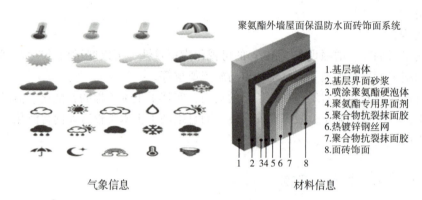

气象信息　　　　　　　　　材料信息

图 8.2-2　非几何信息

（3）BIM 中的第三个字母"M"——Model、Modeling、Management

目前，对于 BIM 中的 M，有三种不同含义的解释，包括：

1）"Model"，静态的，侧重于模型。

2）"Modeling"，动态的，侧重于项目全生命周期的应用。

3）"Management"，侧重于项目全生命周期的管理应用。

（4）BIM 不等于三维模型

BIM 是以三维数字技术为基础，集成了建筑工程项目各种相关信息的数据模型，是对工程设施实体与功能特性的数字化表达。

（5）BIM 不等同于一种工具软件

BIM 不是 Revit，而是项目实施过程中的一种理念。

（6）BIM 的核心是数字化、信息化

BIM 可提供信息共享的协同平台。

3. BIM 的由来

BIM 这一概念思想的提出，最初源于 1975 年美国佐治亚理工学院教授查克·伊士曼（Chuck Eastman，Ph. D)-"BIM 之父"（图 8.2-3）在课题"Building Description System"提出 a computer-based description of a

图 8.2-3　"BIM"之父-Chuck Eastman

building，该系统可视为现代 BIM 理念的雏形，包含了"互动、同步、一致性"等特点；也就是模型中任何一个元素、信息或布局的更改，都会在相应的平、立、剖面以及轴测图、效果图中自动更改，完成元素之间的同步、互动一致性，而且工程量自动生成并随着更改而自动更改。图 8.2-4 是 BIM 概念由来的演变过程。

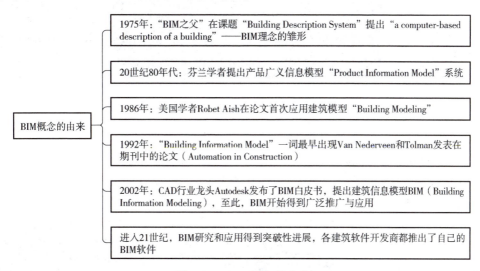

图 8.2-4　BIM 概念的由来

4. BIM 的发展

从 BIM 理念萌芽期到 BIM 的推广应用，经历了三个阶段：即 BIM 理念萌芽期、BIM 概念形成期、BIM 技术应用期。BIM 技术应用期又分为 BIM1.0、BIM2.0、BIM3.0 时代发展历程，如图 8.2-5 所示。

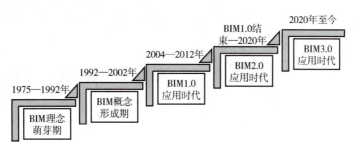

图 8.2-5　BIM 的发展历程简图

（1）BIM 理念萌芽期

即从 1975 年至 1992 年，为 BIM 概念思想的形成期。

（2）BIM 概念形成期

从 1992 年至 2002 年 BIM 概念正式提出，中国政府提出甩图板愿景，催生了一大批本土 CAD 厂商。这一时期既是中国 CAD 事业的开端，也是全球 BIM 的开端，直到 2002 年，Autodesk 收购 Revit Technology 公司，BIM 这个术语开始渐渐成为主流。图 8.2-6 是三个时期的绘图示意。

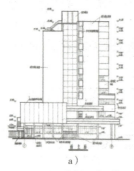
a)
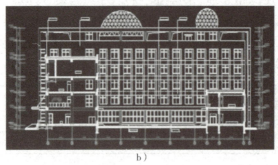
b)

c)

图 8.2-6 手绘、CAD、BIM 绘图示意

（3）BIM 技术应用期

BIM 技术应用期自 2004 年经过了 BIM1.0、BIM2.0、BIM3.0 时代。美国建筑师协会（AIA）Dennis Neeley 曾这样定义 BIM1.0 时代为 Visualization&Drawing，BIM2.0 时代是 Analysis，BIM 3.0 是 Simulation。也就是说 BIM1.0 时代是可视化和绘图，主要用于设计阶段，以建立模型为主，应用为辅。BIM2.0 时代主要应用是分析，其主要特征以综合应用为重点，覆盖建筑全生命周期。BIM3.0 时代主要应用是模拟。BIM 技术已不再单纯应用在技术管理方面，而是深入到项目各方面的管理，如图 8.2-7 所示。即：

1）从施工技术管理应用向项目生命期全过程技术管理应用拓展。

2）从项目现场管理向施工企业经营管理延伸。

3）从施工阶段应用向建筑全生命期辐射。

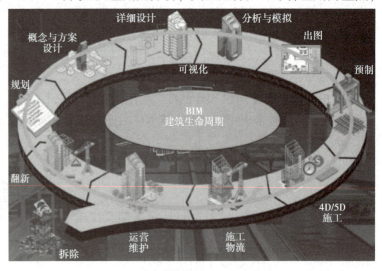

图 8.2-7 BIM3.0 时代

8.2.2 BIM 技术特性

BIM 技术特性体现在以下方面，如图 8.2-8 所示。

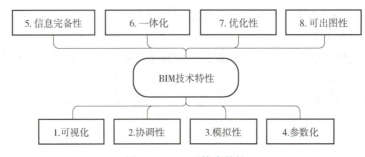

图 8.2-8 BIM 技术特性

1. 可视化

可视化即"所见即所得"，是 BIM 技术最显而易见的特点。如图 8.2-9 所示，与传统 2D 施工图及建筑方案三维可视化效果图不同，BIM 技术可视化主要体现在如下方面：

三维渲染漫游BIM模型　　　　　　　　　　　设备管线碰撞修改前后示意图

施工组织方案可视化模拟　　　　　　　　　施工进度可视化模拟

图 8.2-9　可视化特性

（1）三维设计方案可视化

BIM 技术可以创建高度逼真的三维建筑模型，有利于协调、沟通和决策，优化方案，如设备综合管线的模拟。

（2）施工阶段模拟可视化

通过 BIM 软件进行施工模拟，展示动态演示及复杂构造节点、设备空间可操作性可视化，提前发现问题和冲突，优化方案，提高效率和质量。

2. 协调性

项目在前期策划、设计、施工、运营维护各阶段及各参与方、专业间均需不断沟通协调以避免信息"不兼容"，但传统工作模式易各自为政，信息传达不到位、孤岛现象多，沟通协调难。BIM 协调性的特征就是模型数据共享，所有参与人员在单一模型数据库内存取共享信息；支持多专业多人同时使用同一的 3D 实体模型，进行"多任务模式"的协同作业，见图 8.2-10。BIM 技术协调性主要体现在如下方面：

图 8.2-10　BIM 模型数据共享平台图

（1）设计多专业协调性

土木工程涉及多专业（建筑、结构、给水排水、电气、暖通等），BIM 可实现专业间信息共享协同，避免信息"孤岛"导致的设计冲突与错误，大型工程综合管线布置时尤为明显，如图 8.2-11、图 8.2-12 所示。

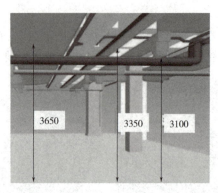

图 8.2-11　管线影响室内净高现象

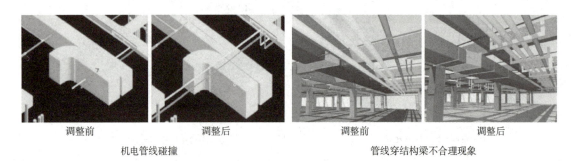

| 调整前 | 调整后 | 调整前 | 调整后 |

机电管线碰撞　　　　　　　　　　管线穿结构梁不合理现象

图 8.2-12　不协调现象

（2）施工各环节协调性

施工阶段，BIM 可帮助各参与方有效沟通协调，减少变更与重复浪费，如施工单位根据模型安排进度和调配资源，设备供应商可提前了解安装需求确保施工顺利。

3. 模拟性

BIM 的模拟性是指不仅能模拟 3D 建筑模型，还可模拟不能在真实世界中进行的操作。模拟性主要体现在如下方面：

（1）设计阶段模拟

设计阶段可以进行空间布局模拟、能耗分析、采光分析、通风分析、结构性能分析等模拟，从而更好地评估建筑、结构方案的合理性，提高建筑物的性能和舒适度，如图 8.2-13 所示。

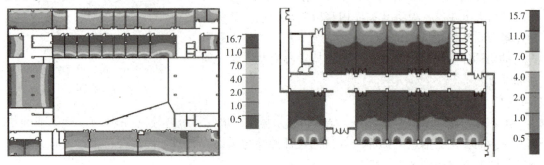

图 8.2-13　日照分析模拟图

（2）施工阶段模拟

BIM 技术可进行施工场布、过程、工艺、设备安装、复杂构造节点安装等模拟，还可进行 BIM-4D 进度、BIM-5D 造价模拟，直观了解施工现场及动态变化，提前发现问题冲突，优化施工顺序与资源安排，确保进度，提高质量效率、降低成本，如图 8.2-14 所示。

施工过程模拟　　　　　　　　　　　　　施工现场模拟

图 8.2-14　施工模拟

（3）安全风险模拟

BIM 技术可模拟施工现场安全风险，如高处坠落、物体打击等，可在虚拟环境设置安全警示标志，模拟安全事故发生的过程，增强施工人员安全意识。

（4）运营阶段模拟

运营阶段可进行日常突发事件紧急情况下安全疏散模拟，如医院、学校等场所可模拟火灾、地震等人员疏散过程，提前制定应急预案，确保生命安全。

4. 参数化

参数化是指在 BIM 模型中，通过定义和调整各种参数来控制建筑模型的形状、尺寸、性能等特征。参数化的实质就是通过对模型中信息采用参数可变量化，任意调整某个参数，相关联的对象会随之更新，实现信息的联动性、共享性。如修改平面图中门窗洞口的大小或位置，在立面图、剖面图和三维模型中都会自动做相应的修改，构件的统计表也会自动修改，这也是采用 BIM 技术相对于传统二维 CAD 图纸的一大优势，如图 8.2-15 所示。

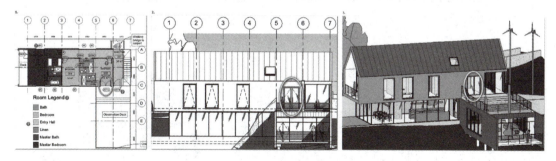

图 8.2-15　门窗洞口变化的联动性、共享性

由于模型中信息是关联互动的，通过信息参数化，信息模型能够自动演化，动态描述生命周期各阶段的过程。如体形复杂的曲线设计，通过参数修改，控制扭曲角度，可生成不同的幕墙形状，通过风洞模拟来确定其最终的形态，如图 8.2-16 所示。

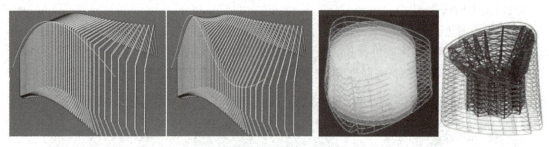

图 8.2-16　BIM 技术参数化设计

5. 信息完备性

BIM 技术能够提供全面、完整、无遗漏的建筑信息。从项目的前期策划到设计、施工、运营维护的各个阶段，BIM 模型中包含了建筑的几何信息、物理信息、功能信息、成本信息等。这些信息可以为项目参与各方提供准确的决策依据，促进有效的沟通与协作，提高项目管理的效率和质量。同时，信息的完备性也有助于实现建筑全生命周期的管理，确保建筑在各个阶段都能得到有效维护和管理，如图 8.2-17 所示。

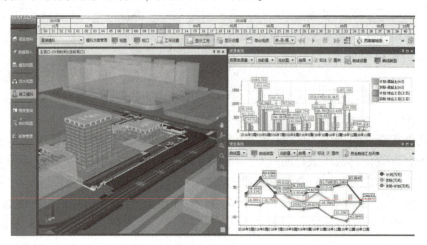

图 8.2-17　BIM 技术信息完备性

6. 一体化

BIM 信息数据库具有完备性、动态性、关联协调性，这些信息在同一个模型同一个协同平台，可以根据需要不断更新、完善、传递、共享，让项目参与方及时了解项目的动态变化，从而实现项目。BIM 的一体化是指 BIM 技术可以贯穿工程项目全生命周期，实现从策划、设计、施工、运营维护、拆除等一体化的管理，如图 8.2-18 所示。

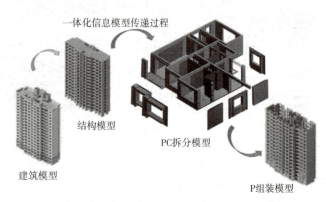

一体化信息模型传递过程

结构模型

建筑模型

PC拆分模型

P组装模型

图 8.2-18　BIM 技术一体化特性

7. 优化性

BIM 技术可在设计、施工及运营阶段进行多方面优化，如设计时优化空间布局、结构及性能等；施工中优化方案、流程及资源配置；运营时优化设备运行、能源消耗等。

（1）设计优化

BIM 模型包含了丰富的建筑信息，设计师可以通过对模型的分析和调整，实现设计方案的优化，如上海中心大厦外形方案优化，如图 8.2-19 所示。

（2）施工优化

在施工过程中，根据 BIM 模型提供的信息，可以对施工方案进行优化，如优化施工顺序、减少施工浪费、提高施工效率等。

图 8.2-19　上海中心大厦外形方案优化

8. 可出图性

相对于传统模式下施工图，BIM 出图更具直观性、可操作性、完善性，更能反映工程的实际情况，除了传统的建筑、结构、机电等专业图纸外，BIM 技术还可以生成碰撞检测报告、施工进度模拟图、维护管理图等多种图纸和报告，满足项目不同阶段的需求，如图 8.2-20 所示。

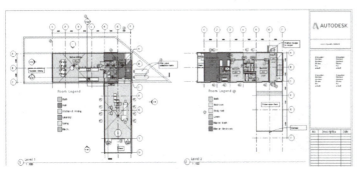

平面图示意图　　　　　　　　　　　　　　　梁柱节点钢筋三维图

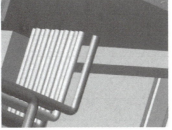

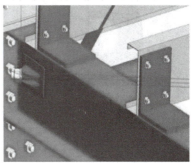

空调管道穿过横梁，造成结构不合理化，立管向南偏移500mm，合理解决管道穿梁
管线穿梁修改前后　　　　　　　　　　　　　　构件加工图

图 8.2-20　BIM 可出图性

（1）二维图纸生成

虽然 BIM 技术以三维模型为核心，但它也可以根据需要生成各种二维图纸，如平面图、

剖面图、立面图、节点详图等。这些图纸与传统的二维图纸相比，更加准确和规范，减少了错误和歧义。

（2）碰撞检测报告

通过 BIM 软件的碰撞检测功能，可以自动检测出建筑模型中的各种碰撞问题，并生成详细的碰撞检测报告。

（3）加工详图

通过 BIM 模型对建筑构件信息化表达，可直接生成构件加工图，能清楚传达传统图纸二维关系及复杂空间剖面关系，还可将离散二维图信息集中于模型，更紧密地实现与预制工厂协同对接。

8.2.3　BIM 技术应用价值

1. BIM 技术应用

BIM 技术在我国有 20 种典型的应用，贯穿项目的全生命周期，见表 8.2-1。

表 8.2-1　BIM 技术在我国 20 种典型的应用

应用阶段	前期策划（Plan）	设计阶段（Design）	施工阶段（Construct）	运维阶段（Operate）
前期策划	1. BIM 模型维护			
	2. 场地现状分析			
	3. 建筑决策			
设计阶段	4. 设计方案论证			
		5. 可视化设计		
		6. 协同设计		
		7. 性能分析		
		8. 工程量概预算		
施工阶段			9. 管综综合与碰撞检测	
			10. 施工组织模拟	
			11. 施工进度模拟	
			12. 数字化建造	
			13. 物料跟踪	
			14. 施工现场配合	
运维阶段				15. 竣工模型交付
				16. 维护计划
				17. 资产管理
				18. 空间管理
				19. 建筑系统分析
				20. 灾害应急计划

2. BIM 技术应用价值

BIM（建筑信息模型）技术在土木工程中具有极高的应用价值，主要体现在以下方面：

（1）提升前期策划的科学化

1）可视化场地评估：通过 BIM+GIS 技术可以创建三维场地模型，直观地展示项目所在地的地形地貌、周边环境等信息，有利于现状分析，评估其项目建设的可行性，如图 8.2-21 所示。

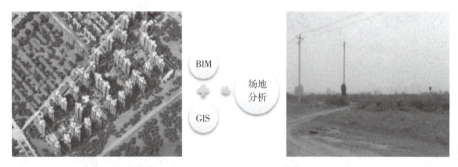

图 8.2-21　BIM+GIS 场地现状分析

2）成本估算：利用 BIM 模型中的信息，可以快速进行成本估算，有助于前期策划阶段确定项目的预算范围，为决策提供依据。

3）方案比选：BIM 技术可以帮助设计师快速生成多个设计方案，如空间利用率、采光效果、交通流线是否合适等，有助于选择最优方案。

（2）提高设计效率和质量

1）可视化设计：通过 BIM 三维模型，设计师可以更加直观地展示设计方案，发现设计中不合理现象，及时进行调整和优化，如图 8.2-22 所示。

2）协同设计：BIM 技术支持多专业协同设计，建筑、结构、设备等专业均可在同一 BIM 平台上进行工作，避免因信息不畅而导致的设计错误现象，提高效率和质量，如图 8.2-22 所示。

修改前后管线碰撞检测结果　　　　　　　　　　　各专业空间高度的协调

图 8.2-22　提高设计质量减少错误

3）性能分析：利用 BIM 模型可以进行各种性能分析，如能耗分析、采光分析、通风分析等，可以根据分析结果对设计方案进行优化，提高建筑的性能和舒适度，如图 8.2-23 所示。

（3）提质增效优化施工管理

1）施工模拟：BIM 技术可进行施工模拟，预演施工过程，直观呈现施工进度、工艺、顺序及关键节点模拟，及时发现潜在问题和风险并调整优化，有助于提高效率，减少错误和返工，如图 8.2-24 所示。

采光性能分析   通风性能分析

图 8.2-23　提高建筑性能分析

施工进度的模拟   关键节点模拟

图 8.2-24　提质增效少返工

2）质量控制：利用 BIM 技术可有效控制施工质量，在模型中标记关键质量控制点，施工人员通过移动设备查看质量要求和标准，确保符合要求，同时记录质量信息，为追溯提供依据。

3）资源管理：BIM 模型提供准确工程量信息，帮助施工单位进行资源管理，根据工程量和进度计划，合理安排人力、物力和机械设备，提高资源利用率，降低成本。

（4）提升运维效率

建筑物结构合理使用年限一般为 50～100 年，而常规项目从策划到竣工交付最长 3～5 年，运营维护时间在全生命周期比例最大，长达 50 年以上甚至近 100 年，故运维管理非常重要。BIM 技术可提升运维管理效率和水平，如图 8.2-25 所示。

图 8.2-25　BIM 技术提升运维效率

1）设施管理：BIM 模型为建筑运营管理提供详细信息支持，通过模型可了解设备位置、性能参数、维护记录等，实现高效管理维护，还可与物联网结合实现远程监控管理，如图 8.2-26、图 8.2-27 所示。

2）能耗管理：利用 BIM 模型可以进行能耗分析和管理。通过模型可了解建筑的能耗情况，找出高能耗区域和设备，采取节能措施降低运营成本。

3）应急管理：紧急情况下，BIM 模型为应急管理提供支持，可以通过模型了解建筑的结构和布局，制定合理应急预案，还可与监控系统结合实现实时监测响应。

BIM运维系统平台 三维综合管线数据检查

图 8.2-26　BIM 技术设施管理

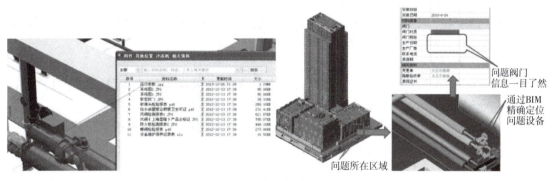

图 8.2-27　管件的保养、报废提醒

8.3 智能化共性技术

8.3.1 人工智能（AI）技术

1. 概述

人工智能的概念最早由艾伦·图灵（Alan Mathison Turing，1912—1954 年）提出。他在 1950 年的论文《计算机器和智能》中探讨了机器能否思考的问题，这被认为是现代人工智能发展的起点。

被称为"人工智能之父"的约翰·麦卡锡（John McCarthy，1927—2011 年），于 1956 年在达特茅斯会议上正式提出了"人工智能（机器学习）"这个词，1971 年约翰·麦卡锡因在人工智能领域的贡献，获得计算机界的最高奖项——图灵奖。

（1）概念

人工智能（Artificial Intelligence，AI）是用人工的方法在机器（计算机）上实现的智能，也称为机器智能（Machine Intelligence），主要研究理解和模拟人类智能、智能行为及其规律的一门学科。人工智能主要包含三个方面：感知能力、思维能力、行为能力。这三方面是通过"机器"系统，而不是"人"这一系统来完成，如图 8.3-1 所示。

约翰·麦卡锡　　　　　扫地机器人　　　　　　聊天机器人　　　　　　巡检机器人

图 8.3-1　"人工智能之父"及机器人示意图

人工智能是计算机科学分支，是多学科（计算机、心理学、哲学等）交叉融合的新兴学科，以计算机科学为基础，研究模拟、延伸和扩展人的智能的理论、方法、技术及应用系统，企图了解智能实质并生产类似人类智能反应的智能机器，研究领域包括机器人、语言识别、图像识别、自然语言处理和专家系统等。

（2）人工智能基本原理

AI 通过机器学习、深度学习、自然语言处理、计算机视觉等技术手段，赋予计算机自主学习和决策能力。人工智能是新一轮科技革命和产业变革的重要驱动力量。

1）机器学习：通过算法和统计模型，让计算机从数据中自动学习改进，能识别模式、预测结果、进行决策。例如在土木工程中用于结构健康监测、辅助优化设计、智能调整施工方案和参数等。

2）深度学习：基于神经网络的机器学习方法，利用多层神经网络对大量数据进行学习和特征提取，高效处理复杂任务。

3）自然语言处理（NLP）：使计算机能够理解、解释和生成人类语言，支持文本分析、信息提取和人机对话等应用。

4）计算机视觉：使计算机能够从图像和视频中提取有用的信息，支持图像识别、目标检测和视觉跟踪等应用。

2. 人工智能的分类

人工智能按智能程度来分可分为弱人工智能、强人工智能（通用人工智能）、超强人工智能。

（1）弱人工智能（Artificial Narrow Intelligence，ANI）

弱人工智能专注于完成某个特别设定的任务，如语音识别、图像识别和翻译。

（2）强人工智能（Artificial General Intelligence，AGI）

强人工智能也称通用人工智能，具有高效学习和泛化能力，能根据复杂动态环境自主产生并完成任务，具备人类级别智能，涵盖学习、感知、认知、语言、推理、决策、执行和社会协作等能力，符合人类情感、伦理与道德观念。

（3）超强人工智能（Artificial Superintelligence，ASI）

超强人工智能在几乎所有领域远超人类大脑，包括科学创新、通识和社交技能，打破了人脑维度限制，其观察和思考内容人类无法理解。

3. 人工智能在土木工程中的应用

随着技术的发展，人工智能在医疗、金融、教育、交通、制造业等众多领域展现了广泛的应用潜力。如医疗领域可助力疾病诊断、方案制定、研发等；金融领域用于风险评估等；交通领域可规划航线、研发无人驾驶及整治违规行为；制造业可实现自动化提高效率；教育领域可实现个性化教学等；在生活中，以智能家居产品提高家居智能水平，如图 8.3-2 所示。

智能交通　　　　　　　智能医疗　　　　　　　智慧金融　　　　　　　智慧教育

图 8.3-2　人工智能应用领域示意

人工智能在土木工程领域带来革命性的变化，极大提高了工作效率和质量，降低成本，为环保和可持续发展提供了新思路，如图 8.3-3 所示。

智能规划与设计　　　　　　智能施工与管理　　　　　　智慧运维与管理

图 8.3-3　人工智能在土木工程中的应用

（1）智能规划与设计

在人工智能时代，机器学习算法能够分析庞大的设计数据，为建筑师提供智能化设计建议，激发更大的创意和想象力。

1）场地分析和选址：利用卫星图像、GIS 数据和机器学习算法，分析场地的地形、地质、水文等条件，评估其适宜性，为选址提供科学依据。

2）智能规划：基于深度学习算法，根据用户需求、建筑规范和周边环境等因素，自动生成初步的建筑布局方案，优化建筑物内部的空间分配，提高空间利用率和功能性。

3）辅助设计优化：人工智能算法可以分析已有的多种方案，快速生成多种设计方案并进行优化，帮助设计师拓展思路。

4）性能预测：通过模拟分析，预测建筑的能耗、采光、通风等性能，为节能设计提供依据，如采用机器学习算法，可提前评估建筑在不同季节的能耗情况。

5）智能结构性能分析与优化：利用 AI 技术进行结构性能的模拟与仿真，可以自动识别潜在的问题和优化点，评估不同方案的安全性和稳定性，为工程设计和施工提供重要参考。

（2）智能施工与管理

1）智能进度管理：人工智能系统可以自动分析施工进度数据，预测延迟情况并提供建议，实时监控进度，及时校准偏差。

2）智能质量控制：利用计算机视觉技术对施工现场的质量进行检查，如通过摄像头和图像识别算法，检查混凝土浇筑质量、钢结构焊接质量等，减少人工检查的主观性和疏漏。

3）智能安全管理：在施工现场安装传感器，结合人工智能算法进行安全监测，识别危险和隐患并警报，如工人未佩戴安全帽、起重机超载、脚手架不稳定等潜在的安全隐患。

（3）智慧运维与管理

人工智能技术在建筑运维阶段也发挥着重要作用。通过物联网设备和传感器，建筑能够实时监测结构、设备的状态，并提前发现潜在问题，减少运维成本，延长工程设施的寿命。

1）结构健康监测：在工程设施（如建筑、桥梁、隧道）上安装各种传感器，通过对结构的动态响应数据进行分析，如应变、振动等，评估结构的健康状况。

2）设施管理与维护计划优化：人工智能可根据设施的使用年限、运行状况、维修记录等数据，制定合理的维护计划，降低运维成本，对电梯系统进行故障预测，提前维修保养。

未来人工智能技术将在智能化施工管理、高效能的建筑运营、智慧城市建设等方面发挥更大的作用，推动土木工程行业的持续创新性发展。

8.3.2　物联网（IoT）

1. 概述

（1）基本概念

物联网（Internet of Things，IoT）是指通过各种信息传感器、射频识别技术、全球定位系统、红外感应器、激光扫描器等各种装置与技术，实时采集任何需要监控、连接、互动的物体或过程，采集其声、光、热、电、力学、化学、生物、位置等各种需要的信息，按约定的协议，将物理世界中的各种设备和系统与互联网连接起来，实现物与物、物与人的泛在连接，实现对物品和过程的智能化感知、识别、跟踪、定位、监控和管理的一种网络。

物联网就是"物物相连的互联网"。其有两层意思：第一，物联网的核心和基础仍然是互联网，是在互联网基础上延伸和扩展的网络；第二，其用户端延伸和扩展到了任何物品与物品之间，进行信息交换和通信，如图 8.3-4 所示。

图 8.3-4　物联网示意图

互联网是人与人之间的联系；而物联网是人与物、物与物之间的联系。

（2）基本原理

物联网的基本原理是通过各种信息传感设备，如传感器、射频识别（RFID）装置、红外感应器等，实时采集物体的信息，然后利用网络层（包括有线和无线通信技术）将这些信息传输到信息处理层。信息处理层对数据进行存储、分析、处理和决策，最终将结果反馈给应用层，实现对物理世界的智能感知、识别、监控和管理。

2. 物联网技术架构及关键技术

（1）物联网技术架构

物联网系统一般有四个层次：感知层技术、网络层技术、信息处理层技术、应用层技术，如图 8.3-5 所示。

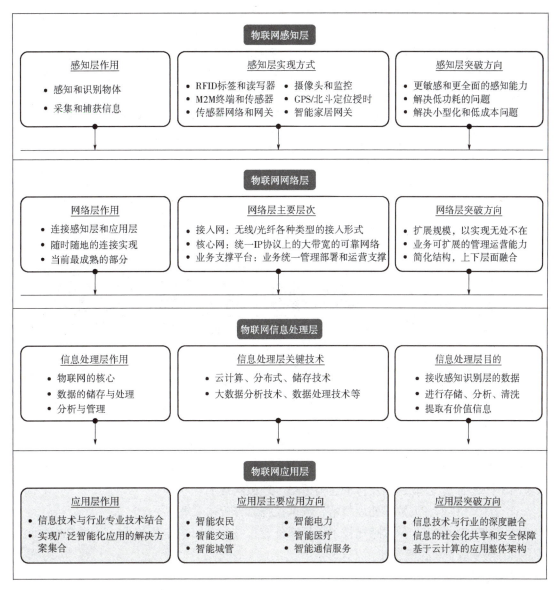

图 8.3-5　物联网技术架构

1）感知层技术：感知层位于物联网四层模型的最底端，是物联网感知物理世界的"触手"，是物联网基础，是通过各种传感器对数据采集和识别的关键部分。

2）网络层技术：网络层是物联网中枢神经，连接感知层与数据处理层，负责信息交换和数据传输，主要包括无线通信技术（如 WiFi、蓝牙等）、有线通信技术（如以太网、光纤等）及互联网等广域网技术，起到强大的纽带作用，具有高效、稳定、及时、安全地传输上下层数据的功能。

3）信息处理层技术：平台层为物联网核心，也称数据处理层，负责数据接收、处理、分析和管理，为上层应用提供统一数据接口和强大处理能力，通常包括云计算平台、大数据处理平台、物联网管理平台等，可实现数据存储、清洗、分析、挖掘及设备管理等功能。

4）应用层技术：应用层是物联网顶层，基于平台层数据和服务，为物联网与用户直接提供交互界面，是技术价值的最终体现。其主要处理网络层传输数据，通过云计算和大数据处理分析技术，将数据转化为实际行动或信息展示给用户，实现智能应用的终端需求。

应用层涵盖智能家居、智慧城市等众多领域，以智能化、自动化方式提升生活品质、工作效率和社会管理水平。

物联网技术架构通过感知层、网络层、信息处理层和应用层的紧密协作，实现了物理世界与数字世界的深度融合，为人类社会带来了前所未有的变革和发展机遇。

（2）物联网关键技术

物联网关键技术如图 8.3-6 所示。

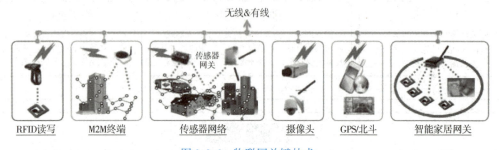

图 8.3-6　物联网关键技术

1）传感器技术（温度、湿度、压力、光强等多种类型传感器）。

2）RFID 技术（通过无线电信号识别特定目标并读写相关数据）。

3）二维码技术（快速识别并存储信息）。

4）摄像头与图像识别技术（用于视频监控与图像分析）。

5）网络技术：主要有无线通信技术（如 WiFi、蓝牙、Zigbee 等）、有线通信技术（如以太网、光纤等）、互联网以及移动通信网络等广域网技术。

6）云计算技术、大数据处理技术、数据挖掘、分析技术等。

7）位置感知技术：位置感知技术包括室外定位技术和室内定位技术，通过 CPS、北斗等卫星导航系统提供位置信息。

3. 物联网在土木工程中的应用

物联网的应用领域非常广泛，涉及土木、工业、农业、环境、交通、物流、安保等方面。在土木工程中，涵盖结构智能监测、智能建筑与智慧交通、智慧工地等多个方面。

（1）结构智能监测

结构智能监测是土木工程中确保建筑物、桥梁、隧道等基础设施安全的重要手段。通过在结构上布置智能传感器，可以实时监测结构的应力、变形、振动等状态参数，及时发现并预警潜在的结构损伤或安全隐患。

（2）智能建筑

智能建筑通过集成各类传感器、执行器和智能控制系统，物联网能够实现对建筑内部环境（如温度、湿度、光照）、能源使用、安全监控等多个方面的实时监控和智能调控。

如智能温控系统能够根据室内外温差自动调节空调温度，既保证了室内舒适度又节约了能源。若安装智能门禁、监控摄像头和烟雾报警器等设备，可提升建筑物的智能安全和防护能力。

（3）智能交通

1）交通流量监测与调度：收集交通信息、优化信号灯控制、提高通行效率、支持决策。

2）智能停车管理：监测停车位，提供引导和预约服务，提高利用率。

3）自动驾驶与车联网：为自动驾驶提供技术支持，实现车辆安全高效行驶。

（4）智慧工地

涵盖人员管理、设备监控、环境监测、材料管理、施工进度管理、施工质量管理和绿色环保施工等方面。

1）人员管理：定位设备保障安全，利用智能手环可监测健康状况。

2）设备监控：实时监控施工设备，优化调度，降低成本。

3）环境监测：连接传感器监测工地环境和自然灾害，保障人员安全。

4）材料管理：智能化管理建筑材料，避免浪费和短缺。

5）施工进度管理：实时监测进度，确保项目按计划推进。

6）施工质量管理：自动识别质量问题，提高准确性和可靠性。

7）绿色环保施工：监测能耗和环境影响，优化能源使用，减少污染。

8.3.3　大数据技术

1. 大数据的基本概念

大数据（Big Data）是指从多种来源收集的、体量巨大、结构复杂的数据集合，这些数据需要通过先进的数据处理技术进行存储、处理和分析，以提取有价值的信息和规律，支持决策和优化管理。大数据技术涵盖了数据采集、存储、处理、分析和可视化等多个方面。

2. 大数据基本原理及技术架构

大数据基本原理及技术架构如图 8.3-7 所示。

（1）数据采集：通过传感器、设备、系统和网络等多种渠道，实时或批量采集各类结构化和非结构化数据。

（2）数据存储：利用分布式数据库和存储技术，如 Hadoop、HBase 和 Cassandra 等，存储海量数据，保证数据的高效读写和可靠性。

（3）数据处理：通过并行计算和分布式处理技术，如 MapReduce 和 Spark，对海量数据进行高效处理和分析，提取有价值的信息。

（4）数据分析与管理：利用数据挖掘、机器学习和统计分析等技术，对数据进行深度分析和建模，发现数据中的规律和趋势。

（5）数据价值变现：通过图表、仪表盘和可视化工具，将分析结果直观展示，支持决策和沟通。

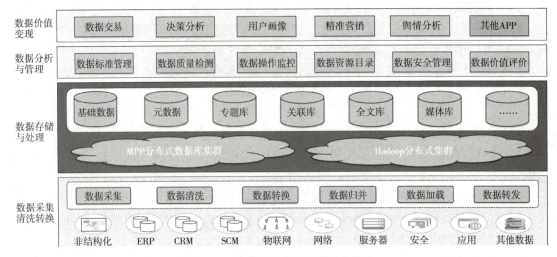

图 8.3-7　大数据基本原理及技术架构

3. 大数据的 "5V" 基本特征

大数据的特征通常被概括为 "5V"，即 Volume（数据量大）、Velocity（处理速度快）、Variety（数据类型多样）、Value（价值密度低）和 Veracity（真实性或准确性）。这些特征共同构成了大数据的复杂性和挑战性，为其在各个领域的广泛应用提供了可能。

（1）Volume（数据量大）

随着各种设备（如智能手机、传感器、社交媒体等）的普及和互联网的发展，数据的产生速度远远超过了传统数据库的处理能力。大数据通常以 PB、EB 或 ZB 为单位来衡量。通常 1ZB＝1024EB、1EB＝1024PB、1PB＝1024TB、1TB＝1024GB、1GB＝1024MB、1MB＝1024KB。

（2）Velocity（处理速度快）

大数据不仅要求存储量大，还要求能够快速处理和分析这些数据。在实时应用场景中，如金融交易、网络安全监控等，数据的价值与其被处理的速度密切相关。

（3）Variety（数据类型多样）

大数据包含了多种多样的数据类型，既有结构化数据（如关系数据库中的表），也有半结构化数据（如 XML、JSON 等格式的数据）和非结构化数据（如文本、图片、视频、音频等）。这种多样性要求大数据处理系统能够灵活地处理各种类型的数据，并从中提取有价值的信息。

（4）Value（价值密度低）

尽管大数据的数据量非常庞大，但其中真正有价值的信息可能只占很小的一部分。这意味着在大数据中挖掘有价值的信息需要付出大量的努力和时间。

除此之外，大数据具有真实性（Veracity）等特征。大数据的真实性和准确性直接影响到基于这些数据所做的决策和预测的有效性。因此，在大数据的收集、处理和分析过程中，需要采取各种措施来确保数据的真实性和准确性。

4. 大数据的应用领域

大数据技术的应用领域极其广泛，几乎覆盖了所有行业。如金融领域（可分析交易数据和客户信息，评估风险，提供理财投资建议）、医疗领域（可提供健康信息和诊疗建议，制定精准治疗方案）、交通领域（可预测路况，智能导航提供最佳路线）、能源领域（预测用电量，优化生产、分配和消耗）、教育领域（可定制学习计划，优化资源分配）、政府领域（助力城市管理和政策制定，评估调整政策效果）、公共管理领域、电商领域（提供个性化服务和商品推荐，预测流行趋势）、传媒领域（可精准推送信息，为内容创作、广告等提供依据）等，如图 8.3-8 所示。

金融领域　　　　　　医疗领域　　　　　　教育领域　　　　　　电商领域

图 8.3-8　大数据应用领域

5. 大数据在土木工程中的应用及价值

大数据在土木工程领域的应用，涵盖了设计优化、施工管理、成本控制、运营维护和安全管理与风险控制等多个方面。

（1）工程项目规划和设计

1）地理环境分析：收集分析海量地理数据，了解地质、气候、水文环境等条件，支持科学规划。

2）设计优化：分析已有设计数据，找出规律，优化方案，提高合理性和经济性。

3）性能分析：分析能耗数据、优化能源设计，利用大数据模拟分析评估结构性能。

（2）施工控制与监测

1）施工进度管理：通过数据采集与分析，可实时监控进度和工作量，预测偏差，调整计划，优化资源调度。

2）质量管理与控制：通过对施工质量数据的分析，及时发现问题，监控关键参数，确保工程质量。

（3）工程造价管理

1）数据收集和分析：建立数据库，收集造价数据，分析规律和趋势，为造价管理提供科学依据。

2）成本控制：通过对项目成本数据的分析对比，及时发现和调整偏差，确保成本控制。

（4）运营维护与预测性维护

1）设施健康监测：通过物联网传感器实时采集设施运行数据，分析评估健康状况，预警潜在问题，制定维护策略。

2）预测性维护：利用大数据和机器学习算法，分析建模预测故障，提前维护降低成本。

3）运营优化与管理：利用大数据技术分析能耗数据、优化能源管理，评估设施使用数据，提高资源利用率。

（5）安全管理与风险控制

1）风险识别：分析历史和实时数据，识别安全风险，如结构损伤、地质灾害等。

2）风险评估和预警：建立风险评估模型，评估和预测风险，制定预警措施和应急预案。

大数据在土木工程中的应用价值非常显著，可提高设计科学性、优化资源配置、提质增效、保证安全、降低成本、促进可持续发展，随着技术发展将发挥更重要的作用。

8.3.4　云计算

1. 云计算的基本概念

云计算（Cloud Computing）是一种无处不在、便捷且按需对一个共享的可配置计算资源（包括服务器、存储、数据），它通过共享计算资源、库、网络、软件等的服务模式。它能够通过最少量的管理以及与服务提供商的互动实现计算资源的迅速供给和释放。

用户根据需求可灵活获取和管理计算资源，而无需进行硬件和基础设施的投资。云计算通过分布式计算和虚拟化技术，实现资源的高效利用和按需分配。

2. 云计算的基本原理

云计算的核心技术包括虚拟化技术、分布式计算、自动化管理等，这些技术共同支撑着云计算的高效运行和灵活扩展。

1）虚拟化技术：将物理资源抽象为虚拟资源，提供灵活的计算、存储和网络服务。

2）分布式计算：将计算任务分解到多个服务器上并行处理，提高计算效率和可靠性。

3）弹性伸缩：根据用户需求动态调整计算资源的数量和配置，实现按需扩展和缩减，优化资源利用。

4）按需服务：用户无需预先购买和管理基础设施，只按需支付费用，降低成本。

3. 云计算基本特征及服务、部署模式

（1）云计算基本特征

云计算具有有弹性可扩展、按需付费自助服务、资源池化、高可靠性等特点，如图 8.3-9 所示。有弹性可扩展指的是云计算可以根据用户需求动态地分配和释放资源；按需付费意味着用户只需支付所使用的资源费用；资源池化实现了计算资源的集中管理和动态分配；高可靠性通过数据备份、容错等技术手段保障服务的稳定性和可用性。

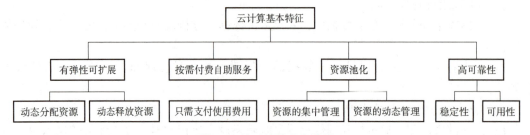

图 8.3-9　云计算基本特征

（2）云计算服务模式

云计算提供三种主要服务模式，包括基础设施即服务（Infrastructure as a Service，IaaS）、平台即服务（Platform as a Service，PaaS）和软件即服务（Software as a Service，SaaS），如图 8.3-10 所示。IaaS 提供基础设施服务，具有低成本、大规模、高效率的特点；PaaS 提供应用程序开发和部署所需的平台与工具，具有统一的平台架构、开放的平台；

SaaS 则提供软件应用程序，用户通过互联网访问和使用，能增强业务能力、降低业务成本和终端要求。

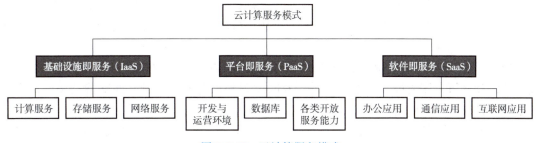

图 8.3-10　云计算服务模式

（3）云计算部署模式

根据部署方式的不同，云计算可分为公有云、私有云和混合云，如图 8.3-11 所示。公有云由云服务提供商运营，为公众提供服务；私有云由企业或组织内部搭建和运营，仅供内部使用；混合云则结合公有云和私有云特点，实现数据和应用程序在两种云之间的迁移和共享。

图 8.3-11　云计算部署模式

4. 云计算在土木工程中的应用及价值

随着虚拟化技术、分布式计算、大数据等技术的不断发展，云计算得到了广泛应用和普及。云计算技术在土木工程中的应用，涵盖了设计优化、施工管理、运营维护等多个方面。

（1）智能化设计与协同

支持实时协同工作，进行设计文件共享、编辑、版本控制和管理。

1）复杂模拟与仿真：利用云计算，工程师可以便捷获取、存储和处理工程数据，借助高性能计算资源进行复杂模拟与仿真、优化设计、提高设计效率和质量。

2）实时协同工作：利用云计算平台，设计团队可以跨地区多专业实时协同工作，进行共享资源、编辑文件，版本控制与管理等活动，确保设计数据的一致性和可追溯性。

（2）智能化管理与控制

借助云计算平台，可实现智能化管理，包括进度控制、质量管理、成本管理等各个方面，提升项目管理水平。

1）施工进度模拟与优化：可实时采集和分析施工现场数据，监控施工进度，及时发现和调整偏差，确保项目按期完成，提质增效降成本。

2）实时质量监控与管理：可集成现场监控设备的数据，实时监控和管理，提高现场管理的透明度和响应速度，及时发现潜在的安全隐患，提供预警和应对措施，提高施工安全性。

3）资源配置动态调整：可根据需求动态调整计算、存储资源等，实现资源的高效利用。

（3）运营维护与智能管理

对设施健康实时监测，通过采集数据利用云计算平台分析评估健康状况，存储历史数据支持长期监测；智能运维系统，通过分析数据预测故障和维护需求，制定维护计划，优化能源使用和资源调度。

1）对设施健康实时监测：通过物联网传感器采集设施运行数据，利用云计算平台进行实时监测和分析，评估设施的健康状况，及时发现和预警潜在问题，并支持长期监测和分析，为维护决策提供依据。

2）智能运维系统：可分析设施运行数据，利用机器学习算法预测设施的故障和维护需求，制定科学维护计划，减少维护成本和停机时间，同时优化资源调度，提高运营效率。

8.3.5　地理信息系统（GIS）

地理信息系统（GIS）思维导图如图 8.3-12 所示。

图 8.3-12　地理信息系统（GIS）思维导图

1. GIS 的基本概念

地理信息系统（Geographic Information System，GIS），它能够处理大量地理数据，并以图形、图像或表格的形式展示结果，如图 8.3-13 所示。

GIS 是结合了地理学、计算机科学、信息科学等多个学科的知识和技术。GIS 技术具有强大的数据整合与可视化能力，能够提供高精度的地质图、施工进度图等，帮助工程师更好地决策。此外，GIS 还支持空间分析，广泛应用于城市规划、环境管理、资源开发、交通运输和土木工程等领域，为工程师提供科学的决策依据。

2. GIS 的组成

GIS 组成包括硬件、软件、数据、人员和方法，如图 8.3-14 所示。

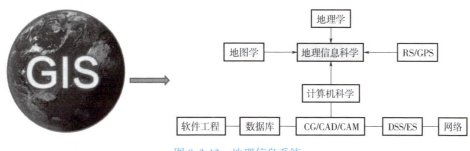

图 8.3-13　地理信息系统

硬件　　　　　　　软件　　　　　　　终端操作　　　　　　数据存储

图 8.3-14　地理信息系统组成

（1）硬件

硬件包括计算机、服务器、存储设备、输入输出设备（如数字化仪、扫描仪、绘图仪、GPS 接收机等）以及各种传感器等，用于数据的存储、处理和显示等操作。其中计算机是 GIS 运行的核心硬件设备，用于数据处理和分析。

（2）软件

1）操作系统软件：为 GIS 专业软件运行提供基础环境，如 Windows、Linux 等。

2）GIS 专业软件：GIS 专业软件是运行 GIS 所必需的各种程序，具备空间数据输入、编辑、管理、分析、输出等功能，是 GIS 的核心部分。常见的有 ArcGIS、QGIS、MapInfo 等。

3）数据库管理软件：用于管理地理空间数据和属性数据。

（3）数据

地理空间数据是 GIS 应用系统的核心和基础，包括地理空间数据（如地图数据、遥感影像等）和属性数据（与地理实体相关的各种描述信息）。

（4）人员

GIS 人员是地理信息系统中不可或缺的组成部分，包括系统开发人员、管理人员、操作人员等，他们负责 GIS 的建设、维护和使用。

（5）方法

方法包括 GIS 项目的设计方法、数据采集方法、数据分析方法等，用于处理和分析地理空间数据，提取有用信息，支持决策制定。

3. GIS 特点

（1）空间性

GIS 最核心的特点就是能够处理和分析空间位置与几何特征数据，准确地表示地理实体的空间分布、形状等以及相互关系，如通过 GIS 可以清晰地看到不同城市在地图上的位置。

（2）多源性

GIS 能够整合和处理来自多种来源的数据，包括地图、遥感影像、GPS 数据等，可综合利用不同类型精度数据的分析。将卫星遥感影像获取的土地覆盖信息与实地调查的土地利用数据相结合，可进行更全面的土地资源评估。

（3）动态性

GIS 可以实时或定期更新数据，反映地理现象变化。实时跟踪交通流量的变化，以便及时调整交通管理策略。

（4）可视化

可以地图、图表等形式展示复杂地理信息，便于用户理解分析，如规划人员可直观地评估规划方案的效果。

（5）综合性

GIS 不是孤立地处理空间数据，而是将空间数据与相关的属性数据相结合，进行综合分析和决策支持，如研究森林火灾风险时，要综合考虑地形、植被类型等因素。

（6）高精度

可提供高精度的地理定位和测量，满足对地理信息准确性要求较高的应用需求。

（7）决策支持性

利用其强大的分析功能，为各种决策提供科学依据和建议，如在商业选址中，通过分析人口密度、消费习惯等因素，为企业选择最佳的店铺位置。

这些特点使得 GIS 在众多领域，如城市规划、环境保护、资源管理、交通运输等都发挥着不可替代的作用。

4. GIS 的基本功能

（1）空间数据采集

数据的采集与编辑是 GIS 最基本的功能，通过卫星遥感、航空摄影、地面测量等方法采集地理空间数据，确保 GIS 系统数据库中的数据内容的充实性、数值的正确性、逻辑的一致性、空间的完整性等。

（2）数据存储与管理

GIS 能够有效地存储和管理大量的地理数据，并提供数据查询、检索和更新的功能。

（3）空间分析与统计

利用空间分析工具对地理数据进行处理和分析，如缓冲区分析、叠加分析、网络分析等，提取有价值的信息和规律，如查找距离某一特定地点一定范围内的所有医院。

（4）地图制图与可视化

地图的制作是 GIS 基本功能应用的最好例证。通过 GIS 软件可生成各种类型的地图和图表，并以不同的格式输出，如纸质地图、电子地图等。

5. GIS 在土木工程中的应用

GIS 技术在土木工程中的应用，涵盖了地质勘探与分析、选址规划、设计优化、施工管理与监控、运营维护与监控、辅助防灾减灾等多个方面。

（1）地质勘探与分析

1）地质数据集成：GIS 可以将各种地质数据与区域地图集成处理，建立地质信息库。

2）地质特性分析：GIS 能够分析地下水、岩土特性、地下构造等，帮助工程师了解地质条件。

3）高精度地质图制作：使用 GIS 软件中的空间分析工具，制作高精度的地质图，为工程设计提供科学依据。如在某大型跨江桥梁的工程地质勘察中，GIS 技术被用于整合地质勘探数据、卫星遥感图像及历史地质资料，如图 8.3-15 所示。

图 8.3-15　GIS 系统在地质勘探与选址规划中的作用

（2）选址规划

1）场地选址：利用 GIS 技术进行场地选址的可行性分析，评估地形、土壤、环境、交通等因素，选择最优的建设地点。通过 GIS 分析评估不同选址方案对环境的影响，如生态敏感区、水源保护区等，支持可持续发展决策。

2）空间布局优化：利用 GIS 技术进行土地利用规划，分析土地资源的分布和利用情况，优化土地的开发和利用。通过 GIS 分析确定基础设施（如道路、管网等）的最佳布局方案，提高项目的可行性和经济性。

（3）设计优化

1）可视化分析：GIS 可以对地形地貌、土地利用和环境因素进行可视化分析和模拟，辅助工程师进行工程设计和规划。

2）方案优化：通过 GIS 的空间分析功能，工程师可以评估不同设计方案对环境的影响，选择最优方案，如图 8.3-16 所示。

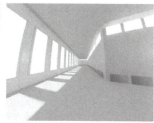

图 8.3-16　GIS 在工程设计中应用示意图

（4）施工管理与监控

1）进度实时监控：GIS 可以实时获取施工进度、材料计划、维护记录等现场施工数据，减少人为因素对施工计划和管理的影响，提高施工管理的智能化水平。

2）质量实时监控：利用 GIS 技术集成施工现场的监控数据，实时监控施工过程中的关键参数和质量指标，发现质量问题和薄弱环节，制定改进措施，确保施工质量符合设计要求。

3）资源调度：通过 GIS 的空间分析功能，优化资源配置，减少浪费，提高施工效率。

（5）运营维护与监控

1）设施管理：利用 GIS 技术对土木工程设施进行定位和监控，管理设施的空间分布和运行状态，优化维护计划和策略，提高设施管理的效率和精度。

2）应急响应与管理：利用 GIS 技术进行应急资源的空间调度和优化，进行灾害模拟和风险评估，确保应急资源的快速响应和高效配置，提升应急管理能力。

（6）辅助防灾减灾

1）风险评估：GIS 可以用于评估自然灾害的风险，如洪水、地震等，为防灾减灾提供科学依据。

2）应急响应：在灾害发生时，GIS 可以快速生成受灾区域的空间分布图，为应急响应提供决策支持。

8.3.6 扩展现实技术（XR）

扩展现实技术思维导图如图 8.3-17 所示。

图 8.3-17　扩展现实技术思维导图

1. 概念

扩展现实（Extended Reality，简称 XR）技术是近年来快速发展的一个综合性高新技术群，它涵盖了虚拟现实（VR）、增强现实（AR）和混合现实（MR）等多种沉浸式技术，如图 8.3-18 所示。

XR 技术通过创建沉浸式的虚拟环境或将虚拟元素叠加到现实世界中，实现对现实世界的扩展和增强，广泛应用于游戏娱乐、教育培训、医疗健康、制造业和土木工程等领域。

2. 组成

（1）虚拟现实（VR）：纯虚拟

通过计算机生成三维虚拟环境，用户通过头戴式显示器（HMD）和其他输入设备（如手柄、传感器等）与虚拟环境进行交互，实现沉浸式体验，身临其境地感受虚拟世界的存在。

（2）增强现实（AR）：虚拟+现实

AR 技术是一种将虚拟信息与现实世界相结合的技术，它通过计算机技术将虚拟的图像、声音、文字等信息叠加到现实世界中，增强用户对现实世界的感知和理解。

（3）混合现实（MR）：现实+以假乱真的虚拟

MR 是结合 VR 和 AR 技术，将虚拟对象与现实世界进行无缝融合，是基于计算机视觉、图形学、传感器技术等多种技术的综合应用。MR 技术既保留了真实世界的元素，又融入了虚拟信息，为用户提供了更加丰富和多样的体验。

扩展现实设备　　　　　VR体验　　　　　　　AR体验　　　　　　　MR体验

图 8.3-18　扩展现实示意

3. 基本特征

（1）VR 基本特征

1）沉浸感（Immersion）：是核心特征，如用户在虚拟现实游戏中有身临其境之感。

2）交互性（Interactivity）：用户能与虚拟环境对象互动，可通过手势等方式进行，增加了参与感和体验感，如在虚拟射击游戏中可操作虚拟对象。

3）构想性（Interactivity）：可提供广阔想象空间，激发创造力和创新思维，提供丰富的娱乐和学习体验，如构想在神秘岛屿冒险。

4）多感知性（Multi-sensory）：不止视觉体验，还模拟其他感官，包括听觉、触觉等，使虚拟环境更逼真全面。

（2）AR 基本特征

1）虚实融合（Integration of Virtual and Real）：虚实融合是其显著特点，将虚拟数字信息与真实场景实时融合，虚拟元素与现实环境互补交互，如扫描明信片显示动态视频或 3D 模型。

2）实时交互（Real-time Interaction）：用户可与现实世界中的虚拟元素实时互动，如在 AR 导航应用中可直接点击操作虚拟箭头或路线。

3）三维注册（3D Registration）：虚拟对象能准确定位和匹配现实世界位置与方向，保持稳定一致，如移动手机时虚拟家具模型能够正确放置。

4）场景感知（Scene Awareness）：AR 系统能感知理解现实场景特征并调整虚拟元素显示效果，如虚拟物品可随现实光线变化而产生阴影明暗效果。

5）沉浸感：虽更多与 VR 相关联，但用户佩戴 AR 设备沉浸在增强现实世界中时，会感觉置身新环境，可提升兴趣和专注度。

（3）MR 基本特征

1）现实与虚拟的无缝融合（Seamless Blending of Real and Virtual）：实现虚拟物体与现

实世界高度融合，虚拟元素如真实存在于现实中，如在 MR 医疗培训场景中，虚拟人体器官与真实手术器械交互呈现逼真效果。

2）深度交互性（Deep Interaction）：用户通过多种方式与虚拟和现实对象深度交互，包括复杂动作，如在工业设计场景中抓取调整虚拟产品部件。

3）实时空间感知与追踪（Real-time Spatial Perception and Tracking）：系统精确感知追踪用户位置、动作和视角，实时更新虚拟元素显示，如走动时虚拟家具也相应变化。

4）信息叠加与增强（Information superposition and enhancement）：MR 技术不只是简单叠加虚拟信息，而是增强用户感知理解，如在医疗领域，MR 可以帮助医生更准确地了解患者的病情。

5）综合技术优势（Comprehensive technical advantages）：MR 技术综合 VR 和 AR 优势，具有沉浸感、实时交互性和虚实结合等特点，可以提供更好的用户体验和更高的应用价值。

4. 扩展现实在土木工程中的应用

扩展现实技术涵盖设计优化、施工管理、培训教育和运营维护等方面，可用于设计、施工管理、安全教育、质量检测等环节。

（1）设计展示与优化

1）虚拟设计与评审：用 VR 技术可创建虚拟模型，设计师和客户可在虚拟环境查看评审方案，提高沟通决策效率，进行试验优化，减少错误变更。

2）增强现实设计：用 AR 技术现场查看调整方案，将虚拟设计叠加现实环境评估匹配度优化细节，支持多专业协同设计，提高一致性、协调性，如图 8.3-19 所示。

图 8.3-19　AR 在设计、装修中的应用示意

（2）施工管理与模拟

1）虚拟施工进度模拟：用 VR 技术模拟演练施工过程，及时发现并解决问题、优化方案；用 AR 技术实时监控进度，对比计划调整，确保按时完成，如图 8.3-20 所示。

图 8.3-20　XR 在施工中的应用示意

2）质量管理与控制：用 AR 技术现场实时指导培训，减少施工错误返工。

（3）技能培训与安全教育

1）技能培训：VR 用于施工人员技能培训，如推土机模拟驾驶，提高熟练度和应急能力，不受时空限制，成本低。

2）安全教育：用 VR、AR 技术提供互动平台，结合虚拟教学内容，提供沉浸式培训环境，增强安全意识。

（4）运营维护模拟

1）设施管理与维护：用 VR 技术虚拟巡检和维护模拟，提高效率和质量；用 AR 技术提供实时维修指导，减少时间成本。

2）运营优化与应急响应：用 AR 技术展示运营数据状态，优化策略；用 VR 和 AR 技术进行应急演练和管理，提高响应人员的技能、反应能力以及应急管理水平。

（5）结构健康检测

1）实时监测：VR 与传感器结合，实现实时监测，且可将采集数据转化为三维图像全方位分析。

2）数据分析：在 VR 环境中分析监测数据，了解结构状态，为维护修复提供依据。如用 AR 技术将检测结果以虚拟标注形式叠加在真实的结构表面，使检测人员能够迅速定位问题区域；用 MR 技术可进行应力分析和损伤评估，为维修加固提供依据，如图 8.3-21 所示。

图 8.3-21　XR 在施工安全教育和结构健康监测中的应用

8.4　智能设备技术

8.4.1　无人机

1. 概述

（1）基本概念

无人机（Unmanned Aerial Vehicle，UAV）是一种不需要驾驶员登机操作而是通过遥控或自主控制进行飞行的航空器。

无人机技术结合了航空、电子、通信和计算机等多学科的先进技术，广泛应用于军事、农业、环境监测、土木工程等多个领域。

（2）基本原理

无人机由飞行控制系统、传感器、通信系统、动力系统组成。其基本原理是通过无线电遥控设备或内置的飞行控制系统来操控。依靠电动机或发动机驱动螺旋桨或喷气装置飞行，内置传感器感知姿态、位置和运动状态，飞行控制系统据此计算调整以保持稳定或执行任务。同时可搭载相机、传感器等任务设备，实现航拍、测绘、监测等应用。

2. 无人机类型与功能

如图 8.4-1 所示，无人机根据其功能和应用场景，可分为以下类型：

（1）多旋翼无人机

特点：结构简单、操作灵活、垂直起降，适用于小范围内的精细勘测和监测任务。

应用场景：建筑工地监控、地形测绘、设施检查等。

（2）固定翼无人机

特点：飞行速度快、续航时间长、覆盖范围广，适用于大范围的勘测和监测任务。

应用场景：大面积地形测绘、基础设施巡检、环境监测等。

（3）混合翼无人机

特点：结合多旋翼和固定翼的优点，既能垂直起降，又具备长续航和高速飞行能力。

应用场景：复杂地形的勘测、长距离巡检等。

多旋翼无人机　　　　　　　固定翼无人机　　　　　　　混合翼无人机

图 8.4-1　无人机示意图

3. 无人机在土木工程中的应用

无人机技术在土木工程中的应用，涵盖了勘测、施工管理、监测等多个方面。

（1）勘测阶段

1）地形测绘：无人机搭载激光雷达和高分辨率摄像头，能在短时间内覆盖大面积区域，快速采集地形数据，对场地进行高精度三维建模，生成地形图和地势数据，为设计和施工提供基础数据。

2）环境监测：无人机搭载气象传感器，可实时监测场地气象条件和周边的生态环境（植被覆盖、土地利用变化等），评估施工对环境的影响，优化施工计划。

（2）施工阶段

1）施工进度监控：无人机定期拍摄现场高分辨率影像，实时监控施工进度，及时发现偏差以便进行调整。

2）质量管理与控制：无人机搭载高清摄像头和红外传感器，对工程设施以及现场使用材料进行检查，以便发现质量问题及时修复。

（3）监测与维护

1）基础设施巡检：可利用无人机对桥梁、隧道进行定期巡检，监测其结构健康状态，发现问题或异常，及时维修，确保结构安全。

2）环境监测：无人机搭载气体传感器，实时监测现场和周边的空气质量、噪声、振动等状况，评估其影响程度，以便制定环保、减噪、减振等措施。

8.4.2 智能建筑机器人

2023 年初，住房和城乡建设部发布《"十四五"建筑业发展规划的通知》，直接强调要加快重点推进与装配式建筑相配套的建筑机器人应用，辅助和替代"危、繁、脏、重"的施工作业。

1. 概述

（1）基本概念

智能建筑机器人是指在建筑施工、维护和运营过程中，利用自动化和智能化技术进行各种复杂与高风险任务的先进技术设备。

（2）基本原理

智能建筑机器人是通过自动化控制导航技术、集成物联网（IoT）、人工智能（AI）、传感器等先进技术，实现高效、安全、精确和智能化的施工操作。

（3）特点

智能建筑机器人具有高效、精准、安全、智能自动化、可重复性强等特点，能适应复杂高危施工环境。

1）高效性：可连续工作，不受疲劳和时间限制，提高施工效率，如快速完成混凝土浇筑等重复性任务。

2）高精度作业：高精度执行施工任务，减少误差提升质量，如何进行精确测量。

3）安全性高：降低工人在危险环境的作业风险，如在高处、狭窄空间施工可代替人工，降低事故发生概率。

4）智能化控制：借助传感器和控制系统实现自主导航、路径规划和任务智能调度。

2. 智能建筑机器人类型与功能

（1）土方工程施工智能机器人

土方工程施工智能机器人主要有智能挖掘机器人、智能推土机器人、智能装载或搬运机器人和智能压实机器人，如图 8.4-2 所示。

智能挖掘机器人

智能推土机器人

智能搬运机器人

智能压实机器人

图 8.4-2　土方工程施工智能机器人

1）智能挖掘机器人：可进行高精度挖掘，动力强且操作便捷，适用于大型土方工程，如高速公路、铁路、水利工程等建设项目中的土方挖掘作业，也适用于矿山开采。

2）智能推土机器人：能自动找平、自主导航，适用于土地平整和道路建设。

3）智能装载机器人：具备自动装卸功能，操作简单，用于建筑工地和矿山。

4）智能压实机器人：可自动压实，实时监测数据，主要用于道路和机场跑道等建设。

（2）混凝土工程施工智能机器人

混凝土工程施工智能机器人主要有混凝土喷射、浇筑、抹平和振捣机器人，如图 8.4-3 所示。

| 智能喷射机器人 | 智能浇筑机器人 | 履带式智能抹平机器人 | 智能振捣机器人 |

图 8.4-3　混凝土工程施工智能机器人

1）混凝土喷射机器人：能快速高效完成喷射作业，定位精确，适用于地下工程混凝土喷涂等。

2）混凝土浇筑机器人：能实现自动化浇筑，智能规划路径，适用于大型建筑工程。

3）混凝土抹平机器人：能自动抹平混凝土表面，平整度高，适用于各类建筑工程地面的抹平施工。

4）混凝土振捣机器人：能自动振捣确保密实度，适用于各种混凝土结构施工。

（3）砌体工程施工智能机器人

砌体工程施工智能机器人主要有砌砖、抹灰、搬运、码砖机器人，如图 8.4-4 所示。

| 智能砌砖机器人 | 上海造砌墙机器人 | 砌块智能搬运机器人 | 智能码砖机器人 |

图 8.4-4　砌体工程施工智能机器人

1）砌砖机器人：能精确摆砖，质量高、效率高、减小劳动强度和安全风险，适用于墙体砌筑工程。

2）抹灰机器人：能自动化抹灰，均匀可控，提高效率，减少人工操作的不稳定性，适用于墙面抹灰工程。

3）砌块搬运机器人：具备自动上砖、自动乘梯上楼、自动下砖等功能，可极大减轻工人的体力劳动强度，用于砌块搬运作业。

4）智能码砖机器人：能快速准确码放砌块，自动完成系列动作，适应不同规格的砌块。

（4）钢结构施工智能机器人

钢结构施工智能机器人主要有智能焊接、搬运、安装、涂料喷涂、探伤检测和钢筋绑扎机器人，如图 8.4-5 所示。

智能焊接机器人　　　　智能绑扎机器人　　　　智能安装机器人　　　　智能涂料喷涂机器人

图 8.4-5　钢结构施工智能机器人

1）智能焊接机器人：精度高、质量稳，适用于钢梁等构件焊接。

2）智能搬运机器人：承载能力强、定位准，用于构件搬运，提高效率，降低风险。

3）智能安装机器人：确保安装精度，适用于大型复杂钢结构工程。

4）智能涂料喷涂机器人：喷涂均匀高效，用于构件防腐涂料喷涂。

5）探伤检测机器人：快速准确检测缺陷，适用于质量检测和维护。

6）钢筋绑扎机器人：用于钢筋绑扎，高效精确，减少风险和误差。

（5）预制构件生产智能机器人

预制构件生产智能机器人主要有混凝土布料、钢筋加工、模具清理、构件搬运以及智能切割机器人，如图 8.4-6 所示。

混凝土布料智能机器人　　　钢筋加工智能机器人　　　模具清洗机器人　　　智能切割机器人

图 8.4-6　预制构件生产智能机器人

1）混凝土布料智能机器人：可精确控制布料，自动化程度高。

2）钢筋加工智能机器人：能快速准确完成钢筋加工任务。

3）模具清理智能机器人：自动清理模具，保证构件质量和模具寿命。

4）构件搬运智能机器人：用于生产或施工现场的材料搬运，可高效搬运，减少人工搬运的劳动强度和风险。

5）智能切割机器人：用于预制构件的切割任务，可实现高精度、高效、高质量的切割。

（6）建筑室内装修机器人

如墙面处理机器人（打磨、刮腻子、喷涂）、地面处理机器人（地面研磨、抛光、铺砖等）、墙板安装、智能测量机器人等，如图 8.4-7 所示。

墙面抹灰机器人　　　　地面铺砖机器人　　　　实测实量机器人　　　　墙板安装机器人

图 8.4-7　建筑室内装修智能机器人

（7）室外高处作业智能机器人

室外高处作业智能机器人主要有高处外墙清洗、高处喷涂、高处安装和高处检测机器人，如图 8.4-8 所示。

外墙清洗机器人　　　　智能喷涂机器人　　　幕墙安装智能机器人　　　　空中造楼机

图 8.4-8　室外高处作业智能机器人

1）高处外墙清洗机器人：用于高层建筑外墙清洗维护，替代人工降低风险，提高效果和效率，如史河、圆猫、凌度智能机器人，具有远程监测、全向清洁、污水回收等功能。

2）高处喷涂机器人：用于高处外墙喷涂作业，确保安全减少风险，如中联重科智能控制臂架。

3）高处安装机器人：如中联重科室内高层幕墙安装机器人，大大提高了作业效率和安全性。

4）空中造楼机：空中造楼机是一台模拟"移动式造楼工厂"的大型特种机械装备，大型钢结构框架，是高度集成的多种功能机械部件及作业平台，平台通过钢管自动升降柱与桁架式支撑组合。

（8）检测及巡检类智能机器人

检测及巡检类智能机器人主要有桥梁、隧道、道路、建筑物、管道、智能巡检机器人等，如图 8.4-9 所示。

1）桥梁检测机器人：在桥梁各部位灵活移动，检测裂缝等缺陷，可远程操控传输数据。

2）隧道检测机器人：适应隧道环境，检测衬砌、围岩等状况，有自主导航功能。

3）道路检测机器人：快速检测路面平整度等参数并生成报告。

4）建筑物检测机器人：攀爬外墙检测裂缝等问题，有安全防护措施。

5）管道检测机器人：可自主巡检管网，检测堵塞等问题，智能化程度高、精度高、操作简便。

6）智能巡检机器人：代替人工在高危环境巡检监测，自主报警并能应急联动，解放巡检人员，降低隐患减少事故。

桥梁检测机器人　　　　隧道智能巡检机器人　　　　道路检测机器人　　　　管道检测机器人

  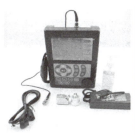 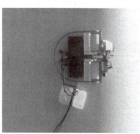

隧道清洗机器人　　　　智慧巡检机器人　　　　智能探伤检测仪　　　　高处检测机器人

图 8.4-9　检测及巡检类智能机器人

3. 智能建筑机器人在土木工程中的应用

（1）基础施工

智能打桩机器人可用于高层建筑等桩基础施工，土方挖掘机器人常用于地下工程和地铁建设。

（2）主体结构施工

钢筋加工与绑扎机器人可用于现浇或装配式建筑等，混凝土浇筑机器人能实现均匀浇筑并监测质量，模板安装与拆除机器人可精确作业，避免损伤建筑结构。

（3）装饰装修阶段

墙面施工机器人可完成抹灰、刮腻子和喷涂等作业；地面施工机器人能进行找平、铺地砖和木地板等；门窗安装机器人能提高安装效率和精度。

（4）建筑维护与检测

建筑检测机器人能利用各种设备准确检测结构缺陷；建筑维护机器人如清洗和巡检机器人，可维护建筑物外观和设备设施，及时发现故障隐患并维修保养。

8.4.3　智能穿戴设备

1. 概述

（1）基本概念

智能穿戴设备是指可以佩戴在身体上并与用户进行交互的智能设备，如智能手表、智能眼镜等，如图 8.4-10 所示。

  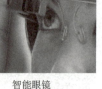 

智能穿戴　　　　　　　　智能眼镜　　　　　　　　　智能耳机　　　　　　　　　智能手环

图 8.4-10　智能穿戴设备示意图

（2）基本原理

可穿戴的电子设备结合了传感器技术、无线通信技术、人工智能和数据分析等多种先进技术，能够实时监测佩戴者的生理和环境数据，并提供智能反馈和辅助，如图 8.4-11 所示。

1）传感器技术：用加速度计等传感器采集佩戴者生理和环境数据。

2）无线通信技术：通过蓝牙等将数据传输至智能手机等设备，实现实时共享分析。

3）人工智能：用机器学习等算法处理分析数据，提供反馈和建议。

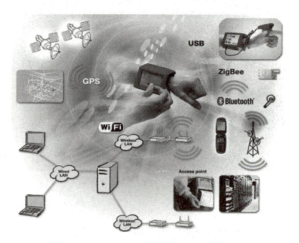

图 8.4-11　智能可穿戴设备原理示意图

4）数据分析与可视化：通过平台和工具将分析结果直观展示，支持决策管理。

2. 智能穿戴设备类型与功能

智能穿戴设备有智能安全帽、智能辅助设备、智能手环和智能眼镜等，如图 8.4-12 所示。

智能手环/手表　　　　　　智能安全帽　　　　　　　智能VR眼镜　　　　　　　　智能手套

图 8.4-12　智能穿戴设备

（1）智能安全帽

智能安全帽集成传感器，用来监测头部运动和位置，遇意外及时报警，还配备摄像头麦克风，有定位功能，适用于建筑作业等场景，分为智能定位、记录、可视化安全帽。

（2）智能辅助设备

智能辅助设备如智能手套增强手部操作，支持 VR 和 AR。智能耳机有语音助手等功能。智能安全背心监测身体状况报警，有反光条和警示灯等，用于道路等施工，可大大提高安全性。

（3）智能手环

智能手环监测生理指标和运动，连接手机，适用于室内装修等，避免工人因过度劳累而引发健康问题。

（4）智能眼镜

智能眼镜有摄像头等可视频传输和图像显示，具有增强现实功能，连接设备协同工作，提高安装效率和质量，生成巡检记录等。

3. 智能穿戴设备在土木工程中的应用价值

智能穿戴设备广泛应用于医疗健康、体育运动、安全管理和土木工程等领域。在土木工程领域，可穿戴智能设备的应用也逐渐发展起来，主要体现在：

（1）施工安全管理方面

1）危险预警：智能安全帽能监测头部运动，实现危险时报警；智能安全背心可检测身体姿态，对危险姿势发出警示。

2）定位与追踪：集成定位功能，便于救援调度，监控活动范围。

3）环境监测：集成环境传感器，超过安全范围会发出警报，如高温下智能手环会监测提醒。

（2）施工质量控制

1）数据采集与分析：记录事故数据，监测作业行为，制定策略，采集施工数据评估质量等。

2）远程监控：与远程监控系统结合，实现远程管理。

（3）施工人员健康管理

1）生命体征监测：实时监测生命体征，出现异常及时预警。

2）紧急报警：配备报警按钮，提高应急救援效率。

（4）施工管理与协作

1）信息交流与协作：集成通信功能，如智能眼镜视频通话协作。

2）任务管理与分配：分配任务并监控执行情况。

3）培训与教育：如智能眼镜播放培训视频，智能手套模拟操作练习。

8.4.4 三维激光扫描

1. 概述

（1）基本概念

三维激光扫描是一种利用激光测距原理，快速获取物体表面的三维点云数据，构建高精度三维模型的技术。

（2）基本原理

三维激光扫描的核心原理基于激光测距技术。

1）激光测距：激光扫描仪发射激光束，通过测发射和返回时间差计算点距离。

2）角度测量：测激光束水平和垂直角度，确定点空间位置。

3）点云生成：将距离和角度数据转为三维坐标，生成点云数据。

4）数据处理：处理点云数据，去噪声、补缺失，构建高精度三维模型。

（3）技术特点

1）高精度：实现毫米级甚至更高精度测量，准确反映物体形状尺寸，生成精密 3D 图像。

2）高分辨率：能够检测每个细节，提供极高分辨率。

3）高效率：短时间获取大量三维数据，提高测量效率。

4）非接触式测量：无需接触物体，无损伤，适用于各种材质。

5）便携灵活性：多为便携式，便于在不同环境扫描。

6）易用性：设备用户界面友好，易上手使用。

2. 三维激光扫描仪类型与功能

三维激光扫描仪如图 8.4-13 所示。

手持式三维激光扫描仪　　立式三维激光扫描仪　　机载三维激光扫描仪　　水下三维激光扫描仪

图 8.4-13　三维激光扫描仪

（1）手持式三维激光扫描仪

便携小巧、重量轻，便于手持操作，适用于小型物体快速建模和检测，如文物保护、工业产品设计。

（2）地面三维激光扫描仪

固定式大型设备，通常装在三脚架或测量车上，适用于大型建筑等场景测量建模，如城市规划、土木工程、地形测绘。

（3）机载三维激光扫描仪

装在无人机、直升机等飞行器上，快速获取大范围三维地物数据，适于地形测量等领域。

（4）水下三维激光扫描仪

专门用于水下环境测量，防水好、精度高，适用于水下考古等领域。

（5）全景式三维激光扫描仪

获取全方位三维数据，通过多扫描仪头或相机组合实现，适于大型建筑等场景快速建模测量。

（6）移动式三维激光扫描系统

与移动平台（如无人驾驶车辆等）相结合，实现对目标区域的连续、自动扫描，适用于道路测量、管道巡检、灾害评估等领域。

3. 三维激光扫描在土木工程中的应用

三维激光扫描技术在土木工程中的应用，涵盖了勘测、设计、施工、监测和维护等多个方面。主要体现在以下几方面：

（1）工程测绘与现状分析

1）地形测绘：可快速、准确地获取大面积地形的三维数据，如道路建设前期对沿线地形扫描，为路线设计和土方计算提供基础数据。

2）现状分析：在工程规划阶段，获取现有场地和建筑物的信息，帮助设计师了解现场情况，进行合理的规划。

（2）设计方案优化

1）建筑建模：对建筑物的外部结构和内部空间进行精确扫描，构建三维模型，用于新建建筑的设计验证、既有建筑的改造和修缮等。

2）方案比选：快速构建不同设计方案的三维模型，并结合场地数据对比分析评估方案。

（3）施工质量检测

1）尺寸偏差检测：对比设计和点云模型，检测构件尺寸偏差。

2）平整度与垂直度检测：分析墙面、地面等平整度和垂直度，及时纠偏。

3）安装精度检测：检测设备或管道安装位置角度等是否符合设计要求。

（4）变形监测与安全评估

1）建筑物变形监测：监测建筑物、桥梁等施工中变形情况，发现隐患及时采取措施。

2）隧道与地下工程监测：监测隧道、围岩变形等，用于地质预报。

3）地质灾害监测与评估：在滑坡、泥石流等地质灾害多发区域，快速获取地形地貌的变化信息，对灾害的发生发展进行监测和评估。

（5）古建筑保护及资料存档

可利用三维激光扫描技术将其空间数据收集，建立档案，便于数字化管理和存档，以方便未来的修复和重建，保护文化遗产。

8.4.5 3D 打印技术

1. 概述

（1）基本概念

3D 打印（3D Printing）学术上又称"添加制造"或增材制造（Additive Manufacturing）、增量制造。

3D 打印技术是以计算机三维设计模型为蓝本，通过软件分层离散和数控成型系统，利用激光束、热熔喷嘴等方式将塑料、金属粉末、陶瓷粉末、细胞组织等特殊材料进行逐层堆积粘结，最终叠加成型，制造出三维实体产品的制造技术。

这种数字化制造模式不需要复杂的工艺，不需要庞大的机床，也不需要众多的人力，可直接由数字化文件生成任何形状的零件，使生产制造得以向更广的生产人群范围延伸。

（2）基本原理

1）三维建模：借助 CAD 软件创建三维模型，生成打印数字文件。

2）分层切割：把三维模型切割成薄层，确定打印路径和参数。

3）打印喷涂：打印机将耗材逐层喷涂或熔结于三维空间构建物体，有光固化（SLA）、熔融沉积制造（FDM）、选择性激光烧结法（SLS）等多种实现方法。

4）后期处理：用激光等方法使材料固化形成稳定三维结构，打印完成后需对有毛刺或粗糙截面的模型进行固化处理、剥离、修整、上色等后期加工以完成模型制造。

2. 3D 打印技术的类型与功能

3D 打印技术常见有分层实体制造（LOM 工艺）、立体光固化成型技术（SLA 技术）、熔融沉积制造（FDM 工艺）、选择性激光烧结成型（SLS 技术）、选择性吸收融合（SAF 技术）、三维喷涂粘结成型（3DP 工艺）等。

（1）分层实体制造（LOM 工艺）

1）工作原理：LOM 工艺是采用薄片材料，先表面涂热熔胶，再热压辊片材与已成型工件粘接，逐渐增加层数和高度，再在新层上切割截面轮廓，如此反复至零件成型，然后去除多余部分得到实体零件。

2）特点：成型快，易制做大型零件，无化学变化、不易翘曲变形、无收缩变形、无需支撑及后期矫正可直接用，但材料浪费严重、表面质量差。

3）应用场景：制作大型零件、模具、模型、结构件或功能件等，如图 8.4-14 所示。

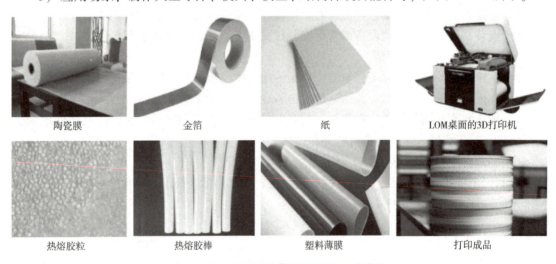

| 陶瓷膜 | 金箔 | 纸 | LOM 桌面的 3D 打印机 |

| 热熔胶粒 | 热熔胶棒 | 塑料薄膜 | 打印成品 |

图 8.4-14　LOM 工艺使用材料及 3D 打印机

（2）立体光固化成型（SLA 技术）

1）工作原理：SLA 利用激光或紫外线照射光敏复合材料，使其逐层固化形成物体。

2）特点：快速成型、成熟度高、无需切削工具、精度高但价格贵、维护成本高、耐热性有限、操作难。

3）应用场景：适用于多个领域，如艺术品、模型、航天、高精度零件等制作，如图 8.4-15 所示。

（3）熔融沉积制造（FDM 工艺）

1）工作原理：FDM 的材料一般是热塑性材料（如蜡、ABS、尼龙等），以丝状供料，材料在喷头加热熔化后，挤出细丝逐层堆积凝固成型。

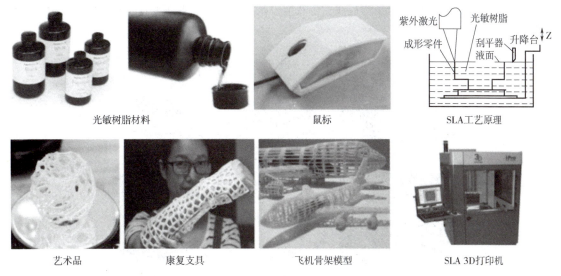

光敏树脂材料　　　　　　　　　鼠标　　　　　　　　SLA工艺原理

艺术品　　　　　　　康复支具　　　　　飞机骨架模型　　　　SLA 3D打印机

图 8.4-15　SLA 工艺使用材料及 3D 打印机

2）特点：可靠性高、操作简单、环保，但精度差、速度慢。

3）应用场景：适于制作原型、功能性部件和小批量生产，如家电、玩具等，如图 8.4-16 所示。

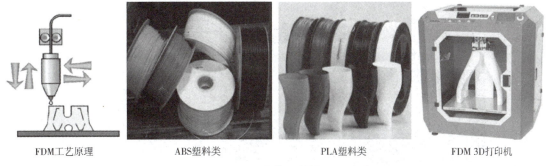

FDM工艺原理　　　　　ABS塑料类　　　　　PLA塑料类　　　　FDM 3D打印机

图 8.4-16　FDM 工艺使用材料及 3D 打印机

（4）选择性激光烧结成型（SLS 技术）

1）工作原理：SLS 利用激光烧结粉末材料（如尼龙、金属粉末等），逐层堆积烧结形成物体。

2）特点：可用多种材料（如金属粉、石英粉），粉末粒径小，精度高，无需支模、材料利用率高，但表面粗糙、烧结散发异味。

3）应用场景：适于功能性部件、耐用零件和小批量生产，如艺术品的制造等，如图 8.4-17a 所示。

（5）三维喷涂粘结成型（3DP 工艺）

1）工作原理：3DP 工艺与 SLS 工艺类似，但 3DP 工艺是粉末材料通过喷头喷射胶粘剂堆积成型。

2）特点：结构紧凑、体积小，成型零件需后处理，工序复杂，难形成高性能功能零件。

3）应用场景：3DP 技术在建筑业、游戏业、玩具和艺术行业等有广泛用途，如图 8.4-17b 所示。

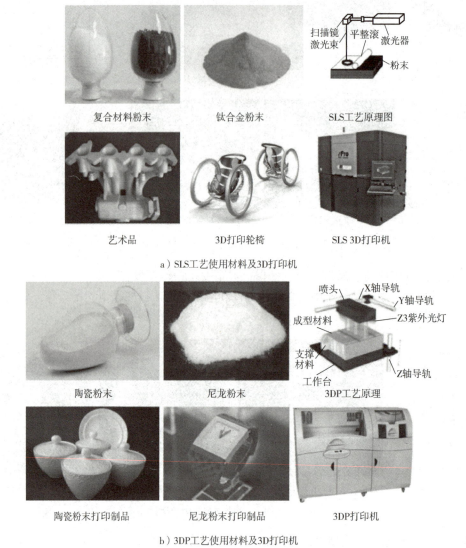

a）SLS工艺使用材料及3D打印机

b）3DP工艺使用材料及3D打印机

图 8.4-17   SLS 及 3DP 工艺使用材料及 3D 打印机

3. 3D 打印技术在土木工程中的应用

随着科技的不断进步，3D 打印技术已广泛应用于航空航天、汽车模具、生物医疗、电子制造、军事、建筑等多个领域，如图 8.4-18 所示。

在土木工程领域，3D 打印技术也逐步得到应用，目前主要应用于建筑模型制作、建筑装修、建筑结构构件及实体、桥梁、路面、地下管道等方面。下面从以下几方面介绍：

（1）房屋建筑方面

1）建筑模型快速制作：3D 打印可快速、准确制作建筑模型，提升设计沟通效率，便于设计师与客户和施工人员沟通。

2）复杂结构构件模型：3D 打印能制造出复杂形状建筑构件，利于创新性设计和结构优化，具有高度个性化，可减轻结构重量、提高建筑性能，如图 8.4-19 所示。

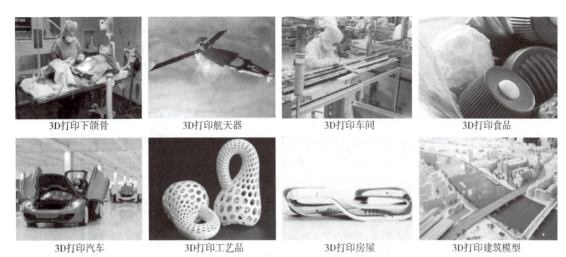

3D打印下颌骨　　　3D打印航天器　　　3D打印车间　　　3D打印食品

3D打印汽车　　　3D打印工艺品　　　3D打印房屋　　　3D打印建筑模型

图 8.4-18　3D 打印在各领域应用示意图

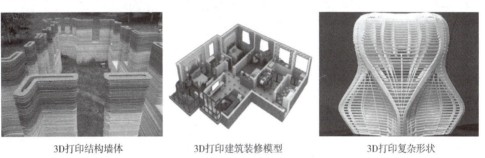

3D打印结构墙体　　　3D打印建筑装修模型　　　3D打印复杂形状

图 8.4-19　建筑模型及结构模型

3）建筑装饰：3D 打印在建筑装饰方面已较成熟，个性化装饰部件已成功应用于水立方、上海世博会大会堂、凤凰国际传媒中心等成百上千个建筑项目，如图 8.4-20 所示。

图 8.4-20　3D 打印装饰物及家具

4）混凝土 3D 打印实体：利用大型 3D 打印机直接在施工现场打印建筑物，减少模板和支架的使用，提高施工效率、保证质量、降低成本。如上海 10 栋 3D 打印建筑，丹麦 3D 打印公寓楼等，如图 8.4-21 所示。

（2）桥梁方面

1）上海智慧湾 3D 打印桥：2019 年 1 月，世界最大规模 3D 打印混凝土步行桥在上海宝山区智慧湾科创园落成。桥长 26.3m、宽 3.6m，借鉴赵州桥结构，单拱无钢筋支撑，采用特殊混凝土材料，强度高、耐久性好。该桥由清华大学徐卫国团队与上海智慧湾投资管理公司建造，如图 8.4-22 所示。

图 8.4-21　上海 10 栋 3D 打印建筑

图 8.4-22　上海智慧湾 3D 打印桥

2）荷兰 3D 打印桥梁：2021 年 7 月，荷兰公司 MX3D 与 Heijmans 和 Arup 合作，用机器人 3D 打印技术，在阿姆斯特丹运河打印不锈钢桥梁，展示 3D 打印在桥梁建设中的应用潜力。桥长 12.2m、宽 6.3m、重 4.5t，底部设有传感器收集各类变形数据，为未来建设更大规模桥梁提供帮助。该桥打印使用的是 ABB 集团所生产的 3D 打印机械臂，如图 8.4-23a 所示。

（3）隧道与地下工程模型

1）3D 打印隧道：利用 3D 打印技术可以制造出具有复杂内部结构的地下管道，提高管道的耐用性和使用寿命，同时降低制造成本，如图 8.4-23b 所示。

2）地下工程模型：3D 打印技术可以快速制造出地下工程的模型，帮助工程师更好地进行设计和规划，提高工程的准确性和效率，如图 8.4-23c 所示。

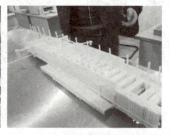

a）荷兰阿姆斯特丹3D打印桥梁　　　　b）3D打印隧道　　　　c）3D打印地下模型

图 8.4-23　3D 打印桥梁、隧道、地下工程

（4）景观设施

利用 3D 打印技术可以制造出各种形状和尺寸的景观设施，如花坛、座椅等，为城市景观增添特色。图 8.4-24 是中国"蚕丝水泥"项目 3D 打印建筑艺术品。该亭子 5.4m×4.3m×2.5m（长×宽×高），所有部件都是由一台 KUKA Agilus 工业机器人和十台 3D 打印机制作完

成的，使用了 50kg 添加剂，200kg 塑料，200kg 水泥，50kg 水。

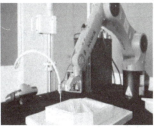

图 8.4-24　3D 打印的建筑艺术品和景观设施

（5）装配式建筑

图 8.4-25 是德国斯图加特大学计算机设计研究所制造的超薄组装板，并用其组装的房屋。

预制构件打印　　　　　　　　预制构件拼装　　　　　　　　建筑物成型

图 8.4-25　3D 打印超薄组装板

8.4.6　智能传感器

1. 概述

（1）基本概念

根据国家标准《传感器通用术语》（GB 7665—2005）对传感器的定义是："能感受被测量并按照一定的规律转换成可用输出信号的器件或装置。"传感器通常由敏感元件、转换元件、转换电路组成。传感器通过敏感元件感受被测量，如温度、压力、位移等，然后将这些非电学量转换成电信号输出，便于后续传输、处理和控制。随着科技的不断进步，传感器正朝着智能化、集成一体化、小型化方向发展。

智能传感器是一种带有微处理器的传感器，它能够对感知到的信息进行处理、分析和存储，并且可以和其他设备进行通信。与传统传感器相比，不仅使传感器有了视、嗅、味和听觉的功能，而且还具有存储、思维和逻辑判断、数据处理、自适应能力等功能。智能传感器具有更高的精度、可靠性和灵活性。例如，传统的温度传感器只能测量温度并将模拟信号输出，而智能温度传感器除了测量温度外，还可以对温度数据进行线性化处理、温度补偿，将数据转换为数字信号方便传输，并且可以根据设定的阈值进行报警等操作。

由此可见，智能化设计是传感器传统设计中的一次革命，是世界传感器的发展趋势。

（2）基本组成及原理

智能传感器由敏感元件、转换元件、微处理器、通信接口组成，图 8.4-26 所示。

图 8.4-26　智能传感器基本组成

1）敏感元件：是智能传感器的核心部分，用于感知物理量（如压力、温湿度、光强等）。

2）转换元件：是将敏感元件感知到的非电量信号（如物理量）转换为电信号。

3）微处理器：微处理器是智能传感器的"大脑"。它可以对转换后的电信号进行处理，包括放大、滤波、校准等操作。

4）通信接口：智能传感器通过通信接口与外部设备（如计算机、控制器等）进行数据传输。例如，在智能家居系统中，智能温度传感器可以通过 Zigbee 或 WiFi 通信接口将室内温度数据发送到智能家居网关。

2. 智能传感器类型及功能

智能传感器的种类繁多，按用途分：温度、湿度、声、光、压力、位移、加速度、流量传感器等；按原理分：电阻式、电容式、电感式、光纤、磁阻、光电传感器等。智能传感器广泛应用于土木工程、建筑、制造业、医疗、环境监测等多个领域。如图 8.4-27 所示，下面仅对土木工程领域应用的传感器做简要介绍：

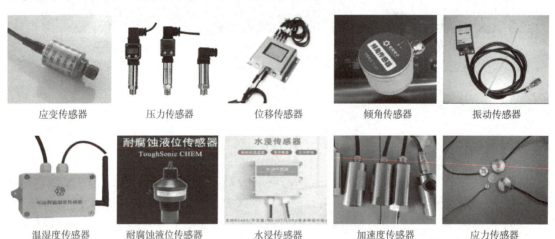

应变传感器　　压力传感器　　位移传感器　　倾角传感器　　振动传感器

温湿度传感器　耐腐蚀液位传感器　水浸传感器　加速度传感器　应力传感器

图 8.4-27　土木工程常用智能传感器示意

（1）应变传感器

应变传感器可用来测量结构（如梁、柱、桥梁等）在荷载作用下的应变情况，通过检测应变片电阻变化来反映结构的形变程度，以此评估结构的受力状态，判断结构是否安全。

（2）压力传感器

压力传感器可用来监测地基土压力、桩基础施工时桩侧或桩端土压力，以及地下工程（如隧道）周围岩土体压力，为基础工程设计和施工质量控制提供数据，预防坍塌等事故。

（3）位移传感器

位移传感器有多种类型，用于测量物体的位移。在边坡、大坝、建筑物基础等监测中，能获取水平和垂直位移信息，像监测大坝在水压力和地震作用下的位移，以保障结构安全。

（4）倾角传感器

倾角传感器基于重力加速度原理，用于监测高耸建筑或桥梁在风、地震等作用下的倾斜角度，确保结构的倾斜在安全范围内，以及施工过程中的线形符合要求。

（5）振动传感器

振动传感器主要有压电式和电容式，可监测机械振动设备（如打桩机、起重机）的振动频率和振幅，防止设备损坏。如在桥梁和建筑物结构健康监测中，根据振动响应来评估动力特性和损伤情况。

（6）温湿度传感器

温度传感器基于热电阻或热电偶原理，湿度传感器有电容式和电阻式，可用于室内环境监测、混凝土养护过程温湿度检测。

（7）耐腐蚀液位传感器

耐腐蚀液位传感器主要用来精确测量腐蚀性液体液位高度，在如污水处理池等环境中为液体存储、调配、排放等操作提供数据，监测液位变化以避免满溢引发环境或安全事故，防止液位过低影响生产流程。

（8）水浸传感器

水浸传感器的核心功能是检测是否有水浸入，在建筑物地下室、机房、仓库等易漏水区域发挥作用，接触到水可快速发出警报，通知人员采取排水措施，保护设施设备免受水侵害，防止因水浸引发设备损坏、短路等事故。

（9）加速度传感器

加速度传感器用于测量物体加速度。在土木工程地震监测中可记录地震时建筑物加速度，为评估抗震性能提供数据；在结构动力特性研究中能获取振动激励下加速度信息，确定结构动力参数，有助于优化设计和结构健康监测。

（10）应力传感器

应力传感器主要功能是监测结构构件应力变化。如安装在桥梁、高层建筑等关键构件上，可实时感知车辆、风、温度等引起的应力变化。通过监测应力，能及时发现应力集中区域，评估结构安全性，为结构维护、加固提供依据，确保结构在设计寿命内安全运行。

3. 智能传感器在土木工程中的应用

智能传感器在土木工程中的应用，涵盖了设计、施工、监测和维护等多个方面。

（1）桥梁健康监测

在关键部位安装应变、位移、振动传感器，监测应变、位移和振动参数，以便及时发现结构问题，评估刚度变化等。

（2）建筑物的监测

高层建筑安装倾角传感器，梁柱节点安装应变传感器，地下结构安装压力和湿度传感器，分别监测倾斜、内力、水压和湿度，保障结构稳定。

（3）岩土工程监测

边坡安装位移和倾角传感器，预警滑坡；地基处理安装压力和孔隙水压力传感器，评估地基处理效果。

（4）材料性能检测

1）混凝土性能监测：湿度和温度传感器埋入混凝土，监测湿度和温度变化，调整养护措施，防止裂缝，保证耐久性。

2）钢结构性能监测：应变片和腐蚀传感器安装在钢结构中，监测应变和腐蚀情况，评估受力状态和剩余强度，延长使用寿命。

（5）施工过程监测

1）地基基础施工监测：压力传感器监测地基土压力变化，位移传感器监测桩基础位移，如在强夯法处理地基时，压力传感器可测得地基土所受冲击力和压力分布，评估地基处理效果，如效果不理想，可通过调整夯击参数和采取措施确保稳定性和承载能力。

2）隧道施工监测：应力传感器监测支护结构应力，应力传感器监测隧道围岩变形，实时进行监测分析，可判断围岩的稳定性，及时调整支护参数，保证施工安全。

智能传感器为土木工程结构安全、质量控制和长期性能评估提供了支持，应用前景广阔。

8.5 数智技术应用案例

8.5.1 项目概况

1. 项目简介

中国中化大厦是雄安新区启动区地标建筑，设计结构高 150m，总建筑面积 11.49 万 m²，由 SOM 建筑事务所设计，中建二局承建，2022 年 4 月启动建设，计划 2025 年 6 月建成投用，如图 8.5-1 所示。大厦由 16 根外框钢柱、8 组主花瓣构件、8 组附属花瓣构件和 1 组花蕊构件组成，共计 64 个精美构件，最重达 11.5t，其制作与安装工艺极具挑战性。

效果图　　　　　　　　　　　　　现场图

图 8.5-1　中国中化大厦

项目以智能建造数字化平台为抓手，基于"一模到底"理念，整合产业平台与 IoT 终端，打造全生命周期"生产型"平台，确保智能建造技术落地。为实现智能建造总目标，北京构力科技公司提供方案：以 GIS+BIM 为可视化数字底座，从"数字设计、数字施工、数字工厂、数字交付、数字运维"等环节来实现工程项目智能建造的数字化管控，如图 8.5-2 所示。

图 8.5-2　智能建造数字化平台

（1）数字设计

实现设计成果从提交、AI 二三维联合审查、接收、归集、分发、过程留痕的一体化管理，生成统一数字化设计成果库，项目多参与方实时协同，直接调取平台中各类成果文件进行事项分析讨论、提出解决方案，落实各方责任，持续跟踪反馈，实现各方高效协同，降低项目沟通成本。

（2）数字施工

综合运用 BIM 技术、物联网、智能设备、大数据、云计算等技术，实现工程建设管控可视化、标准化、精细化、智能化，全面提升施工质量和效益。

（3）数字工厂

基于新型建筑工业化数据驱动的整体框架，基于统一的数据标准，与工厂生产系统全面打通，实现钢结构、PC 装配式构件、机电装配式、幕墙等专项工程，从设计、深化、生产、运输、现场施工和验收的全生命周期管理。

（4）数字交付

基于统一的 GIS+BIM 数字孪生底座，收集和整理项目全过程数字化交付成果，包括图纸、BIM 模型、业务数据和相关文档等，根据业主、政府、总包方等不同数字交付需求，赋能项目可视化竣工验收、数字化归档、数据资产积累等业务。

（5）数字运维

以 GIS+BIM 数字底座为基础，统筹收集和整理项目建造过程信息，包括空间信息、设备设施信息等核心内容，可根据不同运维场景输出数据资产，赋能建筑运维阶段的应用。

2. 项目应用的智能建造技术

作为雄安新区首批智能建造试点项目，从规划设计至运营维护阶段，在绿色低碳、智能建造、智慧运维、全程协同管理方面实现技术突破。项目使用了钢结构焊接机器人、激光除锈机器人、实测实量机器人 10 余种智能装备，运用 20 余项新技术，如 BIM 数字化建造、AI 智能安全管控、卫星遥感等。如智能墙面处理机器人融合先进的机器视觉、人工智能多种先进技术，可自动完成墙面施工，确保墙面效果一致。与传统人工相比，净功效为传统人工 4~5 倍。该项目应用的智能建造技术如图 8.5-3 所示。

图 8.5-3　项目应用的智能建造技术

另外，项目大规模应用光伏建筑一体化（BIPV）技术，幕墙 BIPV 面积超 3700m²，项目安装近 4500m² 光伏发电产品，年总发电量超 45 万 kWh，能满足一半以上室内照明用电，年减排二氧化碳 260 余 t，相当于种植 1.4 万棵树，是国内目前最大规模超高层幕墙 BIPV 光伏应用项目，如图 8.5-4 所示。

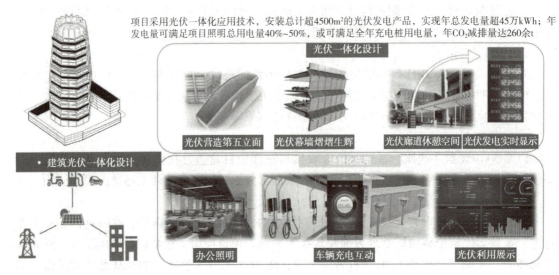

项目采用光伏一体化应用技术，安装总计超4500m²的光伏发电产品，实现年总发电量超45万kWh；年发电量可满足项目照明总用电量40%~50%，或可满足全年充电桩用电量，年CO_2减排量达260余t

光伏一体化设计

光伏营造第五立面　光伏幕墙熠熠生辉　光伏廊道休憩空间　光伏发电实时显示

场景化应用

办公照明　车辆充电互动　光伏利用展示

图 8.5-4　光伏建筑一体化设计系统

8.5.2　智能规划与设计

1. 数智应用技术

项目在规划与设计阶段，应用数智化技术进行了场地与设计方案的协调性优选、性能模拟分析、管线综合优化、专项设计等相应 BIM 应用工作；利用 BIM 模型进行设计成果的可视化展示，对 BIM 实施提出需求，全面提升项目设计质量及项目品质。该阶段应用的数智化技术如图 8.5-5 所示。

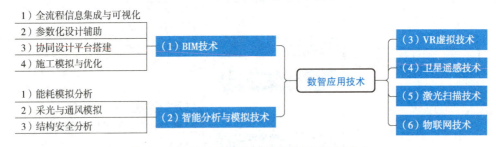

图 8.5-5　智能规划与设计阶段应用的数智技术

2. 案例分享

（1）数智化技术助力建设场地与方案比选

1）GIS 助力场地选择与布局优化：大厦建设初期，雄安新区启动区地理环境与规划要求复杂，设计团队利用 GIS 技术整合了包括地形、地质、水文、交通、生态等多种地理空间数据。通过地形分析，精确识别出场地内的高地、洼地以及坡度的变化，确定适宜建设区域。

2）卫星遥感与激光扫描结合的场地精细化测量：利用卫星遥感技术可以获取建设场地及其周边区域的高分辨率影像和地形数据，准确掌握了场地的地形起伏、地下水位等信息。

在建筑方案设计时，采用三维激光扫描仪对场地内的现有建筑和地形进行扫描，可得到精确的三维模型。将方案的 BIM 模型与场地三维模型进行整合对比，可验证建筑的布局、出入口设置以及与周边建筑的间距等是否符合规划要求，如图 8.5-6 所示。

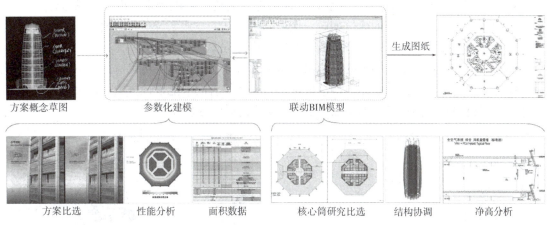

图 8.5-6　数智化技术助力场地与方案比选

（2）全流程数字化技术助力设计优化

1）BIM 技术的深度应用：以建筑信息模型（BIM）技术为核心，设计团队将大厦的建筑结构、空间布局、设备管线等信息进行整合与可视化呈现。如在设计过程中可清晰地看到不同楼层的空间分布、梁柱的位置和尺寸、管道的走向等以及管道的碰撞现象，从而及时发现并进行修改，提高设计的准确性和合理性。

2）参数化设计辅助：利用参数化设计软件，对建筑的一些重复性元素或具有特定规律的部分进行参数化设置。比如，大厦的外立面幕墙板块，通过设定相关参数，可以快速生成不同尺寸和形状的幕墙单元，并且能够根据设计要求进行批量修改和优化，大大提高了设计效率，如图 8.5-7 所示幕墙专项 BIM 设计与优化。

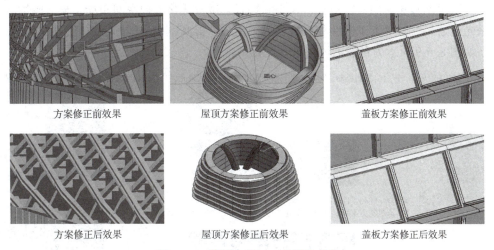

图 8.5-7　幕墙专项 BIM 设计与优化

3）协同设计平台搭建：基于 BIM 技术建立统一的协同设计平台，将建筑、结构、给水排水、电气、暖通等各个专业的设计人员聚集在一个虚拟工作环境中。各专业人员可以实时上传、共享和交流设计信息，避免信息不畅通导致的设计冲突和反复修改。

（3）智能设计分析与模拟

1）能耗模拟分析：根据雄安新区的气候条件和大厦的功能需求，设计团队运用专业的能耗模拟软件，模拟了不同的建筑朝向、保温隔热措施、空调系统运行策略等，对大厦的能源消耗情况进行模拟分析，从而选择最优的节能设计方案。

如通过模拟发现，采用特定的外墙保温材料和智能遮阳系统，可以有效降低大厦的夏季制冷能耗。最终，设计团队根据模拟结果确定了一套综合的节能设计方案，使大厦的能耗指标达到了绿色建筑的高标准。如图 8.5-8 所示为绿色低碳智慧体系。

围护结构性能大幅提升，比国家节能标准要求高23%，降低15%室内供暖空调需求，使室内更恒温舒适

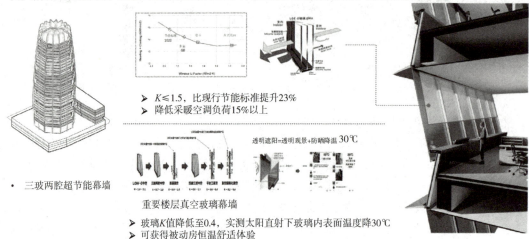

图 8.5-8　绿色低碳智慧体系

2）采光与通风模拟：利用采光与通风模拟工具，对大厦内部的自然采光与通风情况进行评估。通过调整建筑的开窗位置、大小和形式，以及优化室内空间布局，最大限度地利用自然采光与通风，减少人工照明和机械通风的使用，提高室内环境的舒适性，同时降低能源消耗。如图 8.5-9 所示为自然通风与采光优化。

优化窗地比及边中庭设计，配合自然通风器，实现了建筑最大限度的利用自然采光、自然通风营造舒适办公环境，降低能源使用

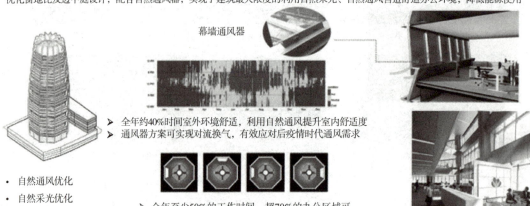

图 8.5-9　自然通风与采光优化

（4）VR 虚拟技术用于设计交底和效果展示

在设计阶段，设计团队通过 VR 设备可以进行云全景可视化展示模拟交底，让业主和施工人员及其他相关方，身临其境般沉浸式地体验建筑设计的意图和预期效果，对施工人员来说，能够更准确地把握施工要点，减少因理解偏差导致的施工错误。同时，业主也能够提前感受到建筑建成后的实际效果，提出更有针对性的修改意见，如图 8.5-10 所示。

建筑模型　　　　　结构模型　　　　　机电模型　　　　　幕墙模型

图 8.5-10　设计模型交底

设计院移交总包结构、建筑、幕墙、机电专业初版模型，主要用于现场结构预留预埋。总包接收后进一步完善模型，精细深化，复核预留洞、确定净高等。

（5）物联网技术助力智慧运维

在设计阶段已为大厦的各类设备设施建立了信息化管理系统的基础框架。对设备的型号、参数、安装位置等信息进行详细记录，并为每个设备设置唯一的标识码，以便在运维阶段实现快速的设备识别和管理。例如，电梯、空调机组等大型设备，在设计时就考虑了远程监控和故障诊断的接口，为后续的智慧运维提供了便利。

8.5.3　智能生产

1. 数智应用技术

智能生产应用的数智技术如图 8.5-11 所示。

图 8.5-11　智能生产应用的数智技术

2. 案例分享

（1）钢结构全生命周期数字建造管理平台应用

中国中化大厦有大量的钢结构构件需要生产和安装，对钢结构的质量和进度管理要求很高，在钢结构生产中建立了数字化管理平台。

该平台涵盖钢结构制作、运输、安装全过程的数字化与信息化管理。项目管理人员可以对大厦项目1.5万t主体钢结构制作和安装进行全过程精准把控，同时利用BIM和二维码管理技术实时动态展示构件状态，根据生产状态图表精准显示项目建设进度，指导现场实际安装施工，实现了集成式智能建造管理，有效提高了钢结构项目的信息化、智能化管理水平。如平台可利用BIM模型生成数据文件，通过平台一键抓取BOM清单，形成基础数据库。数据库包括物资采购所需原材料清单和生产环节所需零部件清单，为后续生产中产品数据的资源利用奠定了基础，如图8.5-12所示。

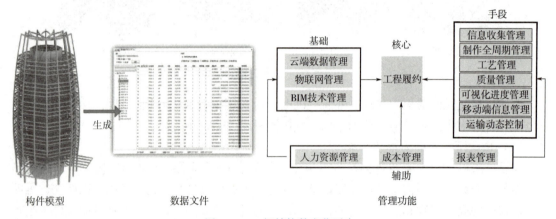

构件模型　　　　　　　数据文件　　　　　　　　　　管理功能

图 8.5-12　钢结构数字化平台

（2）金属屋面数字建造管理平台

金属屋面的生产和安装涉及多个复杂的工序，包括材料的配料下料、加工成型和现场拼接等，传统方式容易出现计算错误和施工效率低下的问题。

金属屋面数字建造管理平台可高效接入BIM模型，利用物联网连通数据智能计算。在生产阶段，设计人员将金属屋面的BIM模型数据输入平台，平台自动根据模型中的尺寸、形状和材料要求，一键配料下料。对于屋面的金属板，平台可以精确计算出每一块板的尺寸、所需的数量以及对应的加工工艺参数，如弯曲角度、打孔位置等。这些数据可直接传输到自动化加工设备，实现精准生产。

（3）智能加工设备在构件生产中的应用

在建筑构件生产过程中，对精度高、形状复杂的部分构件，传统加工难以满足要求。如特殊钢结构连接件，采用了自动化数控加工设备，这些设备通过预先编程的方式，按设计图纸高精度切割成型；建筑装饰构件生产中，机器人辅助精细雕刻打磨。生产中智能检测设备（如激光扫描仪）可实时检测，偏差超允许范围即报警，加工设备自动停止调整。

如管道移动加工厂，通过液压等设备及流程实现管道加工运输等操作，利用该设备提高坡口效率，数控切割特殊管件，缩短人工成本，提高装配精度，如图8.5-13所示。

图 8.5-13　管道移动加工厂

8.5.4　智能施工

1. 数智应用技术

智能施工应用的数智技术如图 8.5-14 所示。

图 8.5-14　智能施工应用的数智技术

2. 案例分析

（1）数字化 BIM 技术的综合应用

1）施工场地布置优化：利用 BIM 创建三维场地模型，清晰展示建筑主体、临时设施、材料堆放区和机械设备停放区等。通过 BIM 技术优化后的场地布置，减少了施工场地的混乱情况，材料二次搬运的次数降低了约 30%，施工车辆在场地内的通行时间缩短了约 20%，有效提高了施工效率，如图 8.5-15 所示。

2）施工进度模拟与管控：中化大厦建筑结构复杂，施工工序繁多，施工进度的控制难度较大。将 BIM 模型和施工进度计划整合，实现 4D 进度模拟，便于提前发现工序衔接、施工顺序等潜在问题，优化进度计划。同时，结合进度模拟，可以合理安排人力、材料和设备资源，如图 8.5-15 所示。

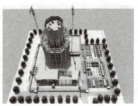

图 8.5-15　场地布置与施工模拟

3）关键部位二次深化设计：中化大厦作为一座复杂的建筑工程，其结构节点的设计和施工对于整体建筑的稳定性和安全性至关重要。尤其关键结构节点及机电管线综合碰撞，需要进一步深化，如图 8.5-16 所示。

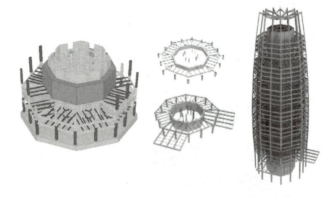

图 8.5-16　钢结构施工依据模型进行深化设计

（2）智能装备技术的应用

智能装备应用案例如图 8.5-17 所示。

钢结构智能焊接机器人　　　　抹灰机器人　　　　实测实量机器人　　　　激光除锈机器人

图 8.5-17　智能装备应用案例

1）钢结构智能焊接机器人：钢结构智能焊接机器人能够根据预先编程的焊接路径和参数，精确地对钢结构进行焊接。在中化大厦钢结构施工中，有大量的钢结构构件，采用钢结构智能焊接机器人，与人工焊接相比，焊接机器人的工作效率提高了约 60%，焊缝质量也大幅提升。

2）实测实量机器人：实测实量机器人可以单人操作，全流程自动化实现。它可以快速、精确地测量地面平整度、墙面垂直度等指标，数据通过传感器直接上传到智慧工地系统，提高测量的速度和精度，为施工质量控制提供准确数据。

3）激光除锈机器人：激光除锈机器人是一种高速激光除锈机，一分钟内可清除 $1m^2$ 的面积。激光除锈不会产生环境污染和噪声，且不需要使用化学药剂和其他有害物质，符合环保要求。激光除锈机器人具备多种功能，除了除锈外还可以实现构件表面清洁等功能。

4）抹灰机器人：智能墙面处理机器人融合了先进的机器视觉、人工智能和 L3 基本自动驾驶技术，可自动完成墙面的粗打磨、刮腻子等，确保墙面效果的一致性。

（3）3D 扫描技术的应用

项目应用 3D 扫描技术对施工完成的结构等进行 3D 扫描复核，为精准的下道工序施工提供数据支撑，同时验证 BIM 模型与现场的一致性，如图 8.5-18 所示。

现场3D扫描

现场3D扫描结果查看

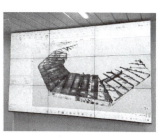
3D扫描结果处理

图 8.5-18　3D 扫描技术的应用

（4）AR 技术的应用

项目应用 AR 技术进行云全景可视化展示模拟交底，能够清楚地观察现场建设情况，对比模型与现场施工一致性，通过 AR 技术可直观展示后续施工效果，对已施工内容进行一致性核对，发现问题予以提示，如图 8.5-19 所示。

现场施工过程效果

AR对比效果

图 8.5-19　AR 技术的应用

（5）数字化二维码技术

通过 BIM 和二维码管理技术，管理人员和施工人员可以用手机扫描二维码，在平台上实时动态展示构件状态。如图 8.5-20 所示，采用"一柱一档"二维码数据，在每根钢柱制作编号二维码，将钢结构焊接、实测实量、焊接探伤、混凝土浇筑等过程质量管控上传后台，所有过程管控痕迹扫码可见，切实做到过程有人管、验收有人跟、结果可追溯。

（6）智能监测系统应用

1）卫星遥感智能监测：中化大厦建设规模大、施工周期长，需要对工程进度和现场情况进行宏观监测。施工过程中利用超高分辨率遥感卫星及 AI 人工智能算法，定期获取施工

 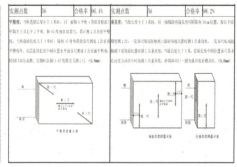 

核心筒二层实测实量记录

图 8.5-20　核心筒实测数据记录

现场的卫星影像，实现了对整个施工现场的全景式、周期性监测，避免了传统人工巡查可能出现的盲区。

2）大体积混凝土测温系统：中化大厦基础部分有大体积混凝土施工，通过智能采集模块自动采集混凝土温度数据，当温度超过设定的阈值时，系统自动控制喷淋系统对混凝土表面进行降温养护，有效防止大体积混凝土因水化热引起的裂缝。

3）结构智能检测平台："基于物联网的混凝土结构质量智慧检测平台"可以实现混凝土实体检测数据自动采集，实时监控。项目采用各类检测设备（如蓝牙回弹仪）自动采集数据，由蓝牙传输至配套手机 APP，APP 自动处理数据并通过网络上传至企业管理平台，平台进行数据统计、分析、预警，实现混凝土检测闭环管理，如图 8.5-21 所示。

图 8.5-21　结构智能监测平台

（7）施工管理信息化应用

基于 BIM 的全过程数字化管理平台集成了设计、生产、施工、安装、运维等多个功能模块。将 BIM 模型与施工进度计划相连接，实现 4D（3D 模型+时间）进度模拟，方便施工管理人员直观地了解施工进度安排和建筑模型状态；同时记录各个施工工序的质量验收标准和实际验收情况，便于质量追溯和管理。如钢结构全生命周期数字建造管理平台、机电数字建造管理平台、金属屋面数字建造管理平台等。

机电数字建造管理平台包含生产、进度、质量、安全、物资等施工管理要素，该平台以 BIM 技术为核心，搭建了项目超精细 3D 模型，犹如一个"超级管家"，可 360°无死角观察每个细节，让机电管线这些隐蔽工程如"全息投影"一般立体展现，通过模拟施工"预演"，提前发现问题，减少误判、降低成本，提升机电施工数字化水平。如图 8.5-22 所示为机电数字建造管理平台。

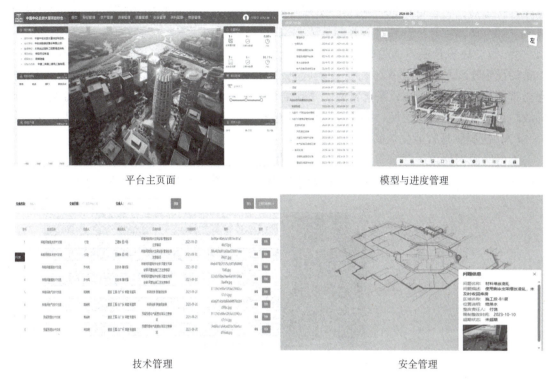

平台主页面　　　　　　　　　　　　　　模型与进度管理

技术管理　　　　　　　　　　　　　　安全管理

图 8.5-22　机电数字建造管理平台

8.5.5　智能运维

1. 数智应用技术

智能运维应用的数智技术如图 8.5-23 所示。

图 8.5-23　智能运维应用的数智技术

2. 案例分享

（1）设施设备智能化管理系统

1）三维可视化管理：基于 BIM 技术三维建筑信息模型，整合大厦建筑结构、设备设施、管道线路等信息，实现可视化管理。运维人员可直观查看内部结构与设备分布，快速定位问题区域，提高维修效率，如设备维修时能准确定位设备及相关管道、线路连接情况。

2）智能设备监控：基于物联网技术在大厦设备设施上安装传感器，如温湿度、压力、电流等传感器，将运行状态信息传至物联网平台。运维人员可远程监控运行参数，及时发现异常，如空调温度异常升高时能判断故障并采取维修措施。

3）智能故障诊断：大厦设施设备复杂，如电梯、暖通空调、给水排水系统等。基于BIM的设施管理系统将设备详细信息集成到 BIM 模型，利用人工智能算法分析运行数据，建立智能故障诊断模型。设备异常时，系统自动判断故障类型、原因并提供解决方案，如电梯故障诊断，根据运行速度、振动、噪声等数据判断机械或电气故障并给出维修建议。

（2）能源管理智能化控制系统

大厦能源消耗是运营成本的重要部分，为节能减排，采用大数据技术收集分析设备运行、能源消耗、环境等数据，实现能源精细化管理，如图 8.5-24、图 8.5-25 所示。

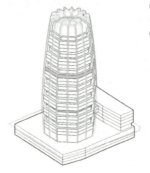

图 8.5-24　智慧节能运维管理系统

不同照度模式显示　　　　　　　　　　　　　　　智慧节能

- **照明调节**：无人模式、夜间模式、日光模式自动调节
- **空调调节**：实时检测温、湿度，根据季节、天气、人数智能化调节
- **新风调节**：实时检测二氧化碳浓度，自动调节新风
- **采光调节**：根据天气自动调节遮阳帘、设置午休模式等定时调节

图 8.5-25　智慧节能

1）智能节能控制系统：中化大厦通过安装该系统进行精细化管理能源，可对照明、空调、通风等设备智能控制。照明系统依光照、人体红外传感器调节；空调系统根据室内外温湿度、人员密度等调整运行模式与温度设定。

2）能源监控与优化：因大厦应用光伏建筑一体化技术，智能运维时用大数据技术对光伏发电系统智能管理，监控发电参数结合能源消耗进行优化调度，如白天优先用光伏发电并储能，夜间或不足时用储存电能或电网供电。

通过上述系统，大厦能源消耗显著降低，照明系统能耗降低约 40%，空调非高峰期能耗降约 30%，还能提升室内环境舒适度，实时调整环境参数为用户提供舒适的环境。

（3）空间管理智能化系统

1）智能巡检机器人：在大厦内设置智能巡检机器人，按照预设的路线对大厦的公共区域、设备机房等进行巡检。机器人配备了摄像头、传感器等设备，可以实时采集巡检区域的图像和数据，并传输到运维管理系统。运维人员可以通过系统远程查看巡检结果，及时发现问题并安排处理，减轻了人工巡检的工作量，提高了巡检的效率和准确性。

2）清洁机器人：使用清洁机器人对大厦的公共区域进行清洁，如地面清扫、玻璃清洁等。清洁机器人可以根据预设的程序自动进行清洁工作，并且能够避开障碍物，保证清洁效果和安全性。

3）智能预约管理系统：大厦内会议室等空间用智能预约管理系统，员工经企业内网或手机应用预约。系统依空间大小、功能、预约情况等自动分配，发布预约信息。如部门订会议室，系统考虑座位数、设备、时间冲突等因素推荐合适的会议室。会议结束自动更新空间状态。

另外，可打通访客管理、员工身份认证、自动派梯、楼层授权等多维信息，带来高效便捷的乘梯体验，如图 8.5-26 所示。

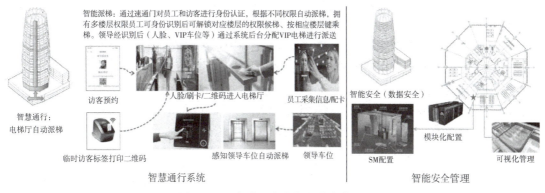

图 8.5-26　智能通行与智能安全管理

（4）安全管理智能化系统

1）智能安防系统：中化大厦配备了智能安防系统，包括高清摄像头、人脸识别门禁系统、入侵检测传感器等。采用人工智能技术的视频监控系统，能够自动识别和分析监控画面中的异常行为，如人员闯入、物品丢失等。当系统检测到异常行为时，会自动报警并通知运维人员，从而提高大厦的安防水平，如图 8.5-26 所示。

2）设备智能联动控制：基于物联网技术，火灾报警系统触发时，联动电梯控制系统会自动停运电梯、开消防通道门、启动通风排烟系统，提高安全性与应急响应能力。

3）安防与消防联动：火灾报警后，消防系统与安防系统联动。当安防系统检测到可疑人员在消防通道徘徊会报警并通知安保查看，火灾时自动报警系统启动并将信息传给安防系统，安防系统打开消防通道门禁、调整摄像头监控火灾区域，为消防救援提供支持。

8.6　拓展知识及课程思政案例

1. 拓展知识

1）苏通大桥斜拉索索力结构健康实时监测系统。（网上自行搜索）

2）浅谈低空无人机在铁路工程测绘中的应用。（网上自行搜索）

3）无人机图像识别技术在边坡病害检测中的应用。（网上自行搜索）

4）智能建造技术在土木工程中的应用，如 3D 打印建筑构件、机器人施工等，展示数智技术如何推动土木工程行业的变革。（网上自行搜索）

5）港珠澳大桥数字孪生平台（集成 BIM+GIS+IoT 的 120 年运维模型）。（网上自行搜索）

2. 课程思政案例

（1）自主学习"盾构机自主掘进与智能推拼同步技术"。（网上自行搜索）

（2）自主学习"中铁城建'157'智慧工地平台通过物联网、大数据和 AI 技术，实现施工现场的智能化管理"。（网上自行搜索）

课后：思考与习题

1. 本章习题

（1）数智技术的内涵是什么？

（2）什么是 BIM，BIM 技术的特性及应用价值有哪些？

（3）数智共性技术有哪些？总结其在土木工程中应用价值。

（4）智能设备技术有哪些？总结其在土木工程中应用价值。

2. 下章思考题

（1）什么是新型建筑工业化？其特征是什么？

（2）数智技术在新型建筑工业化中应用价值是什么？

第9章 数智技术与新型建筑工业化

课前：导读

1. 本章知识点思维导图

2. 课程目标

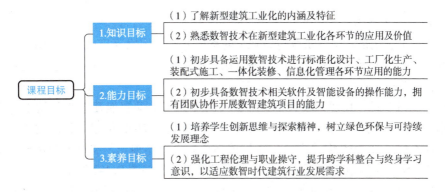

3. 重点

1）新型建筑工业化的内涵及特征。

2）数智技术在新型建筑工业化设计、生产、施工、装修、运营各阶段的应用。

9.1 新型建筑工业化概述

9.1.1 建筑业面临困境

随着全球城市化进程加快，我国建筑业虽发展迅速且在国民经济中占重要地位，但仍存在建造方式落后、管理粗放、劳动力密集等问题，尤其高能耗、高污染、低效率、长周期、低质量问题十分突出，如图 9.1-1 所示，与发达国家相比仍有较大差距，严重不适应数字化、智能化技术要求。在此背景下，新型建筑工业化应运而生。

新型建筑工业化是在城市化、环境保护、技术进步、政策支持和市场需求等多重因素推动下的产物，不仅提质增效，而且推动建筑行业向智能化、环保化、可持续化发展。未来，随着技术进步和应用推广，新型建筑工业化将在全球扩展深化，成为建筑行业重要发展方向。

建筑业面临问题   传统模式施工现场

图 9.1-1　建筑业面临的主要问题

9.1.2 政策推动

1. 国家与地方政策

新型建筑工业化是我国建筑业转型升级的重要方向，国家高度重视，2016 年 9 月 30 日国家发布了《大力发展装配式建筑的指导意见》（国办发〔2016〕71 号），推动我国建筑业的转型升级，其意义重大。

2020 年 7 月 3 日，住建部联合十三部委共同发文《推动智能建造与建筑工业化协同发展的指导意见》（建市〔2020〕60 号）文件，明确提出到 2025 年建立智能建造与建筑工业化协同发展体系，到 2035 年"中国建造"核心竞争力世界领先，建筑工业化全面实现，未来中国建筑业将走向绿色化、工业化、信息化发展之路，如图 9.1-2 所示。

2020 年 8 月 28 日，住建部等九部门又联合印发《关于加快新型建筑工业化发展的若干意见》，从设计、施工、信息技术的融合等多个方面，将新型建筑工业化纳入国家和地方的中长期发展规划，对新型建筑工业化的发展提出明确要求、指导方向和重点任务，为行业发展提供了政策依据和保障。

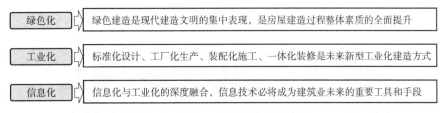

图 9.1-2　中国建筑业未来发展之路

2. 行业标准

2015 年 8 月 27 日住建部发布《工业化建筑评价标准》（GB/T 51129—2015），2016 年 5 月 1 日实施，同时陆续组织编制多项装配式技术标准，如《装配式混凝土建筑技术标准》等，为推动装配式建筑提供技术保障，体现了全专业、全流程、一体化、标准化的协同建造。

9.1.3　概念及内涵

新型建筑工业化是以装配式建筑为代表，以"构件预制化生产、装配式施工"为生产方式，以"设计标准化、构件部品化、施工机械化"为特征，整合产业链，实现建筑产品节能、环保、价值最大化的可持续发展的新型建筑生产方法。它区别于传统建筑工业化及"传统生产方式+装配化"建筑，传统装配式建造模式存在设计、工厂加工、现场安装分离且信息不共享的诸多弊端，而新型建筑工业化内涵更广泛。

1. 概念

新型建筑工业化是一种以工业化生产方式建造建筑的理念。它强调建筑设计标准化、构配件生产工厂化、施工装配化、装修一体化和管理信息化。例如，在建筑设计阶段，采用标准化的设计模块，像标准化的住宅户型设计，这样可以提高构配件的通用性。构件生产工厂化就是将建筑的预制构件，如预制墙板、预制楼板等在工厂中进行生产，其生产环境可以精确控制，保证构件质量。施工装配化则是把工厂生产好的预制构件运输到施工现场，通过装配式施工方法进行组装，大幅缩短了施工周期，如图 9.1-3 所示。

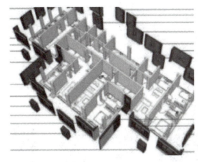

图 9.1-3　装配式建筑

2. 内涵

（1）新型建筑工业化是"信息化"带动的工业化

新型建筑工业化"新"在信息化，即信息化与建筑工业化深度融合。其重要特征是全过程信息化管理，实现"五化一体"，BIM 信息化技术是"集大成"的主线。BIM 技术与装配式建筑深度融合，有利于推进"五化一体"实施，实现全过程工业信息化集成，以信息化促进产业化，提高装配式建筑设计效率、加工精度、安装质量及全过程管理水平，如图 9.1-4 所示。

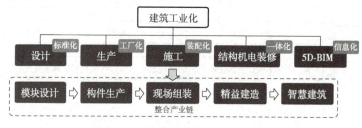

图 9.1-4　建筑工业化"五化一体"

（2）新型建筑工业化是实现"绿色化"建造的工业化

绿色建造是指工程建设全过程最大限度地节约资源（节能、节地、节水、节材）、保护环境和减少污染，建筑业是实现绿色建造的主体。新型建筑工业化是实现城乡建设节能减排和资源节约的有效途径、是实现绿色建造的保证、是解决行业粗放发展模式的必然选择。它可通过标准化设计、工厂化生产、装配化施工、一体化装修、信息化管理，节约资源、保护环境和减少污染，达到提质增效的目的。

（3）新型建筑工业化是装配式"一体化"建造的工业化

一体化建造方式是以"建筑"为最终产品的系统思维，是建筑工业化装配式建造的核心，具有系统化、集约化的显著特征。在工程建设全过程中，多专业协同，按技术接口和协同原则组装而成，此建造方式称为一体化建造。其核心体现在三个方面，如图 9.1-5 所示。

（4）新型建筑工业化是摆脱"传统模式"依赖的工业化

新型建筑工业化是生产方式的大变革，因人口红利淡出导致建筑业"招工难""用工荒"，传统模式难以为继，需向新型工业化转轨。新型工业化建筑要摆脱传统模式束缚，推动新型建筑工业化及城乡建设发展方式转变，建筑业必须走新型工业化道路，以现代科技和管理替代改造传统劳动密集型生产方式。

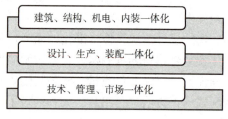

图 9.1-5　装配一体化建造方式

9.1.4　特征与优势

1. 特征

装配式建筑信息集成五大特征如图 9.1-6 所示。

图 9.1-6　装配式建筑信息集成五大特征

（1）设计标准化

以定型设计为基础，采用模块化和标准化设计，减少复杂性和不确定性，提升一致性和效率，可重复使用方案节约时间和成本。

（2）生产工厂化

以工厂制作为条件，批量生产构件确保质量一致、精确，实现流水线作业和自动化控制，缩短周期提高效率。

（3）施工装配化

以建造工法为核心，在施工现场将工厂预制的构件进行装配和安装，减少现场湿作业，减少了对工地的影响和环境污染，提高施工效率和质量。

（4）装修一体化

以建筑设计为前提，从设计阶段开始，与构件的生产、制作、施工装配，与主体结构一体化完成而不是毛坯房交工后再着手装修。

（5）管理信息化

以信息技术为手段，利用 BIM 技术进行全生命周期信息管理，提高项目管理精确性和协同效率，借人工智能、物联网技术智能监控和数据分析施工与运营，提升管理水平。

2. 优势

（1）提升效率

通过标准化、工厂化和信息化手段，显著提升建筑设计、生产和施工的效率。

（2）降低成本

减少现场人工和材料浪费，通过批量化生产和快速施工，降低整体成本。

（3）提高质量

标准化和工厂化生产提高了产品质量的稳定性，减少了现场施工的质量不稳定性问题。

（4）环境友好

推动绿色建筑和可持续发展，减少资源消耗和环境影响。

9.2 数智技术与标准化设计

9.2.1 概述

新型建筑工业化设计的基本原则就是标准化。只有遵照模数化、少规格、多组合的原则，设计的标准化才有规律可循。而装配式建筑信息集成的基础是模数化、标准化和模块化，其中模数化是基础，建立标准化单元模块，形成系列的标准化设计模块，组合成标准化功能模块，如图 9.2-1 所示。在装配式建筑设计中，可以采用基于 BIM 的模块化设计方法，像搭积木一样组装成建筑模型，如图 9.2-2 所示。

1. 标准化模块

将建筑分为若干标准化模块，在设计阶段确定模块的规格和连接方式，有利于实现构件经济高效的预制生产、方便装配式建筑的现场组装以及与各部分的精密衔接，提高设计的标准化程度，同时能规范相关配套建材部品的规格、种类，实现装修的一体化。装配式建筑标准化设计模块主要体现在四个方面，如图 9.2-3 所示。

图 9.2-1 装配式建筑信息集成基础

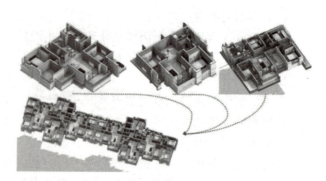

图 9.2-2 单元模块化设计示意

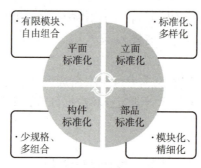

图 9.2-3 标准化模块

2. 标准化构件

基于 BIM 技术构建标准化的构件库，包括门窗、墙体、楼板等，设计人员可以快速调用标准化构件，提高设计效率，如图 9.2-4 所示。

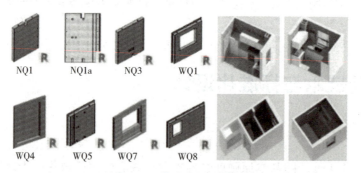

图 9.2-4 构件标准化模块

3. 标准化平、立面

通过平立面标准化设计，多个项目之间可以复用设计方案和构件，节省设计时间和成本，提高一致性，如图 9.2-5 所示。

9.2.2 BIM 技术在标准化设计阶段的应用

1. 三维建模与协同设计

BIM 技术通过创建建筑物全专业三维模型，提供详细的几何和属性信息，可实现多专业协同设计，减少设计冲突和变更，如图 9.2-6 所示。

图 9.2-5　平、立面的标准化设计

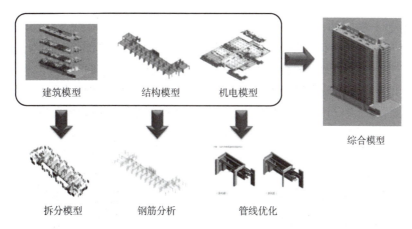

图 9.2-6　基于 BIM 技术各个专业的可视化协同设计

2. 深化设计与模拟

　　预制构件的深化设计是实现预制装配式建筑的关键。基于 BIM 技术对装配式建筑的深化设计，可以做到虚实结合，精准建立三维可视化模型，进行碰撞检查，优化所有细节，保证后期制造与施工的精准度，提高设计质量，避免后期施工过程中出现失误。图 9.2-7 是深化设计应用。

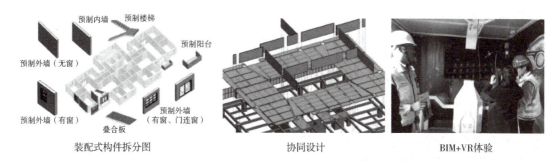

图 9.2-7　BIM 技术在装配式建筑深化设计应用

3. 碰撞检查

　　由于预制构件是由预制构件厂按照深化图纸直接加工制作，然后被运输到施工现场进行安装，深化设计阶段必须考虑其相关专业的碰撞问题，否则构件一旦生产错误，将会造成较大的经济损失，如图 9.2-8 所示。

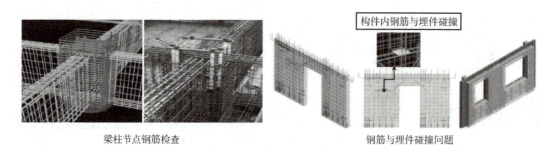

梁柱节点钢筋检查   钢筋与埋件碰撞问题

图 9.2-8 碰撞检查

4. 优化设计一键出图

通过 BIM 进行设计优化和能效模拟，选择最优设计方案，确保设计的合理性和经济性。BIM 软件具有一键快速出图、成批出图的功能。根据深化设计图纸的要求，整个出图过程无须人工干预。BIM 自动生成的图纸和模型动态链接，一旦模型参数修改，与之相关的所有图纸都将自动更新，无须设计师修改图纸。图 9.2-9 是预制外墙板深化设计图。

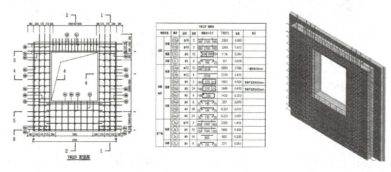

图 9.2-9 预制外墙板深化设计图

9.2.3 智能化技术在标准化设计阶段的应用

1. 人工智能（AI）技术的应用

1）自动化设计生成：利用 AI 技术，根据项目需求和参数，自动生成多种设计方案，并进行优选，减少设计时间和人力投入。

2）智能化方案优化：AI 技术可以通过对历史项目数据和设计方案的分析，提供优化建议，提高设计的创新性和适用性。

3）智能检测与评估：AI 算法可以自动检测设计中的潜在问题，如冲突和不符合规范的地方，及时进行调整和优化。

2. 物联网（IoT）技术的应用

1）实时数据反馈：利用 IoT 技术获取建筑现场的实时数据，如环境条件、施工进度等，为设计提供即时反馈和调整依据。

2）智能化设备集成：在设计阶段集成智能化设备和系统，如智能家居、智能照明等，提高建筑的智能化水平。

3）设计与施工的无缝衔接：通过物联网实现设计与施工的无缝衔接，确保设计方案的可实施性和准确性。

3. 大数据分析技术的应用

1）数据驱动设计优化：收集以往类似建筑项目的设计参数、空间布局、功能实现等数据，分析找出更优的设计策略和模式，辅助当前项目设计决策。

2）数据支撑性能分析：利用大数据分析不同地理环境、气候条件下建筑设计的最佳实践，为项目的节能、采光、通风等设计提供数据支撑。

3）智能选材：结合材料性能数据、成本数据、供应商数据等，快速筛选出既满足设计要求又具有成本效益和可持续性的建筑材料与部品部件。

通过 BIM、AI、大数据、IoT 等技术的协同应用，可以实现设计一体化全过程管理，设计团队可以通过平台进行实时协同和信息共享。智能化的项目管理和设计流程控制，不仅可以实现建筑工业化的标准化、模块化和智能化，而且可以提升设计的透明度和可控性，提高设计的协同性和效率，从而满足现代建筑市场对高效、优质、可持续建筑产品的需求。

9.3 数智技术与工厂化生产

数智技术在预制构件的工业化生产中发挥着关键作用，通过建筑信息模型（BIM）、物联网（IoT）、大数据、人工智能（AI）等技术的集成应用，极大地提升了生产效率、质量和灵活性，推动了建筑工业化的进程。

9.3.1 BIM 技术在工厂化生产阶段的应用

1. 智能化精准生产

工厂可以利用 BIM 模型中的数据直接导入工程中央控制系统，驱动自动化生产设备进行预制构件的加工，无须设计信息的二次重复录入，减少信息转换误差，确保预制构件的尺寸、材料、配筋等信息的精准性，实现设备对设计信息的识别和自动化加工。当输入的材料用量超出了设计标准的合理范围时，平台会发出警告提示，确保数据的准确性。如图 9.3-1 所示是传统模式与智能化模式对比。这种数智化建造的方式可以大大提高工作效率和生产质量。

图 9.3-1　传统预制构件加工与智能化加工系统对比

2. 质量控制与追溯

可以为每个构件赋予唯一识别信息（如二维码等），在生产过程中进行质量信息跟踪记录，便于后续质量问题的追溯和分析，实现对构件生产过程、全流程追踪和质量控制。

3. 物料管理协同

BIM 模型可以精确计算生产所需的原材料数量，协同采购部门进行物料采购，减少库存积压和浪费。当设计变更时，及时更新 BIM 模型数据，以便生产部门快速响应，调整生产计划和物料安排。

4. 生产计划优化

基于 BIM 模型中的构件信息（类型、数量、规格、交付时间等），生产企业可以更好地安排生产计划，合理配置资源和调度生产流程，实现物料的精准采购和库存管理，降低库存成本。如通过对比分析物料库存及需求量，确定采购量，自动化生成采购报表，依据供应商数据库确定优质供应商，如图 9.3-2 所示。

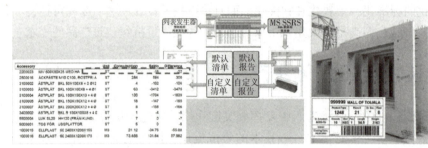

材料库存及采购管理图 构件堆场管理

图 9.3-2 材料库存及采购管理与构件堆场管理

9.3.2 智能化技术在工厂化生产阶段的应用

1. 物联网（IoT）的应用

（1）生产实时监测

在预制构件中嵌入物联网芯片或标签，对构件生产状态、流程节点、环境参数、所处位置等进行实时监测，实现自动化生产控制和故障预警。例如混凝土的强度增长情况（通过内置的传感器监测）、构件的尺寸偏差等。一旦发现质量问题，能够及时采取措施进行纠正，避免次品流入下一个环节。

（2）质量实时监控

传感器实时监测生产过程中的温度、湿度、压力等参数对构件质量的影响，数据上传平台进行分析和预警，以便及时调整生产工艺。还可以通过标识码快速追溯到相关的生产环节、原材料批次、操作人员等信息。如果某一批次的预制楼板出现裂缝问题，通过平台可以追溯到该批次楼板所使用的混凝土原材料供应商、搅拌时间、养护条件等详细信息，以便准确分析问题原因。

（3）物料实时管控

利用 IoT 技术对原材料和构件的运输及库存状态进行实时管控，当物料库存低于设定值时自动触发采购提醒，优化供应链管理，确保材料和构件的及时供应，确保生产的连续性。

（4）智能化生产设备

通过物联网技术，将各类生产设备互联，形成智能化生产系统，提高设备的使用效率和生产的灵活性。

2. 大数据分析的应用

（1）资源优化

通过数据分析预测资源需求，调配生产设备等资源，根据历史数据预测原材料消耗趋势并采购储备，避免因原材料短缺导致生产中断。

（2）实时监控生产数据

对生产异常（如设备故障、物料短缺、质量波动）进行预警和快速响应。根据生产计划，平台会自动安排合适的模具到相应的生产线，并确保模具的周转效率最大化。同时可根据不同工序的工作量和技能要求，合理分配工人，提高劳动生产率。

（3）质量管控

汇总生产过程中的质量检测数据，利用大数据算法识别质量问题的规律和趋势。例如特定设备、工艺环节容易出现的缺陷类型等，针对性改进生产。与设计标准数据进行对比，确保生产的构件和部品符合设计要求。

（4）成本管理

大数据分析物料采购价格波动、人力成本变化、能源消耗等数据，以降低生产成本。

3. 人工智能（AI）技术的应用

（1）智能排产

基于历史数据和项目需求，AI 技术能准确预测材料、时间、人力等需求，优化生产计划，提高效率等，可根据实时情况动态调整，遇意外重新计算最优方案。

（2）智能质检

通过 AI 视觉识别人工智能技术，对预制构件进行自动化质量检测，确保构件的外观和尺寸符合设计标准。

（3）设备维护预警

通过监测生产设备运行数据，准确判断设备可能出现故障的时间和部位，提前安排维护，减少生产中断风险。

（4）工艺优化

利用 AI 对生产工艺参数进行分析和优化，提高生产过程的稳定性和产品的一致性。

4. 自动化与机器人技术

（1）智能机器人生产

在预制构件生产中，使用工业机器人进行切割、焊接、组装等工序，提高生产效率和精度，减少人工劳动强度。

（2）无人搬运系统

利用自动导引车实现构件在生产车间和仓库之间的自动化搬运，提高物流效率。

总之，通过 BIM、IoT、大数据、AI 等技术的协同应用，可以实现预制构件从设计到生产全过程的信息化管理，适应现代建筑市场对高效、优质、可持续产品的需求。通过数智化信息管理平台，各环节的生产数据可以实时共享和更新，不仅提高了生产效率和质量，提高生产的透明度和协同性，而且通过数据分析和预测，可以帮助管理人员优化生产，进行科学决策。

9.3.3 智能化生产加工流程

装配式建筑构件生产，按照构件拆分方案，对不同类型构件（如剪力墙结构体系的叠合板，内墙、外墙等构件）进行标准化设计，制定生产方案，控制产能进度，依据构件生产工艺智能化完成。基于 BIM 技术预制构件智能化生产加工流程如图 9.3-3 所示。

图 9.3-3 基于 BIM 技术的预制构件智能化生产加工流程

1. 自动画线定位与模具摆放

画线机和摆模机器手，可根据预制构件模型设计信息及几何信息，实现自动画线定位和部分模具摆放，如图 9.3-4 所示。

图 9.3-4 自动画线定位与模具摆放

2. 智能布料

通过对 BIM 模型混凝土构件加工信息的导入，根据特定设备指令，系统能够将混凝土加工信息自动生成控制程序代码，自动确定混凝土构件的几何尺寸及门窗洞口的尺寸和位置，智能控制布料机中的阀门开关和运行速度，精确浇筑混凝土，如图 9.3-5 所示。

图 9.3-5 智能布料

3. 混凝土自动振捣

振捣工位可结合构件模型设计信息，如构件尺寸、混凝土厚度等，通过程序自动控制振捣时间和频率，实现自动化振捣，如图 9.3-6 所示。

图 9.3-6　混凝土自动振捣

4. 构件养护

可对环境温度、湿度进行设定与控制，通过自动调节系统，控制构件养护时间，减少能源的浪费，实现自动化养护和提取，也可采取优化的存取配合算法，避免空行程，实时观察码垛机运行路线，如图 9.3-7a 所示。

5. 翻转吊装

翻转起吊工位可通过激光测距或传感器配置，实现构件的转运、起吊信息实时传递，安全适时自动翻转，如图 9.3-7b 所示。

a）智能码垛机　　　　　　　　　　　b）自动翻转吊装

图 9.3-7　构件养护与自动翻转吊装

6. 钢筋信息化加工

通过预制装配式建筑构件钢筋骨架的图形特征、BIM 设计信息和钢筋设备的数据交换，加工设备可自动识别钢筋设计信息，对钢筋类型、数量、加工成品信息进行归并，自动加工成钢筋成品（钢筋、棒材、网片筋、桁架筋等），无须二次人工操作和输入。

7. 构件加工、堆场、运输

装配式建筑预制（PC）构件加工生产阶段是连接装配式建筑设计与施工安装的关键环节，也是构件由设计信息转化成实体的阶段。预制构件加工的精度、模具的准备、存放的位置及顺序等，直接影响后续装配式施工安装的进度和质量，如图 9.3-8 所示。

PC构件加工　　　　　　　　　PC构件堆场　　　　　　　　　PC构件运输

图 9.3-8　预制构件的加工、堆场、运输

9.4 数智技术与装配式施工

数智技术在装配化施工中的应用，通过集成建筑信息模型（BIM）、物联网（IoT）、大数据、人工智能（AI）等先进技术，大幅提高了施工效率、质量和安全性，推动了建筑工业化的进程。

9.4.1 BIM 技术在装配式施工阶段的应用

1. 施工模拟与优化

BIM 技术通过三维模型，可以进行施工场布模拟、塔式起重机模拟、预制构件吊装模拟、施工安装工序模拟，优化施工计划和流程，确保构件的精准定位和快速安装，如图 9.4-1 所示。

  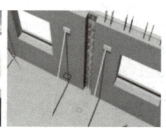

吊装模拟　　　　　　　　　施工场布模拟　　　　　　　　　构件安装工序模拟

图 9.4-1　施工模拟

2. 复杂节点碰撞检测

施工前利用 BIM 进行复杂节点碰撞检测，识别并解决潜在的施工冲突和问题，减少现场返工，如图 9.4-2 所示。

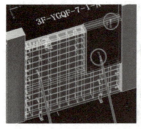 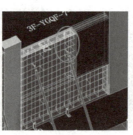  

调整前　　　　　　　调整后　　　　　　　调整前　　　　　　　调整后

图 9.4-2　碰撞检查调整前后对比图

3. 施工全过程的管理

基于 BIM 技术在装配式实施阶段，主要以 BIM 模型为载体，以进度计划为主线，通过融合无线射频（RFID）技术、物联网（IoT）等技术，共享与集成装配式建筑产品的设计信息、生产信息和运输信息。利用 BIM-4D 技术将施工对象与施工进度数据连接，实现施工进度的实时跟踪与监控。在此基础上再引入资源维度，形成"BIM-5D"模型，模拟装配施工过程及资源投入情况，对质量、进度、成本实行实时动态管控与调整，实现以装配为核心的设计—生产—装配无缝连接的信息化协同管理。主要内容包括进度控制、质量控制、成本控制、安全管理、信息管理、数字化竣工资料管理，如图 9.4-3 所示。

图 9.4-3　BIM 技术在装配实施阶段信息化协同管理

（1）进度控制

BIM 技术在施工实施阶段的进度控制，主要利用 BIM 技术将实际进度信息收集整理关联到施工进度管理模型上，对计划工期和实际进度进行实时动态对比分析，寻找影响工期的干扰因素并及时调整。预制构件安装过程施工进度模拟及分析如图 9.4-4 所示。

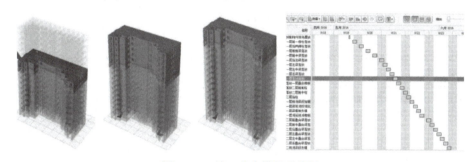

图 9.4-4　施工进度模拟及分析

（2）质量控制

基于 BIM 技术的施工质量管控，首先应根据工程质量验收标准，关联各类质量信息，设置各阶段质量控制点，建立 BIM 施工质量管理模型。利用 BIM 可视化功能，不仅可以清晰准确地向施工人员传达设计师意图，有效提高安装的精准性，而且可以对实施过程中遇到的质量问题进行甄别及动态控制管理，从而减少或消除施工过程中的质量缺陷，如图 9.4-5 所示。

图 9.4-5　施工过程质量缺陷

（3）成本控制

BIM 技术在施工成本控制的应用，主要是对计划成本、预算成本、实际成本三算对比及成本核算与分析等方面。施工成本管理的核心是基于 BIM 施工管理模型实现成本的对比分析与动态控制，如图 9.4-6 所示。

图 9.4-6　BIM-5D 成本分析

（4）安全管理

基于 BIM 技术的施工安全管理，主要对施工安装现场进行可视化模拟、过程实时监控和动态管理，以便识别危险源，提前做好相应的安全防护措施，消除或减少不安全的隐患，确保工程项目安全管理目标的顺利实施，如图 9.4-7 所示。

图 9.4-7　施工安全管理过程

（5）信息管理

基于 BIM 技术在构件中预埋 RFID 芯片，通过手机扫码添加预制构件二维码，可以对构件进行实时追踪，轻松实现预制构件的加工流程管理、仓储管理、运输管理、现场吊装管理等全过程信息化管理，避免构件丢失、错用、误用等情况。

例如在构件吊装阶段，工作人员手持阅读器和显示器，按照显示器上的信息依次进行吊运和装配，做到规范且一步到位，提升工作效率，如图 9.4-8 所示。

图 9.4-8　预制构件现场信息管理

（6）竣工资料管理

在装配式建筑竣工验收时，可制定 BIM 成果验收表，将验收信息添加到 BIM 施工管理全专业模型中逐项验收，并根据现场实际情况进行修正，以保证 BIM 模型与工程建设实体的一致性，进而形成 BIM 竣工模型。对于不合格项、信息不完整项需要进行整改。

另外，BIM 竣工模型应将现浇部分与预制构件分类储存，并包含完整的机电设备管线。根据装配式建筑运维需要，可添加机电设备的厂商、型号、价格等属性信息，作为后期 BIM 智能化运维模型的数据基础。

9.4.2　智能化技术在装配式施工阶段的应用

1. 物联网（IoT）技术的应用

（1）现场监测与管理

在施工现场部署 IoT 传感器，对环境条件、设备状态、施工进度进行实时监测，实现智能化管理。通过物联网如智能安全帽、人员定位卡等，掌握施工人员的位置、出勤、工作时长等信息，便于人员调度和安全管理。可以监测施工设备的运行状态、能耗、保养需求等，提高设备利用率和维护及时性。

（2）安全监测与预警

通过 IoT 技术实时监控施工现场的安全状况，及时发现安全隐患，保障施工人员的安全。例如在施工现场布置各类传感器（如火灾传感器、临边防护传感器等），当出现安全隐患时及时在平台报警。

（3）施工质量监控

利用物联网的应变计、压力计等监测关键施工部位的质量参数，把数据上传平台进行存档和分析。

（4）施工流程协同

利用物联网追踪构件的运输和库存状态，优化物流和供应链管理，确保构件的及时供应。如在装配式建筑施工中，通过物联网确保构件到场顺序与施工进度的精准协同，减少等待和存储场地占用。

2. 大数据分析技术的应用

（1）施工进度管理

整合项目计划数据、人员数据、材料设备到场数据、现场施工数据等，利用大数据技术对施工过程中的数据进行分析，实时评估进度偏差，预测项目完成时间。识别施工中的瓶颈和问题，提前采取措施规避类似风险，提供优化建议，提高施工效率。

（2）风险预测与管理

利用大数据技术收集施工现场安全监测数据（如人员行为数据、设备运行数据、环境数据等），分析可能导致安全事故的隐患模式，预测施工过程中的潜在风险，并制定应对策略，减少施工风险，提前发出警报；利用大数据技术，结合天气数据、地质数据等外部数据，对施工过程中的自然灾害风险等进行预警。

（3）资源配置优化

根据施工进度数据、现场空间数据、不同工种人员需求数据等，合理调配施工人员、机械、材料等资源，避免资源闲置或短缺，优化资源配置，提高资源利用效率。同时分析不同施工条件下资源消耗数据，为项目预算提供更准确的依据。

3. 人工智能（AI）技术的应用

（1）智能施工调度

结合项目实际情况和资源分配，智能调整和优化施工进度计划，当遇到突发情况（如天气变化、材料供应延迟等）时快速重新规划。优化施工调度，提高施工效率和响应能力。

（2）智能资源管理

AI 技术能够自动统计和分析施工现场的材料、设备、人力等资源的使用情况，合理调配资源避免浪费和短缺。

（3）智能质量检测

通过 AI 图像识别技术，对施工质量进行自动化检测，确保施工符合设计标准。

（4）智能安全管理与风险监测

利用传感器和视频监控，结合人工智能算法，识别施工现场人员的不安全行为（如未佩戴安全帽、违规操作等）和环境的不安全因素（如火灾隐患、临边防护缺失等）。

（5）智能机器人施工

利用 AI 驱动的机器人进行高精度的施工操作，如焊接、喷涂、搬运等，提高施工精度和效率。

4. 自动化与机器人技术

（1）施工机器人

在装配化施工中，使用机器人进行精细和重复的施工任务，如钢筋绑扎、混凝土喷涂等，减少人工误差。

（2）无人机监测

利用无人机进行施工现场的高空监测和数据采集，快速获取现场实时信息，支持施工管理决策。

（3）自动化搬运系统

通过自动化搬运设备，实现构件的高效运输和安装，提高施工现场的物流效率。

数智技术在装配化施工中可以通过 BIM、IoT、大数据、AI 等技术集成一体化施工全过程的数字化管理平台。通过平台各施工环节的信息实时共享，不仅大幅提高了施工效率、质量和安全性，而且可以帮助管理人员优化施工策略，适应现代建筑市场对高效、优质、可持续建筑产品的需求。

9.5　数智技术与一体化装修

数智技术在一体化装修中的应用，通过集成建筑信息模型（BIM）、物联网（IOT）、大数据、人工智能（AI）等技术，实现了装修过程的高效化、标准化和智能化。这些技术的结合不仅提高了施工效率和装修质量，还推动了装修行业的现代化和可持续发展。

装配式建筑集成一体化是个大系统，主要由建筑系统、结构系统、机电系统、装修系统四大系统组成，其中装修系统主要是指吊顶与地面系统、厨卫集成系统、隔墙系统、部品构配件等。

9.5.1　BIM 技术在一体化装修阶段的应用

1. 三维设计与可视化

装修阶段一体化主要包括装修的标准定位（如顶棚、地面、灯具连接图以及立面开关、插座、照明、弱电位置图）；空调的设计（包括穿墙管、预留孔、预埋件等）；新风系统和预制构件的结合，以及安保信息的智能化设计等都要进行统一的设计。如卧室可能需要床头插座、呼叫感应等，都需要在每一块墙板上反映出来。BIM 技术可提供详细的三维模型，帮助设计师和客户直观了解装修效果，提高设计沟通效率，如图 9.5-1 所示。

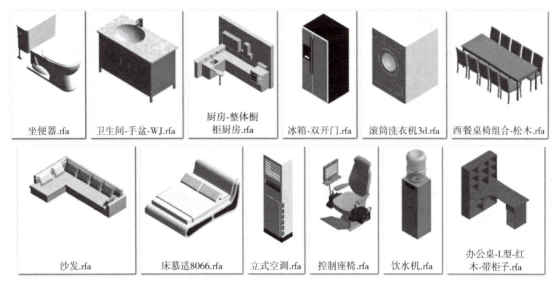

坐便器.rfa	卫生间-手盆-WJ.rfa	厨房-整体橱柜厨房.rfa	冰箱-双开门.rfa	滚筒洗衣机3d.rfa	西餐桌椅组合-松木.rfa
沙发.rfa	床慕适8066.rfa	立式空调.rfa	控制座椅.rfa	饮水机.rfa	办公桌-L型-红木-带柜子.rfa

图 9.5-1　装修部品产品库建设

2. 标准化设计模板

通过 BIM 创建标准化的装修设计模板，实现装修方案的快速生成和调整，适应不同客户需求，如图 9.5-2 所示。

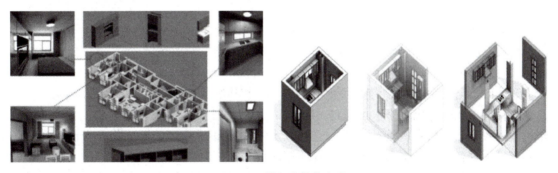

图 9.5-2　模板化装修方案

9.5.2　智能化技术在一体化装修阶段的应用

1. 物联网（IoT）技术的应用

（1）智能化监控

在装修过程中部署 IoT 传感器，对施工环境、进度、设备状态进行实时监控，确保施工的顺利进行。

（2）智能家居系统集成

通过物联网技术，将智能家居设备与装修设计集成，提供全面的智能化生活体验。

（3）能耗管理与优化

利用 IoT 对装修后的能耗数据进行监测和分析，优化能源使用，提高居住空间节能效果。

2. 大数据分析技术的应用

（1）用户需求分析

通过大数据分析用户的喜好和需求，提供个性化的装修方案，提高用户满意度。

（2）设计优化与决策支持

利用大数据技术分析市场趋势和成功案例，优化装修设计，辅助决策制定。

（3）成本控制与预算管理

利用大数据分析可进行精细化的成本控制和预算管理，减少浪费和超支。

3. 人工智能（AI）技术的应用

（1）智能设计生成

AI 技术可以根据客户需求和市场趋势，自动生成多种装修设计方案，提高设计效率。

（2）虚拟现实（VR）体验

利用 AI 和 VR 技术，客户可以在虚拟环境中体验装修效果，进行方案选择和调整。

（3）自动化施工机器人

AI 驱动的机器人可进行自动化的装修施工任务，如喷涂、铺设地板等，提高施工速度和精度。

4. 自动化与机器人技术

（1）智能施工设备

利用自动化设备进行重复性、精细化、危险性施工任务，如地板铺设、墙面喷涂等，减少人工误差。

（2）无人化施工场景

机器人技术可实现无人化的施工场景，提高施工安全性和效率。

（3）柔性制造系统

通过自动化设备，实现装修部品的柔性制造，快速响应市场变化和个性化需求。

数智技术在一体化装修中可通过 BIM、IoT、大数据、AI 等技术的集成，显著提高装修过程的效率、质量和智能化水平。这些技术手段实现了装修的标准化、个性化和绿色化，满足了现代市场对高效、环保、智能家居的需求。随着数智技术的不断发展，一体化装修将更加智能化和自动化，为新型建筑工业化的发展提供更加丰富和多样化的解决方案。

9.6 一体化信息协同管理平台

基于 BIM 设计，通过融合人工智能、物联网（IoT）、无线射频（RFID）、大数据等技术，可以构建装配式建筑从设计、生产、施工、运维一体化信息协同管理平台。规避因各专业各环节信息壁垒造成设计、生产、施工不协调甚至严重脱节的现象，可以充分共享装配式建筑产品的设计信息、生产信息、运输信息、装配信息等，实时动态调整，实现以装配为核心的设计—生产—装配—装修无缝连接的信息化管理，从而实现由传统的经验管理向信息化管理的转变，提高管理效率和水平，提升工程建造的质量，确保最终建设目标的实现。

基于 BIM+技术装配式建筑一体化信息协同管理平台，主要有设计信息化系统、生产信息化系统、物流信息化系统、装配信息化系统、运维信息化系统，如图 9.6-1 所示。

图 9.6-1　装配式建筑信息协同管理平台

基于 BIM 技术，装配式建筑可以实现建筑、结构、机电、装修一体化集成设计信息化系统，并借助物联网、云计算等信息化技术手段，将相关的建筑工程信息关联到后续的实施过程中，从而实现设计、生产、运输、装配、运维一体化集成应用信息系统，提升装配式建筑智慧建造、智慧运维的管控能力。

1. 设计信息化系统

设计信息化系统主要集成了设计各个阶段和各个专业的信息。如方案设计阶段主要有场地规划、交通分析、方案比选、标准模块化设计等信息；初步设计阶段主要有建筑性能分析、预制构件拆分等信息；施工图设计阶段主要有碰撞检测分析、管线综合优化等；深化设计阶段主要有结构体系的深化设计、外围护体系的深化设计、机电体系的深化设计、装修体系的深化设计等；基于 BIM 技术，可构建建筑、结构、机电、装修一体化集成协同设计管理平台，提高设计效率和质量。

2. 生产、物流信息化系统

预制构件生产、物流信息化系统，主要是对部品部件模具设计、预制构件加工生产、装配式模板设计、生产加工流程的管理、生产质量的管控、预制构件储存管理、预制构件运输、物流跟踪等信息的管理系统。结合 BIM 技术，可实现预制构件生产阶段一体化信息管理，提高预制构件、部品部件的生产管理水平和质量。

3. 装配信息化系统

装配信息化系统主要是指对施工现场合理规划、施工工艺模拟、施工质量、进度、投资的控制、施工安全管理及竣工资料交付等一体化集成信息管理系统。通过协同管理平台，可以从多角度提供各专业的项目信息，更好地让各专业、各参建方、各管理方协同工作，有利于提高装配式施工管理效率和施工质量。

4. 运维信息化系统

运维信息化系统主要对建筑资产管理、建筑空间管理、建筑能耗管理、建筑应急管理、设备设施等一体化集成信息管理。借助 BIM 技术，可增强运维管理的可视化、决策化，高效准确地解决运维阶段出现的各种问题，降低运营和维护成本，促进装配式建筑的可持续发展。

总之，基于 BIM+技术装配式建筑一体化信息协同管理平台，可以极大提高装配式建筑的建设质量及信息化管理水平，推进装配式建筑管理向数字化、智慧化转变。

9.7　拓展知识及课程思政案例

1. 拓展知识

1）数智技术在新型建筑工业化的应用案例分析。（网上自行搜索）

2）如何构建智慧生产、施工管理系统。（网上自行搜索）

2. 课程思政案例

1）《案例介绍：BIM 与装配式技术的建筑奇迹》视频，参见二维码 9.7-1。

2）《预制装配化建筑：上海中心的创新之路》视频，参见二维码 9.7-2。

二维码 9.7-1　案例介绍：BIM　　　二维码 9.7-2　预制装配化
与装配式技术的建筑奇迹　　　建筑：上海中心的创新之路

课后：思考与习题

1. 本章习题

（1）新型工业化建筑的内涵及特征、优势是什么？

（2）为什么说数智技术与新型建筑工业化建筑融合是未来发展的趋势？

2. 下一章思考题

（1）城市更新的意义是什么？

（2）城市更新的场景与类型有哪些？

（3）建筑遗产保护技术与方法在城市更新中是如何应用的？

（4）城市更新过程中，土木工程在哪些领域发挥了重要的作用？

（5）数智技术在城市更新中的应用有哪些？

第三篇
城市更新

第 10 章　城市更新概论

课前：导读

1. 本章知识点思维导图

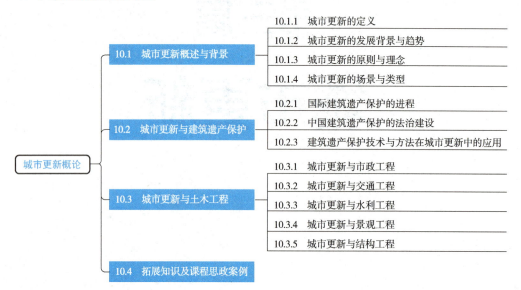

城市更新概论

- **10.1　城市更新概述与背景**
  - 10.1.1　城市更新的定义
  - 10.1.2　城市更新的发展背景与趋势
  - 10.1.3　城市更新的原则与理念
  - 10.1.4　城市更新的场景与类型
- **10.2　城市更新与建筑遗产保护**
  - 10.2.1　国际建筑遗产保护的进程
  - 10.2.2　中国建筑遗产保护的法治建设
  - 10.2.3　建筑遗产保护技术与方法在城市更新中的应用
- **10.3　城市更新与土木工程**
  - 10.3.1　城市更新与市政工程
  - 10.3.2　城市更新与交通工程
  - 10.3.3　城市更新与水利工程
  - 10.3.4　城市更新与景观工程
  - 10.3.5　城市更新与结构工程
- **10.4　拓展知识及课程思政案例**

2. 课程目标

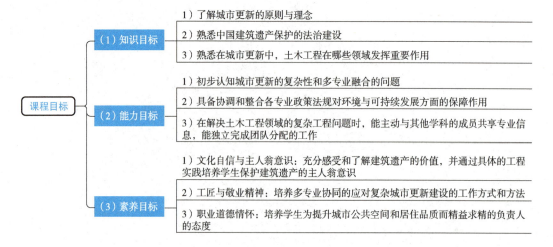

课程目标

- **（1）知识目标**
  - 1）了解城市更新的原则与理念
  - 2）熟悉中国建筑遗产保护的法治建设
  - 3）熟悉在城市更新中，土木工程在哪些领域发挥重要作用
- **（2）能力目标**
  - 1）初步认知城市更新的复杂性和多专业融合的问题
  - 2）具备协调和整合各专业政策法规对环境与可持续发展方面的保障作用
  - 3）在解决土木工程领域的复杂工程问题时，能主动与其他学科的成员共享专业信息，能独立完成团队分配的工作
- **（3）素养目标**
  - 1）文化自信与主人翁意识：充分感受和了解建筑遗产的价值，并通过具体的工程实践培养学生保护建筑遗产的主人翁意识
  - 2）工匠与敬业精神：培养多专业协同的应对复杂城市更新建设的工作方式和方法
  - 3）职业道德情怀：培养学生为提升城市公共空间和居住品质而精益求精的负责人的态度

3. 重点

1）城市更新的原则与理念。

2）中国建筑遗产保护的法治进程。

3）城市更新中土木工程的应用场景。

10.1　城市更新概述与背景

10.1.1　城市更新的定义

党的十九届五中全会通过的《中共中央关于制定国民经济和社会发展第十四个五年规划和二〇三五年远景目标的建议》明确提出了实施城市更新行动，这是以习近平同志为核心的党中央站在全面建设社会主义现代化国家、实现中华民族伟大复兴中国梦的战略高度，对进一步提升城市发展质量作出的重大决策部署。我们要深刻领会实施城市更新行动的丰富内涵和重要意义，坚定不移实施城市更新行动，努力把城市建设成为人与人、人与自然和谐共处的美丽家园。

阳建强先生在《城市更新》一书中借鉴各国城市再开发、城市再生与城市复兴的理论和实践，同时结合中国建设的现状，对城市更新提出了这样的定义：城市发展的全过程是一个不断更新、改造的新陈代谢过程。城市更新作为城市自我调节或受外力推动的机制存在于城市发展之中，其主要目的在于防止、阻止和消除城市的衰老，通过结构与功能不断的进行适应性调整，增强城市整体机能，使城市能够不断适应未来社会和经济发展的需要。城市更新的内容涉及广泛，主要是面向改善人民居住环境，增强城市活力，传承文化传统，提升城市品质，保障和改善民生，以及促进城市文明，推动社会和谐发展等更长远的全局性目标。

10.1.2　城市更新的发展背景与趋势

1. 城市更新的发展背景与历程

随着中国城镇化率的不断提升，城市空间和资源日益紧张。根据最新数据，中国常住人口城镇化率已达到较高水平，这迫使城市需要通过更新来适应新的发展需求。城镇化发展进入中后期，存量提升逐步代替大规模增量发展，成为城市空间发展的主要形式。之前的城市化进程高速发展带来了各种城市问题，如交通拥堵、环境污染、资源紧张等城市问题日益突出，需要通过城市更新来改善城市环境，提升居民生活质量。老旧小区、城中村等地区存在基础设施落后、环境不佳等问题，需要通过城市更新来整治改善。在这样的背景下，政府加大政策和立法支持城市更新。自 2021 年城市更新首次被写入政府工作报告以来，中央与地方政府陆续出台了一系列鼓励政策，指导城市更新工作。政策的不断完善为城市更新提供了有力保障，推动了城市更新项目的快速推进。另一方面城市更新也是社会经济发展的需求，是城市发展的必然趋势，也是经济增长的重要动力。通过城市更新，可以带动相关产业的发展，创造就业机会，促进经济社会的全面发展。

（1）初始阶段（1949—1977 年）

新中国成立后，城市面临着战争破坏后的物质衰败和设施落后问题。为了解决迫切的基本生活需要，各地城市不同程度地开展了以改善环境卫生、发展城市交通、整修市政设施和兴建工人住宅为主要内容的城市建设工作。这一时期，北京龙须沟整治、上海棚户区改造、南京秦淮河改造和南昌八一大道改造等工程取得了显著成效。然而，由于经济条件和技术水平的限制，城市更新主要集中在基础设施的修复和居民住房的改善上。

（2）改革开放初期（1978—2000 年）

1978 年改革开放后，中国进入了一个新的发展时期。城市建设领域明确了城市建设是形成和完善城市多种功能、发挥城市中心作用的基础性工作。为了满足城市居民改善居住条件、出行条件的需求，偿还城市基础设施领域的欠账，一些大城市相继开展了大规模的旧城改造。这一时期，城市更新不再局限于基础设施的修复，而是开始注重城市功能的完善和居民生活质量的提升。同时，围绕旧城改建开展了系列学术研究和交流活动，为城市更新的理论和实践奠定了基础。

（3）快速发展阶段（2000—2015 年）

进入 21 世纪后，中国城镇化进程加速推进，城市更新也进入了快速发展阶段。在高速城镇化的背景下，土地的市场化改革为旧城更新提供了新的资金来源。政府和市场共同推动，加快了旧城区基础设施的改善和土地价值的提升。然而，随着城市更新的深入推进，也出现了一些问题，如破坏历史风貌、激化社会矛盾等。

（4）高质量发展阶段（2015 年至今）

近年来，中国城镇化发展进入了质量提升的战略性调整阶段。城市更新不再仅仅关注物质空间的改善，而是更加注重城市内涵发展、品质提升和可持续发展。2021 年，中国首次将城市更新写入政府工作报告，将城市更新提升至国家发展战略高度。各地纷纷出台城市更新政策，完善政策体系，推动城市更新向高质量发展迈进。在这一阶段，城市更新注重历史文化的保护和传承，生态环境的改善和修复，以及社会经济的协调发展。同时，也更加注重公众参与和社会共治，确保城市更新成果惠及广大人民群众。

综上所述，中国城市更新的发展历程经历了从简单的旧城改造到综合性的城市功能提升与品质优化的转变。在这一过程中，城市更新不断适应时代发展的需要和人民群众的需求变化，为推动中国城镇化进程和城市发展做出了重要贡献。

2. 城市更新的发展趋势

（1）注重可持续发展

未来的城市更新将更加注重节约资源和保护环境，推动绿色低碳发展。通过优化城市空间布局、提升城市基础设施水平等方式，实现城市的可持续发展。

（2）强调历史文化保护

在城市更新过程中，将更加注重对历史建筑和文化遗产的保护和再利用。通过合理规划和设计，实现历史文化遗产与城市现代生活相融合，增强城市的吸引力和竞争力。

（3）推动智慧城市建设

智慧城市是指通过物联网、云计算、大数据、人工智能等先进技术，实现城市各项功能的数字化、网络化、智能化，从而提升城市治理水平、促进城市经济发展、提高居民生活质量的新型城市发展模式。这一概念的核心在于利用信息化和互联网技术，将城市各个领域进行高度融合，实现城市管理、社会服务和经济运行的智能化、高效化及可持续化发展。

（4）增加服务设施配套

服务设施配套包括医疗中心、养老驿站、幼儿园等教育机构。医疗中心可以利用远程医疗、电子健康记录和智能诊断设备。教育机构可以应用智能教室、在线学习平台和虚拟现实、增强现实等教学工具，通过这些物理空间的规划和建设，智慧城市能够更好地整合资源，提高效率，为市民提供更加便捷、安全、舒适的生活环境。

（5）优化公共空间

城市更新将更加注重公共空间的优化和提升。通过建设口袋公园、城市绿道等公共设施，改善城市生态环境和人居环境，提高居民的生活质量和幸福感。

（6）多方协同共治

未来的城市更新将更加注重政府、市场和社会三方的协同共治。通过建立健全的体制机制和政策措施，保障城市更新项目的顺利推进和有效实施。

综上所述，中国城市更新发展的背景与趋势体现了城市化进程中的必然需求和政策导向。随着城镇化率的不断提升和城市问题的日益凸显，城市更新将成为推动城市可持续发展的重要途径。同时，未来的城市更新将更加注重可持续发展、历史文化保护、智慧城市建设等方面的发展趋势和方向。

10.1.3 城市更新的原则与理念

1. 住建部的指导原则

（1）城市体检先行

建立城市体检机制，将城市体检作为城市更新的前提。这包括从住房到小区、社区、街区、城区的全面体检，查找并解决城市中的难点、堵点、痛点问题。

（2）城市更新规划统筹

依据城市体检结果，编制城市更新专项规划和年度实施计划，系统谋划城市更新工作目标、重点任务和实施措施。

（3）强化精细化城市设计引导

将城市设计作为城市更新的重要手段，完善城市设计管理制度，明确对建筑、小区、社区、街区、城市不同尺度的设计要求。

（4）创新城市更新可持续实施模式

坚持政府引导、市场运作、公众参与，推动转变城市发展方式。加强存量资源统筹利用，鼓励土地用途兼容、建筑功能混合。

（5）明确城市更新底线要求

坚持"留改拆"并举、以保留利用提升为主，鼓励小规模、渐进式有机更新和微改造，防止大拆大建。加强历史文化保护传承，尊重自然、顺应自然、保护自然。

这些原则旨在提高城市规划、建设、治理水平，推动城市高质量发展，确保城市更新的可持续性和效率。住建部的指导原则在具体的实践过程中与宜居、绿色、人文、韧性、智慧等理念相互交织，共同构建了现代城市发展的多维框架。这些原则和理念的实施，不仅促进了城市空间的优化和功能的提升，还为城市居民创造了更加安全、舒适、便捷的生活环境，推动了城市向可持续、高质量的发展方向迈进。

2. 多维的城市更新理念

（1）人居环境科学与有机更新理念

吴良镛院士针对我国城镇化进程中建设规模大、速度快、涉及面广等特点，创立了人居环境科学及其理论框架。他提出"广义建筑学"和"人居环境学"等理论，在多年的学术研究和实践中，深刻认识到我国城乡建设面临的复杂问题，尤其是学科分割导致的综合研究不足。为此，他提出了人居环境科学的概念，旨在以人与环境相互关系为出发点，对人居环境进行综合研究。人居环境科学以有序空间和宜居环境为目标，提出了以人为核心的人居环境建设原则、层次和系统。它发展了区域协调论、有机更新论、地域建筑论等创新理论，以整体论的融贯综合思想为指导，提出了面向复杂问题、建立科学共同体、形成共同纲领的技术路线。

吴良镛在进行菊儿胡同改造设计中，始终围绕人的需求进行，注重满足使用者的物质和心理需求改造过程中，通过合院的类型学应用，将各家各户的入户通道相连通，并将主要的公共活动空间组团布局，加强了邻里之间的互动和交流，增强了社区感。这种设计有助于保留并改善原有的邻里关系，营造和谐的社区氛围。通过合理的建筑布局和空间利用，菊儿胡同的改造在有限的土地上实现了较高的容积率。改造过程中，设计团队充分尊重和保护了菊儿胡同的历史文化遗产，通过保留和修缮有价值的四合院及建筑元素，传承了胡同文化。这种设计有助于保持城市的历史记忆和文化特色，促进城市的可持续发展。居民在房屋设计过程中有一定的参与权，探索了住房合作社的道路，采取了"群众集资、国家扶持、民主管理、自我服务"的政策。菊儿胡同危旧房改造活动在强调人的核心地位、注重与环境的协调发展、强调可持续发展以及注重社区参与和民主管理等方面体现了人居环境论的思想。

（2）可持续的城市更新理念

可持续的城市更新理念是一个多维度、综合性的战略导向，旨在推动城市在环境保护、经济发展和社会福祉之间取得平衡与和谐。具体而言，这一理念包含以下几个核心方面：

首先，在生态可持续性方面，可持续的城市更新强调对自然环境的尊重与保护。它要求在城市更新过程中，注重生态系统的恢复与维护，通过绿色建筑、节能技术和资源循环利用等手段，降低对环境的影响，提升城市的生态服务功能。同时，推动水资源的保护和高效利用，以及废弃物的有效管理，都是实现生态可持续性的重要途径。

其次，经济可持续性是可持续城市更新的另一重要支柱。这意味着城市更新不仅要关注短期的经济效益，更要考虑长远的经济发展潜力和竞争力。通过推动产业转型升级，培育新兴产业，以及促进土地集约利用和高效配置，城市可以实现经济的持续增长和繁荣。此外，加强对城市更新项目的经济效益评估，确保项目的可持续盈利能力，也是经济可持续性的关键。

社会可持续性则是可持续城市更新不可或缺的一环。它强调在城市更新过程中，要充分考虑居民的需求和福祉，促进社区的和谐与稳定。通过加强社区参与和治理，提升公共服务设施水平，以及保护和传承城市的历史文化，城市可以构建一个更加宜居、宜业、宜游的社会环境。这样的社会环境不仅有助于提升居民的生活质量和幸福感，也有助于增强城市的吸引力和凝聚力。可持续的城市更新理念是一个全面而深远的战略导向，它要求在城市更新过程中注重生态环境的保护、经济发展的可持续性和社会福祉的提升。只有这样，才能推动城市走向更加美好、更加繁荣的未来。

（3）韧性安全城市的建设

韧性城市理念的提出者是加拿大生物学家霍利（Holling），他最早于 1973 年提出了这一概念。随后，不同学科开始介入研究，韧性城市理念逐渐丰富和发展。韧性城市在广义上指的是城市在面临经济危机、公共卫生事件、地震、洪水、火灾、战争、恐怖袭击等突发"黑天鹅"事件时，能够快速响应，维持经济、社会、基础设施、物资保障等系统的基本运转，并具有在冲击结束后迅速恢复，达到更安全状态的能力。具体来说，韧性城市能够凭自身的能力抵御灾害，减轻灾害损失，并合理地调配资源以从灾害中快速恢复过来。从长远来看，城市还能够从过往的灾害事故中学习，提升对灾害的适应能力。北京是首个将韧性城市建设纳入城市总规的城市。自然灾害中以地震为例，北京是世界上少数几个曾发生过 7 级以上地震的特大城市之一，而地震也是造成北京生命财产损失最严重的自然灾害。针对这个问题，从 2021 年开始，北京市住建委重点对抗震不达标的建筑进行抗震加固节能综合改造，新建改造 137 个地震监测点，以加强对地震的检测和应对。同时北京的夏季经常会下大雨或者暴雨，北京提出加强建设防洪排涝体系，如世园会、冬奥赛区、大兴国际机场等项目都遵照海绵城市的理念。下雨时吸水、蓄水、渗水、净水，需要时将蓄存的水释放加以利用，实现了 85% 的降水就地消纳利用，以及对大型抢险单元装备进行改造，2021 年总抢险抽排能力达到 20.5 万 m^3/h，同比提升 15%。北京到 2025 年将建成 50 个韧性社区、韧性街区或韧性项目。

近年来，随着全球气候变化和城市化进程的加速，韧性城市的建设越来越受到重视。各国政府和学者都在积极探索和实践韧性城市的建设路径与策略，以应对未来可能面临的各种挑战和风险。在具体的城市更新实践过程中韧性城市理念的实施需要一定的行业标准来保证工程的落地，安全韧性城市的标准主要涉及以下几个方面：

1）城市安全风险评估：根据国家标准《公共安全 城市安全风险评估》（GB/T 42768—2023），城市安全风险评估包括计划与准备、风险识别、风险分析、风险评价等阶段。这涉及自然灾害和事故灾难两类风险，并要求建立多层级风险评估管理责任体系，强化风险评估成果的应用，以及风险评估的信息化管理。

2）安全韧性城市评价：国家标准《安全韧性城市评价指南》（GB/T 40947—2021）提出了安全韧性城市评价的目的、原则、内容和指标。这包括城市人员安全韧性、城市设施安全韧性和城市管理安全韧性三个方面，涉及定量和定性指标。此外，标准还提出了自评价、外部评价和第三方评价三种方式。

全面推进韧性安全城市建设，涉及城市治理体系和治理能力的现代化，包括经济韧性、社会韧性、空间韧性、生态韧性和治理韧性等方面。强调需要"软硬兼顾"，即有效应对风险的硬设施和防范化解风险的软系统。此外，智能技术在城市治理中的应用，以及建立健全应急预案体系的重要性也是建设的重点。

安全城市的标准不仅包括风险评估和韧性评价，还涉及城市治理的多个方面，旨在提升城市对各种风险的预防和应对能力，确保城市的可持续发展。

（4）智慧城市建设

智慧城市的建设不仅包括物理空间的改造，还包括对城市技术架构的整体重构。这涉及利用 5G、云计算、大数据、人工智能等新兴技术，以提升城市的数字化、智能化水平。其中智慧城市的物理空间是指城市中用于支持智慧城市功能的各种实体空间和设施。这些空间和设施通过集成先进的信息和通信技术，旨在提高城市管理效率、提高市民生活质量、促进可持续发展。以下是智慧城市物理空间的一些关键要素：

1）智能基础设施：交通系统包括智能交通信号灯、自动驾驶车辆测试道路、智能停车场等。能源网络涉及智能电网、智能燃气和水资源管理系统。通信网络包括 5G 基站、光纤网络、物联网设备等。

2）公共空间：智能公园建设利用传感器监测环境，自动调节照明和灌溉。广场和步行街可以配备无线网络接入点、信息显示屏和智能座椅等。

3）智能楼宇与智能家居：智能楼宇是使用智能控制系统进行能源管理、安全监控和办公环境优化的楼宇。如上海的国产品牌格瑞特公司，自主研发的智能楼宇控制系统包括对楼宇资源共享系统、智能灯光系统、智能中控系统、电动窗帘系统、安防门禁、报警系统的控制。针对楼宇内各种机电设备进行集中管理和监控。楼宇控制系统主要包括空调新风机组、送排风机、集水坑与排水泵、电梯、变配电、照明等。在整个楼宇范围内，通过整套楼宇自动控制系统及其内置最优化控制程序和预设时间程序，对所有机电设备进行集中管理和监控。在满足控制要求的前提下，实现全面节能，用控制器的控制功能代替日常运行维护的工作，大大减少日常的工作量，减少由于维护人员的工作失误而造成的设备失控或设备损坏。智能家居是以住宅为平台，利用综合布线技术、网络通信技术、安全防范技术、自动控制技术、音视频技术将家居生活有关的设施集成，构建高效的住宅设施与家庭日常事务的管理系统，提升家居安全性、便利性、舒适性、艺术性，并实现环保节能的居住环境。

10.1.4　城市更新的场景与类型

1. 城市更新的场景

（1）居住类更新

居住类更新主要关注老旧住宅区的改造和升级。这包括对老旧房屋进行修缮加固、改善居住条件、提升居住环境质量等方面。通过增加公共绿地、完善社区设施、提升物业服务等措施，使居民的生活更加舒适便捷。北京市丰台区在居住类更新中，通过小微绿地及口袋公园的建设，为居民提供了更多休闲娱乐的空间。

（2）生产类更新

生产类更新主要针对老旧工业区和产业园区进行转型升级。通过引入新兴产业、优化产业结构、提升产业能级等措施，推动传统产业向高端化、智能化、绿色化方向发展。同时，加强园区基础设施建设，提升园区综合承载能力。上海市的 M50 创意园，原身为上海春明粗纺厂，现已转型为艺术创意园区，成为城市更新的典范。

（3）公共类更新

公共类更新主要涉及城市基础设施和公共空间的改造升级，包括道路拓宽、公共交通优化、公园绿地建设、滨水空间改造等。这些更新旨在提升城市整体形象和品质，为市民提供更加便捷、舒适的生活环境。北京市丰台区通过凉水河石榴庄段、马草河沿线片区等多处水域环境提升项目，构建了"河畅水清、岸绿景美"的水环境，为市民提供了优质的休闲空间。

（4）历史地段保护与复合空间优化

历史地段保护与复合空间优化是城市更新中的重要内容。通过对历史建筑和文化遗产进行保护和修缮，同时结合现代城市功能需求进行复合利用，实现历史与现代的和谐共生。这有助于传承城市文脉，提升城市文化软实力。上海市的武夷路城市更新项目，通过"1+5+N"计划，保留了历史风貌并引入现代服务设施，提升了区域活力和居民生活品质。

（5）商业商务区更新

商业商务区更新旨在提升商业氛围和商务环境，吸引更多企业和人才入驻。通过优化商业布局、提升商业品质、完善商务配套等措施，打造具有竞争力的商业商务区。北京市的丽泽金融商务区通过公共空间改造提升项目，有效强化了园区现代时尚的高端商务环境氛围，吸引了大量企业和人才入驻。

（6）社区微更新

社区微更新是城市更新中的一项重要举措。它关注社区内部的细微变化和居民的实际需求，通过小规模的改造和提升，改善社区环境、提升居民生活质量。上海市的"人民坊"项目就是社区微更新的一个成功案例，通过改造社区内的老旧设施、增设公共服务设施等措施，提升了社区的整体品质和居民的幸福感。

城市更新的场景多种多样，涵盖了居住、生产、公共、历史地段保护与复合空间、商业商务以及社区微更新等多个方面。这些更新场景共同构成了城市发展的多元化图景，为城市的可持续发展注入了新的活力。

2. 城市更新的类型

城市更新的类型可以根据不同的划分标准进行分类，其中依据更新的尺度的不同，城市更新可以划分为以下几种类型：

（1）微观尺度更新（社区级或地块级更新）

这种类型的更新主要关注城市中的具体地块、街区或社区。更新内容通常包括老旧住宅区的改造升级、社区公共设施的完善、环境整治和绿化提升等。目的是改善居民的居住环境，提升社区的整体品质和居住舒适度。常见的形式有老旧小区改造、口袋公园建设、社区文化活动中心等。

（2）中观尺度更新（片区级更新）

中观尺度的更新涉及城市中的一个或多个片区，这些片区通常具有较为明确的地理范围和功能定位。更新内容可能包括旧城区的改造、产业区的转型升级、城市功能区的重新布局等。目的是通过更新改造，提升片区的整体形象和功能，促进片区的经济发展和社会进步。常见的形式有旧城改造项目、产业园区更新、城市综合体建设等。

（3）宏观尺度更新（城市级更新）

宏观尺度的更新是整个城市范围内的更新活动，涉及城市规划、基础设施建设、生态环境保护等多个方面。这类更新通常具有战略性、全局性和长期性，有利于推动城市的整体发展和转型。内容包括但不限于城市总体规划的调整、重大基础设施项目的建设、城市生态环境的修复和保护等。目的是通过全面更新，提升城市的综合竞争力、宜居性和可持续发展能力。常见的形式有城市新区开发、旧城整体更新、城市生态修复项目等。

需要注意的是，不同尺度的城市更新并不是孤立的，它们之间往往存在相互关联和影响。在实际操作中，需要根据城市的具体情况和需求，综合运用不同尺度的更新策略，以实现城市的全面、协调和可持续发展。

10.2 城市更新与建筑遗产保护

10.2.1 国际建筑遗产保护的进程

建筑被称作凝固的音乐，艺术与文化通过建筑这种物质的存在被完整地保留了下来，对建筑的保护就是对历史信息的保存，是对曾经存在过的文化形式的保存，也为寻找中国文化的根，为研究中国文化的演进过程提供依据和支撑。从国际上的发展进程来看，建筑遗产保护经历了一个过程，即从纪念性体量到小体量，从单体建筑到群体建筑，从物质文化遗产到自然遗产，从建筑到遗址遗迹、园林和历史环境，最终形成了从宏观规划入手，秉持着可持续发展的理念，全面完整有序地保护，即保护有历史信息及价值的建筑遗产的观念和方法。

1. 《关于历史性纪念物修复的雅典宪章》

国际建筑协会于 1933 年 8 月在雅典会议上制定的城市规划大纲。宪章第一次明确提出城市的四大功能，提出居住、工作、游憩和交通四大活动是研究和分析现代城市设计时最基本的内容。宪章还提出了保护有历史价值的古建筑和地区的提议。它为现代城市规划的发展指明了以人为本的方向，建立了现代城市规划的基本内涵。

2. 《威尼宪章》（又称《关于古迹遗址保护与修复的国际宪章》）

该宪章是保护文物建筑方面的第一个国际宪章，将百年来文物建筑的保护、修复工作及其科学化历程中所形成的基本概念、理论、原则以国际性准则确定下来。1964 年 5 月 31 日由在意大利威尼斯举行的建筑师和技术人员国际会议（ICOM）第二次会议通过。宪章肯定了历史文物建筑的重要价值和作用，把它看作是人类共同的遗产，认为为子孙后代而妥善地保护它们是我们的责任。宪章分为定义、保护、修复、历史地段、发掘和出版等六部分，共16 条。宪章明确了历史文物建筑的概念，要求必须利用一切科学技术对文物建筑进行保护与修复，并须将保护对象扩大到环境和艺术品领域，明确提出历史古迹的概念不仅包括单个建筑物，还应包括能从中辨识某种独特的文明、有意义的发展或历史事件证据的城市或乡村环境，认为古迹不能与其所见证的历史和其产生的环境分离，并提出"历史地段"的重要概念。此外还特别强调"复原"应是一种高度专门化的技术，必须尊重原始资料和确凿的文献，决不能有丝毫臆测，目的是完全保护和再现历史文物建筑的审美和价值；还强调对历史文物建筑的一切保护、修复和发掘工作都要有准确的记录、插图和照片。

3. 《世界遗产公约》

保护世界文化和自然遗产公约，简称《世界遗产公约》，是国际社会保护人类文化及自然重要遗产的纲领性文件，由联合国教育、科学及文化组织大会于 1972 年 10 月 16 日在法国巴黎举行的第 17 届会议上讨论并通过，内容共计 38 条。公约对文化遗产和自然遗产的定义进行了阐释，并制定了文化与自然遗产的国家保护和国际保护措施等条款，规定了各缔约国进入《世界遗产名录》的申报原则。1976 年成立的联合国教科文组织世界遗产委员会为其管理机构。

4. 《内罗毕建议》

1976 年在内罗毕，在联合国教育、科学及文化组织大会第十九届会议上通过了《关于历史地区的保护及其当代作用的建议》，提出了若干对于历史地区如何保护的观点和方法。认为历史地区是各地人类日常环境的组成部分，它们代表着形成其过去的生动见证；历史地区为文化、宗教及社会活动的多样化和财富提供了最确切的见证，保护历史地区并使它们与现代社会生活相结合是城市规划和土地开发的基本因素；而遗产是社会昔日的生动见证，对于人类和那些从中找到其生活方式缩影及其某一基本特征的民族，是至关重要的；整个世界在扩展或现代化的借口之下，拆毁和不适当的重建工程正给这一历史遗产带来严重的损害；认为历史地区是不可移动的遗产，其损坏即使不会导致经济损失，也常常会带来社会动乱；各成员国当务之急是采取全面而有力的政策，把保护和复原历史地区及其周围环境作为国家、地区或地方规划的组成部分，并制定一套有关建筑遗产及其与城市规划相互联系的有效而灵活的法律。

5.《佛罗伦萨宪章》

该宪章 1981 年 5 月 21 日由在意大利佛罗伦萨召开的国际古迹遗址理事会与国际历史园林委员会会议上起草并通过，为历史园林的保护确定了基本的准则，对历史园林的概念和所包含范围予以界定，对其保护措施做了规定和说明，对其利用做出规范。宪章提到历史园林是一种有生命力的历史遗产，在实际的保护实践中必须充分重视这一特点，进行适当的维护和修复活动，认为历史园林的日常维护，主要是保证其自身和外部环境的风貌不受破坏，而对于历史园林的利用，必须限定在可承受范围之内。

6.《华盛顿宪章》（又称《保护历史城镇与城区宪章》）

该宪章是国际上关于对历史街区、城镇、地段等重要文化空间载体进行保护的指导性文件，是对《威尼斯宪章》的补充，1987 年 10 月由国际古迹遗址理事会在美国华盛顿通过。宪章规定了保护历史城镇和城区的原则、目标和方法，进一步扩大了历史古迹保护的概念和内容，提出了现在学术界通常使用的"历史城镇、历史城区"的概念。认为环境是体现真实性的一部分，并需要通过建立缓冲地带加以保护。

7.《北京宪章》

1999 年 6 月 23 日，国际建协第 20 届世界建筑师大会在北京召开，大会一致通过了由吴良镛教授起草的《北京宪章》。《北京宪章》总结了百年来建筑发展的历程，并在剖析和整合 20 世纪的历史与现实、理论与实践、成就与问题以及各种新思路和新观点的基础上，展望了 21 世纪建筑学的发展方向。

10.2.2 中国建筑遗产保护的法治建设

在城市更新中，建筑遗产保护是至关重要的一环，它涉及多个法律法规与政策的支持与规范。以下是对这一领域相关法律法规与政策的归纳：

（1）文物保护

1960 年 11 月 17 日国务院全体会议第 105 次会议通过了《文物保护管理条例》。

1982 年 11 月 19 日，第五届全国人大常委会第二十五次会议通过了《中华人民共和国文物保护法》，该法是中国文物保护的基本法律，对包括历史建筑在内的各类文物进行了全面保护的规定。保护原则：要求按原状保存历史建筑，不能损毁、改建、添建或拆除，维修和保养需体现"整旧如旧"的原则。保护措施：包括在文物保护单位周围划出建设控制地带，制定保护规划和措施，作为城市总体规划的重要内容。

2002 年《中华人民共和国文物保护法》全面修订，条款从 1982 年的 33 条增至 80 条。

（2）名城保护

2008 年 4 月 2 日国务院通过了《历史文化名城名镇名村保护条例》，其目的是加强对历史文化名城、名镇、名村的保护和管理，继承和弘扬中华民族优秀传统文化。规定的保护措施包括划定保护范围，制定和实施保护规划，保持和延续其传统格局和历史风貌，维护历史文化遗产的真实性和完整性。

根据《国务院 2024 年度立法工作计划》，预备制定历史街区与古老建筑保护条例、传统村落保护条例，并预备修订互联网信息服务管理办法、历史文化名城名镇名村保护条例等。这些立法工作计划体现了国家对历史建筑保护的高度重视，将进一步完善相关法律法规体系。

地方政策推进历史文化街区划定和历史建筑确定工作：各地要加快推进相关工作，按照应划尽划、应保尽保原则，及时查漏补缺，确保具有保护价值的城市片区和建筑及时认定公布。加强评估论证和监督指导：对涉及老街区、老厂区、老建筑的城市更新改造项目，要预先进行历史文化资源调查，组织专家开展评估论证，并加大监督指导力度，确保不破坏地形地貌、不拆除历史遗存、不砍老树。

（3）历史建筑保护

1988年11月10日，建设部、文化和旅游部联合发出《关于重点调查保护优秀近代建筑物的通知》，2004年3月建设部发布了《关于加强对城市优秀近现代建筑规划保护工作的指导意见》。至此，城市更新中历史建筑保护的法律法规与政策体系正在不断完善和加强。这些法律法规与政策为历史建筑的保护提供了有力的法律保障和政策支持，有助于实现城市更新与历史文化遗产保护的和谐共生。

10.2.3 建筑遗产保护技术与方法在城市更新中的应用

1. 跨学科保护技术系统

1972年联合国教科文组织在《保护世界文化和自然遗产公约》里采用了文化遗产一词，至今文化遗产已成为国内外保护领域应用最广泛的用词。遗产可以分为自然遗产和文化遗产，所谓文化遗产是人类文明进程中的各种创造活动的有价值的遗留物，是历史的见证，包括物质文化遗产和非物质文化遗产。建筑遗产属于文化遗产，是物质的、不可移动的文化遗产。建筑遗产包括文物建筑以及一些尚未列入文物建筑但具有保护价值的建筑。

根据中国法定保护的文化遗产构成，建筑遗产包括传统聚落、不可移动文物，其中不可移动文物包括各级文保单位、登记不可移动文物和历史建筑。针对不同类型的建筑遗产，保护技术也是多样的。但是整体来看建筑遗产技术的发展是一个跨学科的过程，涉及历史学、考古学、建筑学、工程学、材料科学等多个领域。根据《历史文化名城名镇名村保护条例》（2008年）第四十七条："历史建筑是指经市、县人民政府确定公布的具有一定保护价值，能够反映历史风貌和地方特色，未公布为文物保护单位，也未登记为不可移动文物的建筑物、构筑物。"下面以同济大学历史建筑保护工程研究为例，介绍一下历史建筑保护技术的跨学科性和系统性。

同济大学常青教授带领的科研团队以开发、完善并集成历史建筑可持续利用与综合改造的各项技术为目的，进行了8个子课题的研究（见表10.2-1）。可以看出历史建筑的保护与利用是一个跨学科的保护系统研究，涉及建筑学、土木工程、地理信息科学、历史学、计算机科学与技术、测量学等多个学科，并且进行了工文交叉、工工交叉后，建立的一个完整的系统：包括如何进行信息采集、标准的制定、评估如何进行、设计策略、实施措施以及基于数智化的分析和展示技术等。从目前国内外的发展趋势来看，历史建筑保护的要求会越来越高，也会越来越全面。从历史环境的风貌延续到宏观的环境生态可持续发展，从历史建筑单体形式和结构的保护修缮，从内部空间到外部风貌、从信息采集到数据库的建立、从结构检测到性能模拟、从传统技术到新科技的应用等全方位地融入了计算机信息技术。为了达到可持续发展的目的，在尺度上从宏观到微观都建立了科学的标准体系，为城市更新中历史建筑的保护提供了理论和技术的思路和方法。

表 10.2-1　同济大学保护技术研究与应用课题表

课题	研究内容	涉及的学科
历史建筑的信息采集与价值评估体系研究	● 历史建筑资源与分布研究 ● 历史建筑信息管理模型研究 ● 历史建筑价值评价模型研究	建筑学 计算机科学与技术 地理信息科学 历史学
历史建筑可靠性评估技术	● 发展并完善建筑材料系列检测技术和推定方法，建立数据库 ● 开发建筑、结构图形测绘技术，建立结构计算分析的几何模型 ● 发展历史建筑典型结构基于客观工作状态的性能分析评估方法 ● 发展并完善既有建筑结构的检测技术、可靠性评定理论与方法 ● 历史建筑剩余寿命的科学研测方法	土木工程 测量学 计算机科学与技术
历史建筑修缮与维护技术 I	● 历史建筑保护的传统技术 ● 历史建筑围护结构保护技术 ● 历史建筑内部再生的技术	建筑学 土木工程 计算机科学与技术
历史建筑修缮与维护技术 II	● 针对现役钢筋混凝土结构的钢筋阻锈材料与碳化混凝土构件再碱化技术 ● 钢丝网复合砂浆维修混凝土结构表面和潮湿地区砖墙的技术 ● 历史建筑砌体结构表层生物修缮与维修技术 ● 木结构历史建筑防火技术	土木工程 建筑学
历史建筑可持续利用技术研究	● 历史建筑使用功能调整、转换与再利用技术 ● 与历史建筑保护相适应的使用性能提升技术 ● 基于性能的历史建筑抗震、防灾加固新技术 ● 偶然荷载作用下历史建筑防倒塌新技术的验证	建筑学 土木工程
历史建筑保护与利用的通知规范及相应导则研究	● 国家历史建筑保护与再生条例 ● 开展国家历史建筑可持续再生设计导则	建筑学
历史建筑三维数字仿真技术研究	● 历史建筑数字化信息采集与分析方法 ● 基于激光扫描和近景摄影技术的历史建筑三维数据采集、处理和建模技术 ● 历史建筑数字化仿真模型与虚拟现实漫游 ● 创建历史建筑三维数据管理平台	计算机科学与技术 建筑学
历史建筑可持续利用与综合改造工程示范平台	● 可持续利用与综合改造工程准备 ● 历史建筑保护技术数据库的架构建设	建筑学 土木工程

综上所述，历史建筑保护是一个严谨、科学、系统的体系，经概括可以总结为信息采集和价值评估、可靠性评估、修缮与维护、活化利用技术、传承与发展这五个环节。每个环节会涉及一定的技术与方法，下面对这些技术和方法做一简单介绍。

2. 建筑信息采集技术

（1）无人机倾斜摄影测量技术

无人机倾斜摄影测量技术利用无人机搭载多镜头相机，从多个角度（包括垂直和倾斜）对历史建筑进行拍摄，获取建筑的立体影像。通过先进的影像处理软件，可以构建出建筑的三维模型，为三维报建、保护规划编制、城市设计等项目提供基础数据。

（2）三维激光扫描技术

三维激光扫描技术通过激光扫描仪发射激光束，测量激光束从发射到被物体表面反射回来的时间，从而计算出物体表面的三维坐标。该技术能够瞬间获取被测物体的大量物理信息和几何信息，数据精度可达毫米级。

（3）贴近摄影测量技术

贴近摄影测量技术基于无人机集成 RTK 厘米级高精度定位技术，通过云台精准控制相机俯仰角和旋转角，对非常规地面或者人工物体表面进行贴近飞行拍摄。该技术能够高效获取厘米甚至毫米级别分辨率的影像。

（4）其他辅助技术

手持激光/结构光扫描技术适用于历史建筑内部或细节处的信息采集，能够获取高精度的三维数据。数字孪生技术通过建立历史建筑的数字孪生模型，实现物理世界与数字世界的同步映射和交互，为历史建筑的运维管理提供新途径。物联感知技术通过布控前端监控传感网，实现历史建筑的持续稳定监控和异常情况的侦测预警。

3. 材料及病害勘查技术

木构件材料性能检测应包括木材的含水率、密度、抗弯弹性模量、抗弯强度、顺纹抗压强度和横纹抗压强度等物理力学性能。病害是指在自然、人类活动等因素的影响下，古建筑木结构在材料、结构、外形等方面出现的自然和生物、损伤、不利变形等现象。损伤病害勘查应包括表面病害勘查、裂缝病害勘查和空鼓（腐朽）病害勘查。变形病害勘查应包括歪闪倾斜、鼓胀和内陷勘查、沉降勘查、水平位移勘查。生物病害勘查应包括植物病害勘查、动物病害勘查、微生物病害勘查。材料检测内容及要求如下：

（1）木构件材料性能检测

应包括木材的含水率、密度、抗弯弹性模量、抗弯强度和顺纹抗压强度及横纹抗压强度等物理力学性能。当全国重点文物保护单位或市级文物保护单位古建筑的主要承重木构件的损伤可能影响结构安全时，或需要掌握木材性能现状时，应进行木材材料检测。

（2）检测对象选取

应为在古建筑中起承重作用的关键木构件，包括柱、梁、檩、枋、斗栱等。

（3）木构件的检测采用抽样检测方法

测区位置应选择木构件无缺陷的良好部位。

（4）木构件材料强度等级的确定

可采用三种检测方法：①木材现场检测方法；②现场取样实验室木材力学性能检测方法；③当前面两种方法均受条件限制无法实施，先按《木材鉴别方法通则》（GB/T 29894—2013）进行木材树种鉴别，再按《木结构设计标准》（GB 50005—2017）确定该木材树种的材料强度等级。

4. 结构改造与加固技术

1）结构性能检验，应包括结构静力性能检验和结构动力性能检验。

2）结构静力性能检验，应根据材料力学性能、尺寸偏差、变形、损伤及内部缺陷等情况，确定静力计算与检验参数。

3）结构动力性能检验，应测试采集结构动力响应数据并进行分析，获得结构的振型、自振频率、阻尼比等结构模态参数。

4）勘查时发现主要节点和连接节点不牢固、无有效支撑，或存在不利的结构构造及明显变形等情况时，应在进行材料性能、节点性能、病害检测并制定检验方案后，再进行结构性能检验。

5）改变使用用途的结构性能检测，导致活荷载增大或需判定结构承载能力时，结构性能检验可采用现场静载试验检测方法，对单个或多个构件进行原位加载试验。

6）特殊情况下的结构检测，符合下列情况之一的古建筑木结构，宜采用环境振动法进行结构动力性能检验：灾后的古建筑木结构；周围存在振动环境影响导致结构局部动力响应过大的古建筑木结构；需要进行抗震、抗风或其他激励下的动力响应计算的古建筑木结构。以上内容参考北京市地方标准《古建筑木结构现场勘查技术规范》（DB11/T 2185—2023）。

5. 数字生成技术

数字生成技术在历史建筑保护中，通过精准建模、数据分析与智能决策，提升了保护效率与精准度，促进了文化遗产的数字化保存与可持续利用，为历史建筑的传承与发展提供了强有力的技术支持。

（1）高精度数据采集与建模

1）三维扫描与建模。利用高精度的三维激光扫描技术，可以非接触式地获取历史建筑的三维数据，从而构建出精确的三维模型。这种模型能够详细记录建筑的每一个细节，包括复杂的装饰和结构特征。三维建模技术不仅为历史建筑的学术研究提供了重要资料，还为后续的修复、展示和体验提供了基础。

2）图像处理与识别。通过人工智能的图像识别技术，可以对历史建筑的图像进行自动分类、标注和识别。这有助于快速提取建筑中的关键信息，如建筑材料、结构特征、装饰图案等。图像处理技术可以用于修复受损的图像，恢复历史建筑的原始面貌，为保护工作提供可靠的视觉资料。

（2）智能分析与评估

1）结构健康监测。结合物联网和传感器技术，人工智能可以对历史建筑的结构健康进行实时监测。通过收集和分析建筑的应力、振动、位移等参数，可以及时发现潜在的结构问题，为预防性维护提供科学依据。人工智能算法可以对监测数据进行深度挖掘和分析，预测建筑未来的变化趋势和可能的风险，为保护工作提供预警。

2）历史价值评估。人工智能可以通过分析历史建筑的图像、文字资料等，评估其历史价值和文化意义。这有助于确定保护工作的重点和优先级，确保有限的资源能够得到有效利用。

（3）智能修复方案设计

1）基于 AI 的修复建议。利用人工智能算法和深度学习模型，可以对历史建筑的损伤情况进行自动识别和分类。基于这些分析结果，可以生成初步的修复方案建议。AI 还可以根据历史建筑的原始风貌和风格特点，提出符合历史原真性的修复建议，确保修复工作能够尊重历史、保留文化遗产的完整性。

2）虚拟修复模拟。通过虚拟现实（VR）和增强现实（AR）技术，可以在数字环境中模拟修复过程。这有助于专家在不破坏实体建筑的情况下，评估不同修复方案的效果和可行性。虚拟修复模拟还可以为公众提供互动体验的机会，增强公众对历史建筑保护的认识和兴趣。

在城市更新的浪潮中，智能算法在建筑遗产保护中发挥着越来越重要的作用。它们不仅是数据处理的加速器，更是决策制定的智慧大脑。通过精细分析三维扫描与图像识别技术收集的海量数据，智能算法能够迅速识别历史建筑的结构特征、损伤状况及潜在风险，为制定精确的保护策略提供科学依据。这些算法能够模拟不同修复方案的效果，预测长期保护成效，确保保护工作的科学性和前瞻性。同时，智能算法还能优化资源配置，提升保护工作的效率与精准度，助力城市更新中历史与现代的和谐共生。因此，智能算法不仅是城市更新中历史建筑保护的技术支撑，更是推动文化遗产可持续发展的重要引擎。

6. 数字化展示

数字化展示技术是指利用计算机技术、网络技术和数字媒体技术来呈现信息、展示内容和互动体验的各种方法。目前常用的有虚拟现实（Virtual Reality，VR）技术和增强现实（Augmented Reality，AR）技术。

虚拟现实技术通过一系列复杂的工作步骤和原理，为用户提供了一种全新的沉浸式体验。首先，环境建模阶段涉及创建逼真的三维模型，并为其添加纹理、光照和阴影，以模拟真实世界的视觉效果。接着，在交互设计阶段，开发者定义用户与虚拟环境的互动逻辑，并编写相应的代码。然后，将模型和交互逻辑集成到虚拟现实引擎中，并进行性能优化，确保流畅运行。硬件适配阶段则涉及将虚拟环境适配到头戴式显示器，并连接定位系统和输入设备，以捕捉用户的动作并提供反馈。最后，应用程序被编译、打包并在目标硬件上安装测试，完成部署。安阳古城内的郭朴祠和高阁寺的数字化展示如图 10.2-1、图 10.2-2 所示。详细展示参见二维码 10.2-1、二维码 10.2-2。

图 10.2-1　安阳郭朴祠虚拟仿真成果　　　　图 10.2-2　安阳高阁寺虚拟仿真成果

二维码 10.2-1　郭朴祠数字化展示　　　二维码 10.2-2　高阁寺数字化展示

增强现实的基本工作原理是通过一系列技术手段将虚拟信息叠加到用户的现实世界视野中。这个过程涉及环境感知，即利用摄像头和传感器来捕捉现实环境的信息。定位与注册，即精确地将虚拟内容放置在现实世界的正确位置上。虚拟内容生成，即通过图形处理技术实时渲染虚拟图像，并将其与真实环境融合。这些技术的结合确保了虚拟内容能够与真实世界场景无缝对接，为用户提供一种全新的交互体验。

增强现实技术的呈现效果是在用户的现实视野中增加一层虚拟信息，这些信息可以是图像、视频、音频或交互式元素。通过 AR 技术，用户可以看到虚拟物体仿佛真实存在于现实世界中，可以与之互动，甚至可以看到虚拟物体与真实环境之间的光影和遮挡关系，从而产生一种增强版的现实感。这种效果不仅丰富了用户的视觉体验，还在教育、娱乐、工业设计等多个领域提供了创新的应用方式。

10.3　城市更新与土木工程

10.3.1　城市更新与市政工程

市政工程与交通工程作为城市发展的重要驱动力，在深刻改善人居环境方面展现出了强大的影响力。市政工程方面，它不仅在基础设施的完善上精益求精，如供水、供电、通信等系统的全面升级，确保了居民日常生活的无忧；更在公共服务设施上不断创新，公园绿地、文化中心、体育场馆等多元化休闲空间的打造，极大地丰富了居民的精神世界，提升了城市的宜居品质。

在城市更新中，基础设施的升级是提高人居环境的关键环节。以下是基础设施升级的一些具体实施措施：

（1）供水系统升级

水质提升：通过升级自来水处理工艺和设备，加强水质监测和检测，确保供水水质符合国家生活饮用水卫生标准，保障居民饮水安全。

管网改造：对老旧、漏损严重的供水管网进行更新改造，采用新型管材和先进的施工工艺，提高供水系统的稳定性和可靠性。同时，优化管网布局，减少管网漏损，提高水资源利用效率。

智能调度：建设智能供水调度系统，利用物联网、大数据等技术手段，实时监测供水系统的运行状态，实现供水的精准调度和科学管理。

（2）排水系统升级

管网改造：对排水管网进行全面排查和改造，修复破损、堵塞的管道，提高排水能力。同时，加强雨水管网的建设和改造，提高城市排水防涝能力。

污水处理：升级污水处理设施，提高污水处理能力和处理效率。采用先进的污水处理工艺和技术，减少污染物排放，保护水环境。

雨水收集利用：建设雨水收集利用系统，将雨水收集起来用于绿化灌溉、道路清洗等，实现水资源的循环利用。

（3）供热系统升级

热源改造：优化热源结构，推广清洁能源供热，减少燃煤等化石能源的消耗。同时，对老旧热源进行改造升级，提高供热效率和环保水平。

管网改造：对供热管网进行更新改造，采用新型保温材料和先进的施工工艺，减少热损失，提高供热质量。同时，加强管网维护和管理，确保供热系统的安全稳定运行。

智能控制：建设智能供热控制系统，利用物联网、大数据等技术手段，实现供热的精准控制和远程调节，提高供热系统的智能化水平。

10.3.2 城市更新与交通工程

在交通工程领域，城市更新的贡献更是多维且深远。道路建设作为交通工程的基础，通过科学规划与精心施工，构建了四通八达的交通网络，不仅提高了道路的通行能力，还美化了城市景观，为居民提供了更加安全、舒适的出行环境。公共交通系统的持续优化，如增设公交线路、提升公交车辆舒适度与智能化水平，以及推广地铁、轻轨等绿色出行方式，有效缓解了城市交通压力，降低了对私家车的依赖，促进了低碳环保的出行理念。此外，交通工程还注重慢行系统的构建，通过建设完善的自行车道、人行道以及设置便捷的过街设施，鼓励居民采用步行、骑行等健康出行方式，既锻炼了身体，又享受了沿途的风景，进一步提升了城市的宜居性。同时，停车场建设的合理规划，既满足了居民停车需求，又避免了乱停乱放现象，维护了城市秩序与美观。市政工程与交通工程共同推动了人居环境的显著改善，为城市居民创造了一个更加便捷、舒适、宜居的生活空间。

1. 道路的更新与优化

（1）道路新建与改造

项目实施：城市更新过程中，会针对未贯通道路进行新建或改造，以提升道路网络的连通性和承载能力。例如，一些城市会开工多条未贯通道路，并完工部分项目，以缓解交通压力。质量提升：对既有道路进行养护维修，确保道路设施完好，提高出行安全性。这包括整修人行道、盲道，以及改造无障碍坡道等。

（2）公共交通优化

公共交通设施：加快地铁线路建设，形成网络化运营，提高公共交通的覆盖率和便利性。同时，优化公交线路，确保公共交通系统的高效运行。智能调度：利用大数据、人工智能等技术，实现公共交通的智能调度和实时引导，提高公共交通的运行效率和服务水平。

（3）慢行系统建设

步行与自行车道：建设和完善步行和自行车道网络，鼓励市民采用绿色出行方式。这不仅有助于减少机动车排放，还能提升城市居民的身体健康水平。

2. 停车系统优化

这是一个综合性的工程，旨在解决日益增长的停车需求与有限停车资源之间的矛盾，提升城市交通效率和管理水平。以下是一些优化措施：

（1）增加停车供给

1）建设多层或地下停车场：在老城区和停车需求大的区域，可以通过建设多层停车场或地下停车场来有效增加停车位数量，充分利用有限的土地资源。

2）利用空闲土地：寻找城市内的空闲土地，如废弃工地、闲置空地或临时用地，建设临时停车场以缓解停车压力。

3）共享停车位：推动商业建筑、写字楼、住宅楼等场所的停车位共享，通过签订共享协议和管理机制，实现停车资源的有效利用。

（2）智能停车系统建设

1）车牌识别技术：采用车牌识别技术实现车辆的自动识别和进出记录，提高停车场入口和出口的通行效率。

2）实时停车位导航：通过手机应用程序或导航设备提供实时的停车位信息，包括可用停车位的位置、数量和距离，帮助车主快速找到停车位。

3）预约停车位：允许车主通过手机应用程序或网上平台提前预约停车位，确保在到达目的地时有可用的停车位。

4）电子支付和自动收费：与电子支付系统集成，实现无人值守的自动收费，提高停车收费的便捷性和效率。

3. 桥梁的更新与优化

（1）桥梁新建与改造

根据城市发展的需要，规划并建设新的桥梁，以加强区域间的联系。同时，对既有桥梁进行改造升级，提高其承载能力和通行效率。在桥梁建设中注重景观设计，将桥梁打造成城市的地标性建筑和景观工程。这不仅能提升城市的形象，还能为市民提供优美的休闲场所。

（2）桥梁维护与安全

对桥梁进行定期检查和维护，确保其结构安全和使用功能正常。对于发现的问题及时进行处理和修复，防止安全事故的发生。

城市更新中道路、桥梁与交通系统的更新与优化是一个综合性的过程。通过新建和改造道路、桥梁设施，优化公共交通和慢行系统建设，以及引入智能交通系统和绿色交通政策等手段，可以显著提升城市交通系统的运行效率和居民的生活质量。

10.3.3 城市更新与水利工程

传统土木工程中的许多技术手段，如河道治理、水质控制、土壤改良等，都可以直接应用于生态修复项目中。这些技术手段通过科学的方法和工程技术手段，改善和恢复受损的生态系统。随着科技的进步，传统土木工程不断引入新技术、新材料，如生态混凝土、绿色建材等，这些新技术和新材料在生态修复中展现出良好的应用前景，为生态修复提供了更多的可能性。在此基础上，可以运用生态工程技术、污染控制技术和资源循环利用技术等先进手段，有效应对水体、土壤等污染问题，促进生态系统的恢复与重建，展现出强大的技术支撑力。此外，从河流生态修复到湿地保护与恢复，土木工程通过一系列实践项目，将理论知识与技术手段转化为实际行动，为生态修复工作注入了强大的实践动力。

在城市更新过程中，水利工程的具体体现主要包括以下几个方面：

（1）防洪排涝系统升级

通过建设或改造防洪堤坝、泵站和排水系统，提高城市排水防涝效率，减少内涝风险。

（2）水资源管理优化

实施雨水收集、处理和再利用系统，优化水资源分配和利用，提高水资源利用效率。

（3）水环境治理

改善水体质量，包括清淤、水生植物种植和生态修复，以提升水质，改善水生态环境。

（4）滨水区域改造

对城市内的河流、湖泊等滨水区域进行生态修复和环境美化，打造亲水空间，提升城市景观价值。

（5）城市水系优化

规划和设计城市水系，确保水系与城市生态系统的协调，如湿地、公园、绿地等，提高城市生态系统的连通性。

（6）水资源可持续利用

实施水资源管理措施，如水资源分配、节约用水、水资源优化配置等，促进水资源的可持续利用。以河南省安阳市古城整治复兴为例，对老城西入口的规划改造方针是重塑古城西入口，恢复文峰耸秀的历史格局和景观。具体措施为通过复原部分古城墙，建设30m护城河城壕景观带，修复褡裢坑绿色掩映、倒影绰绰的文峰耸秀胜景。褡裢坑原本水污染严重，河岸斑驳，经过水污染治理，软化驳岸，补种园林植物，增加亲水空间等措施，恢复了历史胜景，如图10.3-1、图10.3-2所示。

图10.3-1　安阳市褡裢坑水质水景整治改造　　图10.3-2　安阳市三角湖水景历史景观

这些水利工程的实施，不仅改善了城市的水环境，还修复了城市生态系统，提升了城市的生态价值和居民的生活质量。同时，这些措施也有助于应对气候变化和城市化进程中的生态挑战。例如，福州市城区水系科学调度系统建设项目就是一个成功的案例，该项目利用5G、大数据等信息技术，提高了城市排水防涝效率和内河调蓄效益，并建立了长效管理机制。

10.3.4　城市更新与景观工程

在城市更新中，景观工程的实施采取了多种措施，旨在提升城市的美观性、生态价值和居民的生活质量。以下是一些关键措施：

（1）城市小微绿地建设

城市小微绿地建设包括口袋公园、街心花园等，这些小型绿地不仅美化了城市环境，还提供了市民休闲娱乐的空间。例如，北京和上海在城市更新中大量建设了口袋公园和街心花园，这些绿地有效地改善了城市生态环境，提升了居民的生活幸福感。

（2）生态修复和功能完善工程

在矿山修复过程中，土木工程专业发挥着核心作用，通过地质勘查与评估，精确掌握矿山废弃地的地质条件与环境状况，为修复方案的制定提供科学依据。随后，依据评估结果，设计并实施土壤改良、植被恢复、地形整理与稳固等修复方案，运用生态护坡、排水防洪等工程技术手段，有效改善矿山生态环境，恢复其生态功能。在施工管理中，土木工程师确保施工质量与进度，同时关注环境保护，减少施工对周边环境的负面影响。此外，土木工程师还积极与其他学科人士合作，引入新技术、新材料，推动矿山修复技术的创新性发展，为矿山废弃地的生态恢复和可持续发展贡献力量。

由此可见，在城市更新过程中，景观与生态的可持续发展是密不可分的。应加强城市文化、景观和生态相互融合与渗透。应用景观生态学原理和方法，以谋求区域和景观生态系统功能的整体优化和可持续发展为目标；运用工程学的方法，对受损的景观生态系统进行恢复与重建，或对现有的景观资源进行科学合理的规划与管理。通过景观和区域尺度上的生态保护、建设、恢复、调整和管理，建立区域景观生态系统，优化利用空间的结构和模式，使景观要素的数量及其空间分布合理，使信息流、物质流与能量流畅通，并具有一定的美学价值，且适于人类居住。

10.3.5 城市更新与结构工程

在城市更新中涉及旧建筑的改造，历史建筑（文物建筑）的保护及置换后的新建筑的建设。结构工程发挥着至关重要的作用，通常都是要先进行结构的检测和评估，根据结构评估的定性分析，进行结构加固和相应的抗震设计。再根据建筑更新后的新功能，通过区分承重墙和隔墙，进行内部空间的重新划分和组合。通过对屋盖结构的评估，结合设计的诉求，进行屋盖形式的改造，以达到内部空间的重新塑造，如图 10.3-3、图 10.3-4 所示。

图 10.3-3　林州民宿屋顶改造——置换成新的　　　图 10.3-4　林州民宿屋顶改造——开天窗
　　　　　　木构架屋盖　　　　　　　　　　　　　　　　　　　形成观星房

1. 建筑物加固与改造

结构检测与评估：城市更新项目中，首先需要对现有建筑物进行全面的检测，包括结构材料的强度、裂缝、变形、锈蚀情况等。评估建筑物的整体性能，确定其剩余使用寿命，为加固改造提供依据。

加固技术应用：根据检测评估结果，采用合适的加固技术，如碳纤维复合材料加固可以提升梁、柱的承载能力；粘钢板加固可以增强墙体的抗震性能；体外预应力技术可以改善大跨度结构的受力状态。

内部空间改造：对建筑内部进行功能性改造，拆除不必要的隔墙，优化空间布局，提高使用效率。同时，可能涉及电梯、楼梯等垂直交通设施的更新改造。

2. 历史建筑保护

利用现代技术手段对历史建筑进行健康检测，如红外热成像、声波检测等，对历史建筑进行非破坏性健康监测，及时发现潜在的问题。在健康检测的基础上，对历史建筑进行加固，以保护其结构安全，同时尽量减少对原有风貌的影响。维护工作包括定期检查、清洁、防潮、防腐等。

3. 新建工程

新建工程的结构设计需要考虑多种因素，如地质条件、建筑功能、审美要求等。采用先进的结构设计软件，确保设计合理、经济、安全。在施工过程中，严格遵守安全生产法规，采用现代化的施工技术和设备，确保工程质量和人员安全。

4. 抗震减灾

对城市中的建筑进行抗震能力评估，对不满足现行抗震标准的建筑进行加固改造。改造措施可能包括增加剪力墙、加强梁柱连接等。新建工程应采用抗震设计，考虑地震作用下的结构响应，确保建筑在地震发生时能够有效抵御灾害。

通过这些详细的措施，城市更新项目不仅能够提升城市的物理环境和居住品质，还能够增强城市的综合承载能力和抗风险能力，为城市的可持续发展奠定坚实的基础。

10.4　拓展知识及课程思政案例

1. 拓展知识
建筑遗产数字化展示案例，详见二维码 10.4-1。

2. 课程思政案例
1）城市建设与城市更新案例详见二维码 10.4-2。
2）上海世博（城市更新）小视频详见二维码 10.4-3。

二维码 10.4-1　　　　　　　二维码 10.4-2　　　　　　　二维码 10.4-3

建筑遗产数字化展示案例　　城市建设与城市更新案例　　上海世博（城市更新）

课后：思考与习题

1. 本章习题
（1）城市更新的原则与理念在具体的城市更新实践中应如何落实和体现？
（2）在城市更新中建筑遗产保护的法规起到什么样的作用？

（3）城市更新中土木工程在哪些方面发挥重要的作用？请结合实例加以说明。

2. 下一章思考题

（1）城市更新、可持续发展与绿色低碳建筑的关系。

（2）绿色低碳建筑在规划设计阶段应重点考虑哪些问题？

第 11 章　城市更新与绿色低碳、可持续发展

课前：导读

1. 本章知识点思维导图

城市更新与绿色低碳，可持续发展

11.1 城市更新与绿色低碳建筑的关系与意义
- 11.1.1　城市更新的概念及我国城市更新的发展历程
- 11.1.2　绿色低碳建筑的概念与特点
- 11.1.3　绿色低碳建筑在城市更新中的可持续发展意义
- 11.1.4　城市更新与绿色低碳建筑的互补关系

11.2 绿色低碳建筑设计与规划
- 11.2.1　绿色低碳建筑标准及认证体系
- 11.2.2　绿色低碳建筑设计的基本程序
- 11.2.3　绿色低碳建筑的能源效率设计与规划

11.3 绿色低碳建筑技术与创新
- 11.3.1　绿色低碳建筑节水技术
- 11.3.2　绿色低碳建筑材料
- 11.3.3　绿色低碳建筑能源技术
- 11.3.4　绿色低碳建筑的智能化技术

11.4 可持续发展与城市更新
- 11.4.1　可持续发展的概念与原则
- 11.4.2　城市更新中的社会、经济、环境可持续发展平衡
- 11.4.3　绿色低碳建筑在城市更新中的社会效益与环境效益

11.5 未来城市更新与绿色低碳建筑
- 11.5.1　数字技术与绿色低碳建筑的未来发展
- 11.5.2　绿色低碳建筑在城市更新中的创新趋势
- 11.5.3　城市更新与绿色低碳建筑的可持续发展路径

11.6 拓展知识及课程思政案例

2. 课程目标

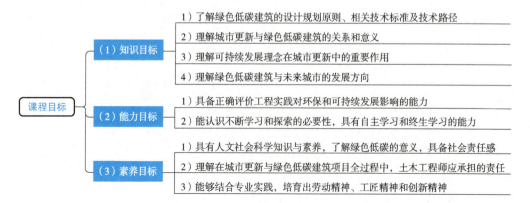

课程目标

（1）知识目标
- 1）了解绿色低碳建筑的设计规划原则、相关技术标准及技术路径
- 2）理解城市更新与绿色低碳建筑的关系和意义
- 3）理解可持续发展理念在城市更新中的重要作用
- 4）理解绿色低碳建筑与未来城市的发展方向

（2）能力目标
- 1）具备正确评价工程实践对环保和可持续发展影响的能力
- 2）能认识不断学习和探索的必要性，具有自主学习和终生学习的能力

（3）素养目标
- 1）具有人文社会科学知识与素养，了解绿色低碳的意义，具备社会责任感
- 2）理解在城市更新与绿色低碳建筑项目全过程中，土木工程师应承担的责任
- 3）能够结合专业实践，培育出劳动精神、工匠精神和创新精神

3. 重点

1）绿色低碳建筑的设计与规划。
2）绿色低碳建筑技术。
3）城市更新与绿色低碳建筑的关系。

11.1 城市更新与绿色低碳建筑的关系与意义

随着全球气候变暖、环境污染和资源短缺等问题的日益严峻，可持续发展已成为全球共同关注的重要议题。城市作为人类活动的主要场所，其更新与发展在实现全球可持续发展中具有举足轻重的地位。在此背景下，城市更新与绿色低碳建筑之间的关系显得尤为重要，它们不仅相互促进、相互补充，而且共同推动着城市的可持续发展，为城市的未来描绘出更加美好的蓝图。

11.1.1 城市更新的概念及我国城市更新的发展历程

1. 城市更新的概念

城市更新是一种对城市中已经不适应现代化城市社会生活的地区进行必要的、有计划改建的新型城市发展模式。其目的是应对城市发展中出现的城市衰落与退化的状态，寻求城市物质环境持久的改善。这种发展模式的特点包括节约利用空间和能源、复兴衰败城市地域、提高社会混合性等。

城市更新是一个综合性的过程，旨在通过综合运用各种城市规划、建筑设计、工程技术、资金投入和管理等手段，对城市的土地、建筑、设施和环境等进行重大改造和更新，以改善居民的居住环境，提高城市的品质和功能，实现城市的可持续发展。

2. 我国城市更新的发展历程

根据城镇化进程和城市建设宏观政策变化，我国的城市更新可划分为四个重要发展阶段，具体为：

1）第一阶段（1949—1977 年）：以改善城市基本环境卫生和生活条件为重点。
2）第二阶段（1978—1989 年）：以解决住房紧张和偿还基础设施欠债为重点。
3）第三阶段（1990—2011 年）：市场机制推动下的城市更新实践探索与创新。
4）第四阶段（2012 年至今）：开启以人为本和高质量发展的城市更新新局面。

随着我国城镇化发展进入中后期，存量提升逐步代替大规模增量发展，成为我国城市空间发展的主要形式。"十四五"规划在"全面提升城市品质"一章中明确提出"实施城市更新行动，推动城市空间结构优化和品质提升"，这为现阶段我国城市工作指明了前进的方向。习近平新时代中国特色社会主义思想为绿色城市更新提供了更高的理论基础，为绿色城市更新提出了以"生态文明"与"以人民为中心"为指导思想的城市发展新方向（图 11.1-1）。

11.1.2 绿色低碳建筑的概念与特点

1. 绿色低碳建筑的概念

绿色低碳建筑是指在建筑的规划、设计、施工、运营及拆除等全生命周期内，注重减少石化能源的使用，提高能效，并致力于降低二氧化碳排放量的建筑。这种建筑方式不仅注重减少能源消耗和碳排放，还强调生态保护、环境保护，同时也为人们提供了健康、适用和高效的建筑空间（图 11.1-2）。

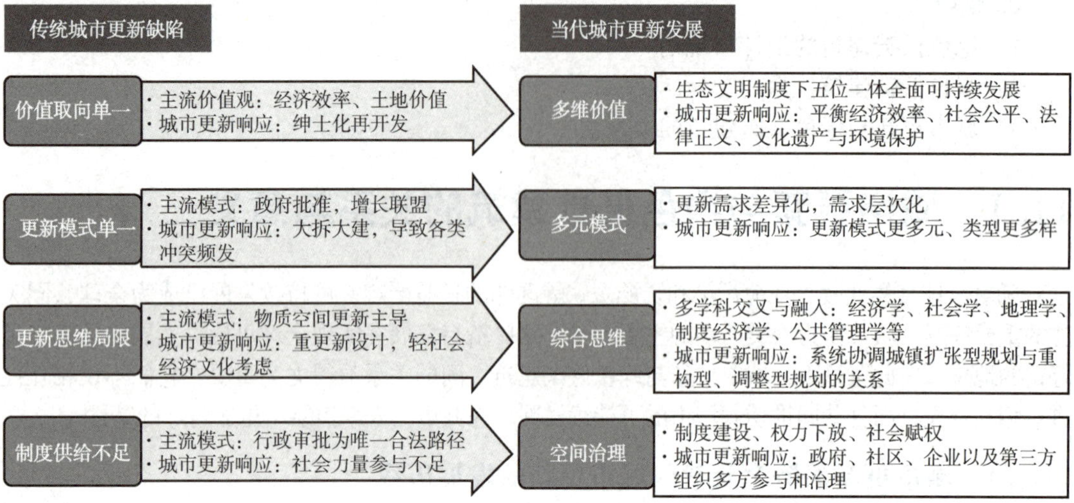

传统城市更新缺陷		当代城市更新发展	
价值取向单一	·主流价值观：经济效率、土地价值 ·城市更新响应：绅士化再开发	多维价值	·生态文明制度下五位一体全面可持续发展 ·城市更新响应：平衡经济效率、社会公平、法律正义、文化遗产与环境保护
更新模式单一	·主流模式：政府批准，增长联盟 ·城市更新响应：大拆大建，导致各类冲突频发	多元模式	·更新需求差异化，需求层次化 ·城市更新响应：更新模式更多元、类型更多样
更新思维局限	·主流模式：物质空间更新主导 ·城市更新响应：重更新设计，轻社会经济文化考虑	综合思维	·多学科交叉与融入：经济学、社会学、地理学、制度经济学、公共管理学等 ·城市更新响应：系统协调城镇扩张型规划与重构型、调整型规划的关系
制度供给不足	·主流模式：行政审批为唯一合法路径 ·城市更新响应：社会力量参与不足	空间治理	·制度建设、权力下放、社会赋权 ·城市更新响应：政府、社区、企业以及第三方组织多方参与和治理

图 11.1-1　中国城市更新的未来展望

图 11.1-2　上海世博文化中心（2009 年度绿色建筑设计评价标识项目）

2. 绿色低碳建筑的特点

（1）节能与高效能源利用

通过改进建筑外墙、节能设备和系统，以及可再生能源的集成，减少建筑的能源需求，提高能源使用效率。例如，采用高效的保温材料和节能门窗，减少建筑外墙的能量传递和散失；使用高效节能的空调、照明和热水系统，实现能源的优化利用；安装太阳能光伏发电系统和太阳能热水系统，利用可再生能源为建筑提供能源供应。

（2）环境影响最小化

工程项目在设计和施工过程中尽可能减少对环境的负面影响，包括在建筑规划和设计过程中充分考虑生态系统的保护，避免对生物栖息地的破坏，保护生物多样性；选择合理的施工方式，减少建造过程中的废弃物，采用环保材料，减少对环境资源的消耗和污染；降低建筑运营阶段的能源消耗与污染排放等。

（3）资源循环利用

资源循环利用是绿色低碳建筑生命全周期过程中的一个重要特征，也是降低碳排放的重要手段。在建筑设计、施工阶段，尽量利用回收材料不仅有助于减少资源消耗和对新材料的依赖，还能降低建筑成本；采用耐久的建筑材料和先进的施工技术，有效提高建筑的使用寿命，减少因建筑拆除和重建而产生的废弃物。在建筑运营阶段，定期对建筑进行维护和保养，确保建筑性能的持久稳定，延长其使用寿命。在建筑拆除阶段，推广建筑材料的循环使用和回收，也可以显著减少新材料的需求，进而降低能源消耗和环境污染。

（4）智能化与自动化管理

通过利用智能技术，可以实现对建筑能效管理和环境监控的高效控制，进而实现建筑设施的自动化控制和优化运行。

（5）生态设计

生态设计也是绿色低碳建筑的一个重要特点。它将生态学原理与建筑设计紧密结合，旨在提高建筑的自给自足能力和环境适应性，不仅有助于减少能源消耗和环境污染，还能为人们创造更加健康、舒适的生活和工作环境。例如，自然通风、雨水收集和利用、屋顶和墙面绿化等。

3. 相关案例

（1）案例一：雄安城市计算（超算云）中心

雄安城市计算（超算云）中心作为智慧雄安的"城市大脑"，在设计和建造过程中充分体现了节能与高效能源利用的原则。该中心采用先进的建筑外壳设计，使用高效的保温材料和节能门窗，确保建筑的保温隔热性能达到最优。同时，该中心还集成了可再生能源系统，如太阳能光伏发电系统，将太阳能转化为电能，满足建筑内部的电力需求，减少了对传统电力的依赖（图 11.1-3）。

图 11.1-3　雄安城市计算（超算云）中心

（2）案例二：上海国家会展中心

上海国家会展中心是全国最大体量绿色建筑（图 11.1-4）。该项目在方案设计之前就确定了绿色建筑三星级的总体目标。在这个总体目标下，对各种绿色建筑技术进行充分评估，并对其中的技术重点难点，如高大空间气流组织、冷热电三联供技术、太阳能光伏技术、会展垃圾回收与综合处置等进行了专项研究。上海国家会展中心共使用 12 万套 LED 灯具，实现"室内室外"LED 照明的"全覆盖"，成为世界上第一个全部使用 LED 照明的场馆。经测算，仅高大展厅一项，年节约用电约 646 万 kWh，年节约标准煤约 2580t，年减少 CO_2 排放量约 6430t，年减少 SO_2 排放量约 194t。同时，国家会展中心采用三联供，并网发电产生的余热用来夏季供冷、冬季供暖、供生活热水，实现了能源的梯级利用，能源的利用效率达到了 85%，并通过水蓄冷系统的"移峰填谷"有效缓解了区域用电紧张问题。此外，项目还首创在红线范围内新建垃圾处理中心，对会展固体废弃物进行回收和综合处置，起到了综合利用资源、减少废弃物排放的作用。

图 11.1-4　上海国家会展中心

11.1.3　绿色低碳建筑在城市更新中的可持续发展意义

绿色低碳建筑对城市更新中的可持续发展具有重要意义，它不仅有助于实现城市的绿色转型，显著降低能耗和温室气体排放，还能促进经济、社会、文化和技术的全面发展，为实现碳达峰、碳中和目标做出积极贡献。

1. 环境可持续性

绿色低碳建筑作为一种创新的建筑模式，通过采用节能材料、高效能源系统和可再生能源技术，显著降低了建筑的能源消耗和温室气体排放，对于实现环境可持续性具有重要意义。其中，节能材料的使用是绿色低碳建筑实现环境可持续性的关键。高效能源系统的应用是绿色低碳建筑实现环境可持续性的重要手段。可再生能源技术的利用是绿色低碳建筑实现环境可持续性的重要途径。

2. 经济可持续性

绿色低碳建筑通过节能减排降低了长期的运营成本，有助于提高建筑的经济效率。节能材料、高效能源系统和可再生能源技术的应用，能够显著降低建筑运营过程中的能源消耗和维护成本。

绿色低碳建筑的推广有助于推动节能材料、可再生能源技术、高效能源系统等绿色产业的发展，催生出一系列新兴的绿色产业链。这些产业的发展不仅能够创造大量的就业机会，还能够推动技术创新和产业升级，为经济增长提供新的动力。同时，通过减少对自然资源的依赖和浪费，降低环境污染和生态破坏，绿色建筑为经济的可持续发展提供了有力保障。

3. 社会可持续性

绿色低碳建筑采用环保材料和高效的能源系统，可以有效解决生态环境问题，向公众展示出环保理念和实际成果，引导人们关注环境问题并采取积极的行动。随着越来越多的人了解和认可绿色低碳建筑，公众的环保意识将逐渐提高，从而为社会的可持续发展奠定坚实的基础。

4. 技术可持续性

绿色低碳建筑的发展不仅有助于环境的改善和资源的节约，还能极大地推动建筑技术的创新和进步。例如，智能建筑技术、高效节能材料、可再生能源等。这些技术创新在提高建筑性能的同时，也为其他行业提供了宝贵的技术支持和示范。

11.1.4 城市更新与绿色低碳建筑的互补关系

1. 城市更新为绿色低碳建筑提供了广阔的应用场景和无限的发展潜力

城市更新是一个复杂而系统的过程，它涉及城市基础设施、建筑、环境等多个方面的改造和升级。在城市更新的过程中，老旧、落后的区域进行改造和更新恰好是绿色低碳建筑发挥作用的舞台。采用绿色低碳建筑的设计理念和技术手段，可以实现对老旧建筑、基础设施等的绿色改造和升级，提高城市的整体环保性能和居住品质。

同时，绿色低碳建筑也为城市更新注入了新的活力。通过推广和应用绿色低碳建筑技术，可以推动城市更新向更加环保、节能、可持续的方向发展，促进城市经济、社会和环境的协调发展。

2. 绿色低碳建筑推动了城市更新的进程和深化

绿色低碳建筑不仅是一种建筑理念，更是一种生活方式和社会责任的体现。绿色低碳建筑强调节能环保的理念，在自身发展的同时也不断促进相关产业的发展和创新。在城市更新的过程中，引入绿色低碳建筑的理念和技术，不仅可以提高人们的生活质量和幸福感，也可以推动城市的经济和社会发展。

3. 城市更新与绿色低碳建筑的结合有助于资源的合理利用和环境的保护

城市更新过程中，拆除和重建工作产生大量的建筑废弃物和环境污染。而绿色低碳建筑则注重建筑材料的循环使用和可再生资源的利用，减少建筑废弃物的产生和对环境的破坏。这种资源的合理利用和环境的保护理念，使得城市更新与绿色低碳建筑在实践中相互促进，共同推动城市的可持续发展。

11.2 绿色低碳建筑设计与规划

11.2.1 绿色低碳建筑标准及认证体系

1. 我国的绿色低碳建筑评价标准

（1）发展历程

国内绿色建筑评价体系主要以国家和地方政府发布的标准规范、系列规划、激励政策、管理规章等作为推进抓手，采用的是"绿建评价+政府奖励刺激"模式。自 2001 年我国发布《中国生态住宅技术评估手册》以来，历经 20 多年的发展，我国已经建立起以《绿色建筑评价标准》为基础的、相对统一的绿色低碳建筑评价体系。

2019 年 8 月 1 日起实施的《绿色建筑评价标准》（GB/T 50378—2019），围绕"以人为本、强调性能、提高质量"的绿色建筑理念，遵循因地制宜的原则，结合建筑所在地域的气候、环境、资源、经济和文化等特点，从安全耐久、健康舒适、生活便利、资源节约、环境宜居五大方面开展绿色建筑评价。

（2）绿色建筑评价标准的主要内容

安全耐久：评估建筑的安全耐久性。

健康舒适：评估建筑室内空气品质、水质、声光环境、室内热湿环境。

生活便利：评估建筑的出行与无障碍、服务设施、智慧运行、物业管理等。

资源节约：评估建筑在节地、节能、节水、节材等方面的效率。

环境宜居：评估建筑的场地生态与景观室外物理环境。

提高与创新：鼓励技术创新和方法的改进，以提高建筑的环保性能和效率。

2. 国外绿色低碳建筑标准体系

国外的绿色建筑评估体系多数为民间机构推动下的市场化运作，推行绿色建筑普遍采用的是"绿建评价+业主自愿"模式。目前，世界公认的主要认证体系包括 LEED 认证体系（美国）、Passivhaus 认证体系等。

（1）LEED 认证体系

LEED（Leadership in Energy and Environmental Design）认证体系由美国绿色建筑委员会（USGBC）于 1998 年制定并颁布，旨在推动建筑行业的可持续发展，是全球认可和应用最广泛的绿色建筑评价体系之一。LEED 认证体系不仅关注建筑的环境影响，还涵盖了建筑的经济性和室内环境质量，为建筑业主、设计师、施工方和运营商提供了一套全面的评估标准，以评估和提高建筑的环境性能，推动建筑业向更加可持续的方向发展。

1）LEED 认证体系的核心理念。LEED 认证体系的核心是促进建筑在设计、施工、运营和拆除等各个阶段的可持续性，鼓励采用节能、节水、减少温室气体排放、使用环保材料和提高室内环境质量等措施，以实现建筑的环境、社会和经济效益的最大化。

2）LEED 认证体系的评估标准。

可持续性场地：评估建筑项目对周边环境的影响，包括土地利用、生态保护、雨水管理等。

节水：通过高效用水设备和水资源管理策略，减少水的消耗。

能源与大气：鼓励使用可再生能源和提高能源效率，减少温室气体排放。

交通连接：优化交通布局，鼓励使用公共交通和非机动交通工具。

材料与资源：促进建筑材料的循环利用和减少建筑废弃物。

室内环境品质：提供健康、舒适的室内环境，包括空气质量、照明和声学等。

创新与设计：鼓励创新的设计和建筑技术，以提高建筑的环境性能。

因地制宜：考虑地区特定的环境问题和资源，制定相应的策略。

（2）Passivhaus 认证体系

Passivhaus 认证体系起源于德国，由 Passivhaus Institut（PHI）制定和维护，是一种国际性的低能耗建筑性能标准，旨在通过高效的建筑外墙保温、无热桥设计、严格的气密性以及热回收通风系统，显著降低建筑物对主动供暖和制冷的需求（图 11.2-1）。现在，全球多个国家和地区采用 Passivhaus 认证体系，主要包括欧洲的主要国家、澳大利亚、中国、日本、俄罗斯、加拿大、美国和南美洲。

1）核心原则。Passivhaus 认证体系的核心在于通过被动设计手段实现建筑物的能源效率最大化，主要考查建筑外墙的高保温性能、无热桥设计、严格的气密性、热回收通风系统等方面的设计。

2）认证范围。

被动房设计师、顾问和技工认证：通过实际项目工作或严格考试，证明其在 Passivhaus 领域的专业知识。

被动房组件认证：确保建筑组件符合 Passivhaus 的能源性能要求。

图 11.2-1　Passivhaus Institut（PHI）出版的设计指南

被动房和 EnerPHit 建筑认证：经过 Passivhaus Institut 或建筑认证机构的严格审查后，颁发质量认证标志。

11.2.2　绿色低碳建筑设计的基本程序

根据我国住房和城乡建设部颁布的《中国基本建设程序的若干规定》和《建筑工程项目的设计原则》中的有关内容，结合《民用建筑绿色设计规范》（JGJ/T 229—2010）和《绿色建筑评价标准》（GB/T 50378—2019）中的相关要求，绿色建筑设计程序基本上可归纳为七大阶段性的工作内容。

1. 项目委托和设计前期阶段

项目委托和设计前期研究是工程设计程序中的最初阶段。其主要工作内容是根据业主的要求，确定拟建项目的绿色建筑标准，结合绿色建筑相关法规、标准，制定出建筑设计任务书。

2. 项目方案设计阶段

方案设计阶段对工程项目最终是否能达到绿色低碳要求至关重要，建筑的基底面积、体型系数、地下开挖面积等关键指标都在本阶段确定。建筑师应根据已确定的设计任务书，结合国家绿色建筑相关标准，构思出多个设计比选方案。针对每个设计方案的优缺点、可行性和绿色建筑性能与业主反复商讨，最终确定出既满足业主要求又符合相关建筑法规标准的设计方案。业主再把方案设计图纸和资料呈报当地的城市规划主管部门进行审批确认。

3. 工程初步设计阶段

工程初步设计是指根据批准的项目可行性研究报告和设计基础资料，设计部门对建设项目进行深入研究，对项目建设内容进行具体设计。方案设计图经过有关部门的审查通过后，建筑师应根据审批的意见建议和业主提出的新要求，参考《绿色建筑评价标准》中的相关内容，对方案设计的内容进行相关的修改和调整，同时着手组织各技术专业的设计配合工作。

4. 施工图设计阶段

根据绿色建筑初步设计的审查意见建议和业主新的要求条件，设计单位的设计人员对初步设计的内容应进行必要的修改和调整，如果各专业之间不存在太大的问题，可以着手准备进行详细的实施设计工作，即施工图设计。对于绿色建筑来说，除了建筑设计施工图、结构设计施工图、给水排水设计施工图、暖通设计施工图、强弱电设计施工图外，还应提供绿色建筑工程预算书。

5. 工程施工阶段

在工程施工的准备过程中，建筑师和各专业设计师首先要向施工单位进行技术交底，对施工设计图、施工要求和构造做法进行详细说明。另外，建筑师和各专业设计师按照施工进度，应不定期地到现场对施工单位进行指导和查验，从而达到绿色建筑工程施工现场服务和配合的效果。

6. 工程竣工验收和工程回访阶段

依照国家建设法规的相关规定，在绿色建筑施工完成后，建设单位会同设计、施工、设备供应单位及工程质量监督部门，对该项目是否符合规划设计要求以及建筑施工和设备安装质量进行竣工验收。工程在获得验收合格后，建筑工程方可正式投入使用。在使用过程中，设计单位要对项目工程进行多次回访，并在建筑物使用一年后再次进行总回访，听取业主和使用者对设计与施工技术方面的意见和建议。

7. 绿色建筑评价标识的申请

按照《绿色建筑评价标准》进行设计和施工的项目，在建筑工程施工图设计完成后可进行预评价，在建筑工程竣工后可进行绿色建筑评价，评审合格的项目将获颁绿色建筑证书和标志。绿色建筑评价标识是对已竣工并投入使用一年的居住建筑或公共建筑进行标识评价，"绿色建筑评价标识"有效期为 3 年。

绿色建筑评价标识分为三级。住房和城乡建设部绿色建筑评价标识管理办公室负责受理三星级绿色建筑评价标识，指导一星级、二星级绿色建筑评价标识活动。住房和城乡建设部委托具备条件的地方住房和城乡建设管理部门，开展所辖地区一星级和二星级绿色建筑评价标识工作。

"绿建办"每年在住房和城乡建设部网站（http：//www.mohurd.gov.cn）上发布绿色建筑评价标识申报通知，不定期、分批开展评价标识活动，申报单位可根据通知要求进行申报。

绿色建筑评价标识申报流程如图 11.2-2 所示。

11.2.3 绿色低碳建筑的能源效率设计与规划

能源效率规划与设计是绿色低碳建筑设计的核心内容，是实现节能减排目标的重要途径，对于实现建筑行业的可持续发展具有重要意义。

1. 能源效率规划的基础与原则

为了做好能源效率规划，设计人员应在规划设计之初对建筑的能源需求和使用特点进行全面分析，包括对建筑所在地的气候条件、环境资源、能源供应状况等方面的调研和评估。此外，还应与业主充分沟通，合理确定建筑的功能定位、使用人数、人员活动方式等，进而确定建筑的能源需求。

在能源效率规划的过程中，应遵循节能优先、环保可持续的原则，将节能作为首要目标，通过优化建筑设计、提高设备效率、利用可再生能源等手段，降低建筑能耗；注重环境保护和可持续发展，采取一系列措施来降低对环境的负面影响，实现人与自然的和谐共生。

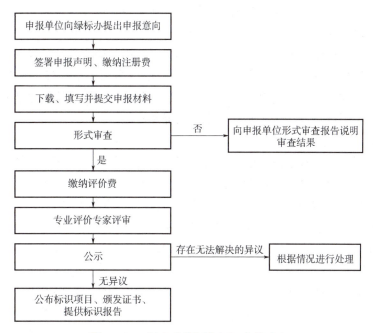

图 11.2-2　绿色建筑评价标识申报流程

2. 能源效率规划的关键环节

（1）建筑设计与布局优化

1）与周边环境的协调与融合。在选址阶段，应充分考虑地形、地貌、气候等自然因素，选择有利于建筑节能和环保的地点进行建设，避免对自然环境造成破坏或污染，保护生态系统的完整性和稳定性。

在建筑设计与布局过程中，应注重与周边环境的融合。例如，可以通过设置绿化带、景观小品等方式，增加建筑与自然的联系和互动。同时，还可以利用周边的自然资源，如河流、湖泊等水体资源，进行能源的利用和环境的改善。

2）建筑布局与自然采光通风的利用。建筑的朝向和布局应充分考虑当地的气候条件和日照情况。通过使建筑的主要房间朝向阳光充足的方向，可以确保室内获得充足的自然光照。同时，合理的建筑间距和绿化带设置，也有助于改善室内外的通风条件，减少空气污染和热量积聚。

在建筑内部空间的设计上，也应注重自然光的引入和通风路径的畅通。例如，通过设置天窗、中庭等结构，可以增加室内空间的采光面积和通风效果。

3）体型系数与凹凸面的优化。体型系数是指建筑物外表面积与其所包围的体积之比。一般来说，体型系数越小，建筑的保温性能越好。因此，在建筑设计过程中，应尽量避免过多的凹凸和变化，保持建筑形体的简洁和规整。同时，通过合理的体型设计，如采用圆形、椭圆形等流线形体型，也能有效减少风阻和热量损失。

墙面的凹凸设计同样需要谨慎考虑。过多的凹凸面不仅会增加建筑的外表面积，导致热传导和热辐射损失的增加，还会影响建筑的通风和采光效果。因此，在注意建筑外观效果的同时，应尽量减少不必要的凹凸面，保持建筑表面的平整和连续。

4）保温隔热性能的提升。外墙保温材料的选择对于建筑的保温性能至关重要。通过使用如聚苯乙烯、岩棉等高性能保温材料，可以有效地阻断热量在建筑内外的传递，从而降低能耗。同时，这些材料还具有良好的耐久性和环保性，为建筑的长期使用提供了保障。

窗户作为建筑围护结构的重要组成部分，其材料选用与构造设计同样对保温性能产生重要影响。传热系数低的窗框材料（如断桥铝）和双层或多层中空玻璃的应用，可以有效减少窗户的热损失。此外，合理的遮阳设计，如设置遮阳板、百叶窗等，也能有效防止夏季阳光直射导致的室内温度过高，进一步提高建筑的隔热性能。

（2）设备选型与能效提升

设备选型与能效提升对于降低建筑能耗、提高能源利用效率具有决定性的影响。在建筑项目中，选用质量可靠、维护简便的设备，可以降低后期运营成本，提高设备的综合效益。同时，选择低污染、低排放的设备，更是实现节能减排、促进可持续发展的关键手段。因此，设备选型时，空调、照明、电梯等建筑主要能耗设备应优先选择高效节能的设备，并通过智能控制系统，实现对设备的精准控制和优化运行。

（3）尽量利用可再生能源

建筑项目应充分利用太阳能、地热能等可再生能源，为建筑提供电力、热水等能源，降低建筑能耗、减少碳排放，提高建筑的能源自给率，推动建筑行业向更加环保、高效的方向发展。

在可再生能源的利用过程中，需要注意以下几点：首先，应根据建筑所在地的实际情况选择适合的可再生能源类型和技术。其次，需要充分考虑可再生能源系统的投资成本、运行维护成本以及经济效益。最后，应注重可再生能源系统的安全性和可靠性，确保系统的稳定运行和长期效益。

3. 能源效率规划的实施与管理

能源效率规划的实施需要建立完善的监测与评估机制。通过对建筑能耗、碳排放等指标的实时监测和数据分析，可以评估能源效率规划的实施效果，并根据实际情况进行调整和优化。同时，还可以利用能源管理系统，对建筑能耗进行实时监控和管理，提高能源利用效率。

政府应出台相关政策与法规，鼓励和支持绿色低碳建筑的发展，开展节能知识宣传、技能培训等活动，增强建筑使用者的节能意识和能力，促进能源效率规划的有效实施。

11.3 绿色低碳建筑技术与创新

11.3.1 绿色低碳建筑节水技术

我国是一个淡水资源十分短缺的国家，人均水资源拥有量仅占世界平均水平的四分之一，是世界上13个最贫水的国家之一。在我国多数建筑中的水资源利用都是线性的，即自来水—用户—污水排放，雨水—屋面（地面）—排放，形成了一种低效利用的转化。绿色低碳建筑的水资源利用应实现高效循环利用，通过增加必要的节水、存储和处理设施，形成"供给—排放—存储—处理—再利用"的水循环系统（图11.3-1）。

绿色低碳建筑节水技术主要包括使用节水型器具、雨水利用和中水利用三方面。

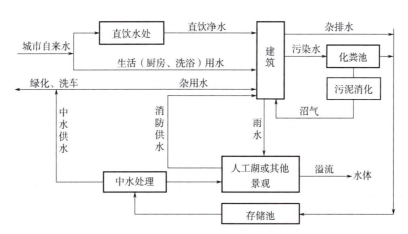

图 11.3-1 绿色低碳建筑水循环系统示意图

1. 节水型器具

配水装置和卫生设备是建筑给水排水系统的重要组成部分，也是水的最终使用单元，它们节水性能的好坏，直接影响着建筑节水工作的成效，因而大力推广使用节水器具是实现建筑节水的重要手段和途径。

（1）节水型便器冲洗设备

在家庭生活用水量中，便器冲洗水量占全天用水量的 30%~40%。在保证排水系统正常的情况下，可以使用小容量器具代替大容量器具，或采用感应式冲洗方式，起到节约冲水的目的。例如：可采用无水式小便器、自闭冲洗阀式小便斗或自动感应冲洗小便斗等节水型冲洗设备替代公共建筑内的多孔管式小便槽。

（2）节水型水龙头

水龙头是使用最频繁的装置，也是最常见的浪费水的部件。陶瓷阀芯节水龙头采用陶瓷片为密封材料，具有硬度高、密闭性好等特点，无效用水时间短，有明显的节水作用。此外，自闭式水龙头、感应式水龙头等均可起到节水的作用。

（3）节水型淋浴设施

公共浴室淋浴采用双管供应，因不易调节，增加了无用耗水量，而采用单管恒温供水，一般可节水 10%~15%；若采用踏板阀，做到人离水停，一般可节水 15%~20%。例如，在学校等公共浴室采用浴室淋浴智能 IC 卡控制系统可节水 30% 以上。

2. 雨水利用技术

雨水利用技术包括雨水储留渗透和雨水回收利用两种方式。

通常利用雨水储留渗透的场所为公园、绿地、庭院、停车场、建筑物、运动场和道路等。采用雨水渗透利用方案的主要措施是结合降水特点及地形、地质条件，设计出一种从"高花坛"、低绿地到"浅沟渗渠渗透"逐级下渗雨水的利用模式。采用的渗透设施有渗透池、渗透管、渗透井、透水性铺盖、渗透侧沟、调节池和绿地等。

雨水的回收利用工程可分为雨水收集、雨水处理和雨水供应三个部分。安装雨水收集和利用设施，将雨水收集到一起，经过简单的过滤处理，就可以用来建设观赏水景、浇灌小区内绿地、冲刷路面，或供小区居民洗车和冲洗马桶。

3. 中水利用技术

中水也称为"再生水"或"回用水"，水质介于上水和下水之间，达到一定的水质标准，可用于工业、农业或城市非饮用水。中水回用技术可以将原本要排放的废水转化为可再利用的水资源，从而减少对新鲜水资源的依赖。废水经过处理后回用，可以减少直接向环境排放的污水量，降低对环境的污染。

中水回用技术主要包括生物处理法、物理化学处理法和膜处理法三大类。

（1）生物处理法

生物处理法利用微生物的吸附、氧化分解作用去除废水中的有机物，实现废水的净化，具有水质稳定、运行花费相对较低、耐冲击负荷的特点。这种方法具有良好的生态效益，能够促进自然界中的物质循环和能量流动。

（2）物理化学处理法

物理化学处理法利用物理和化学手段的综合作用来去除废水中的悬浮物、溶解性有机物和无机物。这种方法结合了物理过程（如过滤、沉淀、气浮等）和化学过程（如混凝、氧化还原、吸附等），通过不同机制的协同作用，实现废水的净化。

常用的物理化学处理法有混凝沉淀（或气浮）技术、活性炭吸附技术。物理化学处理法适用范围广泛，特别适用于水质污染较轻且规模较小的中水工程。但是，在处理高浓度废水或含有难降解有机物的废水时效果不佳。此外，该方法还需要定期更换吸附剂或混凝剂等消耗性材料，增加了运行成本。因此，在选择处理工艺时，需要根据废水特性和处理要求进行综合考虑。

（3）膜处理法

膜处理法利用超滤膜或反渗透膜等膜组件对废水进行精细的过滤和分离。如图 11.3-2 所示，这些膜组件具有微小的孔径和特殊的材质，能够有效地截留废水中的悬浮物、胶体、细菌、病毒，以及大部分溶解性有机物和无机盐等。膜处理法出水水质稳定且优质，悬浮物去除率高，能够有效地分离废水中的细菌、病毒等有害物质，保障出水安全。此外，膜处理设备通常体积小巧，占地面积小，便于安装和维护。

超滤机　　　　反渗透机

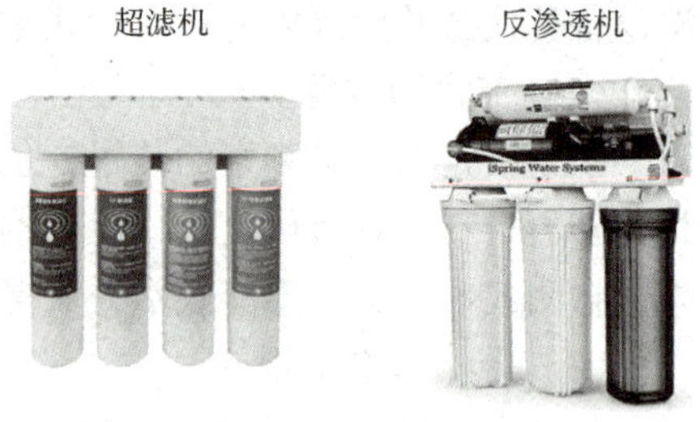

图 11.3-2　超滤机与反渗透机

随着膜技术的不断发展和膜材料的改进，膜处理法的运行成本也在逐渐降低，使得其在实际应用中更加具有竞争力。

需要注意的是，采用膜处理法时，膜组件在使用过程中容易受到污染和堵塞，需要定期进行清洗和更换；对于高浓度废水或含有大量难降解有机物的废水，膜处理法的处理效果也会受到一定影响。因此，在选择膜处理法作为中水回用技术时，需要根据废水特性和处理要求进行综合考虑，并采取相应的预处理措施来保障膜组件的正常运行和延长使用寿命。

11.3.2　绿色低碳建筑材料

所谓绿色低碳建筑材料是指在原料选取、产品制造、使用及废弃物处理等各环节，能源消耗少，对生态环境无害或危害极少，并对人类健康有利、可提高人类生活质量且与环境相协调的建筑材料。

绿色低碳建筑材料的性能必须符合或优于该产品的国家标准；在其生产过程中必须全部采用符合国家规定允许使用的原、燃材料，并尽量少用天然原、燃材料，同时排出的废气、废液、废渣、烟尘、粉尘等的数量、成分达到或严于国家允许的排放标准；在其使用过程中达到或优于国家规定的无毒、无害标准，并在组合成建筑部品时不会引发污染和安全隐患；其使用后的废弃物对人体、大气、水质、土壤等造成较小的污染，并能在一定程度上可再资源化和重复使用。

1. 绿色低碳建筑材料的基本特征

绿色低碳建筑材料又称为生态建筑材料、环保建筑材料和健康建筑材料等。与传统建筑材料相比，绿色低碳建筑材料具有以下七个方面的基本特征。

1）绿色低碳建筑材料是以相对低的资源和能源消耗、环境污染作为代价，生产出高性能的建筑材料。

2）绿色低碳建筑材料生产应尽可能少用天然资源，而应大量使用尾矿、废渣、废液、垃圾等废弃物。

3）产品的设计是以改善生活环境、提高生活质量为宗旨，具有多功能化，如抗菌、灭菌、防毒、除臭、隔热、阻燃、防火、调温、调湿、消磁、防射线和抗静电等。

4）产品可循环或回收及再利用，不产生污染环境的废弃物，在可能的情况下选用废弃建筑材料，如旧建筑物拆除的木材、五金和玻璃等，减轻建筑垃圾处理的压力。

5）在产品生产过程中不使用甲醛、卤化物溶剂或芳香族烃类化合物，产品中不含汞、铅、铬和镉等重金属及其化合物。

6）建筑材料能够大幅度地减少建筑能耗，如具有轻质、高强、防水、保温、隔热和隔声功能的新型墙体材料。

7）避免在使用过程中释放污染物的材料，并将材料的包装减少到最低程度。

2. 绿色低碳建筑材料的基本类型

（1）基本型建筑材料

基本型建筑材料是指满足使用性能要求和对人体健康无害的材料，这是绿色低碳建筑材料的最基本要求。在建筑材料的生产及配置过程中，不得超标使用对人体有害的化学物质，产品中也不能含有过量的有害物质，如甲醛、氮气和 VOCs 等。

（2）节能型建筑材料

节能型建筑材料是指在生产过程中，能够明显地降低对传统能源和资源消耗的产品。如采用免烧或者低温合成，以及提高热效率、降低热损失和充分利用原料等新工艺、新技术与新型设备，此外还包括采用新开发的原材料和新型清洁能源生产的产品。

（3）环保型建筑材料

环保型建筑材料是指在建材行业中利用新工艺、新技术，对其他工业生产的废弃物或者经过无害化处理的人类生活垃圾加以利用而生产出的建材产品。例如，使用工业废渣或者生活垃圾生产水泥，使用电厂粉煤灰等工业废弃物生产墙体材料等。

（4）安全舒适型建筑材料

安全舒适型建筑材料是指具有轻质、高强、防火、防水、保温、隔热、隔声、调温、调光、无毒、无害等性能的建材产品。

（5）保健功能型建筑材料

保健功能型建筑材料是指具有保护和促进人类健康功能的建材产品，如具有消毒、防臭、灭菌、防霉、抗静电、防辐射、吸附二氧化碳等对人体有害气体等功能。

3. 绿色低碳建筑材料的选用

为确保所选材料既符合环境保护的要求，又能够满足建筑的功能和性能需求，绿色低碳建筑材料的选用应遵循以下两个原则：一是尽量使用 3R（Reduce、Reuse、Recycle，即可重复使用、可循环使用、可再生使用）材料；二是选用无毒、无害、不污染环境、对人体健康有益的材料和产品，最好是有国家环境保护标志的材料和产品。

此外，绿色低碳建筑应尽量选用本地化建筑材料，减少运输过程的资源、能源消耗。鼓励使用当地生产的建筑材料，提高就地取材制成的建筑产品所占的比例，至少 60%（按建筑材料的重量计）的建筑材料产于距施工现场 500km 范围内。

4. 常见的绿色低碳建筑材料

（1）绿色高性能混凝土

目前，在工程中常用的有环境友好型生态混凝土、再生骨料混凝土、粉煤灰高性能混凝土。

1）环境友好型生态混凝土是指在混凝土的生产、使用、解体全过程中，能够降低环境负荷的混凝土。常见的此类混凝土如节能型混凝土、混合材料混凝土、利废环保型混凝土、免振自密实混凝土、高耐久性混凝土、人造轻骨料混凝土等。其中最常用的有节能型混凝土和利废环保型混凝土。

2）再生骨料混凝土（RAC）是指将废弃混凝土块经过破碎、清洗、分级后，按一定比例与级配混合，部分或全部代替砂石等天然骨料（主要是粗骨料）配制而成的新拌混凝土。目前利用再生骨料配制再生混凝土，已成为绿色混凝土的主要措施之一。

3）粉煤灰高性能混凝土具有高工作性、高强度和高耐久性，通常需要使用矿物掺合料和化学外加剂。粉煤灰含有大量活性成分，将优质粉煤灰应用于高性能混凝土中，不但能部分代替水泥，而且能提高混凝土的力学性能。

（2）绿色墙体材料

1）利用工业废渣生产的新型墙体材料。利用工业废渣可生产空心砖、实心砖或混凝土砌块。例如利用粉煤灰代替黏土生产实心砖可以避免毁田烧砖并能消解部分工业废料，具有生产能耗低、对环境污染程度小、产品质量容易控制等优点。

2）泡沫混凝土。泡沫混凝土又名发泡混凝土，是传统蒸压加气混凝土砌块经过改进生产工艺生产的一种新型材料。泡沫混凝土砌块外观质量、内部气孔结构、使用性能等均与蒸压加气混凝土砌块基本相同。与传统蒸压加气混凝土砌块相比，具有轻质高强、抗压性能好、抗震性能好、不开裂、使用寿命长、抗水性能好的突出特点。

3）新型复合墙体。复合墙体是一种工业化生产的新一代高性能建筑材料，由多种建筑材料复合而成，具有环保节能无污染、轻质抗震、防火、保温、隔声、施工快捷的明显优点。例如，外墙保温装饰一体板将装饰和保温施工合二为一，节约了近十道工序，大大节约了施工时间。相对于传统保温方法，缩短 60% 的工期，施工效率提高一倍。通过先进安装体系与墙体相互配合，形成低碳节能、装饰、防水、防霉、防火与建筑一体的美观效果。

（3）绿色玻璃材料

1）中空玻璃。中空玻璃又称隔热玻璃，是由两层或两层以上的平板玻璃、热反射玻璃、吸热玻璃、夹丝玻璃、钢化玻璃、镀膜反射玻璃、压花玻璃、彩色玻璃等组合在一起，四周用高强度、高气密性复合胶粘剂将两片或多片玻璃与铝合金框架、橡胶条、玻璃粘结密封，同时在中间填充干燥的空气或惰性气体，也可以涂以各种颜色和不同性能的薄膜（图 11.3-3）。

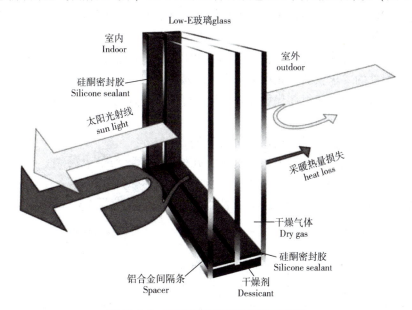

图 11.3-3　三玻两腔超节能幕墙示意图

2）镀膜玻璃。镀膜玻璃是在玻璃表面涂镀一层或多层金属、合金或金属化合物薄膜，以改变玻璃的光学性能，满足某种特定要求。常见的镀膜玻璃如低辐射镀膜玻璃（"Low-E"玻璃），是一种对波长范围 4.5~25μm 的远红外线有较高反射比的镀膜玻璃。低辐射镀膜玻璃还可以复合阳光控制功能，称为阳光控制低辐射玻璃。

3）贴膜玻璃。贴膜玻璃是指平板玻璃表面贴多层聚酯薄膜的平板玻璃。这种玻璃能改善玻璃的性能和强度，使玻璃具有节能、隔热、保温、防爆、防紫外线、美化外观、遮蔽隐私、安全等多种功能。

4）真空玻璃。真空玻璃是将两片平板玻璃四周密闭起来，将其间隙抽成真空并密封排气孔，两片玻璃之间的间隙为 0.1~0.2mm，通过真空玻璃的传导、对流和辐射方式散失的热降到最低。

11.3.3　绿色低碳建筑能源技术

在绿色低碳建筑中，太阳能、地热能和风能等可再生能源的应用起到了至关重要的作用。这些可再生能源的利用不仅有助于减少建筑对传统能源的依赖，降低能源消耗和碳排放，而且有助于提升建筑的环境友好性和可持续性。

1. 太阳能利用技术

（1）光伏发电

太阳能光伏发电是以光伏电池板作为光电转化装置，将太阳光辐射能量转化为电能的发电方式。通常，只有光伏电池板不能直接用来给负载供电，所以还需要一些必要的外围设备、线路、支架等来构成完整的光伏发电系统，其中光伏电池板是电力来源，可以看成太阳能发电机，其余部分统称为平衡器件。

光伏与建筑的结合有两种方式。一种是建筑与光伏系统的结合，简称为 BAPV（Building Attached Photo-Voltaics）。把封装好的光伏组件平板或曲面板安装在居民住宅或建筑物的屋顶上，建筑物作为光伏阵列载体，起支撑作用，然后光伏阵列再与逆变器、蓄电池、控制器、负载等装置相连。

另一种是建筑与光伏组件一体化，简称为 BIPV（Building Integrated Photo-Voltaics）。这种方式对光伏组件的要求较高。光伏组件不仅要满足光伏发电的功能要求，同时还要兼顾建筑的基本功能要求。用光伏组件代替部分建材，可用作建筑物的幕墙、玻璃窗、采光顶等外围护结构。如图 11.3-4 所示。

光伏发电的应用不仅为建筑提供了可再生能源的电力供应，还通过减少对传统电力的需求，降低了碳排放，为应对气候变化做出了贡献。同时，随着光伏技术的不断进步和成本的降低，这种应用方式正在变得越来越普及和经济高效。

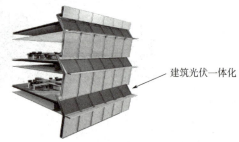

建筑光伏一体化

（2）热能利用

太阳能的热能利用主要体现在太阳能热水器的应用上。随着我国太阳能热水器产业的发展，加强

图 11.3-4　建筑光伏一体化幕墙示意图

太阳能热水系统与建筑一体化的建设，促进产业技术进步和产品更新，适应太阳能热水系统的合理充分利用，已成为当今太阳能产业发展的关键。

常见的太阳能建筑一体化技术包括场地一体化体系、屋面一体化体系、墙面一体化体系、阳台一体化体系四种。

1）场地一体化体系。场地一体化太阳能设计，要充分考虑当地气候特征和各种场地规划要素，保证建筑物的合理朝向、充足的日照和避免被遮挡。在规划设计过程中，应将太阳能热水系统作为一项重要的前期设计因素，与建筑物朝向、房屋间距、建筑密度、建筑布局、道路布置、绿化规划和空间环境等相关条件综合考虑，进行一体化设计。

2）屋面一体化体系。屋面是建筑物的重要组成构件之一，其接受的阳光最为充足、日照时间最为长久，遮挡也相对比较少，因此，屋面与太阳能的集热器一体化整合有着独特的优势。

坡屋面设置集热器有四种方式：①附着式，太阳能集热器附着于建筑向阳坡屋面，储热水箱置于室内或阁楼内。②嵌入式，将太阳能集热器镶嵌于坡屋面内，与建筑坡屋面有机整合；外观、色彩与建筑相协调，且不影响建筑屋面排水、隔热等功能。③屋脊支架式，将整体式家用型太阳能热水器整齐安装于屋脊上，可用于单户或集体大面积供热。④支架式，在坡屋顶预先做好支架，在支架上安装太阳能集热器。坡屋面嵌入式安装是目前太阳能与建筑结合一体化较理想的安装方式。

3）墙面一体化体系。高层建筑的热水使用终端数量比较多，其屋顶面积对于集热器的布置显然非常困难，这就需要利用高层建筑的向阳墙壁安装太阳能集热器。

墙体与太阳能集热器一体化设计需要注意以下几个方面：①外墙应有一定的宽度，以保证集热器的安装。②集热器宜与墙面装饰材料的色彩、风格相互协调一致。③集热器不应跨越沉降缝、伸缩缝和防震缝等变形缝。

4) 阳台一体化体系。阳台作为建筑最外侧的南向构件之一，具有接受的日照时间长、热量收集大等特点，是太阳能集热器元件集成理想的部位。一般情况下，集热器安装于阳台，水箱置于阳台或卫生间内。系统管线短、热损失小，集热器等甚至可以直接构成阳台栏板、栏杆，成为符合人体尺寸的功能性构件，易与建筑实现一体化目标。

2. 地热能利用

地热能作为一种可再生能源主要应用于建筑供暖领域。地热能供暖系统通过地热热泵等设备，将地下恒温层中的热能提取出来，经过一定的转换和处理后，用于建筑的供暖。这种供暖方式不仅能够充分利用地下丰富的热能资源，而且由于其稳定性高、受天气影响小等特点，使得供暖效果更加持久和可靠。

常见的地热能利用技术是地源热泵技术。地源热泵是利用地球表面浅层地热资源（通常小于 400m 深）作为冷热源，进行能量转换的供暖空调系统。

与传统的供暖方式相比，地源热泵供暖空调系统具有诸多优势。①地源热泵是一种清洁的可再生能源利用技术。②高效节能。据美国环保署 EPA 估计，设计安装良好的地源热泵，平均来说可以节约用户 30%~40% 的供暖制冷空调的运行费用。③环保无污染。④地源热泵一机多用，可供暖，还可供生活热水。⑤空调维护费用更低。⑥改善室内环境，提高居住舒适度。

地源热泵供暖空调系统按与浅层地热能的换热方式不同分为三种：土壤源热泵、地下水源热泵、地表水源热泵。

（1）土壤源热泵

土壤源热泵是利用地下常温土壤温度相对稳定的特性，通过深埋于建筑物周围的管路系统与建筑物内部完成热交换的装置。冬季从土壤中取热，向建筑物供暖；夏季向土壤排热为建筑物制冷。土壤源热泵系统不需要抽取地下水作为传热的介质，不破坏地下水资源，是一种可持续发展的建筑节能新技术。

（2）地下水源热泵

地下水源热泵以地下水作为热泵机组的低温热源。地下水源热泵系统需要有丰富和稳定的地下水资源，同时，必须采取可靠的回灌措施，确保置换冷量或热量的地下水 100% 回灌到原来含水层，减少对地下水资源的浪费或污染。目前，常见的地下水回灌模式包括同井回灌和异井回灌两种，如图 11.3-5 所示。

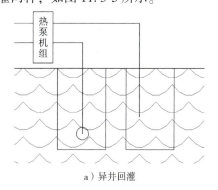
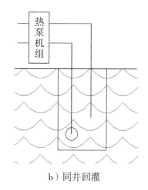

a）异井回灌　　　　　　　b）同井回灌

图 11.3-5　地下水两种回灌模式

（3）地表水源热泵

地表水源热泵是一种使用河流、湖泊或海洋中抽取的水为热源（或冷源）的热泵系统。夏季以地表水源作为冷却水使用向建筑物供冷，冬天从地表水中取热向建筑物供暖。

根据水源热泵机组与地表水的连接方式，可将地表水水源热泵分为两种类型：闭式地表水换热系统（也称为闭式环路系统）和开式地表水换热系统（也称为开式环路系统）。闭式地表水换热系统是将封闭的换热盘管按照特定的排列方法放入具有一定深度的地表水体中，传热介质通过换热管壁与地表水进行热交换的系统。开式地表水换热系统是地表水在循环泵的驱动下，经处理直接流经水源热泵机组或通过中间换热器进行热交换系统。

11.3.4 绿色低碳建筑的智能化技术

目前，在绿色低碳建筑中应用的智能化技术主要包括智能安防与监控系统、智能照明系统、智能通信与娱乐系统等。

1. 智能安防与监控系统

（1）自动火灾检测与报警

自动火灾检测与报警是高度集成温度传感器、感烟器、蜂鸣器等于一体的高效联动火情感知与报警系统，利用灵敏度高、可靠性高的传感器准确捕捉火情信息，将火灾产生的烟雾、热量和光辐射等火灾特征参数转变为电信号，经数据处理后，将火灾特征参数信息传输至智能安全与监控系统的控制器，由控制器对其异常超标情况进行研判，并控制蜂鸣器等报警装置启动。在自动火灾监测与报警系统中可以嵌入人工智能技术，利用人工智能技术的自主学习与智能决策算法改善环境温度。

（2）无线监控技术

无线监控技术是指利用无线波传输视频、数据等信号的监控系统，是建筑智能安防的重要构成。无线监控技术利用移动通信网络与高清摄像头实现对目标场景的全天候、全天时监控与视频画面传输。摄像头的高分辨率图像传感器可实时捕捉与采集目标场景的清晰画面，当目标场景中有活动个体时自动启动报警装置，并将相关报警信息远程发送至用户手机端。用户可利用手机端应用程序远程访问并获取无线监控数据，实时查看建筑的安全监控画面，确保人员和财产的安全。

（3）智能访客管理

智能访客管理是包括访客对讲系统、"一卡通"系统、出入口车辆管理系统等子系统，用于对进出建筑的人员、车辆等进行全覆盖登记的管理模式。智能访客管理系统高度集成访客预约、访客无感通行、人证对比实名验证、电子通行证、互联网云门禁、车闸联动等多个功能，实现端云协同的人车一体化管理，可以提高通行速率与工作效率。

2. 智能照明系统

智能照明系统通过实时监测电力的供应情况，能够迅速响应并调整电流和电压，确保照明设备的稳定运行。这种智能调节机制有效避免了电力浪费，提高了照明系统的能效比。同时，系统还能根据室内外光线强度的变化，自动调节照明设备的亮度和开关状态，实现光源的合理利用。

（1）自适应调光技术

自适应调光技术采用光照度传感器与智能照明系统，能够根据建筑室内的光照度情况以及室内适宜的光照度范围，精准控制照明设备的运行时间和模式，满足建筑内不同区域、不同时间段的照明需求。

自适应调光技术还可应用在建筑不同功能分区中，根据不同分区的光照度要求实现个性化调光；可动态调节智能照明系统的亮度、颜色、色温等参数，为住户提供定制化的节能照明体验。例如，在办公区域，系统可以根据人员的活动情况和自然光线的变化，自动调节照明设备的亮度和色温，营造舒适的工作环境；在公共区域，系统则可以根据人流量的变化，智能调整照明设备的开关状态，实现节能降耗。

（2）人体感应技术

人体感应技术是一种利用红外感应器自动感知人体活动的技术，将人体感应技术应用在智能照明系统中，可根据人体的活动状态、活动频次等自动调节智能照明系统的工作状态与灯光亮度，为住户夜间活动提供良好的照明环境。相较于传统的照明系统而言，嵌入人体感应技术的智能照明系统具有自动调节、节能环保、安全便利等特性，在具体应用时应合理设计红外辐射变化感知阈值，避免误触发、灵敏度过高、感应范围限制等问题，如图 11.3-6 所示。

3. 智能通信与娱乐系统

（1）家庭自动化集成

家庭自动化集成是利用中央微处理器或控制器，将建筑内的通信设施与娱乐设备、智能照明系统、智能窗帘等进行集成。用户可以通过手机应用程序远程控制智能家居设备，调节室内温度、照明等环境参数，也可在应用程序中控制家庭内的娱乐系统如音响、电视、投影仪等启闭，实现对家庭娱乐型电器设备的集成化控

图 11.3-6　智能照明系统的应用场景

制。家庭自动化集成后的中央微处理器或控制器的载体形式多样，如计算机、遥控器、触摸式屏幕等，是智能家居在用户控制端的多元化形式，可提高家庭设备自动化集成控制的体验感。例如，"小度"或"小爱同学"等虚拟助手可理解语音命令并播放音乐、推荐电影或提供天气更新，增强用户的体验。

（2）智能音响与影院系统

智能音响与影院系统通过将家庭音响设备、投影仪、电视机等与计算机网络进行关联，构建多功能视听环境。智能音响与影院系统还需配备相应的灯光环境，在使用智能音响与影院系统时，应利用家庭自动化集成系统控制窗帘关闭遮挡阳光，并根据影音系统放映需要自适应调节智能照明系统的光照，保证影音视频观看效果。

11.4　可持续发展与城市更新

11.4.1　可持续发展的概念与原则

随着人类社会的发展与科技的进步，可持续发展越来越受到全球范围内的广泛关注与探讨。它不仅是一种全新的发展观，更是人类对未来生存环境的深刻反思与积极回应。可持续

发展强调经济发展、社会进步和环境保护之间的协调与平衡，旨在实现人类社会的长期繁荣和与自然环境的和谐共生。

1. 可持续发展的概念

可持续发展是一种机会、利益均等的发展，主要包含三个核心要素：社会、经济和环境。社会可持续发展强调社会公平与包容性，确保所有人都能分享发展的成果；经济可持续发展要求实现经济增长与资源环境的协调发展，避免过度消耗和破坏自然资源；环境可持续发展则关注生态系统的保护与恢复，维护地球的生物多样性和生态平衡。

可持续发展的提出，是对传统发展模式的深刻反思。在过去的发展过程中，人类往往以经济增长为首要目标，忽视了环境保护和社会公平的重要性。这种发展模式导致了资源枯竭、环境污染、社会不公等一系列问题，严重威胁着人类的生存和发展。因此，可持续发展理念的提出，是人类对未来生存环境的积极回应，也是实现人类社会长期繁荣的必由之路。

2. 可持续发展的原则

（1）公平性原则

公平性原则强调发展的公平性，包括代内公平和代际公平。代内公平要求不同国家和地区、不同社会群体之间享有平等的发展机会和权益，消除贫困和社会不公现象；代际公平则要求当代人在追求自身发展的同时，要考虑到未来世代的生存需求，避免过度消耗资源和破坏环境。

（2）持续性原则

持续性原则强调人类的经济和社会发展不能超越资源和环境的承载能力。这意味着发展必须建立在生态平衡和资源永续利用的基础上，通过科技创新和制度创新等方式，提高资源利用效率，减少环境污染，实现经济、社会和环境的协调发展。

（3）共同性原则

可持续发展是全球性的目标，需要各国共同努力、携手合作。各国应根据自身国情和发展阶段，制定符合本国实际的可持续发展战略，同时加强国际合作与交流，共同应对全球性的挑战和问题。这种共同性不仅体现在国家层面，也体现在不同社会群体和个体之间，需要各方共同参与和推动可持续发展的进程。

（4）预防原则

预防原则的核心思想是在面对可能对环境和公共健康造成严重或不可逆转损害的行为或决策时，应优先考虑采取预防措施，即使科学证据不完全确定，也应采取主动预防措施以避免或减少潜在的负面影响。

（5）公众参与原则

实现可持续发展需要社会各界的广泛参与和支持。这不仅包括政府和企业，也包括民间组织、社区和个人。公众应有权参与决策过程，并对可能影响他们健康和环境的事务发表意见。通过增强公众的环境意识和社会责任感，鼓励公众参与环境保护和社会公益活动，可以更好地推动可持续发展的实践。

3. 我国可持续发展战略的总体思路

我国可持续发展战略的总体思路包括五个方面：一是把转变经济发展方式和对经济结构进行战略性调整作为推进经济可持续发展的重大决策。二是要把建立资源节约型和环境友好型社会作为推进可持续发展的重要着力点。三是要把保障和改善民生作为可持续发展的核心要求。四是要把科技创新作为推进可持续发展的不竭动力。五是要把深化体制改革和扩大对外开放和合作作为推进可持续发展的基本保障。

11.4.2 城市更新中的社会、经济、环境可持续发展平衡

城市更新是一个复杂且多维度的过程，它涉及社会、经济和环境等方面的可持续发展。这三个方面在城市更新中相互交织、相互影响，需要寻求一个平衡点以确保城市的长期繁荣和可持续发展。

1. 城市更新中的社会可持续发展

在社会方面，城市更新需要特别强调公平与包容性。城市更新的过程往往伴随着资源重新分配、空间重组和社会结构变化，这些变化可能对城市中的不同群体产生不同的影响。因此，确保所有居民，特别是弱势群体，能够平等地分享城市发展的成果，是城市更新过程中不可忽视的重要方面。

具体措施包括：优化教育、医疗、文化等公共服务设施的布局和配置，确保居民能够享受到更为便捷、高效的服务，降低因地理位置、经济条件等因素造成的服务差距；改善社区基础设施、提升绿化水平、加强安全管理等措施，创造宜居、安全、和谐的社区环境；通过发展新兴产业、推动传统产业转型升级、鼓励创业创新等方式，创造更多的就业机会，为居民提供更多的职业发展选择；建立有效的公众参与机制，通过听证会、民意调查、社区咨询等方式，充分听取居民的意见和建议，使城市更新的决策和实施更加符合民意。

2. 城市更新中的经济可持续发展

优化城市空间布局是城市更新的核心任务之一。通过合理规划土地利用，优化城市空间结构，可以有效提升城市的集聚效应和辐射能力。这不仅可以提高城市的土地利用效率，还可以为产业发展提供更为广阔的空间。同时，通过完善交通网络、提升基础设施水平等措施，进一步改善城市的投资环境，吸引更多的资本和人才流入。

提升城市功能是城市更新的重要目标。城市更新应注重提升城市的产业功能、商业功能、文化功能等，以满足人们日益增长的生活需求。通过打造特色产业园区、商业中心、文化街区等，可以吸引更多的企业和人才聚集，推动经济高质量发展。

城市更新还需要关注产业的提质增效。城市更新应积极推动传统产业的改造升级，通过引入新技术、新工艺、新模式等方式，提高产业的附加值和竞争力。同时，还应大力发展新兴产业，培育新的经济增长点，为城市的经济发展注入新的动力。

提高城市的综合竞争力是城市更新的长远目标。通过城市更新，可以改善城市的硬件设施和软件环境，提升城市的品牌形象和知名度。这不仅可以增强城市对外部资源的吸引力，还可以提高城市的内部凝聚力，促进城市的可持续发展。

3. 城市更新中的环境可持续发展

合理规划土地利用是城市更新中环境保护的关键环节。在城市更新过程中，应充分考虑土地资源的有限性，合理规划土地用途，避免过度开发和滥用土地。通过优化土地资源配置，提高土地利用效率，可以有效减少土地资源的浪费和破坏。

加强生态修复和保护也是城市更新中的重要方面。对于受损的生态系统，应采取有效的修复措施，如植被恢复、水体净化等，以恢复其生态功能。同时，加强对自然生态系统的保护，如保护湿地、森林等生态敏感区域，维护城市的生态平衡。

城市更新中应大力推广绿色建筑和绿色交通。绿色低碳建筑通过采用节能、环保的建筑材料和设计理念，降低建筑对环境的影响。绿色交通则通过优化交通结构、推广公共交通和非机动车出行等方式，减少交通污染和拥堵问题。

节能减排和资源循环利用也是城市更新中环境保护的重要方面。采用先进的节能技术和设备，降低能源消耗和排放。加强废弃物的分类处理和资源化利用，减少废弃物的产生和对环境的污染。这些措施有助于实现资源的循环利用和环境的可持续发展。

11.4.3 绿色低碳建筑在城市更新中的社会效益与环境效益

1. 绿色低碳建筑在城市更新中的社会效益

（1）提升居民生活质量

绿色低碳建筑注重室内环境的改善和居住舒适度的提升。通过采用先进的建筑材料和技术，绿色低碳建筑能够有效降低室内噪声、提高空气质量，为居民创造一个更加健康、舒适的居住环境。此外，绿色低碳建筑还注重采光和通风设计，使得室内光线充足、空气流通，有助于改善居民的心理状态和生活质量。

（2）促进社会文明进步

绿色低碳建筑的推广和应用能够提升整个社会的文明进步水平。通过倡导绿色、低碳的生活方式，绿色低碳建筑引导人们关注环境保护和可持续发展，增强公众的环保意识和责任感。同时，绿色低碳建筑的建设和运营也需要社会各界的共同努力和合作，以促进社会的和谐与进步。

（3）带动相关产业发展

绿色低碳建筑为相关产业的发展提供了巨大的市场需求。随着绿色低碳建筑的不断推广和应用，建筑材料、节能技术、可再生能源等相关产业将迎来巨大的发展机遇。这不仅有助于推动经济的增长和转型升级，还能够为城市提供更多的就业机会和创业空间。

（4）优化城市形象与品质

作为城市更新的重要组成部分，绿色低碳建筑以其独特的建筑风格和环保理念，为城市增添了新的风景线，有助于改善城市的整体形象和品质，提升城市的竞争力和吸引力。

2. 绿色低碳建筑在城市更新中的环境效益

（1）节能减排，降低能耗

绿色低碳建筑通过采用先进的节能技术和材料，有效降低了建筑能耗。它们注重建筑的保温隔热性能，减少能量的传递和散失；同时，利用可再生能源如太阳能、风能等，为建筑提供清洁能源。这些措施使得绿色低碳建筑的能耗远低于传统建筑，有助于实现节能减排的目标。

（2）减少环境污染，保护生态系统

在建设过程中，绿色低碳建筑注重环保和可持续发展，减少了对自然资源的开采和破坏。它们采用环保材料，减少了对环境的污染；同时，通过合理的规划和设计，减少对周边环境的干扰和破坏。此外，绿色低碳建筑还注重雨水的收集和利用，减少了对城市排水系统的压力，有助于保护城市的生态系统平衡。

（3）促进资源循环利用，实现可持续发展

绿色低碳建筑注重资源的循环利用和可持续发展。它们通过合理的建筑设计和材料选择，实现了建筑废弃物的减量化、资源化和无害化处理。同时，绿色低碳建筑倡导的循环利用水资源、能源等，提高了资源的利用效率。

（4）改善城市环境，提升居民幸福感

绿色低碳建筑的建设和运营有助于改善城市的环境质量。它们通过减少能耗和排放，降低了空气污染和噪声污染；同时，通过增加绿化面积和改善城市微气候，提升了城市的生态环境质量。这些措施使得城市更加宜居、宜业、宜游，提高了居民的幸福感和满意度。

3. 推动绿色低碳建筑在城市更新中的发展策略

首先，政府应制定完善的政策法规体系，为绿色低碳建筑的发展提供有力保障。包括出台绿色建筑评价标准、制定节能减排政策、提供税收优惠和财政补贴等措施，鼓励企业和个人积极参与绿色低碳建筑的建设和运营。

其次，加强绿色低碳建筑技术的研发和推广，提高技术的成熟度和普及率。通过加强与高校、科研机构等的合作，推动绿色低碳建筑技术的创新和应用；同时，加强技术培训和宣传普及，提高社会各界对绿色低碳建筑技术的认识和应用能力。

再次，通过政策引导和市场机制的作用，引导市场需求向绿色低碳建筑倾斜。鼓励房地产开发商和建筑企业在项目规划和设计阶段充分考虑绿色低碳建筑的要求，推动绿色低碳建筑在市场上的普及和应用。同时，加强绿色低碳建筑产业链的建设和完善，促进相关产业的协同发展。

最后，建立健全绿色低碳建筑的监管和评估机制，确保绿色低碳建筑的建设和运营符合相关标准和要求。加强对绿色低碳建筑项目的监督检查和验收评估，确保项目的质量和效益；同时，建立绿色低碳建筑的信息公开和反馈机制，接受社会监督和评价，不断改进和提升绿色低碳建筑的发展水平。

11.5 未来城市更新与绿色低碳建筑

11.5.1 数字技术与绿色低碳建筑的未来发展

1. 推动设计创新

设计是建筑工程项目的起点，也是决定建筑绿色性能和可持续性的关键环节。数字技术的应用为绿色低碳建筑的设计创新提供了无限可能。

利用三维建模和虚拟现实等数字技术，建筑设计师能够更加直观地进行建筑设计、建筑模拟和预测，从而优化建筑的布局、结构、材料等方面，提高建筑的绿色性能和可持续性。

通过收集和分析各种建筑数据，设计师可以了解建筑的能耗、碳排放、环境影响等关键指标，制定更加科学、合理的绿色低碳建筑设计方案。例如，利用大数据分析技术，设计师可以分析不同地区、不同类型建筑的能耗数据，找出能耗高的原因和解决方案，为绿色低碳建筑的设计提供有力支持。

云计算、物联网等技术可以帮助不同领域的设计师、工程师和专家实时共享设计数据和成果，共同参与到绿色低碳建筑的设计过程中。协同设计打破了传统设计流程中的信息壁垒，能提高设计效率和质量，推动绿色低碳建筑的创新发展。

2. 优化施工与管理

施工和管理是建筑项目实现绿色目标的关键环节。数字技术的应用可以优化施工流程，提高管理效率，降低建筑项目的能耗和排放。

利用传感器、物联网等技术，施工团队可以实时监测施工现场的环境参数，以及施工设备的运行状态和能耗情况，及时调整施工方案，优化施工流程，降低能耗和排放；利用大数据、云计算等技术，管理人员可以实时收集和分析建筑项目的进度、成本、质量等数据，及时发现问题并采取相应措施；智能监控、能源管理等技术则可以帮助管理人员实时监测建筑的能耗和排放情况，制定科学的节能减排措施。同时，数字技术还可以帮助建筑项目实现资源循环利用和废弃物减量化，降低建筑项目对环境的影响。

3. 促进智能化运营

在工程项目运营过程中，数字技术可以帮助实现建筑的智能化控制、监测与管理，还可以促进建筑与用户之间的互动和沟通。例如，利用物联网、传感器等技术，建筑可以实现各种设备的自动化控制和调节，提高设备的能效和舒适度，降低能耗和排放；通过利用大数据、云计算等技术，管理人员可以实时监测各种环境参数和设备状态，收集并分析能耗、碳排放等数据，可以制定科学的运营策略和管理措施；利用移动应用、社交媒体等渠道，用户可以方便地获取建筑的各种信息和服务，如能耗报告、维修服务等。

4. 助力产业创新性发展

数字技术催生了新的商业模式和服务业态。例如，基于数字技术的建筑能源管理服务平台可以为建筑提供全方位的能源管理服务，包括能耗监测、数据分析、优化建议等；同时，这些平台还可以与能源供应商、设备制造商等形成紧密的合作关系，共同推动绿色低碳建筑的发展。

数字技术促进了建筑产业的跨界融合与创新。通过与其他产业的深度融合，建筑产业可以引入更多的创新元素和技术手段，推动绿色低碳建筑的快速发展。例如，通过与可再生能源、循环经济等领域的融合，建筑可以实现更加环保、可持续的能源利用和资源利用。

数字技术还为建筑产业的转型升级提供了有力支持。数字技术在建筑业中的应用，有助于提升产业链的协同效率和创新能力，实现从传统制造向智能制造、绿色制造的转型升级。这种转型升级不仅可以提高产业的竞争力和可持续发展能力，还可以为社会带来更多的经济效益和社会效益。

11.5.2　绿色低碳建筑在城市更新中的创新趋势

随着科技的不断进步和人们环保意识的提高，绿色低碳建筑将在节能减排、智能化管理、健康人居环境、可持续用地规划与生态建设、地方特色与文化融合，以及多元合作与跨界融合等方面实现更加深入的创新性发展。

1. 节能减排与智能化管理

绿色低碳建筑通过采用先进的节能技术和智能化系统，实现了对建筑能耗的精准控制和优化，有效降低了建筑的能耗和排放。同时，智能化系统的应用也使得建筑的管理更加便捷和高效，能够实现对建筑能耗的实时监测和调控，进一步提高建筑的能效水平。

绿色低碳建筑将更加注重可再生能源的利用和能源的高效利用，通过采用更加先进的节能技术和材料，实现建筑能耗的大幅降低。同时，随着人工智能、物联网、大数据等技术的不断发展，智能化系统将在建筑管理中发挥更加重要的作用，实现对建筑能耗的实时监测和精准控制。

2. 健康人居环境的打造与提升

提升人居环境的舒适性和健康性也是未来绿色低碳建筑的重要发展方向。通过优化建筑设计、采用环保材料和绿色植物等手段，为居民提供更加健康、宜居的生活环境。例如，第四代住宅通过引入绿色植物、设置室内绿化空间等方式，可以进一步提升室内的生态环境质量；通过利用先进的空气质量监测技术，可以实时监测室内空气质量，为居住者提供更加健康的生活环境。

3. 可持续用地规划与生态建设的融合

城市更新不仅是对老旧建筑的改造，更是对城市整体用地规划和生态建设的提升。绿色低碳建筑通过合理规划建筑布局、增加绿化空间等方式，实现了与城市可持续规划的紧密结合。通过优化建筑布局和交通组织，可以减少城市交通拥堵和排放；通过增加绿化空间和生态设施，可以提升城市的生态环境质量。未来的绿色低碳建筑将更加注重与城市整体规划的融合，通过合理规划建筑布局、增加绿化空间等方式，进一步推动城市的可持续发展和生态建设。

11.5.3　城市更新与绿色低碳建筑的可持续发展路径

随着全球城市化进程的加速推进，城市更新已成为各国政府和社会各界关注的焦点。作为城市发展的重要手段，城市更新旨在通过改造老旧区域、优化城市空间布局、提升城市功能品质等方式，推动城市的可持续发展。而绿色低碳建筑作为城市更新的重要组成部分，以其节能、环保、可持续的特性，成为推动城市绿色发展的重要力量。在当前全球气候变化和环境问题日益严重的背景下，研究城市更新与绿色低碳建筑的可持续发展路径显得尤为重要。

1. 城市更新的可持续发展路径

城市更新作为城市可持续发展的关键策略，涉及经济、社会、文化、生态等多个层面，是一个多维度、系统性的过程，需要政策、配套设施、投资收益和金融等多方面的成熟配合，确保人口、产业、社会治理等各个环节的协调发展。

（1）人本逻辑的转变

城市更新的核心是人，更新重点应从传统的以产业为中心转变为以人为中心。不仅要满足居民的物质需求，更要关注他们的精神和文化需求，提升居民的生活质量和幸福感。

（2）政策引导与规划统筹

根据城市发展现状和未来趋势，制定科学合理的城市更新规划，明确更新目标、任务、时序和重点区域，确保城市更新的有序进行和可持续发展。同时，建立健全城市更新相关的政策法规体系，包括土地政策、财政支持政策、税收优惠政策等，为城市更新提供有力的制度保障。

（3）创新多元化融资模式

城市更新需要探索政府引导、市场运作、公众参与的多元投融资机制。这包括鼓励社会资本参与，创新市场化投融资模式，完善居民出资分担机制，拓宽资金渠道，实现共建共治共享。

（4）历史文化的保护与传承

城市更新不是简单的拆除重建，要坚持底线思维，防止大拆大建，在保护历史文化遗产的基础上进行。同时，要确保城市安全，守住安全底线，加大城镇危旧房屋改造和城市基础设施的更新改造力度。例如，南京石榴新村的更新项目，通过原地拆除重建的方式，既改善了居民的居住条件，又保留了历史文化的连续性。

（5）生态环境的保护与修复

城市更新应注重生态环境的保护和修复，通过绿色低碳建筑、生态公园、水体治理等措施，提升城市的生态品质，实现人与自然的和谐共生。

（6）科技与创新的融合

利用现代科技，如大数据、人工智能等，提高城市更新的智能化水平，提升城市管理效率，同时促进新经济、新业态的发展。

2. 双碳背景下绿色低碳建筑面临的困境与可持续发展路径

（1）技术创新与推广难

据住建部统计，当前绿色生态建筑运行标志工程项目数量仅占标识工程项目总数的6%左右，呈现出"理念先行，实践滞后"的尴尬局面。市场参与者对绿色低碳建筑理念普遍持有支持态度，设计阶段不乏热情投入。然而，实施过程中面临成本和收益问题时，各方利益主体便显露出犹豫与迟疑。其原因主要表现在绿色理念宣传不到位、建设及运营成本高、政府及各相关部门之间与建设方缺乏有效的沟通等方面。

（2）绿色低碳建筑技术创新难

当前各地区对于绿色低碳建筑的发展缺乏长远规划，建筑企业投入创新技术的积极性不高，使绿色低碳建筑面临创新难的困境。在具体的建设过程中，智能化绿色低碳建筑技术的应用没有普遍推进，大数据的应用率较低，智慧化技术与建筑技术的融合不到位。在遮阳、采光、通风、保温等各个环节缺乏创新技术的推广与应用。目前的绿色低碳建筑以遵循现有的评价标准为主，一些相关技术标准还有待完善，例如运维、验收、改造、可再生能源等应用技术标准往往忽略了当地的气候条件。

（3）绿色低碳建筑质量监管难

绿色低碳建筑质量监管存在着缺乏横向部门与纵向部门之间的协同联动，各层级的监管部门缺乏有效配合的问题，使得监管面临困境。监管体系的乱象主要是因为信息化管理水平不高，没有建立起有效的信息管理网络平台，没有形成健全的行业征信系统，运营与验收的后端管理水平不高。

为摆脱绿色低碳建筑发展困境，国家应强化宣传普及和教育培训工作，完善绿色低碳建筑标准、评价体系、奖励政策等配套机制，加强对绿色低碳建筑项目的监管力度。同时，开辟多元化融资渠道，加大对绿色低碳建筑技术研发的投资，激励企业与科研机构深化合作研究。通过这些综合措施，推动绿色低碳建筑从理念走向实践，实现可持续发展目标。

3. 城市更新与绿色低碳建筑的融合发展

城市更新与绿色低碳建筑的融合发展是当前城市规划与建设的重要趋势。这种融合有助于促进资源高效利用与节能减排，实现我国的"双碳"目标；有助于优化经济结构，推动经济转型升级，促进绿色建材、节能设备等相关产业的发展，从而形成新的经济增长点；有助于提升城市环境质量，减少对生态环境的破坏，增强城市的吸引力和宜居性。在未来，城市更新与绿色低碳建筑的融合发展无疑将成为推动城市高质量发展与经济社会可持续发展的重要引擎，也将是城市自身转型升级、提升居民生活品质、增强竞争力的必然选择。

11.6 拓展知识及课程思政案例

1）《深圳国际低碳城：绿色建筑与城市更新的未来典范》小视频，见二维码 11.6-1。

2）《绿色先锋——南京紫峰大厦的绿色建筑实践》小视频，见二维码 11.6-2。

3）坚持以人民为中心的发展思想，推动绿色建筑高质量发展，详见二维码 11.6-3。

二维码 11.6-1 深圳国际低碳城：绿色建筑与城市更新的未来典范

二维码 11.6-2 绿色先锋——南京紫峰大厦的绿色建筑实践

二维码 11.6-3 坚持以人民为中心的发展思想，推动绿色建筑高质量发展

课后：思考与习题

1. 结合案例，讨论绿色低碳建筑在规划设计阶段应重点考虑哪些问题？

2. 简述城市更新、可持续发展与绿色低碳建筑的关系。

参 考 文 献

[1] 丁烈云.数字建造导论[M].北京：中国建筑工业出版社，2020.

[2] 丁烈云，徐捷，覃亚伟，等.建筑3D打印数字建造技术研究应用综述[J].华中科技大学学报：城市科学版，2015，32（3）：99-102.

[3] 丁烈云，等.智能建造推动建筑产业变革[N].中国建设报，2019-06-07（008）.

[4] 丁烈云，等.BIM应用·施工[M].上海：同济大学出版社，2015.

[5] 马恩成，等.智能建造与新型工业化建筑[M].北京：中国城市出版社，2023.

[6] 叶志明，等.土木工程概论[M].5版.北京：高等教育出版社，2020.

[7] 刘胜兵，等.土木工程概论[M].北京：中国建筑工业出版社，2023.

[8] 张华，何培玲，王登峰，等.土木工程概论[M].2版.北京：中国建筑工业出版社，2023.

[9] 刘伯权，吴涛，黄华，等.土木工程概论[M].2版.武汉：武汉大学出版社，2017.

[10] 熊峰，等.土木工程概论[M].3版.武汉：武汉理工大学出版社，2019.

[11] 陈学军，等.土木工程概论[M].3版.北京：机械工业出版社，2016.

[12] 陈岩，黄菲，等.土木工程概论[M].2版.武汉：武汉理工大学出版社，2019.

[13] 朱彦鹏，王秀丽，等.土木工程导论[M].3版.北京：化学工业出版社，2021.

[14] 周新刚，王建平，贺丽，等.土木工程概论[M].2版.北京：中国建筑工业出版社，2022.

[15] 龙武剑，等.智能建造导论[M].北京：清华大学出版社，2023.

[16] 王宇航，罗晓蓉，等.智能建造概论[M].北京：机械工业出版社，2021.

[17] 吴大江，等.基于BIM技术的装配式建筑一体化集成应用[M].南京：东南大学出版社，2020.

[18] 杜修力，等.智能建造概论[M].北京：中国建筑工业出版社，2021.

[19] 沙玲，魏春石，等.智能建造导论[M].北京：中国建筑工业出版社，2023.

[20] 刘文锋，廖维张，胡昌斌，等.智能建造概论[M].北京：北京大学出版社，2021.

[21] 刘占省，等.智能建造导论[M].北京：机械工业出版社，2023.

[22] 马恩成，夏绪勇，等.智能建造与新型建筑工业化[M].北京：中国城市出版社，2024.

[23] 文卫银，等.智能建造概论[M].武汉：华中科技大学出版社，2023.

[24] 李军华，等.为什么是BIM：BIM技术与应用全解码[M].北京：机械工业出版社，2021.

[25] 刘占省，等.装配式建筑BIM技术概论[M].北京：中国建筑工业出版社，2019.

[26] 刘占省，刘诗情，赵玉红，等.智能建造技术发展现状与未来趋势[J].建筑技术，2019，50（7）：772-779.

[27] 刘占省，等.BIM案例分析[M].北京：中国建筑工业出版社，2019.

[28] 徐卫国，等.走向建筑工业的"智能建造"[N].中国建设报，2019-06-07（008）.

[29] 张文昌，白青松，等.基于BIM技术下的装配式建筑智慧建造分析[J].智能建筑与智慧城市，2020（7）：71-73.

[30] 王方良，等.人工智能导论[M].5版.北京：高等教育出版社，2020.

[31] 王方良，等.物联网控制技术[M].2版.北京：高等教育出版社，2020.

[32] 张尧学，等.大数据导论[M].北京：机械工业出版社，2018.

[33] 苏达根，等.土木工程材料[M].4版.北京：高等教育出版社，2019.

[34] 罗福午，等.土木工程（专业）概论[M].4版.武汉：武汉理工大学出版社，2012.

[35] 周云，李伍平，等.土木工程防灾减灾概论[M].北京：高等教育出版社，2005.

［36］陆泽荣，刘占省，等．BIM 技术概论［M］．2 版．北京：中国建筑工业出版社，2020.

［37］赵雪锋，刘占省，等．BIM 导论［M］．武汉：武汉大学出版社，2018.

［38］刘远明，饶军应，等．隧道与地下工程［M］．北京：机械工业出版社，2021.

［39］申玉生，等．隧道及地下工程施工与智能建造［M］．北京：科学出版社，2021.

［40］赵国刚，郝锋，等．隧道工程技术［M］．北京：人民交通出版社，2021.

［41］王庆磊，崔蓬勃，等．隧道工程施工［M］．北京：化学工业出版社，2021.

［42］吕恒林，等．土木工程结构检测鉴定与加固改造［M］．北京：中国建筑工业出版社，2019.

［43］罗福午，刘伟庆，等．土木工程（专业）概论［M］．武汉：武汉理工大学出版社，2018.

［44］余丽武，等．土木工程材料［M］．2 版．北京：中国建筑工业出版社，2021.

［45］迟耀辉，孙巧稚，等．新型建筑材料［M］．武汉：武汉大学出版社，2019.

［46］华南理工大学，浙江大学，湖南大学，等．基础工程［M］．4 版．北京：中国建筑工业出版社，2019.

［47］东南大学，浙江大学，湖南大学，等．土力学［M］．5 版．北京：中国建筑工业出版社，2020.

［48］中华人民共和国住房和城乡建设部．建筑地基基础设计规范：GB 50007—2011［S］．北京：中国建筑工业出版社，2011.

［49］邵旭东，等．桥梁工程［M］．5 版．北京：人民交通出版社，2019.

［50］沈祖炎，等．土木工程概论［M］．2 版．北京：中国建筑工业出版社，2017.

［51］杨中平，等．高速铁路技术概论［M］．北京：清华大学出版社，2015.

［52］叶继红，等．土木工程防灾［M］．北京：中国建筑工业出版社，2017.

［53］中华人民共和国住房和城乡建设部．建筑设计防火规范：GB 50016—2014（2018 年版）［S］．北京：中国建筑工业出版社，2018.

［54］杜修力，刘占省，赵研，等．智能建造概论［M］．北京：中国建筑工业出版社，2021.

［55］《中国建筑业信息化发展报告（2021）智能建造应用与发展》编委会．中国建筑业信息化发展报告（2021）智能建造应用与发展［M］．北京：中国建筑工业出版社，2021.

［56］何小红，刘凡．BIM 技术在道路工程的应用研究［J］．科学技术创新，2024（4）：159-162.

［57］王春来，王小丽，王斐，等．SZT-R1000 车载激光雷达测量系统在道路工程测量中的应用［J］．经纬天地，2024（1）：67-70，75.

［58］成校．刍议无人机测绘技术在市政道路工程中的应用［J］．数字通信世界，2023（10）：113-115.

［59］涂文博，孔紫亮，张鹏飞，等．基于 BIM 技术的铁路路基设计施工应用现状及发展趋势［J］．华东交通大学学报，2023，40（5）：106-119.

［60］郑超．浅谈低空无人机在铁路工程测绘中的应用［J］．科学技术创新，2024（8）：66-69.

［61］王宁．智慧交通工程中 5G 技术创新应用研究［J］．中国设备工程，2024（6）：26-28.

［62］周敏，张超男，于汇杰，等．5G 技术在桥梁施工、监测及维保中的应用探讨［J］．四川水泥，2024（2）：217-218，221.

［63］陈长俊，孙晓博．BIM 技术在桥梁工程设计与施工中的应用［J］．四川水泥，2024（3）：206-208.

［64］郭龙健．光纤传感技术在桥梁检测中的应用研究［J］．交通建设与管理，2024（1）：77-79.

［65］叶建新，钟学森，刘权，等．自动化实时监测技术在水中现浇桥梁模板支撑工程中的应用与研究［J］．广东建材，2024，40（3）：41-45.

［66］李喆，数字孪生驱动的南水北调中线水源工程水质平台设计与开发［J］．长江科学院院报，2023，40（3）：174-180.

［67］张社荣，引调水工程泵站群运行管控数字孪生引擎构建方法［J］．清华大学学报（自然科学版），2024，64（7）：1100-1115.

［68］刘宏伟，宋云锋．绿色低碳建筑市场特征与发展机制研究［M］．北京：科学出版社，2021.

［69］张季超，吴会军，周观根，等．绿色低碳建筑节能关键技术的创新与实践［M］．北京：科学出版

社，2014.

[70] 周跃云，张旺，赵先超．绿色低碳城市 [M]．北京：中国环境出版社，2016.

[71] 董玛力，陈田，王丽艳．西方城市更新发展历程和政策演变 [J]．人文地理，2009，24（5）：42-46.

[72] 阳建强，陈月．1949—2019 年中国城市更新的发展与回顾 [J]．城市规划，2020，44（2）：9-19+31.

[73] 高文伟．绿色建筑在国家会展中心（上海）中的创新与应用 [J]．绿色建筑，2016，8（2）：65-70.

[74] 周于钦．绿色建筑设计原则与设计要点分析 [J]．工程技术研究，2022，7（22）：172-174.

[75] 中华人民共和国住房和城乡建设部．绿色建筑评价标准：GB/T 50378—2019 [S]．北京：中国建筑工业出版社，2019.

[76] 韩继红，廖琳，张改景．我国绿色建筑评价标准体系发展历程回顾与趋势展望 [J]．建设科技，2017（8）：10-13.

[77] 刘加平，王怡，王莹莹，等．绿色建筑设计标准体系发展面临的问题与建议 [J]．中国科学基金，2023，37（3）：360-363.

[78] 赵清．绿色建筑标准体系研究 [J]．资源信息与工程，2016，31（6）：132-134.

[79] 马晓亮．智能化技术在建筑电气设计中的应用 [J]．智能建筑与智慧城市，2024（6）：157-159.

[80] 吕正东．双碳目标下绿色建筑发展路径与实施对策研究 [J]．城市建筑，2023，20（17）：182-185+201.

[81] 李继业，刘经强，郗忠梅．绿色建筑设计．[M]．北京：化学工业出版社，2015.

[82] 吴良镛．广义建筑学 [M]．北京：清华大学出版社，1989.

[83] 朱光亚．建筑遗产保护学 [M]．南京：东南大学出版社，2019.

[84] 刘刚，邹莺，等．城市更新设计关键技术研究与应用 [M]．北京：中国建筑工业出版社，2022.

[85] 阳建强．城市更新 [M]．南京：东南大学出版社，2020.

[86] 淳庆．典型建筑遗产保护技术 [M]．南京：东南大学出版社，2015.

[87] 常青．建筑遗产的生存策略 [M]．上海：同济大学出版社，2003.

[88] 常青．历史环境的再生之道——历史意识与设计探索 [M]．北京：中国建筑工业出版社，2009.

[89] 常青．历史建筑保护工程学 [M]．上海：同济大学出版社，2014.

[90] 普鲁金．建筑与历史环境 [M]．韩林飞，译．北京：社会科学文献出版社，2011.

[91] 邵勇．法国建筑·城市·景观遗产保护与价值重现 [M]．上海：同济大学出版社，2010.

[92] 苑娜．历史建筑保护及修复概论 [M]．北京：中国建筑工业出版社，2017.

[93] 赵英吉，地下工程逆作法数字化施工平台的研发及应用 [J]．建筑施工，2024，46（3）：350-353.

[94] 张文静．测量机器人自动化监测在隧道工程中的应用 [J]．天津建设科技，2024，34（1）：22-24.

[95] 丁莹莹，何泽新，等，光纤传感监测技术在工程地质领域中的应用研究进展 [J]．矿产勘察，2019，10（8）．